近世代数与应用

杨振启　杨云雪　主　编

科 学 出 版 社

北　京

内 容 简 介

本书介绍近世代数的理论和应用.

本书共 8 章, 分别介绍集合论、二元关系、同余与同余方程、二次剩余、代数系统的基础知识、群论、环论和域. 在讲解这些理论的同时也介绍了它们的应用. 在同余与同余方程一章介绍了离散对数 ElGamal 公钥密码算法体制、ElGamal 数据的加密和解密及 ElGamal 电子签名技术. 在群论一章介绍了著名的 RSA 公钥密码体制加密和解密方案及安全性讨论. 在域一章给出了通信中的线性码和循环码的编码与纠错方案以及这两种方案的编码和译码效率. 书中所有的应用都有详细的背景知识介绍, 应用理论涉及的每一个定理也都有详尽的证明过程.

本书可作为数学专业、信息与计算科学专业、电子通信等专业本科生教材, 也可供计算机科学技术、信息安全等专业研究生的应用数学教材及相关领域的科研人员和工程技术人员参考.

图书在版编目(CIP)数据

近世代数与应用/杨振启, 杨云雪主编. —北京: 科学出版社, 2017.11
ISBN 978-7-03-055074-3

I. ①近… II. ①杨… ②杨… III. ①抽象代数-教材 IV. ①O153

中国版本图书馆 CIP 数据核字(2017) 第 269038 号

责任编辑: 于海云 / 责任校对: 郭瑞芝
责任印制: 张 伟 / 封面设计: 迷底书装

科学出版社 出版
北京东黄城根北街 16 号
邮政编码: 100717
http://www.sciencep.com
北京厚诚则铭印刷科技有限公司 印刷
科学出版社发行 各地新华书店经销

2017 年 11 月第 一 版 开本: 787 × 1092 1/16
2023 年 1 月第五次印刷 印张: 15 1/2
字数: 360 000

定价: 59.00 元
(如有印装质量问题, 我社负责调换)

前　　言

近世代数从它产生时起就明显有别于古典代数学. 它的主要研究对象不是代数结构中的元素特性, 而是各种代数结构本身和不同代数结构之间的相互联系. 掌握近世代数中所体现的丰富的数学思想和方法, 能提高人们解决问题和分析问题的能力.

近世代数最初是为了解决纯数学问题而建立的一套理论体系, 它首先作为大学数学学科的专业课程. 随着人们对其了解地不断深入, 如许多不同的物理结构, 具体有晶体结构和氢原子结构, 它们都可以用近世代数中的群理论的思想来建模, 特别是现代通信技术的发展、信息的加密/解密、数字认证、编码与纠错理论算法都是基于近世代数的理论开发的, 这就使得近世代数研究已从最初的数学领域扩展到了物理学、化学和信息科学等领域, 也使得传统的纯数学理论焕发出生机.

我们认为, 应用是体现数学理论价值的最好方式之一. 作为大学教学使用近世代数教材的内容, 也最好能体现这一原则. 目前, 不少数学专业包括非数学专业选用的近世代数教材, 还是沿用传统数学专业教材风格, 这些教材涉及的内容更多是数学知识本身, 应用方面的介绍很少. 部分学生学完该门课程后的印象不深或仅局限于抽象的逻辑符号, 难免会对近世代数的价值产生误解.

鉴于此, 本书的编写注意到了上述问题的存在, 有意识地使内容侧重于应用. 本书共 8 章, 分别是集合论、二元关系、同余与同余方程、二次剩余、代数系统的基础知识、群论、环论和域. 这些内容与市面上的近世代数教材没有多大差别. 除此之外, 用较大的篇幅介绍了近世代数在现代通信技术中的典型应用. 具体是第 3 章同余与同余方程中介绍了 ElGamal 公钥密码算法体制, ElGamal 数据的加密、解密及 ElGamal 电子签名. 第 6 章群论介绍了 RSA 公钥密码体制加密、解密的解决方案和对上述两种方案的安全性进行了讨论. 在第 8 章给出了通信中的线性码和循环码的编码与纠错方案, 包括对编码译码效率的讨论. 书中所有的应用都有详细的背景知识介绍, 应用理论涉及的每一个结论定理也都有详尽的证明过程, 读者在学习近世代数这门课程时都能够理解和掌握. 教学实践表明, 应用部分的学习能显著提高学习者的兴趣和取得良好的教学效果.

本书由国家自然科学基金重点项目（项目编号：NO.61232016）“云计算环境中数据安全的理论与关键技术研究”和江苏省研究生教育教学改革课题（课题编号：JGLX17_037）资助出版.

由于编者水平有限, 书中难免存在不足之处, 敬请读者批评指正, 谢谢!

作　者

2017 年 5 月

目　录

第1章 集 合 论

集合论简称集论. 这一数学分支是在 19 世纪初开始发展起来的. 德国数学家康托尔 (G. Cantor) 是集合论的奠基人.

集合的概念在现实世界中有广泛的背景, 每个人对集合都有一定的朴素印象. 把人们直观上或思维上的那些确定的、与其他事物有明显区别的对象汇集在一起就可以说是一个集合.

集合论研究集合的性质、集合间的关系和运算等. 集合论的概念和研究方法已经渗透到所有的数学分支, 并且改变了它们的面貌.

本章主要对集合论作简单介绍.

1.1 基本概念

数学中的概念有两种定义形式. 其中, 一种概念可以用严格的数学逻辑形式来定义, 称为可定义概念. 另一种则不能用严格形式来定义, 而只能用语言对它进行大致的描述, 称为不可定义概念. **集合**便属于后一种. 虽然我们不能给集合以确切的定义, 但是一提到一个集合, 我们便都清楚所指的是什么, 这是因为所提集合中的事物都具有某种共同的性质.

定义 1.1 把具有某种共同属性的事物的全体称为一个集合.

通常用大写字母 $A, B, C, \cdots, M$ 等表示集合. 集合中的每一个事物称为集合的元素. 常用小写字母 $a, b, c, \cdots, m$ 等表示集合中的元素.

上面对集合给出了一个描述性的定义. 在研究具体问题时, 还需把集合具体表示出来. 集合的常用表示法有三种.

列举法: 把集合中的元素一一列举出来, 两端用花括号括起来.

例 1.1 小于 5 的所有非负整数组成的集合.

$$A = \{0, 1, 2, 3, 4\}$$

例 1.2 全体正奇数集合.

$$B = \{1, 3, 5, 7, 9, \cdots\}$$

描述法: 若集合中元素 x 具有某种性质 $p(x)$, 可在花括号内用语言叙述, 即表示成 $\{x \mid x\text{具有性质}p(x)\}$, 简记为 $\{x \mid p(x)\}$.

例 1.3 全体有理数的集合.

$$A = \{x \mid x\text{是有理数}\}$$

例 1.4 方程 $x^2 - 1 = 0$ 的解的集合.

$$B = \{x \mid x\text{是}x^2 - 1 = 0\text{的解}\}$$

图示法：文氏图是用图形表示集合最常见的方法. 文氏图 (或称维恩图) 是以英国数学家 John Venn 的名字命名的, 他在 1881 年介绍了这种图的使用. 我们把所考虑的所有对象的集合记为 U, U 称为全集. 在文氏图中, 全集用长方形表示. 在长方形内部, 用圆或其他几何图形表示集合, 用点来表示集合中的特定的元素. 文氏图的优点是能形象和直观地表示集合与集合之间的关系.

下面的例子解释了怎样用文氏图表示集合.

例 1.5 画一个表示英文字母中元音字母集合 V 的文氏图.

解 此种情况下, 可以认为全集 U 为考虑的所有 26 个英文字母组成的集合, 画一个长方形表示全集 U. 在长方形内部画一个圆表示元音字母集合 V, 在圆中用点表示集合 V 的五个元素, 参见图 1.1.

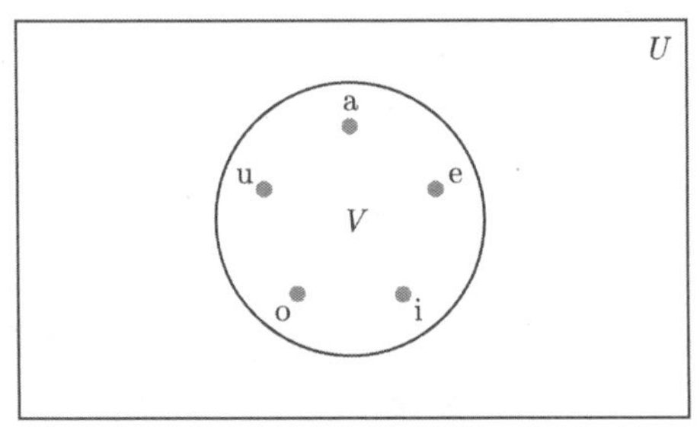

图 1.1 英文元音字母的文氏图

例 1.6 在有理数集合内讨论它的一些元素所成的集合, 如自然数集合、整数集合、奇数集合、方程 $x^2-1=0$ 的解集等, 都是一些有理数组成的集合. 全体有理数构成的集合包含了我们所考虑对象的全体元素, 在这个例子中的全集 U 就是所有有理数构成的集合.

例 1.5 和例 1.6 中的全集显然是不同的. 因为我们总是在一定的环境中考虑全集, 故全集的概念是相对的.

与全集相对应, 一个不包含任何元素的集合称为空集合, 简称**空集**, 空集用 $\varnothing$ 来表示.

例 1.7 方程 $x^2+1=0$ 的实数解的集合便是空集.

注 1 所谓给出一个集合, 就是规定了这个集合是由哪些元素组成的. 并且对于任意一个元素 a, 都能明确判断 a 是这个集合的元素, 或者 a 不是这个集合的元素, 二者必居其一.

注 2 集合里有若干相同的元素时, 这些相同的元素只能算作一个, 只用一个符号表示出来. 例如, $M=\{1,1,1,2\}$, 元素 1 在集合 M 中虽出现了三次, 但元素 1 只能算作集合 M 的一个元素, 通常写成 $M=\{1,2\}$.

注 3 在集合里, 不考虑元素的顺序. 例如, $\{a,b,c\},\{b,c,a\},\{a,c,b\}$ 集合虽然元素顺序不同, 但都认为是同一个集合.

注 4 对于某个元素 a, 由于 a 或者是集合 A 的元素, 或者不是集合 A 的元素, 元素与集合的这种关系称为从属关系.

若 a 是集合 A 中的元素, 就说 a 属于 A, 记为 $a\in A$. “$\in$”读作“属于”.

若 a 不是集合 A 的元素, 就说 a 不属于 A, 记为 $a\notin A$ 或 $a\overline{\in}A$. “$\notin$”或“$\overline{\in}$”读作“不属于”.

例 1.8 $A=\{x \mid x\text{是自然数}\}$, 则 $3 \in A$, $10 \in A$, $199 \in A$, 而 $-5 \notin A$.

1.2 集合间的关系

集合之间也有许多特定的关系, 下面分别讨论.

定义 1.2 如果集合 A 与 B 的元素相同, 则称这两个集合是**相等**的. 记为 $A=B$, 否则称这两个集合**不相等**, 记为 $A \neq B$.

例 1.9 集合 $A=\{1,2\}$ 与集合 $B=\{x \mid x\text{是方程}x^2-3x+2=0\text{的解}\}$, 有相同的元素, 所以 $A=B$.

例 1.10 集合 $A=\{1,2,3,4\}$ 与集合 $B=\{5,6,7,8\}$ 是两个不相等集合, 即 $A \neq B$.

定义 1.3 设有集合 A、B, 若对于任一 $a \in A$, 都有 $a \in B$, 则称集合 A 是集合 B 的**子集**, 我们说集合 A 包含于集合 B, 或者说 B 包含 A, 记为

$$A \subseteq B \text{ 或 } B \supseteq A$$

$\subseteq$ 读作包含于, $\supseteq$ 读作包含.

若 $B \supseteq A$ 且有 $b \in B$, $b \notin A$, 则称 A 是 B 的**真子集**, 或者说 B 真包含 A, 记为

$$B \supset A \text{ 或 } A \subset B$$

$\supset$ 读作真包含, $\subset$ 读作真包含于. 也可以记作 $A \subsetneqq B$ 或 $B \supsetneqq A$.

若 A 不包含于 B, 或者 B 不包含 A, 记作

$$A \not\subseteq B \text{ 或 } B \not\supseteq A$$

A 是 B 的真子集的文氏图表示方法, 如图 1.2 所示.

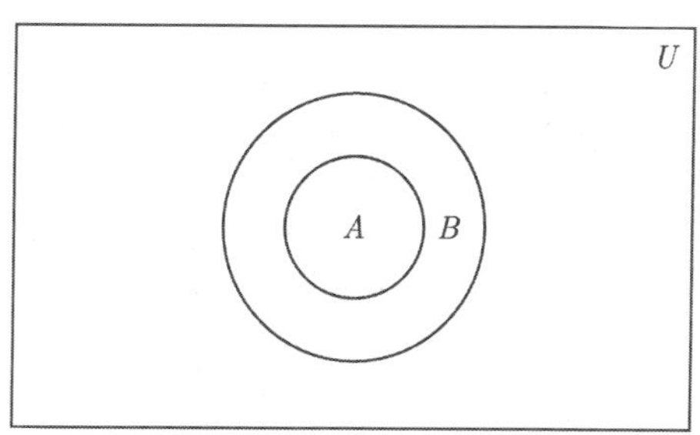

图 1.2 A 是 B 的真子集

下面再给出一个例子.

例 1.11 设 $A=\{a,b,b,c\}$, $B=\{a,b,c\}$, 则 $A=B$; 设 $A=\{1,2,3,\cdots,100\}$, 则 $A \subseteq \mathbf{N}$ 且有 $A \subset \mathbf{N}$ (这里 $\mathbf{N}$ 是全体自然数组成的集合); 设 $B=\{x \geqslant 0\}$, 则 $A \subseteq B$ 且有 $A \subset B$.

下面的几个结论都比较明显.

定理 1.1 对任意集合 A, 必有 $\varnothing \subseteq A$.

证明 假设 A 不包含 $\varnothing$, 按照符号 $\subseteq$ 的定义, 则至少存在一个元素 x, $x \in \varnothing$; 且 $x \notin A$, 但 $\varnothing$ 中没有元素, 故 $x \notin \varnothing$, 这与空集中没有元素相矛盾, 这个矛盾说明必有 $\varnothing \subseteq A$, 证毕.

定理 1.2 对任意集合 A, 都有 $U \supseteq A$.

证明　因为对于任意 $x \in A$, 都有 $x \in U$, 所以 $A \subseteq U$.

定理 1.3　对任意集合 A, 必有 $\varnothing \subseteq A \subseteq U$.

证明　将上面的两个定理合在一起便知.

定理 1.4　设有集合 A、B, 则 $A = B$ 的充要条件是 $A \supseteq B$ 且 $B \supseteq A$.

证明　($\Leftarrow$) 设 $A \supseteq B$ 且 $B \supseteq A$. 假设 $A \neq B$, 由定义 1.2 可知, A 与 B 的元素不相同, 那么存在元素 x 属于 A, 而 x 不属于 B 或者存在元素 y 属于 B, 而元素 y 不属于 A. 不失一般性设为前者, 即 $x \in A$, $x \notin B$; 但由于 $A \subseteq B$, 故当 $x \in A$ 时必有 $x \in B$, 与 $x \notin B$ 矛盾, 这个矛盾表明 $A = B$.

($\Rightarrow$) 设 $A = B$. 若 $A \supseteq B$ 和 $B \supseteq A$ 至少有一个不成立; 不妨设 $B \supseteq A$ 不成立, 则必至少存在一个 $x \in A$ 且 $x \notin B$, 这与 $A = B$ 是矛盾的, 故 $A \supseteq B$ 且 $B \supseteq A$ 成立, 证毕.

1.3　集合的运算

集合的运算就是从已知的集合产生新的集合的方法.

1.3.1　集合的基本运算

定义 1.4　由集合 A、B 的所有元素合并组成的集合称为集合 A 与 B 的**并集**, 记作 $A \cup B$. 即

$$A \cup B = \{\, x \mid x \in A \text{ 或 } x \in B \,\}$$

图 1.3 的文氏图表示了集合 A 和集合 B 的并集, 代表集合 A 的圆圈和代表 B 的圆圈内的阴影区域表示 A 和 B 的并集.

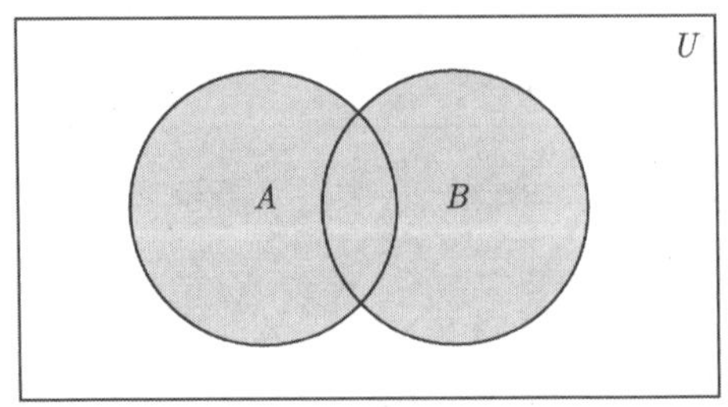

图 1.3　集合 A 与 B 的并集

例 1.12　若 $A = \{\, a,b,c,d \,\}, B = \{\, c,d,e,f \,\}$, 则

$$A \cup B = \{\, a,b,c,d,e,f \,\}$$

例 1.13　$A = \{x|x \text{ 是有理数 }\}$, $B = \{x|x \text{ 是无理数 }\}$, $C = A \cup B = \{x|x \text{ 是实数 }\}$.

注 5　两个集合的公共元素在并集中只能出现一次.

定义 1.5　由集合 A、B 所有的公共元素所组成的集合称为集合 A 与 B 的交集, 记作 $A \cap B$. 即

$$A \cap B = \{\, x \mid x \in A \wedge x \in B \,\}$$

图 1.4 的文氏图表示了集合 A 和集合 B 的**交集**, 代表集合 A 的圆圈和代表 B 的圆圈内公共的阴影区域表示 A 和 B 的交集.

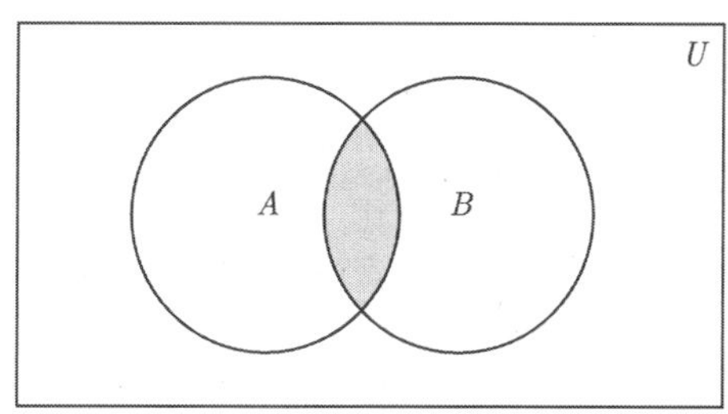

图 1.4 集合 A 与 B 的交集

例 1.14 若 $A=\{1,2,3,4\}$, $B=\{2,4,6,8\}$, 则 $A\cap B=\{2,4\}$.

例 1.15 若 $A=\{x\mid x\geqslant 3\}$, $B=\{x\mid x\leqslant 7\}$, 则 $A\cap B=\{x\mid 3\leqslant x\leqslant 7\}$.

定义 1.6 集合 A、B 若满足 $A\cap B=\varnothing$, 则称 A、B 是分离的, 也称 A、B 不相交.

例 1.16 $A=\{1,2,3\}$, $B=\{a,b,c\}$, 则 $A\cap B=\varnothing$, 即 A 与 B 是分离的.

定义 1.7 由集合 A、B 中所有属于 A 而不属于 B 的元素所组成的集合称为 A 与 B 的**差集**, 记作 $A-B$, A 和 B 的差集, 也称为 B 对于 A 的**补集**. 即

$$A-B=\{x\mid x\in A\wedge x\notin B\}$$

图 1.5 的文氏图表示了集合 A 和集合 B 的差集, 在代表集合 A 的圆圈内部和代表 B 的圆圈外的阴影区域表示 A 和 B 的差集.

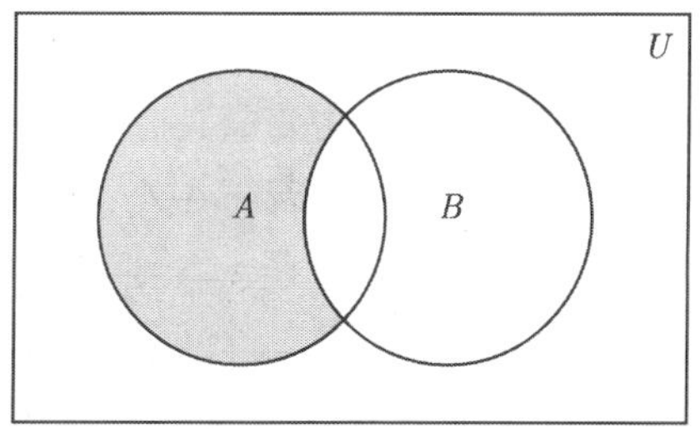

图 1.5 集合 A 与 B 的差集

例 1.17 $A=\{a,b,c,d\}$ 和 $B=\{b,c,e\}$, 则 $A-B=\{a,d\}$, $B-A=\{e\}$.

定义 1.8 全集 U 与其子集 A 的差集称为集合 A 的补集, 记作 $\overline{A}$, 于是 $\overline{A}=U-A$. 图 1.6 中代表集合 A 的圆圈外面的阴影区域表示 $\overline{A}$.

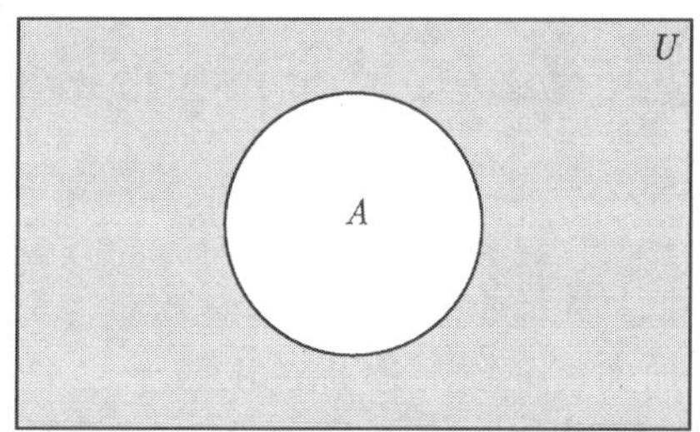

图 1.6 集合 A 的补集

例 1.18　设 $U=\{0,1,2,3,\cdots\}$,$A=\{0,2,4,6,\cdots\}$, 则

$$\overline{A}=\{1,3,5,\cdots\}$$

定义 1.9　集合 A、B 的**对称差**记作 $A\oplus B$, 定义为

$$A\oplus B=(A-B)\cup(B-A)=\{x\mid(x\in A\wedge x\notin B)\vee(x\in B\wedge x\notin A)\}$$

例 1.19　$A=\{1,2,3,4\}$,$B=\{3,4,5,6\}$, 则

$$A\oplus B=\{1,2,5,6\}$$

前面我们定义了两个集合的交集. 两个集合的交集是由两个集合中公共元素组成的集合. 而对称差与之正好相反, 它恰是去掉两个集合的所有公共元素, 由剩下的所有元素组成的集合.

下面介绍几个集合运算的重要公式.

定理 1.5　对于任意的集合 A、B, 有

$$A\cap B\subseteq A,\quad A\cap B\subseteq B$$

$$A\subseteq A\cup B,\quad B\subseteq A\cup B$$

证明　$A\subseteq A\cup B$, $B\subseteq A\cup B$ 显然成立. 其次, 如果 $x\in A\cap B$, 则 $x\in A$ 且 $x\in B$, 故 $A\cap B\subseteq A$ 且 $A\cap B\subseteq B$, 证毕.

定理 1.6　若 $A\subsetneqq B$, 则 $A\cup B=B$, $A\cap B=A$.

证明　设 $x\in A\cup B$, 则 $x\in A$ 或 $x\in B$. 若 $x\in A$, 则由 $A\subsetneqq B$ 可知 $x\in B$, 总之有 $A\cup B\subseteq B$. 根据定理 1.5 有 $B\subseteq A\cup B$, 故 $A\cup B=B$. 同理 $A\cap B\subseteq A$, 证毕.

定理 1.7　设 A、B 为任意集合, 则有

$$A-B=A\cap\overline{B}$$

$$A-B=A-A\cap B$$

证明　$x\in A-B\Leftrightarrow x\in A$ 且 $x\notin B\Leftrightarrow x\in A$ 且 $x\in\overline{B}$, 故

$$A-B=A\cap\overline{B}$$

设 $x\in A-B$, 即 $x\in A$ 且 $x\notin B$, 故必有 $x\notin A\cap B$, 因此 $x\in[A-(A\cap B)]$, 即

$$A-B\subseteq[A-(A\cap B)]$$

又设 $x\in[A-(A\cap B)]$, 则 $x\in A$ 且 $x\notin A\cap B$, 即 $x\in A$ 且 $x\in(\overline{A\cap B})$; 即 $x\in A$ 且 $[x\in\overline{A}$ 或 $x\in\overline{B}]$ (注: $(\overline{A\cap B})=\overline{A}$ 后面将介绍). 但 $x\in A$ 且 $x\in\overline{A}$ 是不可能的, 故只能有 $x\in A$ 且 $x\in\overline{B}$. 即 $x\in A-B$, 从而得到 $A-(A\cap B)\subseteq A-B$. 因此

$$A-B=A-(A\cap B)$$

定理 1.8 设 A、B 为两个集合, 若 $A\subseteq B$, 则

$$\overline{B}\subseteq\overline{A}$$
$$(B-A)\cup A=B$$

证明 若 $x\in A$, 则 $x\in B$, 因此 $x\notin B$ 必有 $x\notin A$, 故 $x\in\overline{B}$, 必有 $x\notin\overline{A}$, 即 $\overline{B}\subseteq\overline{A}$.

设 $x\in(B-A)\cup A$, 则 $x\in B-A$ 或 $x\in A$. 若 $x\in B-A$, 则 $x\in B$; 若 $x\in$ A, 由已知 $A\subseteq B$, 应有 $x\in B$. 因此, $(B-A)\cup A\subseteq B$.

反之, 设 $x\in B$, 由 $A\subseteq B$ 有, 或者是 $x\in A$, 或者是 $x\in B-A$, 总之有 $x\in(B-A)\cup A$, 即 $B\subseteq(B-A)\cup A$. 因此

$$(B-A)\cup A=B$$

证毕.

1.3.2 集合的运算律

前面定义了集合的并、交、差等运算, 这些运算还可以混合进行, 且遵循一定的规律, 下面列举一些.

(1) $A\cup A=A,\quad A\cap A=A$ (幂等律)

(2) $(A\cup B)\cup C=A\cup(B\cup C),\quad (A\cap B)\cap C=A\cap(B\cap C)$ (结合律)

(3) $A\cup B=B\cup A,\quad A\cap B=B\cap A$ (交换律)

(4) $A\cup(B\cap C)=(A\cup B)\cap(A\cap C),\quad A\cap(B\cup C)=(A\cap B)\cup(A\cap C)$ (分配律)

(5) $A\cup\varnothing=A,\quad A\cap\varnothing=\varnothing$

(6) $A\cup E=E,\quad A\cap E=A$

(7) $A\cup\overline{A}=E,\quad A\cap\overline{A}=\varnothing$

(8) $A\cup(A\cap B)=A,\quad A\cap(A\cup B)=A$ (吸收律)

(9) $\overline{(A\cup B)}=\overline{A}\cap\overline{B},\quad \overline{(A\cap B)}=\overline{A}\cup\overline{B}$ (德・摩根律)

(10) $\overline{\varnothing}=E,\quad \overline{E}=\varnothing$

(11) $\overline{\overline{A}}=A$

这 11 个等式, 除最后一个外, 其他的都是成对出现的.

我们现在来证明其中的公式 (9) 德・摩根律, 其他略.

先证 $\overline{(A\cup B)}=\overline{A}\cap\overline{B}$. 设 $x\in\overline{(A\cup B)}$, 则 $x\notin(A\cup B)$, 因此 $x\notin A$ 且 $x\notin B$, 从而 $x\in\overline{A}$ 且 $x\in\overline{B}$, 即 $x\in\overline{A}\cap\overline{B}$, 从而 $\overline{(A\cup B)}\subseteq\overline{A}\cap\overline{B}$.

反之, 设 $x\in\overline{A}\cap\overline{B}$, 则 $x\in\overline{A}$ 且 $x\in\overline{B}$, 从而 $x\notin A$ 且 $x\notin B$, 还有 $x\notin A\cup B$, 于是必有 $x\in\overline{(A\cup B)}$, 即 $\overline{A}\cap\overline{B}\subseteq\overline{(A\cup B)}$, 故 $\overline{(A\cap B)}=\overline{A}\cup\overline{B}$.

$\overline{(A\cap B)}=\overline{A}\cup\overline{B}$ 同理可证, 证毕.

1.3.3 例题

前面介绍了集合的运算及运算律, 现在通过几个例子, 我们来观察一下, 集合的运算律在运算过程及实际中的应用.

例 1.20　化简 $(A\cup B)\cap(A\cup\overline{B})$.

解

$$
\begin{aligned}
&(A\cup B)\cap(A\cup\overline{B})\\
=&A\cup(B\cap\overline{B})\ (\text{分配律})\\
=&A\cup\varnothing\ (\text{公式 }(7))\\
=&A\ (\text{公式 }(5))
\end{aligned}
$$

例 1.21　化简 $(A\cup B)\cup(\overline{A}\cap B)$.

解

$$
\begin{aligned}
&(A\cup B)\cup(\overline{A}\cap B)\\
=&[(A\cup B)\cup\overline{A}]\cap[(A\cup B)\cup B]\ (\text{分配律})\\
=&[A\cup B\cup\overline{A}]\cap[A\cup B\cup B]\ (\text{结合律})\\
=&(E\cup B)\cap(A\cup B)\ (\text{交换律、公式 }(7)\text{、幂等律})\\
=&E\cap(A\cup B)\ (\text{公式 }(6))\\
=&A\cup B\ (\text{公式 }(6))
\end{aligned}
$$

例 1.22　证明若 $A\cup B=A\cap B$, 则 $A=B$.

证明

$$
\begin{aligned}
A=&A\cup(A\cap B)\ (\text{吸收律})\\
=&A\cup(A\cup B)\ (\text{已知条件})\\
=&(A\cup A)\cup B\ (\text{公式 }(2))\\
=&A\cup B\ (\text{公式 }(1))
\end{aligned}
$$

而

$$
\begin{aligned}
B=&B\cup(B\cap A)\ (\text{吸收律})\\
=&B\cup(B\cup A)\ (\text{已知条件})\\
=&(B\cup B)\cup A\ (\text{公式 }(2))\\
=&A\cup B\ (\text{公式 }(1))
\end{aligned}
$$

故得 $A=B$, 证毕.

1.4　包含排斥原理

1.4.1　两个集合的包含排斥原理

集合广泛应用于计数问题. 先给出集合基数的概念.

定义 1.10　设 A 是一个集合, n 是非负整数, 若 A 中恰有 n 个不同的元素, 则称 A 是**有限集合**, n 是 A 的基数, A 的基数用 $|A|$ 表示.

例 1.23　若 A 是小于 10 的正奇数的集合, 那么 $|A|=5$.

例 1.24　由于空集没有元素, 所以 $|\varnothing|=0$.

例 1.25 设 S 是所有英文字母组成的集合, 则 $|S|=26$.

定义 1.11 当集合不是有限集合时, 就称为**无限集合**.

例 1.26 正整数组成的集合是无限集合.

设 A_1、A_2 为有限集合, 其基数分别为 $|A_1|$、$|A_2|$, 从集合 A_1 和 A_2 并集、交集、差集和对称差集的文氏图上不难验证以下各式成立.

(1) $|A_1 \cup A_2| \leqslant |A_1| + |A_2|$

(2) $|A_1 \cap A_2| \leqslant \min\{|A_1|, |A_2|\}$

(3) $|A_1 - A_2| \geqslant |A_1| - |A_2|$

(4) $|A_1 \oplus A_2| = |A_1| + |A_2| - 2|A_1 \cap A_2|$

在有限集的元素计数问题中, 下述定理有广泛的应用.

定理 1.9 设 A_1、A_2 为有限集合, 其元素个数分别为 $|A_1|$、$|A_2|$, 则

$$|A_1 \cup A_2| = |A_1| + |A_2| - |A_1 \cap A_2|$$

证明 若 A_1 与 A_2 不相交, 即 $A_1 \cap A_2 = \varnothing$, 则

$$|A_1 \cup A_2| = |A_1| + |A_2|$$

若 $A_1 \cap A_2 \neq \varnothing$, 则

$$|A_1| = |A_1 \cap \overline{A}_2| + |A_1 \cap A_2|$$

$$|A_2| = |\overline{A}_1 \cap A_2| + |A_1 \cap A_2|$$

所以

$$|A_1| + |A_2| = |A_1 \cap \overline{A}_2| + |\overline{A}_1 \cap A_2| + 2|A_1 \cap A_2|$$

但

$$|A_1 \cap \overline{A}_2| + |\overline{A}_1 \cap A_2| + |A_1 \cap A_2| = |A_1 \cup A_2|$$

故

$$|A_1 \cup A_2| = |A_1| + |A_2| - |A_1 \cap A_2|$$

定理 1.9 称作两个集合的包含排斥原理.

例 1.27 假设在 10 名青年中有 5 名是工人, 7 名是学生, 其中兼具有工人与学生双重身份的青年有 3 名, 问既不是工人又不是学生的青年有几名?

解 设工人的集合为 W, 学生的集合为 S, 则根据题设有 $|W|=5$, $|S|=7$, $|W \cap S|=3$. 又因为 $|\overline{W} \cap \overline{S}| + |W \cup S| = 10$, 则

$$\begin{aligned}|\overline{W} \cap \overline{S}| = 10 - |W \cup S| &= 10 - (|W| + |S| - |W \cap S|) \\ &= 10 - (5 + 7 - 3) \\ &= 1\end{aligned}$$

所以既不是工人又不是学生的青年有一名.

1.4.2　三个集合的包含排斥原理

可以将定理 1.9 中的两个集合推广到三个集合的情形, 相应的结果为

$$|A_1 \cup A_2 \cup A_3| = |A_1| + |A_2| + |A_3| - |A_1 \cap A_2| - |A_1 \cap A_3| - |A_2 \cap A_3| + |A_1 \cap A_2 \cap A_3|$$

这个公式可以通过图 1.7 予以验证.

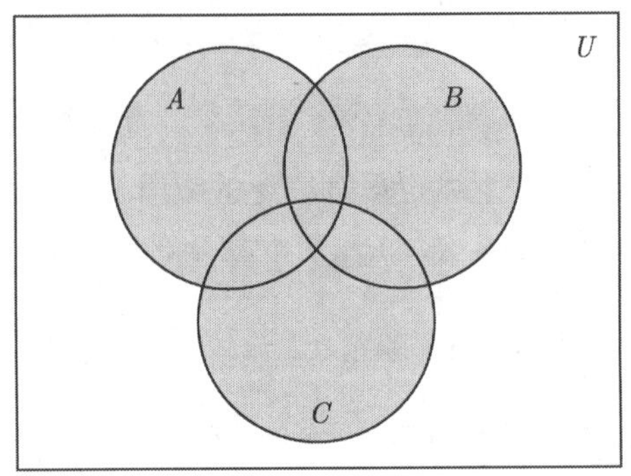

图 1.7　三个集合 A、B 和 C 的并集

例 1.28　在某工厂装配 30 辆汽车, 可供选择的设备有收音机、空气调节器和对讲机. 已知其中 15 辆汽车有收音机, 8 辆有空气调节器, 6 辆有对讲机, 而且其中 3 辆汽车这三样设备都有. 我们希望知道至少有多少辆汽车没有提供任何设备.

解　设 A_1、A_2、A_3 分别表示配有收音机、空气调节器和对讲机的汽车集合. 因此 $|A_1| = 15|$, $|A_2| = 8$, $|A_3| = 6$, 并且 $|A_1 \cap A_2 \cap A_3| = 3$, 故

$$\begin{aligned} |A_1 \cup A_2 \cup A_3| &= 15 + 8 + 6 - |A_1 \cap A_2| - |A_1 \cap A_3| - |A_2 \cap A_3| + 3 \\ &= 32 - |A_1 \cap A_2| - |A_1 \cap A_3| - |A_2 \cap A_3| \end{aligned}$$

因为

$$|A_1 \cap A_2| \geqslant |A_1 \cap A_2 \cap A_3|$$

$$|A_1 \cap A_3| \geqslant |A_1 \cap A_2 \cap A_3|$$

$$|A_2 \cap A_3| \geqslant |A_1 \cap A_2 \cap A_3|$$

我们得到

$$|A_1 \cup A_2 \cup A_3| \leqslant 32 - 3 - 3 - 3 = 23$$

即至多有 23 辆汽车有一个或几个供选择的设备, 因此, 至少有 7 辆汽车不提供任何可选择的设备.

1.4.3　多个集合的包含排斥原理

继续将包含排斥原理推广到 n $(n > 3)$ 个集合的情况, 有下述结论.

定理 1.10 设 $A_1, A_2, \cdots, A_n$ 为有限集合, 其元素个数分别为 $|A_1|, |A_2|, \cdots, |A_n|$, 则

$$
\begin{aligned}
|A_1 \cup A_2 \cup \cdots \cup A_n| = & \sum_{i=1}^{n} |A_i| - \sum_{1 \leqslant i<j \leqslant n} |A_i \cap A_j| \\
& + \sum_{1 \leqslant i<j<k \leqslant n} |A_i \cap A_j \cap A_k| \\
& + \cdots + (-1)^{n-1} |A_1 \cap A_2 \cap A_3 \cap \cdots \cap A_n| \qquad (1.1)
\end{aligned}
$$

证明 用归纳法.

(1) $n=2$, 则 $|A_1 \cup A_2| = |A_1| + |A_2| - |A_1 \cap A_2|$, 结论成立.

(2) 设 $r-1$ 个集合时结论成立.

对于 r 个集合 A_1 ,$A_2, \cdots, A_{r-1}, A_r$, 因为两个集合时结论成立, 则有

$$
\begin{aligned}
|A_1 \cup A_2 \cup \cdots \cup A_{r-1} \cup A_r| = & |A_1 \cup A_2 \cup \cdots \cup A_{r-1}| + |A_r| \\
& - |A_r \cap (A_1 \cup A_2 \cup \cdots \cup A_{r-1})| \\
= & |A_1 \cup A_2 \cup \cdots \cup A_{r-1}| + |A_r| \\
& - |(A_r \cap A_1) \cup (A_r \cap A_2) \cup \cdots \cup (A_r \cap A_{r-1})| \qquad (1.2)
\end{aligned}
$$

对于 $r-1$ 个集合 $A_r \cap A_i (i=1,2,\cdots,r-1)$, 由归纳假设可知

$$
\begin{aligned}
& |(A_r \cap A_1) \cup (A_r \cap A_2) \cup \cdots \cup (A_r \cap A_{r-1})| \\
= & \sum_{i=1}^{r-1} |A_r \cap A_i| - \sum_{1 \leqslant i<j \leqslant r-1} |(A_r \cap A_i) \cap (A_r \cap A_j)| \\
& + \cdots + (-1)^{r-2} |(A_r \cap A_1) \cap (A_r \cap A_2) \cap \cdots \cap (A_r \cap A_{r-1})| \\
= & \sum_{i=1}^{r-1} |A_r \cap A_i| - \sum_{1 \leqslant i<j \leqslant r-1} |(A_r \cap A_i \cap A_j)| \\
& + \cdots + (-1)^{r-2} |A_1 \cap A_2 \cap \cdots \cap A_{r-1} \cap A_r| \qquad (1.3)
\end{aligned}
$$

另外对 $r-1$ 个集合 $A_i (i=1,2,\cdots,r-1)$, 由归纳假设有

$$
\begin{aligned}
|A_1 \cup A_2 \cup \cdots \cup A_{r-1}| = & \sum_{i=1}^{r-1} |A_i| - \sum_{1 \leqslant i<j \leqslant r-1} |A_i \cap A_j| + \sum_{1 \leqslant i<j<k \leqslant r-1} |A_i \cap A_j \cap A_k| \\
& + \cdots + (-1)^{r-2} |A_1 \cap A_2 \cap \cdots \cap A_{r-1}| \qquad (1.4)
\end{aligned}
$$

将式 (1.3)、式 (1.4) 代入式 (1.2) 得

$$
\begin{aligned}
&|A_1 \cup A_2 \cup \cdots \cup A_r| \\
=&\sum_{i=1}^{r-1}|A_i| - \sum_{1\leqslant i<j\leqslant r-1}|A_i \cap A_j| + \sum_{1\leqslant i<j<k\leqslant r-1}|A_i \cap A_j \cap A_k| \\
&+\cdots \\
&+(-1)^{r-2}|A_1 \cap A_2 \cap \cdots \cap A_{r-1}| + |A_r| \\
&-\left(\sum_{i=1}^{r-1}|A_r \cap A_i| - \sum_{1\leqslant i<j\leqslant r-1}|A_r \cap A_i \cap A_j| + \cdots + (-1)^{r-2}|A_1 \cap A_2 \cap \cdots \cap A_r|\right)
\end{aligned}
$$

整理后得

$$
\begin{aligned}
|A_1 \cup A_2 \cup \cdots \cup A_r| =& \sum_{i=1}^{r}|A_i| - \sum_{1\leqslant i<j\leqslant r}|A_i \cap A_j| \\
&+ \sum_{1\leqslant i<j<k\leqslant r}|A_i \cap A_j \cap A_k| \\
&+ \cdots + (-1)^{r-1}|A_1 \cap A_2 \cap \cdots \cap A_{r-1}| + |A_r|
\end{aligned}
$$

例 1.29　求 1~250 能被 2、3、5 和 7 任何一个整除的整数个数.

解　设 A_1 表示 1~250 能被 2 整除的整数集合, A_2 表示 1~250 的能被 3 整除的整数集合, A_3 表示 1~250 能被 5 整除的整数集合, A_4 表示 1~250 能被 7 整除的整数集合, $\lfloor x \rfloor$ 表示小于或等于 x 的最大整数.

$$|A_1| = \left\lfloor \frac{250}{2} \right\rfloor = 125 \qquad |A_2| = \left\lfloor \frac{250}{3} \right\rfloor = 83$$

$$|A_3| = \left\lfloor \frac{250}{5} \right\rfloor = 50 \qquad |A_4| = \left\lfloor \frac{250}{7} \right\rfloor = 35$$

$$|A_1 \cap A_2| = \left\lfloor \frac{250}{2\times 3} \right\rfloor = 41 \qquad |A_1 \cap A_3| = \left\lfloor \frac{250}{2\times 5} \right\rfloor = 25$$

$$|A_1 \cap A_4| = \left\lfloor \frac{250}{2\times 7} \right\rfloor = 17 \qquad |A_2 \cap A_3| = \left\lfloor \frac{250}{3\times 5} \right\rfloor = 16$$

$$|A_2 \cap A_4| = \left\lfloor \frac{250}{3\times 7} \right\rfloor = 11 \qquad |A_3 \cap A_4| = \left\lfloor \frac{250}{5\times 7} \right\rfloor = 7$$

$$|A_1 \cap A_2 \cap A_3| = \left\lfloor \frac{250}{2\times 3\times 5} \right\rfloor = 8 \qquad |A_1 \cap A_2 \cap A_4| = \left\lfloor \frac{250}{2\times 3\times 7} \right\rfloor = 5$$

$$|A_1 \cap A_3 \cap A_4| = \left\lfloor \frac{250}{2\times 5\times 7} \right\rfloor = 3 \qquad |A_2 \cap A_3 \cap A_4| = \left\lfloor \frac{250}{3\times 5\times 7} \right\rfloor = 2$$

$$|A_1 \cap A_2 \cap A_3 \cap A_4| = \left\lfloor \frac{250}{2\times 3\times 5\times 7} \right\rfloor = 1$$

我们得到

$$|A_1 \cup A_2 \cup A_3 \cup A_4| = 125 + 83 + 50 + 35 - 41 - 25 - 17 - 16 - 11 - 7 + 8 + 5 + 3 + 2 - 1 = 193$$

1.5 幂集合与笛卡儿积

1.5.1 幂集合

定义 1.12 A 是一个集合, A 的所有子集作为元素所组成的集合称为 A 的**幂集合**, 记作 $\mathscr{P}(A)$.

例 1.30 设 $A=\{a,b,c\}$, 则 A 有子集 $A_1=\varnothing$, $A_2=\{a\}$, $A_3=\{b\}$, $A_4=\{c\}$, $A_5=\{a,b\}$, $A_6=\{a,c\}$, $A_7=\{b,c\}$, $A_8=\{a,b,c\}$. 因此, A 的幂集合为

$$\mathscr{P}(A)=\{\{\phi\},\{a\},\{b\},\{c\},\{a,b\},\{a,c\},\{b,c\},\{a,b,c\}\}$$

下面的定理回答了如何求有限集合的所有子集及子集的个数问题.

定理 1.11 *若集合 A 是由 n 个元素所组成的有限集合, 则 $\mathscr{P}(A)$ 有限, 元素个数是 2^n, 也表明 A 有 2^n 个子集.*

证明 设 $A=\{a_1,a_2,a_3,\cdots,a_n\}$, 将 $\mathscr{P}(A)$ 与 n 位二进制数组成的集合 B 建立对应关系. 对应关系如下: 当 A 的某一子集有 a_i 时, 相应的 b_i 为 1, 当不出现 a_i 时, 相应的 b_i 为 0. 这样, 任一 A 的子集与唯一的 n 位的二进制数 $b_1b_2\cdots b_n$ 对应, n 位二进制数共有 2^n 个数, 因此可知 $\mathscr{P}(A)$ 的元素也为 2^n 个.

例 1.31 设集合 $A=\{a,b,c\}$, 则 $\mathscr{P}(A)$ 共有 $2^3=8$ 个元素. 若 $A=\phi$, 则 $\mathscr{P}(A)$ 共有 $2^0=1$ 个元素, 即 $\mathscr{P}(A)=\{\phi\}$.

例 1.32 $A=\{a\}$, 则 $\mathscr{P}(A)=\{\phi,\{a\}\}$.

集合 A 的幂集合由 A 唯一确定并且 $\mathscr{P}(A)\neq A$.

1.5.2 笛卡儿积

在实际问题中, 有许多事物是成对出现的, 而且还有一定的顺序, 如上、下, 左、右, $2<7$, 平面上点的坐标等. 可以把它们分别记作 (上, 下), (左, 右), $(2,7)$, (x,y). 若将事物的顺序变换一下位置, 其含义可能不一样. 例如, 一般情况下, (上, 下)≠(下, 上), $(2,7)\neq(7,2)$.

定义 1.13 两个按一定顺序排列的客体 a、b 组成的一个有序列称为**序偶**或者序对, 记作 (a,b).

定义 1.14 序偶 (a,b) 和 (c,d) 相等, 当且仅当 $a=c, b=d$.

注意, 序偶中的元素 a 和 b 可以具有不同的属性. 例如, a 代表某个人, b 代表其身高, 则 a、b 可作成序偶 (a,b) 或 (b,a), 顺序一经规定, 序偶中的元素顺序就不能再变化了.

在序偶 (a,b) 中, a 称为第一客体, b 称为第二客体.

以上序偶的概念可以推广到任意 n 元的情形, 即所谓的 n 重有序组.

定义 1.15 $n(n>1)$ 个按一定顺序排列的客体 $a_1,a_2,\cdots,a_n$ 组成一个有序序列, 称为 n 重有序组, 并记为 $(a_1,a_2,\cdots,a_n)$.

定义 1.16 两个 n 重有序组相等：$(a_1, a_2, \cdots, a_n) = (b_1, b_2, \cdots, b_n)$，当且仅当 $a_i = b_i$，$i = 1, 2, \cdots, n$.

例 1.33 某校某系某专业某班学生可以用四重有序组 (a, b, c, d) 表示.

有了上面序偶的概念，下面引入**笛卡儿积**的概念.

定义 1.17 设 A 和 B 是两个集合，A、B 的笛卡儿积由所有序偶 (a, b) 的集合组成，其中 $a \in A$，$b \in B$，记作 $A \times B$，这样

$$A \times B = \{\ (a,b) \mid a \in A, b \in B\ \}$$

例 1.34 平面上直角坐标中的所有点的集合可用一个笛卡儿积来表示

$$R \times R = \{\ (x,y) \mid x \in R, y \in R\}$$

例 1.35 若 $A = \{a, b\}$，$B = \{1,2,3\}$，求 $A \times B$，$B \times A$，$A \times A$，$B \times B$.

解

$$A \times B = \{(a,1),(a,2),(a,3),(b,1),(b,2),(b,3)\}$$

$$B \times A = \{(1,a),(1,b),(2,a),(2,b),(3,a),(3,b)\}$$

$$A \times A = \{(a,a),(a,b),(b,a),(b,b)\}$$

$$B \times B = \{(1,1),(1,2),(1,3),(2,1),(2,3)(3,1),(3,2),(3,3)\}$$

一般来说 $A \times B$ 与 $B \times A$ 是两个不同的集合.

笛卡儿积的概念也可以推广到 n 个集合 $A_1, A_2, \cdots, A_n$ 的情形.

定义 1.18 集合 $A_1, A_2, \cdots, A_n$ 之笛卡儿积可表示为

$$A_1 \times A_2 \times \cdots \times A_n = \{(a_1, a_2, \cdots, a_n) \mid a_i \in A_i, i = 1, 2, \cdots, n\}$$

例 1.36 若 $A = \{a\}, B = \{c, d\}, C = \{\alpha, \beta\}$，则

$$A \times B = \{(a,c),(a,d)\}$$

$$A \times B \times C = \{(a,c,\alpha),(a,c,\beta),(a,d,\alpha),(a,d,\beta)\}$$

定理 1.12 设 A、B、C 为任意三个集合，则有

(1) $A \times (B \cup C) = (A \times B) \cup (A \times C)$

(2) $A \times (B \cap C) = (A \times B) \cap (A \times C)$

(3) $(A \cup B) \times C = (A \times C) \cup (B \times C)$

(4) $(A \cap B) \times C = (A \times C) \cap (B \times C)$

证明

$$\begin{aligned}(\alpha,\beta) \in A \times (B \cup C) &\Longleftrightarrow \alpha \in A \wedge \beta \in (B \cup C)\\ &\Longleftrightarrow (\alpha \in A \wedge \beta \in B) \vee (\alpha \in A \wedge \beta \in C)\\ &\Longleftrightarrow (\alpha,\beta) \in A \times B \vee (\alpha,\beta) \in A \times C\\ &\Longleftrightarrow (\alpha,\beta) \in (A \times B) \cup (A \times C)\end{aligned}$$

式 (1) 得证. 式 (2) ~ 式 (4) 三个等式类似可证, 这里略去.

若干集合笛卡儿积的概念已经明确. 当然, 这若干集合可以相等, 若 $A_1 = A_2 = \cdots = A_n = A$, 则令 $A^n = A_1 \times A_2 \times \cdots \times A_n$. 特别地, $A \times A$ 记作 A^2.

1.6 集合运算与基数概念的扩展

1.6.1 并集、交集的扩展

两个集合的并、交的概念也可以推广到任意有限个集合或无限个集合的情况.

定义 1.19 由 n 个集合 $A_1, A_2, \cdots, A_n$ 元素的全体 (重复的元素只算一次) 组成的集合称为这 n 个集合的并集, 记为

$$\bigcup_{i=1}^{n} A_i = A_1 \cup A_2 \cup A_3 \cup \cdots \cup A_n$$

定义 1.20 由一列集合 $A_1, A_2, \cdots, A_n, \cdots$ 的元素的全体 (重复元素只算一次) 组成的集合称为这一列集合的并集, 记为

$$\bigcup_{n=1}^{\infty} A_i = A_1 \cup A_2 \cup A_3 \cup \cdots \cup A_n \cup \cdots$$

例 1.37 设 $A_i = \{i\}(i = 1, 2, 3, \cdots)$, 则

$$\bigcup_{i=1}^{n} A_i = \{1\} \cup \{2\} \cup \cdots \cup \{n\} = \{1, 2, \cdots, n\}$$
$$\bigcup_{i=1}^{\infty} A_i = \{1\} \cup \{2\} \cup \cdots \cup \{n\} \ldots = \{1, 2, \cdots, n, \cdots\}$$

例 1.38 设 A_i 为区间 $[i-1, i]$ $(i = 1, 2, \cdots)$, 则

$$\bigcup_{i=1}^{n} A_i = [0, 1] \cup [1, 2] \cup \cdots \cup [n-1, n] = [0, n]$$
$$\bigcup_{i=1}^{\infty} A_i = [0, 1] \cup [1, 2] \cup \cdots, [n-1, n] \cup \cdots = [0, +\infty)$$

定义 1.21 同时属于集合 $A_1, A_2, \cdots, A_n$ 元素的全体组成的集合称为这 n 个集合的交集, 记为

$$\bigcap_{i=1}^{n} A_i = A_1 \cap A_2 \cap A_3 \cap \cdots \cap A_n$$

定义 1.22 同时属于一系列集合 $A_1, A_2, \cdots, A_n, \cdots$ 的元素的全体组成的集合称为这一系列集合的交集, 记为

$$\bigcap_{i=1}^{\infty} A_i = A_1 \cap A_2 \cap A_3 \cap \cdots \cap A_n \cap \cdots$$

例如, 设 $A_i = \{i\}(i = 1, 2, \cdots)$, 则

$$\bigcap_{i=1}^{n} A_i = \varnothing, \quad \bigcap_{i=1}^{\infty} A_i = \varnothing$$

设 $A_i = \{x \mid -i \leqslant x \leqslant i\}, i = 1, 2, 3, \cdots$, 则

$$\bigcap_{i=1}^{n} A_i = \{x \mid -1 \leqslant x \leqslant 1\}, \quad \bigcap_{i=1}^{\infty} A_i = \{x \mid -1 \leqslant x \leqslant 1\}$$

上述在描述若干集合 A_i 并集或者交集的时候, 集合 A_i 的下标 i 也可以看作另外一个集合的元素, 这个集合或是自然数集合, 或是自然数集合的前 n 个元素组成的集合, 不妨称为下标集合.

下标集合还可以是更为广泛的情况. 设 Γ 是集合 (Γ 可以是自然数集合, 也可以是其他的集合), α 是 Γ 的一个元素, 对于每一个 $\alpha \in \Gamma$, 相应地有一个以 α 为下标的集合 A_α. 这时, 所有的集合 A_α 组成一个集系

$$D = \{\ A_\alpha \ \mid \ \alpha \in \Gamma\ \}$$

集系中所有集合的并集和交集的定义如下.

定义 1.23　由所有 $A_\alpha(\alpha \in \Gamma)$ 的元素的全体 (重复的只算一次) 组成的集合称为所有 $A_\alpha(\alpha \in \Gamma)$ 的并集, 记为

$$\bigcup_{\alpha\in\Gamma} A_\alpha \ (\text{或} \bigcup_{\alpha} A_\alpha)$$

定义 1.24　同时属于所有 $A_\alpha(\alpha \in \Gamma)$ 的元素的全体组成的集合称为所有 $A_\alpha(\alpha \in \Gamma)$ 的交集, 记为

$$\bigcap_{\alpha\in\Gamma} A_\alpha \ (\text{或} \bigcap_{\alpha} A_\alpha)$$

注意, 在这里 $\cup$ 或 $\cap$ 的下部标明 $\alpha \in \Gamma$ 或 α 的意义都是指要求 α 取遍 Γ 中的所有元素.

例如, 设 Γ 为区间 $[0, +\infty)$, A_α 是区间 $(-\alpha, \alpha)$, B_α 是区间 $(0, \alpha)$, 则

$$\bigcup_{\alpha\in\Gamma} A_\alpha = (-\infty, +\infty), \quad \bigcap_{\alpha\in\Gamma} A_\alpha = \{0\}$$

$$\bigcup_{\alpha\in\Gamma} B_\alpha = (0, +\infty), \quad \bigcap_{\alpha\in\Gamma} B_\alpha = \varnothing$$

1.6.2　基数概念的扩展

定义 1.10 里, 我们针对有限集的基数给出了明确的定义. 有限集 A 的基数就是 A 中元素的个数. 无限集中的元素没有个数的概念, 无限集的基数如何表述? 先作些准备.

定义 1.25　设 A、B 为集合, 若有一个规则 f, 使得对于每一个 $x \in A$, 都有唯一确定的一个 $y \in B$ 与之对应, 则称 f 是 A 到 B 的一个**映射**, 记 $y = f(x)$, y 称为 x 的像, x 称为 y 的原像.

定义 1.26　设 f 是 A 到 B 的映射, 若对任意 $x_1 \in A$, $x_2 \in A$, 当 $x_1 \neq x_2$ 时, 有 $f(x_1) \neq f(x_2)$, 则称映射 f 是 A 到 B 的一个单射.

定义 1.27　设 f 是 A 到 B 的一个映射, 若对于任意 $y \in B$ 均存在 $x \in A$, 使 $f(x) = y$, 那么就说 f 是 A 到 B 的一个满射.

定义 1.28　A 到 B 的一个映射 f 既是单射又是满射, 则称 f 是 A 到 B 的一一映射 (或称双射, 或称 A 与 B 一一对应).

例 1.39　设 $A = \{a_1, a_2, a_3\}$, $B = \{1, 2, 3\}$, 令 $\phi(a_i) = i, i = 1, 2, 3$. 则 A 与 B 是一一对应的. 设 $C = \{a_2\}$, 则 C 是 A 的真子集, A 与 C 之间不存在一一对应关系. 无限集合的情况可能会不一样.

例 1.40 设 $N=\{0,1,2,3,4,5,6,\cdots\}, Z=\{\cdots,-3,-2,-1,0,1,2,3,\cdots\}$, ϕ 是 N 到 Z 的对应关系, 满足

$$\begin{array}{rcccccccccc} N: & 0 & 1 & 2 & 3 & 4 & 5 & 6 & 7 & \cdots \\ & \updownarrow & \updownarrow & \updownarrow & \updownarrow & \updownarrow & \updownarrow & \updownarrow & \updownarrow & \cdots \\ Z: & 0 & -1 & 1 & 2 & -2 & 3 & -3 & 4 & \cdots \end{array}$$

则可见上述对应关系 ϕ 使 N 与 Z 是一一对应的.

设 $N_0=\{2,4,6,8,10,\cdots\}$, 令 $\phi(i)=2i, i=1,2,3,4,\cdots$, 则 N 与 N_0 也是一一对应的.

两个有限集合 A 和 B 之间存在一一对应关系, 当且仅当 A 与 B 的元素个数相等, 也就是它们的基数相等. 按照这个思想, 我们可以将两个集合有相同的基数推广到任意集合, 包括有限集合和无限集合.

定义 1.29 集合 A 和集合 B 有相同的基数, 当且仅当有一个 A 和 B 之间的一一对应存在.

例 1.39 中, A_1 是 A 的真子集, A_1 与 A 之间不可能有一个一一对应存在. 例 1.40 中, N_0 是 N 的真子集, 而 N_0 与 N 却是一一对应的. A_1 与 N_0 都是某集合的真子集, 所得的结果却不一样. 仔细观察就会发现, 这是由于它们 (A_1 与 N_0) 的母体 (A 与 N) 的不同所导致的. A 中的元素有限, 而 N 中的元素无限. 这说明有限集和无限有不同的属性.

自此, 我们已经清楚了什么叫两个集合具有相同的基数, 但还没有说明无限集合的基数是什么, 由于讨论任意无限集合基数的概念过于笼统, 我们先对两个特殊的无限集合的基数作出以下规定.

(1) 自然数集合 $\mathbf{N}$ 的基数记作 $\aleph_0$, 即 $|\mathbf{N}|=\aleph_0$.

(2) 实数集 $\mathbf{R}$ 的基数记作 $\aleph$, 即 $\mathbf{R}=\aleph$.

$\aleph$ 是希伯来语, 希伯来字母表的第一个字母. 把 $\aleph$ 读作阿列夫, $\aleph_0$ 读作阿列夫零.

定义 1.30 设有集合 A 与 B, 假如 A 与 B 的某子集一一对应, 则我们说 A 的基数 $|A|$ 小于等于 B 的基数 $|B|$, 记作 $|A|\leqslant|B|$ 或者 $|B|\geqslant|A|$.

定义 1.31 设 A 是二集合, 假如 A 与 B 的某子集一一对应, 而 A 不能与 B 本身一一对应, 则我们说 A 的基数 $|A|$ 小于 B 的基数 $|B|$, 记作 $|A|<|B|$ 或者 $|B|>|A|$.

设两个有限集合 A 的元素的个数是 n, B 的元素的个数是 m, 且 $n<m$. A 必然可以和一个由 B 的 n 个元素组成的一个子集 B^* 一一对应. 定义 1.30 是有限集合元素个数大小比较的推广.

关于基数, 有以下结论.

定理 1.13 (Zermelo) 设 A 与 B 为二集合, 则下述情况恰有一个成立.

(1) $|A|<|B|$

(2) $|A|>|B|$

(3) $|A|=|B|$

此定理又称作三岐性定律.

定理 1.14 (Cantor-Schroder-Bernstein) 设A与B为二集合, 若 $|A|\leqslant|B|$ 且 $|B|\leqslant|A|$, 则

$$|A|=|B|$$

上述两个定理看上去是很直观的, 但证明却超出本课程的范围, 这里略去.

下面介绍无限集合中一类"可数"集合问题, 先给出以下定义.

定义 1.32 凡与自然数集 $\mathbf{N}$ 有相同基数之集称为可数集.

自然数所作成的集合 $\mathbf{N}$ 是可以排成一个无穷序列形式的, 即

$$0, 1, 2, 3, 4, 5, \cdots, n, \cdots$$

因此任何可数集合 M 也一定可以将其排成无穷序列形式

$$a_0, a_1, a_2, a_3, a_4, a_5, \cdots, a_n, \cdots$$

反之, 若一集合 M, 它的元素可排成上述序列形式, 则 M 一定是可数的.

定理 1.15 任意无穷集合 A, 必含有一可数集.

证明 从 A 中取出一个元素 a_1, 因 A 是无穷的, 故可以在 A 中取出另一元素 a_2, 依此可得一无穷集合 $A' = \{a_1, a_2, \cdots\}$, 集合 A' 为可数集且 $A \supseteq A'$.

定理 1.16 可数集之无穷子集仍为一可数集.

证明 设有一可数集 $A = \{a_1, a_2, a_3, a_4, \cdots\}$, 若 A^* 是 A 的一个无穷子集, 则所有属于 A^* 的 a 的下标的全体组成的集合 N^* 是自然数集合 $\mathbf{N}$ 的一个子集, 而 $\mathbf{N}$ 的任一子集中的元素都可按其元素的大小排成一列, 故 N^* 是一可数集, 从而 A^* 是一可数集, 证毕.

定理 1.17 有理数集 $\mathbf{Q}$ 为可数集.

此定理的证明留给读者自己证明.

自然数集合 $\mathbf{N}$ 的基数已经记为 $|\mathbf{N}| = \aleph_0$, 所以可数集合之基数就是 $\aleph_0$.

也许有人会问: 是不是所有无穷集合均是可数的呢? 回答是不.

定理 1.18 实数集 $\mathbf{R}$ 是不可数的.

证明 令 $t = \tan\dfrac{\pi}{2}x$, $x \in (-1, 1)$, 则可见集合 $(-1, 1)$ 与实数集 $\mathbf{R}$ 有相同基数, 要证 $\mathbf{R}$ 不可数只需证 $(-1, 1)$ 不可数, 同样只需证 $(0, 1)$ 不可数即可. 采用反证法. 假设 $(0, 1)$ 内之点 (无一遗漏的) 可排成 $x_1, x_2, \cdots, x_n, \cdots$, 即 $(0, 1)$ 可数. 把每个 x_i 写成无穷小数之形式

$$\begin{gathered} x_1 = 0.a_{11}a_{12}\ldots a_{1n}\cdots \\ x_2 = 0.a_{21}a_{22}\ldots a_{2n}\cdots \\ \vdots \\ x_n = 0.a_{n1}a_{n2}\ldots a_{nn}\cdots \\ \vdots \end{gathered}$$

根据上述序列构造一个数 $x = 0.a_1a_2\cdots a_n\cdots$

$$a_i = \begin{cases} 2, & \text{当 } a_{ii} \neq 2 \\ 1, & \text{当 } a_{ii} = 2 \end{cases}$$

按照这个构造方法, $x \neq x_i$, $i = 1, 2, \cdots$, 但 $x \in (-1, 1)$, 矛盾.

由这个定理可知实数集的基数不是 $\aleph_0$, 它比 $\aleph_0$ 要"大", 将其记作 $\aleph$ 或以 C 表示之, 称作连续统的基数.

1.7 习　题

1. 下列所述是否能组成集合？为什么？

(1) 某本书所有的插图

(2) 所有小于 9 的自然数

(3) 太阳系所有的行星

(4) 平面上所有的圆

(5) 某次考试平均 80 分以上的人

(6) 高个人的全体

(7) 数学中的所有难题

2. 令 $S=\{2,a,\{3\},b,\}$, $M=\{\{a\},3,\{b\},1\}$, 指出下列关系正确否.

(1) $\{a\}\in S$

(2) $3\notin S$

(3) $\{a\}\in M$

(4) $3\in M$

(5) $b\in M$

3. 列出下列集合的成员.

(1) $A=\{x\mid x$是使得 x^2=1 的实数$\}$

(2) $B=\{x\mid x$是小于 12 的正整数$\}$

(3) $C=\{x\mid x$是某个数的平方且 $x<100\}$

(4) $D=\{x\mid x$是整数且 $x^2=2\}$

4. 用文氏图说明不超过 10 的所有正整数集合中的奇数子集.

5. 列举出两个集合, 满足以下关系.

(1) 一个集合是另一个集合的子集合.

(2) 一个集合是另一个集合的真子集合.

(3) 两个集合相等.

6. 集合 A、B、C 有 $A\subseteq B$ 且 $B\subseteq C$, 证明：$A\subseteq C$, 并举例说明.

7. 试问：集合 A 与集合 B 在什么条件下有 $B\not\subseteq A$ 和 $B\subseteq A$ 同时成立？

8. 证明：空集是唯一的.

9. 确定下列各命题的真假性.

(1) $\varnothing\subseteq\varnothing$

(2) $\varnothing\in\varnothing$

(3) $\varnothing\subseteq\{\varnothing\}$

(4) $\varnothing\in\{\varnothing\}$

(5) $\{a,b\}\subseteq\{a,b,c,\{a,b,c\}\}$

(6) $\{a,b\}\in\{a,b,c,\{a,b,c\}\}$

(7) $\{a,b\}\subseteq\{a,b,\{\{a,b,\}\}\}$

(8) $\{a,b\}\in\{a,b,\{\{a,b,\}\}\}$

10. 判断下列语句的真假.

(1) $x \in \{x\}$

(2) $\{x\} \subseteq \{x\}$

(3) $\{x\} \in \{x\}$

(4) $\{x\} \in \{\{x\}\}$

(5) $\varnothing \subseteq \{x\}$

(6) $\varnothing \in \{x\}$

11. 设 $A = \{x \mid x < 5, x \in \mathbf{N}\}$, $B = \{x \mid x < 7, x$ 是正偶数$\}$($\mathbf{N}$ 是自然数集合), 求 $A \cup B, A \cup B, A \cap B, B - A, A \oplus B$.

12. 设 $A = \{x \mid x$ 是 book 中的字母$\}$, $B = \{x \mid x$ 是 black 中的字母$\}$, 求 $A \cup B$, $A \cap B$, $A - B$, $B - A$, $A \oplus B$.

13. 证明: $\overline{\phi} = E$, $\overline{E} = \phi$.

14. 简化下列集合运算.

(1) $(A \cup B) \cap (A \cup B)$

(2) $(A \cup B) \cup (A \cup B)$

(3) $(A \cup B) \cup ((A \cup C) \cup B)$

(4) $(A \cap \overline{B}) \cup (B \cap \overline{A}) \cup (A \cap B)$

(5) $(A \cup B \cup \overline{C}) \cap (\overline{A} \cap \overline{B} \cap \overline{C})$

15. 设 A、B、C 为三个集合, 则 $A \cap (B - C) = (A \cap B) - (A \cap C)$.

16. 应用集合的运算证明以下等式.

(1) $A - (B - C) = (A - B) - C$

(2) $A - (B - C) = (A - B) \cup (A \cap C)$

(3) $(A \cup B) - C = (A - C) \cup (B - C)$

(4) $(A \cap B) - C = (A - C) \cap (B - C)$

(5) $(A \cup B) \cup (B - A) = A \cup B$

17. 设 A、B 为任一集合, 证明 $A \subseteq B$ 的充要条件为 $A \cap \overline{B} = \varnothing$.

18. 设全集 $E = \{x \mid x$ 是自然数$\}$, 如下是它的子集: $A = \{1, 2, 7, 8\}$, $B = \{x \mid x^2 < 50\}$, $C = \{x \mid x$ 可被 3 整除 $, 0 \leqslant x \leqslant 30\}$, $D = \{x \mid x = 2^k, 0 \leqslant k \leqslant 6\}$, 求下列集合.

(1) $A \cup [B \cup (C \cup D)]$

(2) $A \cap [B \cap (C \cap D)]$

(3) $B - (A \cup C)$

(4) $(\overline{A} \cap B) \cup D$

19. 求解以下问题.

(1) 已知 $A \cup B = A \cup C$, 是否必须有 $B = C$?

(2) 已知 $A \cap B = A \cap C$, 是否必须有 $B = C$?

(3) 已知 $A \oplus B = A \oplus C$, 是否必须有 $B = C$?

20. 在一个班级的 50 个学生中, 有 26 人在第一次考试中得到 A, 21 人在第二次考试中得到 A, 假如 17 人两次考试中都没有得到 A, 问有多少学生两次考试中都得到 A?

21. 试求 1~10000 范围内不能被 4、5 或 6 整除的整数个数.

22. 设 $A=\{a,b\}$, 求 $\mathscr{P}(A)\times A$, $A\times\mathscr{P}(A)$ 及 $\mathscr{P}(A)\times\mathscr{P}(A)$.

23. 设 $A=\{0,1\}$, $B=\{1,2\}$. 求下列集合.

(1) $A\times\{1\}\times B$

(2) $A^2\times B$

(3) $(B\times A)^2$

24. 证明：若 $A\times A=B\times B$, 则 $A=B$.

25. 证明：若 $A\times B=A\times C$, 且 $A\neq\varnothing$, 则 $B=C$.

26. 设 $A=\varnothing$, 求 $\mathscr{P}(A)$, $\mathscr{P}(\mathscr{P}(A))$, $\mathscr{P}(\mathscr{P}(\mathscr{P}(A)))$.

27. 指出下列各式是否成立.

(1) $(A\cup B)\times(C\cup D)=(A\times C)\cup(B\times D)$

(2) $(A-B)\times(C-D)=(A\times C)-(B\times D)$

(3) $(A\oplus B)\times(C\oplus D)=(A\times C)\oplus(B\times D)$

(4) $(A-B)\times C=(A\times C)-(B\times C)$

(5) $(A\oplus B)\times C=(A\times C)\otimes(B\times C)$

28. 对任意集合 A、B 证明以下结论.

(1) $\mathscr{P}(A)\cup\mathscr{P}(B)\subseteq\mathscr{P}(A\cup B)$

(2) $\mathscr{P}(A)\cap\mathscr{P}(B)\subseteq\mathscr{P}(A\cap B)$

举例说明：$\mathscr{P}(A)\cup\mathscr{P}(B)\neq\mathscr{P}(A\cup B)$.

29. $S_n=\{a_0,a_1,\cdots,a_n\}$ 和 $S_{n+1}=\{a_0,a_1,\cdots,a_n,a_{n+1}\}$, 试用 $\mathscr{P}(S_n)$ 和 a_{n+1} 表达出 $\mathscr{P}(S_{n+1})$.

30. 若 A 与 B 是无限集合, C 是有限集合, 回答下述问题, 并说明理由.

(1) $A\cap B$ 是无限集合吗?

(2) $A-B$ 是无限集合吗?

(3) $A\cup B$ 是无限集合吗?

31. 证明以下结论.

(1) 集合 $[0,1]$ 是无限集合.

(2) 自然数集合 $\mathbf{N}$ 是无限集合.

32. 设 $A_k=\left[-1+\dfrac{1}{k},1-\dfrac{1}{k}\right]\quad(k=1,2,\cdots)$, 求:

(1) $\bigcup\limits_{k=1}^{n}A_k$, $\bigcup\limits_{k=1}^{\infty}A_k$

(2) $\bigcap\limits_{k=1}^{n}A_k$, $\bigcap\limits_{k=1}^{\infty}A_k$

33. 设 $A=\{x\mid x\text{为有理数},|x|<\dfrac{1}{n}(n=1,2,\cdots)$, 求 $\bigcup\limits_{n=1}^{\infty}A_n$, $\bigcap\limits_{n=1}^{n}A_n$.

34. 设

$A_1=\{0,1\}$

$A_2=\left\{0,\dfrac{1}{2},1\right\}$

$$A_3 = \left\{0, \frac{1}{4}, \frac{1}{2}, \frac{3}{4}, 1\right\}$$

$$A_4 = \left\{0, \frac{1}{8}, \frac{1}{4}, \frac{3}{8}, \frac{1}{2}, \frac{5}{8}, \frac{3}{4}, \frac{7}{8}, 1\right\}, \cdots$$

$$A_n = \left\{0, \frac{1}{2^{n-1}}, \frac{2}{2^{n-1}}, \frac{3}{2^{n-1}}, \cdots, \frac{2^{n-1}-1}{2^{n-1}}, 1\right\}$$

求：$\bigcup\limits_{k-1}^{n} A_k$，$\bigcap\limits_{k-1}^{n} A_k$，$\bigcup\limits_{k-1}^{\infty} A_k$，$\bigcap\limits_{k-1}^{\infty} A_k$.

35. 证明下列每组集合 A 与 B 有相同的基数.

(1) $A = (0,1), B = (0,2)$

(2) $A = \mathbf{N}, B = \mathbf{N} \times \mathbf{N}, \mathbf{N}$ 为自然数集合

(3) $A = \mathbf{R}, B = (0, \infty), \mathbf{R}$ 为实数集合

(4) $A = [0,1), B = \left(\dfrac{1}{4}, \dfrac{1}{2}\right)$

36. 证明: 所有整数集是可数集合.

37. 证明: 有理数集是可数集合.

38. 如果两个集合 A_1 和 A_2 是可数的, 则 $A_1 \times A_2$ 也是可数的.

39. 有限集 A 和可数集 B 的笛卡儿积 $A \times B$ 是可数的.

40. 若 A、B 是可数集, 且 $A \cap B = \varnothing$, 则 $A \cup B$ 可数. 由此可推出当不考虑 $A \cap B = \varnothing$ 时, $A \cup B$ 仍可数.

41. 如果 A 是不可数无穷集, B 是 A 的可数子集, 则 $A - B \sim A$.

42. 设 $A = \{x \mid x$ 为有理数, $0 < x < 1\}$, $B = \{x \mid x$ 无理数, $0 < x < 1\}$, 证明 $|A| < |B|$.

第2章 二元关系

2.1 基本概念

生活中的每一天, 我们都会涉及各种关系. 例如, 人与亲属之间的关系; 公司中的每个雇员与其工资之间的关系; 一个整数与和它模 5 同余的一个整数的关系, 一个实数与一个比它大的实数之间的关系等. 从这里可以看出, 关系总是体现在一个实体和另外一个实体之间, 而且关系和两个实体的顺序有关. 我们可以用两个相关元素构成的有序对来表达它们之间的关系, 这是一种最直接的方式. 可以把所有表示关系的有序对组成一个集合, 按照我们前面学习过的知识来说, 这个集合实质上是有序对的第一个元素所在的集合与第二个元素所在的集合笛卡儿积的一个子集. 因此, 用序偶表达关系这个概念是非常自然的.

下面引入用有序对的集合表示的二元关系.

2.1.1 二元关系的定义

定义 2.1 令 X 和 Y 是任意两个集合, X 和 Y 的笛卡儿积 $X \times Y$ 的一个子集 R 称为 X 到 Y 的**关系**.

从关系的定义可以看出, 每一个 $X \times Y$ 的子集都是 X 到 Y 的二元关系, 可见 X 到 Y 的二元关系很多.

现在设 R 是 X 到 Y 的某个关系. 若 $(x, y) \in R$, 也记作 xRy, 则意味着 x 与 y 有关系 R; 若 $(x, y) \notin R$, 也记作 $x\overline{R}y$, 意味着 x 与 y 没有关系 R. 给定 X 到 Y 的两个关系 R_1 和 R_2, 两个元素 x 与 y 有关系 R_1 未必有关系 R_2, 反之也然, 可见关系是相对的. 元素 x 与 y 有关系, 也称 x 与 y 相关.

二元关系的概念可以推广到多个元素之间, 即所谓的多元关系. 本书主要讨论二元关系, 也往往省去"二元"两字.

今后把 $X \times Y$ 的两个平凡子集 $X \times Y$ 和 $\varnothing$ 分别称为 X 到 Y 的全关系和空关系.

关系定义中的集合 X 和集合 Y 当然可以有相等的时候. 当 $X = Y$ 时, 关系 R 是 $X \times X$ 的子集, X 到 X 的关系 R 简称 X 上的关系.

例 2.1 设 $A = \{0, 1, 2\}$, $B = \{a, b\}$. 那么 $R = \{(0, a), (0, b), (1, a), (2, b)\}$ 是从 A 到 B 的关系, 如 $0Ra$, $1\overline{R}b$ 等.

例 2.2 设 $X = \{1, 2, 3, 4\}$, 找出 $X \times X$ 所有元素数对, 其中数对的第 1 个元素大于第 2 个元素. 按照定义, 所有满足条件的数对组成的集合是 X 上的一个关系, 这个关系就称为 X 上的大于关系并用符号 $>$ 表示.

解 $>= \{(2, 1), (3, 1), (4, 1), (3, 2), (4, 2), (4, 3)\}$

按照这个思路, 我们可以找出 X 上的小于关系、相等关系、X 上的整除关系等.

例 2.3 若 $H = \{f, m, s, d\}$ 表示一个家庭中父、母、子、女四个人的集合, 确定 H 上的全关系和空关系.

解　设 H 上的全关系为 $H_1 = H \times H$

$$\begin{aligned} H_1 = \{&(f,m),(f,s),(f,d),(m,f),(m,s),(m,d),\\ &(s,f),(s,m),(s,d),(d,f),(d,m),(d,s),\\ &(f,f),(m,m),(s,s),(d,d)\} \end{aligned}$$

这个关系可以表述为同一家庭成员相互认识的关系.

H 上的空关系 $H_2 = \varnothing$, 这个关系可以表述为同一家庭成员互不相识的关系.

H_1 为全域关系, H_2 为空关系.

定义 2.2　设 I_X 是 X 上的二元关系且满足 $I_X = \{(x,x)|x \in X\}$, 则称 I_X 是 X 上的恒等关系.

定义 2.3　$A = \{1,2,3\}$, 则 $I_X = \{(1,1),(2,2),(3,3)\}$.

2.1.2　关系的运算

因为关系是有序对的集合, 所以同一集合上的关系当然可以进行集合的所有运算.

例 2.4　设 $X = \{1,2,3,4\}$, 若

$$H = \left\{(x,y)\left|\frac{x-y}{2}\text{是整数}\right.\right\}$$

和

$$S = \left\{(x,y)\left|\frac{x-y}{3}\text{是整数}\right.\right\}$$

求 $H \cup S$, $H \cap S$, $\sim H$, $S - H$. 其中, $\sim H$ 表示 H 的补集.

解　$H = \{(1,1),(1,3),(2,2),(2,4),(3,3),(3,1),(4,4),(4,2)\}S = \{(4,1)\}$, 故

$$\begin{aligned} H \cup S &= \{(1,1),(1,3),(2,2),(2,4),(3,3),(3,1),(4,4),(4,2),(4,1)\}\\ H \cap S &= \varnothing\\ \sim H &= \{(1,2),(2,1),(2,3),(3,2),(3,4),(4,3),(1,4),(4,1)\}\\ S - H &= \{(4,1)\} \end{aligned}$$

由此例可以看出, 关系作为集合运算以后, 结果还是关系. 一般情况我们有下述定理.

定理 2.1　*若 Z 和 S 是从集合 X 到集合 Y 的两个关系, 则 Z、S 的并、交、补和差仍是 X 到 Y 的关系.*

证明　只需证明关系作为集合进行相关运算以后, 结果依然是 $X \times Y$ 的子集即可. 因为 $Z \subseteq X \times Y$, $S \subseteq X \times Y$, 故

$$Z \cup S \subseteq X \times Y, Z \cap S \subseteq X \times Y$$

$$\sim S = \{X \times Y - S) \subseteq X \times Y$$

$$Z - S = Z \cap \sim S \subseteq X \times Y$$

2.2 一些特殊的关系

每个 $X \times X$ 的子集都是 X 上的关系, 这些关系的数量很大, 有必要从这些关系中挑出我们认为特殊的、有用的关系. 这就是下面要介绍的一些特殊关系.

2.2.1 自反关系

在某些关系中一个元素总是与自己相关. 例如, 设 R 是所有的正整数组成的集合 A 上的关系. 两个正整数 x 与 y 相关当且仅当 $x \mid y$, 则对任意正整数 x, 都有 $(x, x) \in R$. 又如, 所有三角形组成的集合上的相似关系, 任何三角形都与自身相似.

定义 2.4 设 R 为定义在集合 X 上的二元关系, 如果对于每个 $x \in X$, 有 xRx, 则称二元关系 R 是自反的. 即

$$R \text{ 在 } X \text{ 上自反} \Leftrightarrow (\forall x)(x \in X \to xRx)$$

例 2.5 实数集合上的关系"$\leqslant$"是自反的. 因为对于任意实数 x, 都有 $x \leqslant x$ 成立. 平面上三角形组成集合上的全等关系也是自反的.

例 2.6 考虑下面 $\{1,2,3,4\}$ 上的关系

$$\begin{aligned}
&R_1 = \{(1,1),(1,2),(2,1),(2,2),(3,4),(4,1),(4,4)\}\\
&R_2 = \{(1,1),(1,2),(2,1)\}\\
&R_3 = \{(1,1),(1,2),(1,4),(2,1),(2,2),(3,3),(4,1),(4,4)\}\\
&R_4 = \{(2,1),(3,1),(3,2),(4,1),(4,2),(4,3)\}\\
&R_5 = \{(1,1),(1,2),(1,3),(1,4),(2,2),(2,3),(2,4),(3,3),(3,4),(4,4)\}\\
&R_6 = \{(3,4)\}
\end{aligned}$$

其中哪些关系是自反的?

解 关系 R_3 和 R_5 是自反的, 因为它们都包含了所有形如 (a, a) 的数对, 即 $(1,1)$、$(2,2)$、$(3,3)$ 和 $(4,4)$. 其他的关系不是自反的, 因为它们不包含所有这些有序对. 例如, R_1、R_2、R_4 和 R_6 不是自反的, 原因是 $(3,3)$ 都不在这些关系里.

例 2.7 正整数集合上的"整除"关系是自反的吗?

解 只要 a 是正整数就有 $a \mid a$, "整除"关系是自反的. 注意, 如果我们将正整数集替换为所有整数集, 则"整除"关系不是自反的, 原因是 0 不能整除 0.

2.2.2 对称关系

在某些关系中, 两个元素只要第一个元素与第二个元素相关, 就会得出第二个也与第一个元素相关. 例如, 某班级全体同学组成集合上的关系 R 是这样的数对组成的, 学生甲与学生乙有关系当且仅当他们选修同一门课程.

定义 2.5 设 R 为定义在集合 X 上的二元关系, 如果对于每个 $x, y \in X$, 每当 xRy, 就有 yRx, 则称集合 X 上关系 R 是对称的. 即

$$R \text{ 在 } X \text{ 上对称} \Leftrightarrow (\forall x)(\forall y)(x \in X \wedge y \in X \wedge xRy \to yRx)$$

对称的关系很多. 例如, 平面上所有三角形组成的集合上的三角形的相似关系是对称的, 因为若三角形 A 相似于三角形 B, 则三角形 B 必然相似于三角形 A. 同理, 在同一街道居住的邻居关系也是对称的.

一个集合 X 上的关系可能既是自反的, 又是对称的.

例 2.8 设 $A=\{2,3,5,7\}$, $R=\left\{(x,y)\middle|\dfrac{x-y}{2}\text{ 是整数}\right\}$, 验证 R 在 A 上是自反和对称的.

证明 因为对于任意 $x\in A$, $\dfrac{x-x}{2}=0$, 即 $(x,x)\in R$, 故 R 是自反的.

又设 x, $y\in R$, 如果 $(x,y)\in R$, 即 $\dfrac{x-y}{2}$ 是整数, 则 $\dfrac{y-x}{2}$ 也必是整数, 即 $(y,x)\in R$, 因此 R 是对称的.

2.2.3 传递关系

某班级全体同学组成集合上的关系 R 是这样定义的: 学生 x 与 y 相关当且仅当期末 x 的总分比 y 的高. 若 x、y 和 z 是班上的三位学生, x 与 y 相关, y 与 z 相关. 这意味着 x 比 y 的期末总分高, y 比 z 的期末总分高, 这当然可以推出 x 比 z 的期末成绩高, 也就是说 x 与 z 相关. 我们就说关系 R 是传递关系. 定义如下.

定义 2.6 设 R 为定义在集合 X 上的二元关系, 如果对于任意 $x, y, z\in X$, 每当 xRy, yRz 时, 就有 xRz, 称关系 R 在 X 上是传递的. 即

$$R\text{ 在 }X\text{ 上传递}\Leftrightarrow(\forall x)(\forall y)(\forall z)(x\in X\wedge y\in X\wedge z\in X\wedge xRy\wedge yRz\to xRz)$$

例如, 在实数集合上的关系 $\leqslant$、$<$ 和 $=$ 都是传递的. 又如, 设 A 是全体人组成的集合, R 是 A 上的二元关系, $(a,b)\in R$ 当且仅当 a 比 b 的年龄大, 这种关系就是传递的.

例 2.9 设 $X=\{1,2,3\}$, 且

$$R_1=\{(1,2),(2,2)\}$$
$$R_2=\{(1,2)\}$$
$$R_3=\{(1,2),(2,3),(1,3),(2,1)\}$$

R_1、R_2 和 R_3 都是传递关系吗?

解 根据传递的定义, R_1 和 R_2 是传递的.

对于 R_3, 已知 $(1,2)\in R_3$, $(2,1)\in R_3$, 但 $(1,1)\notin R$, 表明 R_3 不是传递的.

例 2.10 考虑下面 $\{1,2,3,4\}$ 上的关系

$$R_1=\{(1,1),(1,2),(2,1),(2,2),(3,4),(4,1),(4,4)\}$$
$$R_2=\{(1,1),(1,2),(2,1)\}$$
$$R_3=\{(1,1),(1,2),(1,4),(2,1),(2,2),(3,3),(4,1),(4,4)\}$$
$$R_4=\{(2,1),(3,1),(3,2),(4,1),(4,2),(4,3)\}$$
$$R_5=\{(1,1),(1,2),(1,3),(1,4),(2,2),(2,3),(2,4),(3,3),(3,4),(4,4)\}$$
$$R_6=\{(3,4)\}$$

其中哪些关系是传递的?

解 R_1 不是传递的, 因为 $(3,4)$ 和 $(4,1)$ 属于 R_1, 但 $(3,1)$ 不属于 R_1. R_2 不是传递的, 因为 $(2,1)$ 和 $(1,2)$ 属于 R_2, 但 $(2,2)$ 不属于 R_2. R_3 不是传递的, 因为 $(4,1)$ 和 $(1,2)$ 属于 R_3, 但 $(4,2)$ 不属于 R_3.

R_4、R_5, 和 R_6 是传递的. 对于这些关系, 我们可以通过验证若 (a,b) 和 (b,c) 属于这个关系, 则一定有 (a,c) 也属于这个关系来证明每个关系都是传递的. 例如, R_4 是传递的, 因为只有 $(3,2)$ 和 $(2,1)$、$(4,2)$ 和 $(2,1)$、$(4,3)$ 和 $(3,1)$、以及 $(4,3)$ 和 $(3,2)$ 是这种有序对, 而 $(3,1)$、$(4,1)$ 和 $(4,2)$ 属于 R_4, 同样可以验证 R_5 和 R_6 也是传递的.

例 2.11 正整数集合上的整除关系 R 是传递的吗?

解 对于三个正整数 a、b、c, 若有 $a \mid b$, $b \mid c$, 存在整数 s、t 使得 $b = sa$, 和 $c = tb$, 因此有 $c = tb = tsa$, 于是 $a \mid c$, 这就是说 $(a,c) \in R$, 于是关系 R 是传递的.

2.2.4 反自反关系

某集合上的关系可能具有这样的特性, 每一个元素都不可能与自己相关. 例如, 整数集合上的关系 R 由这样的 (x,y) 构成, 其中整数 x 比整数 y 大. 每个元素 x 不会比自身大. 这种关系就是所谓的反自反关系, 下面是详细定义.

定义 2.7 设 R 为定义在集合 X 上的二元关系, 如果对于每一个 $x \in X$, 都有 $(x,x) \notin R$, 则 R 称作反自反的. 即

$$R \text{ 在 } X \text{ 上反自反} \Leftrightarrow (\forall x)(x \in X \rightarrow (x,x) \notin R)$$

例 2.12 正整数集合上的大于等于关系 $\geqslant$ 是自反的关系.

例 2.13 正整数集合上的大于关系 $>$ 不是自反的关系.

例 2.14 $A = \{1,2,3\}$, $S = \{(1,1),(1,2),(3,2),(2,3),(3,3)\}$, 验证 S 不是自反的, 也不是反自反的.

解 $2 \in A$, 但 $(2,2) \notin A$, 说明 S 不是自反的. $1 \in A$, 但 $(1,1) \in S$, 说明 S 不是反自反的.

这个例子表明, 当一个关系不是自反的关系时, 不一定就是反自反的. 也就是说, 不是自反的关系和反自反关系并不是一回事.

2.2.5 反对称关系

一些关系有这样一种特性, 当两个不相等的元素中的第一个元素与第二个元素相关时, 第二个元素一定不与第一个元素相关. 这种性质的关系就是所谓的反对称关系.

定义 2.8 设 R 为定义在集合 X 上的二元关系, 对于任意的 x, $y \in X$, 每当 xRy 和 yRx 必有 $x = y$, 则称 R 是 X 上的反对称关系, 即

$$(\forall x)(\forall y)(x \in X \wedge y \in X \wedge xRy \wedge yRx \rightarrow x = y)$$

例如, 一个关系由 (x,y) 对构成, 其中 x 和 y 是学生, 且 x 比 y 的平均成绩高是反对称的, 实数集合中 $\leqslant$ 是反对称的, 集合的 $\subseteq$ 关系是反对称的.

因为

$$
\begin{aligned}
(xRy) \wedge (yRx) \to (x = y) &\Leftrightarrow \neg(x = y) \to \neg((xRy) \wedge (yRx)) \\
&\Leftrightarrow \neg(x = y) \to (x\overline{R}y) \vee (y\overline{R}x) \\
&\Leftrightarrow (x = y) \vee (x\overline{R}y) \vee (y\overline{R}x) \\
&\Leftrightarrow \neg((x \neq y) \wedge (xRy)) \vee (y\overline{R}x) \\
&\Leftrightarrow (x \neq y) \wedge (xRy) \to y\overline{R}x
\end{aligned}
$$

故关系 R 的反对称的定义亦可表示为

$$(\forall x)(\forall y)(x \in X \wedge y \in X \wedge x \neq y \wedge xRy \to y\overline{R}x)$$

对称与反对称的概念也不是对立的. 因为可以存在这样的关系 R, R 既是对称的也是反对称的, 或者 R 既不是对称的也不是反对称的.

例 2.15　设 $A = \{1,2,3,4\}$, 对于 A 上的两个关系

$$R_1 = \{(1,2),(3,4),(4,3)\}$$
$$R_2 = \{(1,1)\}$$

因为 $(1,2) \in R_1$, 但是 $(2,1) \notin R_1$, 关系 R_1 不是对称的. 由于 $(3,4)$ 和 $(4,3)$ 同时属于关系 R_2, $3 \neq 4$, 关系 R_1 不是反对称的. 这样关系 R_1 既不是对称的也不是反对称的. 另外, 不难验证关系 R_2 是对称的也是反对称的.

从这个例子我们可以看出, 一个关系如果包含了某些形如 (a,b) 的对, 其中 $a \neq b$. 这个关系就不可能同时是对称和反对称的.

例 2.16　考虑下面 $\{1,2,3,4\}$ 上的关系

$$
\begin{aligned}
&R_1 = \{(1,1),(1,2),(2,1),(2,2),(3,4),(4,1),(4,4)\} \\
&R_2 = \{(1,1),(1,2),(2,1)\} \\
&R_3 = \{(1,1),(1,2),(1,4),(2,1),(2,2),(3,3),(4,1),(4,4)\} \\
&R_4 = \{(2,1),(3,1),(3,2),(4,1),(4,2),(4,3)\} \\
&R_5 = \{(1,1),(1,2),(1,3),(1,4),(2,2),(2,3),(2,4),(3,3),(3,4),(4,4)\} \\
&R_6 = \{(3,4)\}
\end{aligned}
$$

其中哪些关系是对称的? 哪些关系是反对称的?

解　关系 R_1 不是对称的, 因为 $(3,4) \in R_1$, 但是 $(4,3) \notin R_1$. 关系 R_2 和 R_3 是对称的. 因为在这两个关系中, 只要 (a,b) 属于它, 就有 (b,a) 属于它. 和验证 R_1 不是对称关系一样, 不难验证 R_4、R_5、R_6 都不是对称的.

R_1 不是反对称的, 因为 $1 \neq 2$, 但 $(1,2)$ 和 $(2,1)$ 都属于 R_1. 同样的道理, 可以验证 R_2 和 R_3 也不是反对称的. 对于 R_4、R_5 和 R_6 这三个关系, 由于其中的每一个关系都不存在这样的有序对 (a,b) 和 (b,a), 这里 $a \neq b$, 使得 (a,b) 和 (b,a) 都属于这个关系, 所以 R_4、R_5 和 R_6 这三个关系都是反对称的.

例 2.17　正整数集合上的整除关系是对称的吗? 是反对称的吗?

解　正整数集合上的整除关系可以描述为

$$R = \{(a,b) \mid a,b\text{是正整数, 且 } a \mid b\}$$

显然有 $(2,4)\in R$, $(4,2)\notin R$, 于是关系 R 不是对称的. 对于任意正整数 a、b, 若 $a\mid b$ 和 $b\mid a$ 同时成立, 则一定有 $a=b$, 这说明关系 R 是反对称的.

2.3 复合关系

前面介绍了关系的并、交、补等运算. 下面再介绍一种称为关系复合的运算.

定义 2.9 设 R 为 X 到 Y 的关系, S 为从 Y 到 Z 的关系, 则 $R\circ S$ 表示 R 和 S 的复合关系, 含义是

$$R\circ S=\{(x,z)|x\in X\wedge z\in Z\wedge(\exists y)(y\in Y\wedge(x,y)\in R\wedge(y,z)\in S)\}$$

已知 R 和 S, 求得 $R\circ S$, 称为关系的复合运算.

从图 2.1 可以更好地了解两个关系 R 和 S 以及它们的复合关系 $R\circ S$.

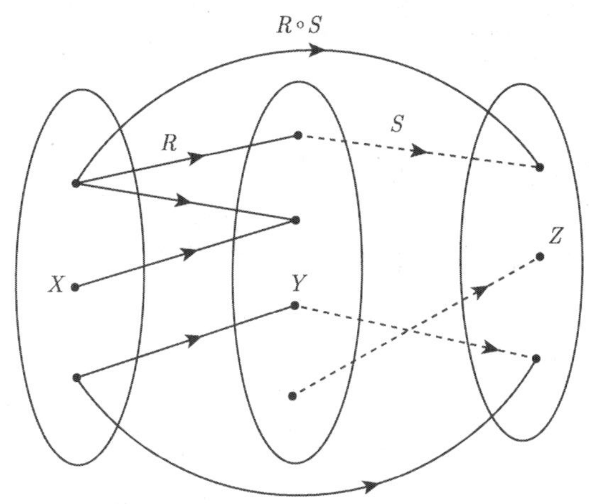

图 2.1 关系 R 和 S 以及它们的复合关系 $R\circ S$

复合运算是关系之间的二元运算, 在一定条件下, 能够由两个关系生成一个新的关系.

R 是 X 到 Y 的关系, S 是 Y 到 Z 的关系, P 是 Z 到 W 的关系, 于是 $(R\circ S)\circ P$ 和 $R\circ(S\circ P)$ 都是从 X 到 W 的关系. 且有以下结论.

定理 2.2 设 R 是从 X 到 Y 的关系, S 是从 Y 到 Z 的关系, P 是从 Z 到 W 的关系, 于是 $(R\circ S)\circ P$ 和 $R\circ(S\circ P)$ 都是从 X 到 W 的关系, 且

$$(R\circ S)\circ P=R\circ(S\circ P)$$

即关系的合成运算是可结合的.

证明 设 R 是从 X 到 Y 的关系, S 是从 Y 到 Z 的关系, P 是从 Z 到 W 的关系. 由复合关系的定义可知, 关系 $(R\circ S)\circ P$ 和 $R\circ(S\circ P)$ 都是 X 到 W 的关系, 对于 $x\in X$, $w\in W$, 设 $(x,w)\in(R\circ S)\circ P$. 可知, 存在 $z\in Z$, 使得 $(x,z)\in R\circ S$ 并且 $(z,w)\in P$, 由 $(x,z)\in R\circ S$ 可知, 存在 y, 使得 $(x,y)\in R$ 并且 $(y,z)\in S$, 我们得到 $(y,w)\in S\circ P$, 进而 $(x,w)\in R\circ(S\circ P)$, 故

$$(R\circ S)\circ P\subseteq R\circ(S\circ P)$$

同理可以证明

$$(R \circ S) \circ P \supseteq R \circ (S \circ P)$$

综合以上两个方面的证明, 定理结论成立.

例 2.18 令 $R = \{(1,2),(3,4),(2,2)\}$ 和 $S = \{(4,2),(2,5),(3,1),(1,3)\}$, 试求:$R \circ S$,$S \circ R$,$R \circ (S \circ R)$,$(R \circ S) \circ R$,$R \circ R$,$S \circ S$,$R \circ R \circ R$.

解 $R \circ S = \{(1,5),(3,2),(2,5)\}$

$S \circ R = \{(4,2),(3,2),(1,4)\} \neq R \circ S$

$(R \circ S) \circ R = \{(3,2)\}$

$R \circ (S \circ R) = \{(3,2)\}$

$R \circ R = \{(1,2),(2,2)\}$

$S \circ S = \{(4,5),(3,3),(1,1)\}$

$R \circ R \circ R = \{(1,2),(2,2)\}$

本例表明, 关系的复合运算是不可交换的.

例 2.19 设 R_1 和 R_2 是集合 $X = \{0,1,2,3\}$ 上的关系, 有

$$R_1 = \left\{(i,j)|j = i+1 \text{或} j = \frac{1}{2}i\right\}, \quad R_2 = \{(i,j)|i = j+2\}$$

求 $R_1 \circ R_2$,$R_2 \circ R_1$,$R_1 \circ R_2 \circ R_1$,$R_1 \circ R_1$,$R_1 \circ R_1 \circ R_1$.

解 $R_1 = \{(0,1),(1,2),(2,3),(0,0),(2,1)\}$

$R_2 = \{(2,0),(3,1)\}$

$R_1 \circ R_2 = \{(1,0),(2,1)\}$

$R_2 \circ R_1 = \{(2,1),(2,0),(3,2)\}$

$R_1 \circ R_2 \circ R_1 = \{(1,1),(1,0),(2,2)\}$

$R_1 \circ R_1 = \{(0,2),(1,3),(1,1),(0,1),(0,0),(2,2)\}$

$R_1 \circ R_1 \circ R_1 = \{(0,3),(0,1),(1,2),(0,2),(0,0),(2,3),(2,1)\}$

因为关系的复合运算满足结合律, 所以若干 R 自身之间作复合运算的结果都是一样的, 根据 R 的数量, 这些结果可以用以下符号来表示

$$R \circ R,\ R \circ R \circ R,\ \cdots,\ \overbrace{R \circ R \circ \cdots \circ R}^{m\text{个}}$$

也可以简单记作

$$R^2,\ R^3,\ \cdots,\ R^m$$

例 2.20

设 $R = \{(1,1),(2,1),(3,2),(4,3)\}$. 求 R^n, $n = 2,3,4,\cdots$.

解 通过计算可知 $R^2 = R \circ R = \{(1,1),(2,1),(3,1),(4,2)\}$. $R^3 = R^2 \circ R = \{(1,1),(2,1),(3,1),(4,1)\}$. 其他的计算可知 $R^n = R^3$, $n = 4,5,6,7,\cdots$.

下面的结论表明, 传递关系 R 经过任意次复合后的关系都是本身的一个子集.

定理 2.3 集合 A 上的关系 R 是传递的, 当且仅当对于 $n = 1,2,\cdots$, 都有 $R^n \subseteq R$.

证明 充分性. 设对 $n=1,2,\cdots$, 有 $R^n\subseteq R$, 特别地 $R^2\subseteq R$. 任意 $a,b,c\in A$, 若 $(a,b)\in R$, $(b,c)\in R$, 根据复合定义就有 $(a,c)\in R^2\subseteq R$, 因此 R 是传递的.

必要性. 当 $n=1$ 的时候, $R^1=R\subseteq R$ 自然成立.

假定对正整数 n 有 $R^n\subseteq R$. 任意 $(a,b)\in R^{n+1}$, 由于 $R^{n+1}=R^n\circ R$, 故存在元素 $x\in A$, 使得 $(a,x)\in R^n\subseteq R$ 和 $(x,b)\in R$. 因为 R 是传递的, 所以 $(a,b)\in R$. 这就证明了 $R^{n+1}\subseteq R$.

2.4 关系的表示

关系的表示就是采用一种方法把集合中元素存在的关系直观地体现出来. 前面我们学习过的把有关系的元素对放在集合中, 其实就是一种关系的表示方法. 除此之外, 还可采用其他的一些方法, 如所谓的关系矩阵和关系图来表示关系.

若 R 是集合 A 到 B 的关系或者集合 A 上的关系, R 能用关系矩阵或者关系图来表示, 必须首先限定集合 A 和 B 都是有限集.

下面分别讨论这两种方法.

2.4.1 用矩阵表示关系

设给定两个有限集合 $X=\{x_1,x_2,\cdots,x_m\}$, $Y=\{y_1,y_2,\cdots,y_n\}$, R 为从 X 到 Y 的一个二元关系. 对于关系 R, 作矩阵 $M_R=(r_{ij})_{m\times n}$, 其中

$$r_{ij}=\begin{cases}1, & (x_i,y_j)\in R\\ 0, & (x_i,y_j)\notin R\end{cases}$$

其中, $i=1,2,\cdots,m$; $j=1,2,\cdots,n$. 矩阵 M_R 称为 R 的关系矩阵.

例 2.21 设 $X=\{x_1,x_2,x_3,x_4\}$, $Y=\{y_1,y_2,y_3\}$, $R=\{(x_1,y_1),(x_1,y_3),(x_2,y_2),(x_2,y_3),(x_3,y_1),(x_4,y_1),(x_4,y_2)\}$, 给出关系矩阵 M_R.

解 根据关系矩阵的定义, 有

$$M_R=\begin{pmatrix}1&0&1\\0&1&1\\1&0&0\\1&1&0\end{pmatrix}$$

例 2.22 设 $A=\{1,2,3,4\}$, 给出集合 A 上大于关系 $>$ 的关系矩阵, 这里

$$>=\{(2,1),(3,1),(3,2),(4,1),(4,2),(4,3)\}$$

解 按照定义, 有

$$M_>=\begin{pmatrix}0&0&0&0\\1&0&0&0\\1&1&0&0\\1&1&1&0\end{pmatrix}$$

2.4.2 用图表示关系

两个有限集之间的二元关系亦可用图形来表示.

设 R 是集合 $X=\{x_1,x_2,\cdots,x_m\}$ 到 $Y=\{y_1,y_2,\cdots,y_n\}$ 的二元关系. 在平面上作出 m 个节点分别记作 $x_1, x_2, \cdots, x_m$, n 个节点分别记作 $y_1, y_2, \cdots, y_n$. 如果 x_iRy_j, 则可自节点 x_i 至节点 y_i 处作一有向弧, 其箭头指向 y_i, 如果 $x_i\overline{R}y_j$, 则 x_i 与 y_i 间没有有向弧连接, 如果 x_iRx_i, 则通过节点 x_i 画一个称为环的带箭头的圆弧. 按照这种方法连接起来的图就称为 R 的关系图.

例 2.23 设 $A=\{0,1,2\}$, $B=\{a,b\}$. $R=\{(0,a),(0,b),(1,a),(2,b)\}$ 是从 A 到 B 的关系, 试用图来表示关系 R.

解 本例的关系图如图 2.2 所示.

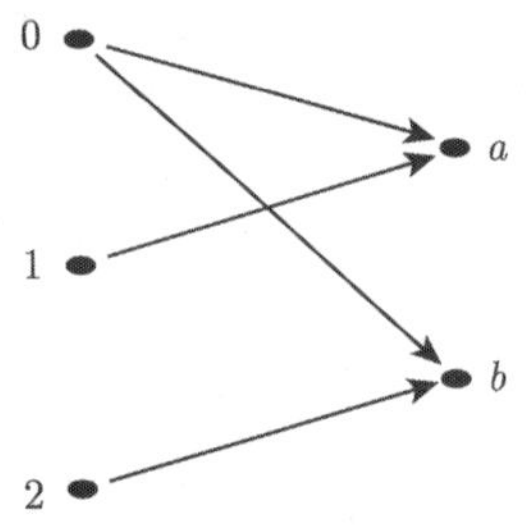

图 2.2 关系 R 的图表示

需要指出, 从 X 到 Y 的关系 R 是 $X\times Y$ 的子集, 即 $R\subseteq X\times Y$, 而 $X\times Y\subseteq (X\cup Y)\times(X\cup Y)$, 所以 $R\subseteq(X\cup Y)\times(X\cup Y)$. 令 $Z=X\cup Y$, 则 $R\subseteq Z\times Z$, 因此, 可以仅就集合上的关系进行讨论. 这时的关系矩阵是一个方阵, 关系图也可以简化.

例 2.24 集合 $\{1,2,3,4\}$ 上的关系

$$R=\{(1,1),(1,3),(2,1),(2,3)7,(2,4),(3,1),(3,2),(4,1)\}$$

的有向图显示在图 2.3 中.

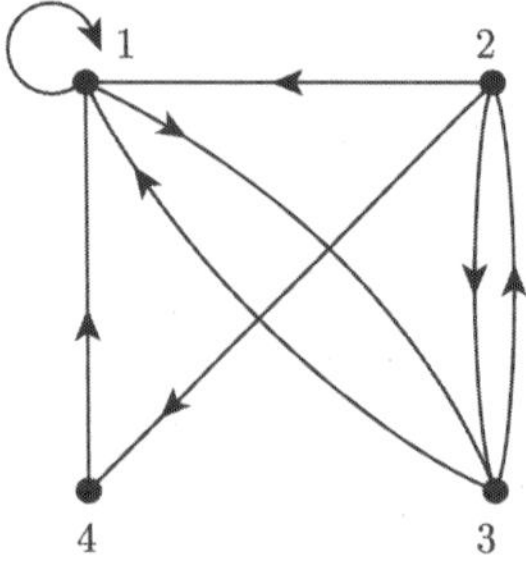

图 2.3 关系 R 的有向图

反过来, 有向图也可以决定一个关系.

例 2.25 图 2.4 中的有向图所表示的关系 R 中的有序对是什么?

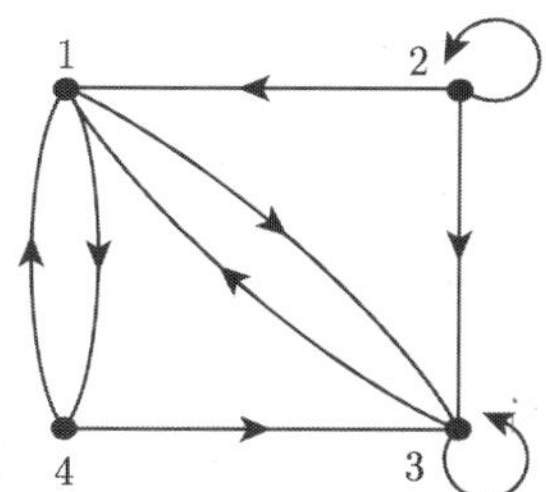

图 2.4 有向图表示的关系 R

解 关系 R 中的有序对 (x,y) 是

$$R=\{(1,3),(1,4),(2,1),(2,2),(2,3),(3,1),(3,3),(4,1),(4,3)\}$$

每个有序对对应了有向图的一条边, (2, 2) 和 (3, 3) 对应了环.

2.4.3 特定关系的矩阵及其关系图的属性

本节我们通过几个例子来讨论自反的、非自反的、对称的、非对称的、传递的关系等一些特殊的关系所对应的关系矩阵和关系图的一些属性.

例 2.26 集合 $I=\{1,2,3,4\}$, I 上的关系

$$R_1=\{(1,1),(1,3),(2,2),(3,3),(3,1),(3,4),(4,3),(4,4)\}$$

$$R_2=\{(1,3),(3,1),(3,4),(4,3),(2,1),(1,2)\}$$

给出关系 R_1 和 R_2 的关系矩阵.

解 按照定义, 容易给出关系 R_1 和 R_2 所对应的关系矩阵 M_{R_1} 和 M_{R_2} 分别是

$$M_{R_1}=\begin{pmatrix}1&0&1&0\\0&1&0&0\\1&0&1&1\\0&0&1&1\end{pmatrix},\quad M_{R_2}=\begin{pmatrix}0&1&1&0\\1&0&0&0\\1&0&0&1\\0&0&1&0\end{pmatrix}$$

由自反的和反自反的关系定义不难知道, 关系 R_1 和 R_2 分别是自反的和反自反的关系, 自反关系 R_1 的矩阵 M_{R_1} 的主对角线上的元素全是 1, 反自反的关系 R_2 的矩阵 M_{R_2} 的矩阵主对角线上的元素全是 0.

例 2.27 集合 $I=\{1,2,3,4\}$, I 上的关系

$$R_1=\{(1,1),(1,3),(2,2),(3,3),(3,1),(3,4),(4,3),(4,4)\}$$

$$R_2=\{(1,3),(3,1),(3,4),(4,3),(2,1),(1,2)\}$$

画出关系 R_1 和 R_2 的关系图.

解 由自反的和反自反的关系定义不难知道, 关系 R_1 和 R_2 分别是自反的和反自反的关系, 所对应的关系图分别是图 2.5 和图 2.6.

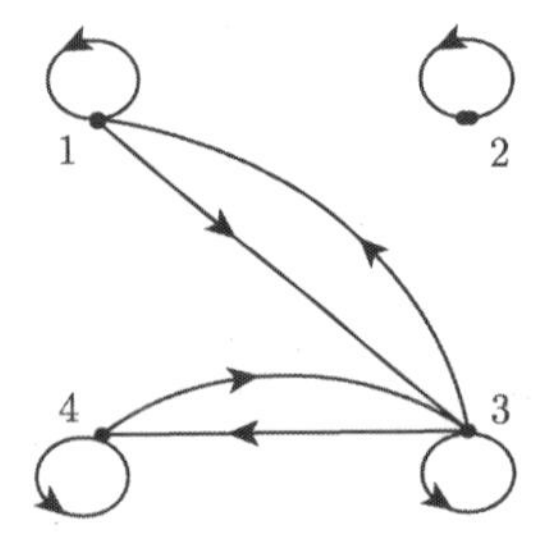

图 2.5　关系 R_1 的图表示

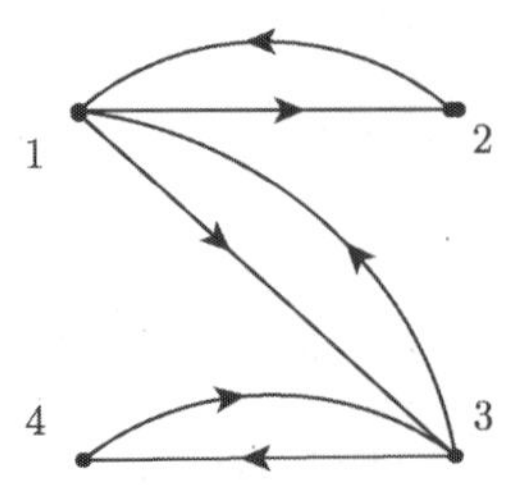

图 2.6　关系 R_2 的图表示

根据例 2.27, 自反关系 R_1 的关系图 2.5 上, 每个节点都带有一个环. 反自反关系 R_2 的关系图 2.6 上, 任何一个节点上都没有环.

例 2.28　设 $A=\{1,2,3,4\}$, 集合 A 上的两个关系 R_1 和 R_2 分别是

$$R_1=\{(1,2),(2,1),(2,3),(3,2),(3,4),(4,3),(4,1),(1,4),(1,1)\}$$

$$R_2=\{(1,2),(2,3),(3,1),(3,4),(4,1),(2,2)\}$$

给出关系 R_1 和 R_2 的关系矩阵.

解　由对称的和反自对称关系定义不难知道, 关系 R_1 和 R_2 分别是对称的和反对称的关系, 所对应的关系矩阵 M_{R_1} 和 M_{R_2} 分别是

$$M_{R_1}=\begin{pmatrix}1&1&0&1\\1&0&1&0\\0&1&0&1\\1&0&1&0\end{pmatrix},\quad M_{R_2}=\begin{pmatrix}0&1&0&0\\0&1&1&0\\1&0&0&1\\1&0&0&0\end{pmatrix}$$

这个例子表明, 对称关系所对应的矩阵是一个对称矩阵, 反对称关系对应的矩阵元素 a_{ij} 满足, 对任意 $i,j,1\leqslant i,j\leqslant n$($n$ 是集合 A 的基数), 当 $i\neq j$ 时, $a_{ij}\neq a_{ij}$.

例 2.29　设 $A=\{1,2,3,4\}$, 集合 A 上的两个关系 R_1 和 R_2 分别是

$$R_1=\{(1,2),(2,1),(2,3),(3,2),(3,4),(4,3),(4,1),(1,4),(1,1)\}$$

$$R_2=\{(1,2),(2,3),(3,1),(3,4),(4,1),(2,2)\}$$

给出关系 R_1 和 R_2 的关系矩阵.

解　由对称的和反对称关系定义不难知道, 关系 R_1 和 R_2 分别是对称的和反对称的关系, 所对应的关系图见图 2.7 和图 2.8.

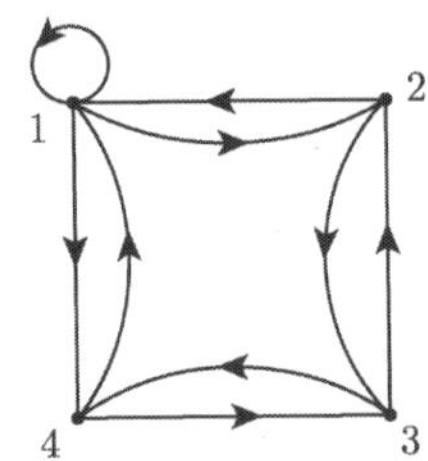

图 2.7　关系 R_1 的图表示

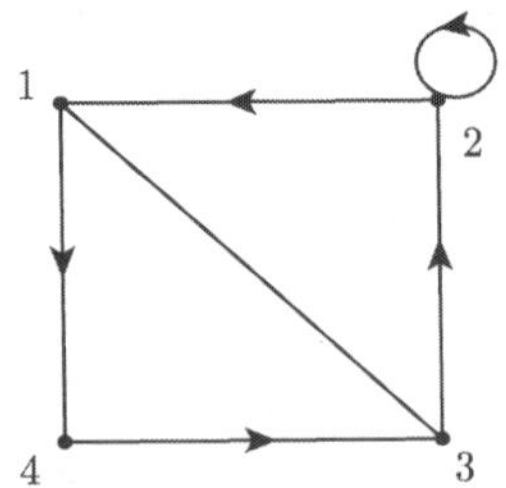

图 2.8　关系 R_2 的图表示

根据例 2.29, 在对称关系所对应的关系图中, 任意两个节点之间若有一条弧, 则必然有一条方向相反的弧. 表示反对称关系的有向图中不存在两个不相同的节点, 使得这两个节点之间有两条方向相反的弧.

例 2.30 设 $A=\{1,2,3,4\}$, 集合 A 上的两个关系 R_1 和 R_2 分别是

$$R_1=\{(1,1),(1,2),(3,4),(2,2),(4,2)\}$$

$$R_2=\{(1,2),(2,1),(1,3),(2,3)\}$$

给出关系 R_1 和 R_2 的关系矩阵.

解 对于关系 R_1 来说, 由于 $(3,3)\notin R_1$, 可知 R_1 不是自反的; 又由于 $(1,1)\in R_1$, 可知 R_1 不是反自反的. 对于关系 R_2 来说, 由于 $(1,2)\in R_2,(2,1)\in R_2,(1,1)\notin R_2$, 可知 R_2 不是对称的; 由于 $(1,2)\in R_2,(2,1)\in R_2,1\neq 2$, 可知 R_2 不是反对称的. 两个关系所对应的关系矩阵 M_{R_1} 和 M_{R_2} 分别是

$$M_{R_1}=\begin{pmatrix}1&1&0&0\\0&1&0&0\\0&0&0&1\\0&1&0&0\end{pmatrix},\quad M_{R_2}=\begin{pmatrix}0&1&1&0\\1&0&1&0\\0&0&0&0\\0&0&0&0\end{pmatrix}$$

根据例 2.30, 在既不是自反的也不是反自反的关系矩阵中, 主对角线上既有 0 又有 1. 在既不是对称的又不是反对称的关系矩阵元中, 存在两个元素 $a_{ij},a_{ji},i\neq j$, 使得 $a_{ij}=a_{ji}$, 又存在两个元素 a_{ij},a_{ji}, $i\neq j$, 使得 $a_{ij}\neq a_{ji}$.

例 2.31 设 $A=\{1,2,3,4\}$, 集合 A 上的两个关系 R_1 和 R_2 分别是

$$R_1=\{(1,1),(1,2),(3,4),(2,2),(4,2)\}$$

$$R_2=\{(1,2),(2,1),(1,3),(2,3)\}$$

给出关系 R_1 和 R_2 的关系图表示.

解 对于关系 R_1 来说, 由于 $(3,3)\notin R_1$, 可知 R_1 不是自反的; 又由于 $(1,1)\in R_1$, 可知 R_1 不是反自反的. 对于关系 R_2 来说, 由于 $(1,2)\in R_2,(2,1)\in R_2,(1,1)\notin R_2$, 可知 R_2 不是对称的; 由于 $(1,2)\in R_2,(2,1)\in R_2,1\neq 2$, 可知 R_2 不是反对称的. 两个关系所对应的关系图见图 2.9 和图 2.10.

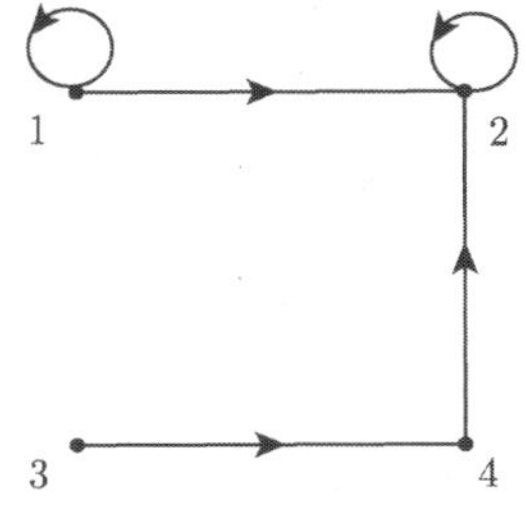

图 2.9 关系 R_1 的图表示

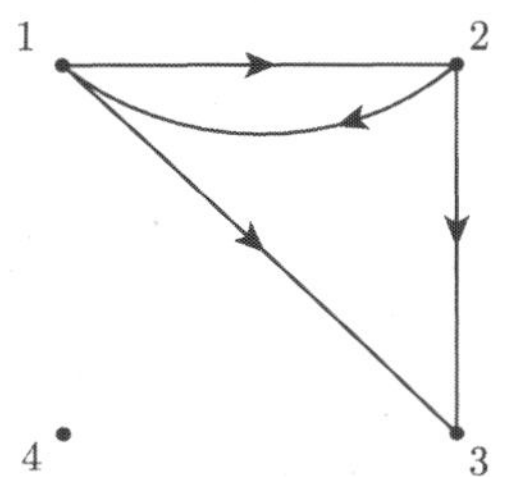

图 2.10 关系 R_2 的图表示

根据例 2.31, 在既不是自反的也不是反自反的关系图表示中, 有的节点有环, 有的节点无环. 在既不是对称的又不是反对称的关系矩阵中, 存在两个节点, 使得这两个节点之间有两条方向相反的弧, 又存在两个节点, 使得它们之间仅有一条弧.

由这几个例子, 总结如下.

(1) 若关系 R 是自反的, 当且仅当在关系矩阵中, 对角线上的所有元素都是 1(在关系图上每个节点都有自回路).

(2) 若关系 R 是对称的, 当且仅当关系矩阵是对称的 (在关系图上, 任两个节点间若有定向弧线, 必是成对出现的).

(3) 若关系 R 是反自反的, 当且仅当关系矩阵对角线的元素皆为零 (关系图上每个节点都没有自回路).

(4) 若关系 R 是反对称的, 当且仅当关系矩阵中以主对角线对称的元素不能同时为 1(在关系图上两个不同节点间的定向弧线不可能成对出现).

传递的特征较复杂, 不易从关系矩阵和关系图中直接判断.

2.4.4　复合关系的关系矩阵

因为关系可用矩阵表示, 故复合关系亦可用矩阵表示. 已知从集合 $X=\{x_1,x_2,\cdots,x_m\}$ 到集合 $Y=\{y_1,y_2,\cdots,y_n\}$ 有关系 R, 则 $M_R=(u_{ij})$ 表示 R 的关系矩阵, 其中

$$u_{ij}=\begin{cases}1, & (x_i,y_j)\in R\\ 0, & ((x_i,y_j)\notin R\end{cases}$$

$$i=1,2,\cdots,m;\ j=1,2,\cdots,n$$

同理从集合 $Y=\{y_1,y_2,\cdots,y_n\}$ 到集合 $Z=\{z_1,z_2,\cdots,z_p\}$ 的关系 S, 可用矩阵 $M_S=(v_{jk})$ 表示, 其中

$$u_{jk}=\begin{cases}1, & (y_j,z_k)\in S\\ 0, & (y_j,z_k)\notin S\end{cases}$$

$$j=1,2,\cdots,n;\ k=1,2,\cdots,p$$

表示复合关系 $R\circ S$ 的矩阵 $M_{R\circ S}$ 可构造如下: 如果 Y 至少有一个这样的元素 y_j, 使得 $(x_i,y_j)\in R$ 且 $(y_j,z_k)\in S$, 则 $(x_i,z_k)\in R\circ S$. 在集合 Y 中能够满足这样条件的元素可能不止 y_j 一个. 例如, 另有 y_j' 也满足 $(x_i,y_j')\in R$ 且 $(y_j',z_k)\in S$. 在所有这样的情况下, $(x_i,z_k)\in R\circ S$ 都是成立的. 这样, 当我们扫描 M_R 的第 i 行和 M_S 的第 k 列时, 若发现至少有一个这样的 j, 使得 i 行第 j 个位置上的记入值和第 k 列的第 j 个位置上的记入值都是 1 时, 则在 $M_{R\circ S}$ 的第 i 行和第 k 列 (i,k) 上的记入值亦是 1, 否则为 0. 扫描过 M_R 的一行和 M_S 的每一列, 就能给出 $M_{R\circ S}$ 的一行, 再继续类似的方法就能得到 $M_{R\circ S}$ 的其他各行, 因此 $M_{R\circ S}$ 就可用类似于矩阵乘法的方法得到, 即

$$M_{R\circ S}=M_R\circ M_S=(w_{ik})$$

其中

$$w_{ik}=\bigvee_{j=1}^{n}(u_{ij}\wedge v_{jk})$$

其中, $\vee$ 代表逻辑加, 满足 $0\vee 0=0,\ 0\vee 1=1,\ 1\vee 0=1,\ 1\vee 1=1$; $\wedge$ 代表逻辑乘, 满足 $0\vee 0=0,\ 0\wedge 1=0,\ 1\wedge 0=0,\ 1\wedge 1=1$.

例 2.32 给定集合 $A=\{1,2,3,4,5\}$, 在集合 A 上定义两种关系

$$R=\{(1,2),(3,4),(2,2)\},\quad S=\{(4,2),(2,5),(3,1),(1,3)\}$$

求 $R\circ S$ 和 $S\circ R$ 的矩阵.

解

$$M_{R\circ S}=\begin{pmatrix}0&1&0&0&0\\0&1&0&0&0\\0&0&0&1&0\\0&0&0&0&0\\0&0&0&0&0\end{pmatrix}\circ\begin{pmatrix}0&0&1&0&0\\0&0&0&0&1\\1&0&0&0&0\\0&1&0&0&0\\0&0&0&0&0\end{pmatrix}=\begin{pmatrix}0&0&0&0&1\\0&0&0&0&1\\0&1&0&0&0\\0&0&0&0&0\\0&0&0&0&0\end{pmatrix}$$

$$M_{S\circ R}=\begin{pmatrix}0&0&1&0&0\\0&0&0&0&1\\1&0&0&0&0\\0&1&0&0&0\\0&0&0&0&0\end{pmatrix}\circ\begin{pmatrix}0&1&0&0&0\\0&1&0&0&0\\0&0&0&1&0\\0&0&0&0&0\\0&0&0&0&0\end{pmatrix}=\begin{pmatrix}0&0&0&1&0\\0&0&0&0&0\\0&1&0&0&0\\0&1&0&0&0\\0&0&0&0&0\end{pmatrix}$$

2.5 逆 关 系

在关系之间定义运算的目的, 总是希望由已知的关系产生新的关系. 本节将要介绍逆关系, 思路也是从已知的关系而得另外一个关系. 求关系的逆也可以看作在已有的关系上作运算.

定义 2.10 设 R 为 X 到 Y 的二元关系, 将 R 中每一有序对的元素顺序互换得到的集合记作 R^{-1}. 即

$$R^{-1}=\{(y,x)|\ (x,y)\in R\}$$

R^{-1} 是一个 Y 到 X 的关系, 称为 R 的逆关系.

由上述定义可知, R 是 X 到 Y 的关系, 那么 R^{-1} 则是 Y 到 X 的关系. 若 R 是集合 X 上的关系, R^{-1} 也是 X 上的关系.

例 2.33 在整数集合 I 上, 关系 $R=\{(a,b)\mid a<b\}$, 可以把 R 简称为“小于”的关系, 其逆关系 $R^{-1}=\{(a,b)\mid a>b\}$, 也就是“大于”关系.

例 2.34 设 $X=\{1,2,3\}$, $Y=\{a,b,c\}$ 为两个集合, $R=\{(1,a),(2,b),(3,c)\}$ 是一个 X 到 Y 的关系, 其逆关系 R^{-1} 是一个 Y 到 X 的关系, 并且 $R^{-1}=\{(a,1),(b,2),(c,3)\}$.

R 与 R^{-1} 的关系矩阵分别为

$$M_R = \begin{pmatrix} 0 & 1 & 0 \\ 0 & 0 & 1 \\ 1 & 0 & 0 \end{pmatrix}, \quad M_{R^{-1}} = \begin{pmatrix} 0 & 0 & 1 \\ 1 & 0 & 0 \\ 0 & 1 & 0 \end{pmatrix}$$

R 与 R^{-1} 的关系图分别为图 2.11 和图 2.12.

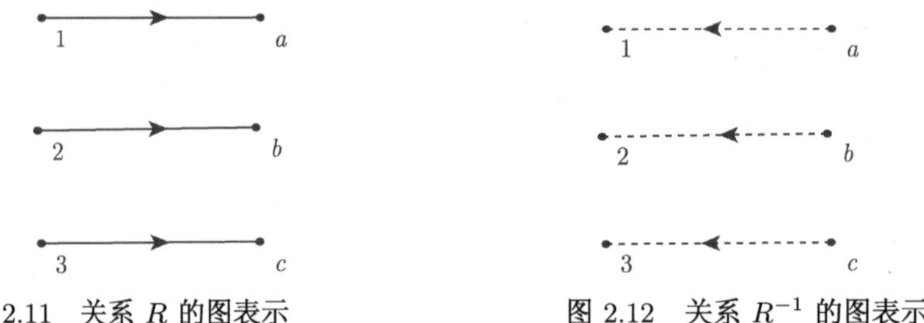

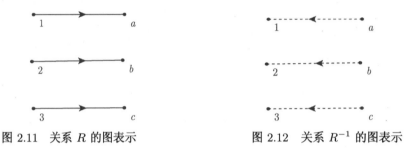

图 2.11 关系 R 的图表示　　图 2.12 关系 R^{-1} 的图表示

一个关系的逆关系也可以用矩阵及图形来表示, 不难看出, 关系 R^{-1} 的表示图形是关系 R 的表示图形中将其弧的箭头方向反置. 关系 R^{-1} 的矩阵 $M_{R^{-1}}$ 是 M_R 的转置矩阵.

逆关系的性质

从逆关系的定义我们容易看出 $(R^{-1})^{-1} = R$, 这是因为 $(x,y) \in R \Leftrightarrow (y,x) \in R^{-1} \Leftrightarrow (x,y) \in (R^{-1})^{-1}$.

定理 2.4 设 R、R_1 和 R_2 都是从 A 到 B 的二元关系, 则下列各式成立.

(a) $(R_1 \cup R_2)^{-1} = R_1^{-1} \cup R_2^{-1}$

(b) $(R_1 \cap R_2)^{-1} = R_1^{-1} \cap R_2^{-1}$

(c) $(A \times B)^{-1} = B \times A$

(d) $(\overline{R})^{-1} = \overline{R^{-1}}$, 这里 $\overline{R} = A \times B - R$

(e) $(R_1 - R_2)^{-1} = R_1^{-1} - R_2^{-1}$

证明 (a)
$$\begin{aligned}(x,y) \in (R_1 \cup R_2)^{-1} &\Leftrightarrow (y,x) \in R_1 \cup R_2 \\ &\Leftrightarrow (y,x) \in R_1 \vee (y,x) \in R_2 \\ &\Leftrightarrow (x,y) \in R_1^{-1} \vee (x,y) \in R_2^{-1} \\ &\Leftrightarrow (x,y) \in R_1^{-1} \cup R_2^{-1}\end{aligned}$$

(d) $(x,y) \in (\overline{R})^{-1} \Leftrightarrow (y,x) \in \overline{R} \Leftrightarrow (y,x) \notin R \Leftrightarrow (x,y) \notin R^{-1} \Leftrightarrow (x,y) \in \overline{R}^{-1}$

(e) 因为 $R_1 - R_2 = R_1 \cap \overline{R_2}$, 故有

$$(R_1 - R_2)^{-1} = (R_1 \cap \overline{R_2})^{-1} = R_1^{-1} \cap (\overline{R_2})^{-1} = R_1^{-1} \cap \overline{R_2^{-1}} = R_1^{-1} - R_2^{-1}$$

定理 2.5 设 T 为从 X 到 Y 的关系, S 为从 Y 到 Z 的关系, 证明 $(T \circ S)^{-1} = S^{-1} \circ T^{-1}$.

证明
$$\begin{aligned}(z,x) \in (T \circ S)^{-1} &\Leftrightarrow (x,z) \in T \circ S \\ &\Leftrightarrow (\exists y)(y \in Y \wedge (x,y) \in T \wedge (y,z) \in S) \\ &\Leftrightarrow (\exists y)(y \in Y \wedge (y,x) \in T^{-1} \wedge (z,y) \in S^{-1}) \\ &\Leftrightarrow (z,x) \in S^{-1} \circ T^{-1}\end{aligned}$$

定理 2.6 设 R 为 X 上的二元关系, 则

(a) R 是对称的, 当且仅当 $R=R^{-1}$.

(b) R 是反对称的, 当且仅当 $R\cap R^{-1}\subseteq I_X$

证明 (a) 因为 R 是对称的, 故

$$(x,y)\in R\Leftrightarrow (y,x)\in R\Leftrightarrow (x,y)\in R^{-1}$$

所以

$$R=R^{-1}$$

反之, 若 $R^{-1}=R$. 因为

$$(x,y)\in R\Leftrightarrow (y,x)\in R^{-1}\Leftrightarrow (y,x)\in R$$

所以 R 是对称的.

(b) R 是反对称的 $\Rightarrow$ 任意 $(x,y)\in R\cap R^{-1}\Rightarrow (x,y)\in R$ 且 $(x,y)\in R^{-1}\Rightarrow (x,y)\in R$ 且 $(y,x)\in R\Rightarrow x=y\Rightarrow (x,y)\in I_x\Rightarrow R\cap R^{-1}\in Ix$.

设 $R\cap R^{-1}\in I_x$. 对于任意 $x\neq y$, 当 $(x,y)\in R$ 时 $\Rightarrow (x,y)\notin R_c\Rightarrow (y,x)\notin R\Rightarrow$ 是反对称的.

例 2.35 给定集合 $X=\{a,b,c\}$, R 是 X 上的二元关系, R 的关系矩阵

$$M_R=\begin{pmatrix}1&0&1\\1&1&0\\1&1&1\end{pmatrix}$$

求 R^{-1} 和 $R\circ R^{-1}$ 的关系矩阵

解

$$M_{R^{-1}}=\begin{pmatrix}1&1&1\\0&1&1\\1&0&1\end{pmatrix}$$

$$M_{R\circ R^{-1}}=\begin{pmatrix}1&0&1\\1&1&0\\1&1&1\end{pmatrix}\circ\begin{pmatrix}1&1&0\\0&1&1\\1&0&1\end{pmatrix}=\begin{pmatrix}1&1&1\\1&1&1\\1&1&1\end{pmatrix}$$

2.6 关系的闭包

2.6.1 自反、对称和传递闭包

数学中经常有“大于某个数的最小整数”“包含某个集合的最小集合”的说法, 本节讨论关系中与此说法相似的问题, 这就是关系的“闭包”.

定义 2.11 设 R 是 X 上的二元关系, 如果有另一个关系 R', 满足:

(a) R' 是自反的 (对称的, 可传递的).

(b) $R' \supseteq R$.

(c) 对于任何自反的 (对称的, 可传递的) 关系 R_0, 如果有 $R_0 \supseteq R$, 就有 $R_0 \supseteq R'$. 则称关系 R' 为 R 的自反 (对称, 传递) 闭包. 记作

$$r(R), (s(R), t(R))$$

由定义关系 R 的自反 (对称, 传递) 闭包若存在, 那么一定唯一的. 关系 R 的自反 (对称, 传递) 闭包, 可以形象地看作一个包含关系 R 的最小自反 (对称, 传递) 关系.

下面主要要解决的问题是当 X 上的关系 R 给定以后, 如何求 R 的三种闭包? 因为关系 R 的三种闭包必须包含 R, 一般情况下求一个关系 R 的闭包, 需要往关系 R 的集合中增添一些数对. 不过, 要是某个关系比较特殊, 求其闭包也许容易.

2.6.2 闭包的性质及求法

定理 2.7 设 R 是 X 上的二元关系, 那么

(a) R 是自反的, 当且仅当 $r(R) = R$.

(b) R 是对称的, 当且仅当 $s(R) = R$.

(c) R 是传递的, 当且仅当 $t(R) = R$.

证明 (a) 关系 R 本身就是自反的, 那么包含 R 的最小的自反闭包就是 R. 即

$$r(R) = R$$

(b) 和 (c) 的证明完全类似.

下面几个定理分别介绍了由给定关系 R, 求 $r(R)$、$s(R)$ 和 $t(R)$ 的方法.

定理 2.8 设 R 是集合 X 上的二元关系, 则

$$r(R) = R \cup I_X$$

证明 令 $R' = R \cup I_X$, 对任意 $x \in X$, 因为有 $(x, x) \in I_X$, 故 $(x, x) \in R'$, 于是 R' 在 X 上的包含 R 的自反关系.

对于任何包含 R 的自反关系 R'', 因为 R'' 是自反的, 显然有 $R'' \supseteq I_X$, 于是

$$R'' \supseteq I_X \cup R = R'$$

这样, R' 就是包含 R 的最小的自反关系, 由自反闭包的定义可知

$$r(R) = R \cup I_X$$

定理 2.9 设 R 是集合 X 上的二元关系, 则

$$s(R) = R \cup R^{-1}$$

证明 令 $R' = R \cup R^{-1}$, 因为 $R \subseteq R \cup R^{-1}$, 即 $R' \supseteq R$, 又设 $(x,y) \in R'$, 则 $(x,y) \in R$ 或 $(x,y) \in R^{-1}$, 相应地便有 $(y,x) \in R^{-1}$ 或 $(y,x) \in R$, 总有 $(y,x) \in R \cup R^{-1}$, 可知 R' 是对称的.

对于任何包含 R 的对称关系 R'', 任取 $(x,y) \in R'$, 则 $(x,y) \in R$ 或 $(x,y) \in R^{-1}$. 当 $(x,y) \in R$ 时, 则 $(x,y) \in R''$; 当 $(x,y) \in R^{-1}$ 时, $(y,x) \in R$, 于是 $(y,x) \in R''$, 因为 R'' 对称, 所以 $(x,y) \in R''$, 因此 $R' \subseteq R''$, 这样, R' 就是包含 R 的最小的对称关系, 按照对称闭包的定义可知

$$s(R) = R \cup R^{-1}$$

定理 2.10 设 R 是 X 上的二元关系, 则

$$t(R) = \bigcup_{i=1}^{\infty} R^i = R \cup R^2 \cup R^3 \cup \cdots$$

证明 令 $R' = \bigcup_{i=1}^{\infty} R^i$, 定理的结论即证明 R' 是包含 R 的传递关系的最小者. 首先 $R' \supseteq R$ 是显然的, 其次任取 $(x,y) \in \bigcup_{i=1}^{\infty} R^i$, $(y,z) \in \bigcup_{i=1}^{\infty} R^i$, 于是存在整数 s 和 t, 使得 $(x,y) \in R^s$, $(y,z) \in R^t$, 这样 $(x,z) \in R^s \circ R^t = R^{s+t} \subseteq \bigcup_{i=1}^{\infty} R^i$, 可知 $(x,z) \in \bigcup_{i=1}^{\infty} R^i$, $\bigcup_{i=1}^{\infty} R^i$ 是传递的得证.

剩下的问题只要证明每个包含 R 的传递关系都包含 R' 即可. 任给传递关系 $R'' \supseteq R$, 下证对每个 n, 都有 $R^n \subseteq R''$. 用归纳法. $n=1$ 时成立. 归纳假设 n 时成立, 即 $R^n \subseteq R''$. 任取 $(x,y) \in R^{n+1}$, 因为 $R^{n+1} = R^n \circ R$, 按照复合关系的定义, 存在 $c \in X$, 使 $(x,c) \in R^n \subseteq R''$ 和 $(c,y) \in R \subseteq R''$, 由于 R'' 是传递的, 故 $(x,y) \in R''$, 这样

$$R^{n+1} \subseteq R''$$

故

$$R' = \bigcup_{i=1}^{\infty} R^i \subseteq R''$$

证毕.

通常将 $\bigcup_{i=1}^{\infty} R^i$ 记作 R^+.

例 2.36 设 $A = \{a,b,c\}$, R 是 A 上的二元关系, 且给定 $R = \{(a,b),(b,c),(c,a)\}$, 求 $r(R)$, $s(R)$, $t(R)$.

解

$$r(R) = R \cup I_A = \{(a,b),(b,c),(c,a),(a,a),(b,b),(c,c)\}$$

$$s(R) = R \cup R^{-1} = \{(a,b),(b,a),(b,c),(c,b),(c,a),(a,c)\}$$

为了求得 $t(R)$, 先写出

$$M_R = \begin{pmatrix} 0 & 1 & 0 \\ 0 & 0 & 1 \\ 1 & 0 & 0 \end{pmatrix}$$

$$M_{R^2} = \begin{pmatrix} 0 & 1 & 0 \\ 0 & 0 & 1 \\ 1 & 0 & 0 \end{pmatrix} \circ \begin{pmatrix} 0 & 1 & 0 \\ 0 & 0 & 1 \\ 1 & 0 & 0 \end{pmatrix} = \begin{pmatrix} 0 & 0 & 1 \\ 1 & 0 & 0 \\ 0 & 1 & 0 \end{pmatrix}$$

即 $R^2=\{(a,c),(b,a),(c,b)\}$

$$M_{R^3}=M_{R^2}\circ M_R=\begin{pmatrix}0&0&1\\1&0&0\\0&1&0\end{pmatrix}\circ\begin{pmatrix}0&1&0\\0&0&1\\1&0&0\end{pmatrix}=\begin{pmatrix}1&0&0\\0&1&0\\0&0&1\end{pmatrix}$$

$$R^3=\{(a,a),(b,b),(c,c)\}$$

$$M_{R^4}=M_{R^3}\circ M_R=\begin{pmatrix}1&0&0\\0&1&0\\0&0&1\end{pmatrix}\circ\begin{pmatrix}0&1&0\\0&0&1\\1&0&0\end{pmatrix}=\begin{pmatrix}0&1&0\\0&0&1\\1&0&0\end{pmatrix}$$

$$R^4=\{(a,b),(b,c),(c,a)\}=R$$

继续这个运算有 $R=R^4=\cdots=R^{3n+1}$

$$R^2=R^5=\cdots=R^{3n+2}$$

$$R^3=R^6=\cdots=R^{3n+3}m,\quad n=1,2,\cdots$$

故

$$\begin{aligned}t(R)=&\bigcup_{i=1}^{\infty}R^i=R\cup R^2\cup R^3\cup\cdots=R\cup R^2\cup R^3\\=&\{(a,a),(b,b),(c,c),(a,b),(b,c),(c,a),(a,c),(b,a),(c,b)\}\end{aligned}$$

$$M_{t(R)}=\begin{pmatrix}1&1&1\\1&1&1\\1&1&1\end{pmatrix}$$

从例 2.36 中看到给定 X 上的关系 R 求 $t(R)$, 有时不必求出每一 R^i.

因为 R^+ 形式上是无限个集合的并集, 从一般意义上来说, 求关系 R 的传递闭包不方便. 不过当关系 R 是有限集合上的关系时候, R^+ 的表示形式可以简化. 这就是下面的结论.

定理 2.11　设 X 是含有 n 个元素的集合, R 是 X 上的二元关系, 则存在一个正整数 $k\leqslant n$, 使得

$$t(R)=R\cup R^2\cup R^3\cup\cdots\cup R^k$$

证明　$R^+=\bigcup\limits_{i=1}^{\infty}R^i$, 任取 $(x_i,x_j)\in R^+$, 存在整数 $m\geqslant 1$, 使得 $(x_i,x_j)\in R^m$ 成立, 令

$$p=\min\{m|(x_i,x_j)\in R^m\}$$

可以断言 $p\leqslant n$. 否则, 因为 $(x_i,x_j)\in R^p$, 按照复合关系的定义, 存在序列 $e_1,\ e_2,\ \cdots,\ e_{p-1}$ 有

$$x_iRe_1,\ e_1Re_2,\ \cdots,\ e_{p-1}Rx_j$$

$e_1, e_2, \cdots, e_{p-1}, x_j$ 都是集合 X 中的元素, 这些元素 $e_1, e_2, \cdots, e_{p-1}, x_j$ 一定有两个元素相等. 第一种情况 $x_j = e_k$. 这里 $1 \leqslant k \leqslant p-1$. 我们得到序列

$$\underbrace{x_iRe_1, e_1Re_2, \cdots, e_{k-1}Re_k}_{k}$$

这表明 $(x_i, x_j) \in R^k$, 其中 $k \leqslant p-1 < p$, 与 p 的选取不符; 第二种情况 $e_t = e_q$, 这里 $1 \leqslant t < q \leqslant p-1$, 我们得到序列

$$\underbrace{x_iRe_1, e_1Re_2, \cdots, e_{t-1}Re_t}_{t},\ \underbrace{e_qRe_{q+1}, \cdots, e_{p-1}Re_j}_{p-q}$$

这表明 $(x_i, x_j) \in R^l$, 其中 $l = t+p-q = p-(q-t) < p$, 这也与 p 的选取不符. 综合以上可知: 对任意 $(x_i, x_j) \in R^+$, 必然存在 m, 使得 $(x_i, x_j) \in R^m$, 这里 $m \leqslant n$. 于是 $R^+ \subseteq R \cup \cdots \cup R^n$, 另外一个方向的包含关系是显然的. 因此有

$$t(R) = R \cup R^2 \cup \cdots \cup R^n$$

例 2.37 设 $A = \{a, b, c, d\}$, 给定 A 上的关系 R 为 $R = \{(a, b), (b, a), (b, c), (c, d)\}$, 求 $t(R)$.

解 $M_R = \begin{pmatrix} 0 & 1 & 0 & 0 \\ 1 & 0 & 1 & 0 \\ 0 & 0 & 0 & 1 \\ 0 & 0 & 0 & 0 \end{pmatrix}$

$$M_{R^2} = \begin{pmatrix} 0 & 1 & 0 & 0 \\ 1 & 0 & 1 & 0 \\ 0 & 0 & 0 & 1 \\ 0 & 0 & 0 & 0 \end{pmatrix} \circ \begin{pmatrix} 0 & 1 & 0 & 0 \\ 1 & 0 & 1 & 0 \\ 0 & 0 & 0 & 1 \\ 0 & 0 & 0 & 0 \end{pmatrix} = \begin{pmatrix} 1 & 0 & 1 & 0 \\ 0 & 1 & 0 & 1 \\ 0 & 0 & 0 & 0 \\ 0 & 0 & 0 & 0 \end{pmatrix}$$

$$M_{R^3} = \begin{pmatrix} 1 & 0 & 1 & 0 \\ 0 & 1 & 0 & 1 \\ 0 & 0 & 0 & 0 \\ 0 & 0 & 0 & 0 \end{pmatrix} \circ \begin{pmatrix} 0 & 1 & 0 & 0 \\ 1 & 0 & 1 & 0 \\ 0 & 0 & 0 & 1 \\ 0 & 0 & 0 & 0 \end{pmatrix} = \begin{pmatrix} 0 & 1 & 0 & 1 \\ 1 & 0 & 1 & 0 \\ 0 & 0 & 0 & 0 \\ 0 & 0 & 0 & 0 \end{pmatrix}$$

$$M_{R^4} = \begin{pmatrix} 0 & 1 & 0 & 1 \\ 1 & 0 & 1 & 0 \\ 0 & 0 & 0 & 0 \\ 0 & 0 & 0 & 0 \end{pmatrix} \circ \begin{pmatrix} 0 & 1 & 0 & 0 \\ 1 & 0 & 1 & 0 \\ 0 & 0 & 0 & 1 \\ 0 & 0 & 0 & 0 \end{pmatrix} = \begin{pmatrix} 1 & 0 & 1 & 0 \\ 0 & 1 & 0 & 0 \\ 0 & 0 & 0 & 0 \\ 0 & 0 & 0 & 0 \end{pmatrix}$$

所以

$$M_{t(R)} = \begin{pmatrix} 1 & 1 & 1 & 1 \\ 1 & 1 & 1 & 1 \\ 0 & 0 & 0 & 1 \\ 0 & 0 & 0 & 0 \end{pmatrix}$$

2.7　集合的划分和覆盖

在集合的研究中, 除了常常把两个集合相互比较、进行某种运算之外, 有时也要把一个集合分成若干子集加以讨论. 直观地说, 我们把集合形成的“大块”分成其若干子集形成的“小块”, 可以从小块推测大块有何特性等.

2.7.1　划分

定义 2.12　若把一个集合 A 分成若干称为分块的非空子集, 使得 A 中每个元素至少属于一个分块, 那么这些分块的全体构成的集合称为 A 的一个覆盖. 如果 A 中每个元素属于且仅属于一个分块, 那么这些分块的全体构成的集合称为 A 的一个划分 (或分划).

定义 2.12 与下面的定义 2.13 是等价的.

定义 2.13　令 A 为给定非空集合, $S=\{S_1,S_2,\cdots,S_m\}$, $S_i\subseteq A$, $S_i\neq\varnothing$ $(i=1,2,\cdots,m)$, 若

$$\bigcup_{i=1}^{m} S_i = A$$

称集合 S 是 A 的一个覆盖. 进一步若还有 $S_i\cap S_j=\varnothing(i\neq j)$, 则称 S 是 A 的一个划分 (或分划).

例如, $A=\{a,b,c\}$, 考虑下列子集

$$S=\{\{a,b\},\{b,c\}\},\quad Q=\{\{a\},\{a,b\},\{a,c\}\}$$
$$D=\{\{a\},\{b,c\}\},\quad G=\{\{a,b,c\}\}$$
$$E=\{\{a\},\{b\},\{c\}\},\quad F=\{\{a\},\{a,c\}\}$$

则 S、Q 是 A 的覆盖, D、G、E 是 A 的划分, F 既不是划分也不是覆盖. 显然, 若是划分则必是覆盖, 其逆不真.

任一个集合的最小划分定义为由这个集合的全部元素组成的一个分块的集合. 如上例中, G 是 A 的最小划分.

任一个集合的最大划分是由每个元素构成一个单元素分块的集合, 如上例中, E 是 A 的最大划分.

需要注意: 给定集合 A 的划分并不是唯一的. 已知一个集合很容易构造出一种划分.

2.7.2　交叉划分

下面介绍一个形象的概念.

定义 2.14　若 $\{A_1,A_2,\cdots,A_r\}$ 与 $\{B_1,B_2,\cdots,B_s\}$ 是同一集合 A 的两种划分, 则其中所有 $A_i\cap B_j\neq\varnothing$ 组成的集合, 称为是原来两种划分的交叉.

例如, 所有生物的集合 X 可分割成 $\{P, A\}$, 其中 P 表示所有植物的集合, A 表示所有动物的集合, 又 X 也可构成 $\{E, F\}$, 其中 E 表示史前生物, F 表示史后生物, 则其交叉为

$$Q = \{P \cap E, P \cap F, A \cap E, A \cap F\}$$

其中, $P \cap E$ 表示史前植物, $P \cap F$ 表示史后植物, $A \cap E$ 表示史前动物, $A \cap F$ 表示史后动物.

定理 2.12 *设 $\{A_1, A_2, \cdots, A_r\}$ 与 $\{B_1, B_2, \cdots, B_s\}$ 是同一集合 X 的两种划分, 则其交叉亦是原集合的一种划分.*

证明 因为题设的交叉是

$$\begin{aligned}&\{A_1 \cap B_1, A_1 \cap B_2, \cdots, A_1 \cap B_s,\\ &A_2 \cap B_1, A_2 \cap B_2, \cdots, A_2 \cap B_s,\\ &\cdots,\\ &A_r \cap B_1, A_r \cap B_2, \cdots, A_r \cap B_s\}\end{aligned}$$

在交叉中, 任取两个元素, $A_i \cap B_h$, $A_j \cap B_k$, $i \neq j$ 或者 $h \neq k$. 首先证明, $(A_i \cap B_h) \cap (A_j \cap B_k) = \varnothing$.

(1) $i \neq j$. 因为

$$A_i \cap B_h \cap A_j \cap B_k = A_i \cap B_j \cap B_h \cap B_k = \varnothing \cap B_h \cap B_k = \varnothing$$

(2) $h \neq k$, 情况与 (1) 相同.

交叉中所有元素的并集为

$$\begin{aligned}&(A_1 \cap B_1) \cup (A_1 \cap B_2) \cup \cdots \cup (A_1 \cap B_s) \cup \cdots \cup (A_r \cap B_1) \cup (A_r \cap B_2) \cup \cdots \cup (A_r \cap B_s)\\ =&(A_1 \cap (B_1 \cup B_2 \cup \cdots \cup B_s)) \cup (A_2 \cap (B_1 \cup B_2 \cup \cdots \cup B_s)) \cup \cdots \cup (A_r \cap (B_1 \cup B_2 \cup \cdots \cup B_s))\\ =&(A_1 \cup A_2 \cup \cdots \cup A_r) \cap (B_1 \cup B_2 \cup \cdots \cup B_s)\\ =&X \cap X = X\end{aligned}$$

由定义 2.14 可知, 集合 X 的两个划分交叉集合还是一个划分.

2.7.3 加细

定义 2.15 给定 X 的任意两个划分 $\{A_1, A_2, \cdots A_r\}$ 和 $\{B_1, B_2, \cdots, B_s\}$, 若对于每一个 A_j 均有 B_k, 使 $A_j \subseteq B_k$, 则 $\{A_1, A_2, \cdots A_r\}$ 称为 $\{B_1, B_2, \cdots, B_s\}$ 的加细.

定理 2.13 *任何两种划分的交叉划分都是原来各划分的一种加细.*

证明 设 $\{A_1, A_2, \cdots, A_r\}$ 与 $\{B_1, B_2, \cdots, B_s\}$ 的交叉划分为 T, 对 T 中任意元素 $A_i \cap B_j$ 必有 $A_i \cap B_j \subseteq A_i$ 和 $A_i \cap B_j \subseteq B_j$, 故 T 必是原划分的加细.

2.8 等价关系与等价类

2.8.1 等价关系

本节给出离散数学中称为等价关系的一个重要概念, 随后讨论如何利用等价关系对集合进行分类.

定义 2.16 设 R 为定义在集合 A 上的一个关系, 若 R 是自反的、对称的和传递的, 则 R 称为等价关系.

例如, 平面上三角形集合中, 三角形的相似关系是等价关系; 上海市居民的集合中, 住在同一区的关系也是等价关系.

例 2.38 设集合 $T=\{1,2,3,4\}$

$$R=\{(1,1),(1,4),(4,1),(4,4),(2,2),(2,3),(3,2),(3,3)\}$$

验证, R 是 T 上的等价关系.

解 R 的关系矩阵

$$M_R=\begin{pmatrix}1&0&0&1\\0&1&1&0\\0&1&1&0\\1&0&0&1\end{pmatrix}$$

关系矩阵的主对角线上都是 1 说明 R 是自反的. 矩阵 M_R 是对称矩阵, 说明关系是对称的. 从 R 的序偶表示式中可以看出 R 是传递的, 逐个检查序偶, 如 $(1,1)\in R$, $(1,4)\in R$, 有 $(1,4)\in R$. 同理 $(1,4)\in R$, $(4,1)\in R$, 有 $(1,1)\in R$, $\cdots$, 故 R 是 T 上的等价关系.

例 2.39 设 I 为整数集, $R=\{(x,y)\mid x\equiv y(\bmod k)\}$, 证明 R 是等价关系.

证明 对于任意三个整数 a, b, $c\in I$.

(1) 因为 $a-a=k\cdot 0$, 所以 $(a,a)\in R$, 可知关系 R 是自反的.

(2) 若 $(a,b)\in R$, 即 $a\equiv b \pmod k$, 可设 $a-b=kt$, t 为整数, 则 $b-a=-kt$, 所以 $b\equiv a \pmod k$, 于是 $(b,a)\in R$.

(3) 若 $(a,b)\in R$, $(b,c)\in R$, 也就是 $a\equiv b \pmod k$, $b\equiv c \pmod k$, 那么存在两个整数 s 和 t, 使得 $a-b=kt$, $b-c=ks$, 于是 $a-c=a-b+b-c=k(t+s)$, 所以 $a\equiv c(\bmod k)$.

综合以上可知 R 是等价关系.

例 2.40 设整数集 $\mathbf{Z}$ 上的关系 $R=\{(a,b)\mid a=b\text{或}a=-b\}$, 证明 R 是整数集上的等价关系.

证明 对于任意三个整数 $a,b,c\in\mathbf{Z}$.

(1) 因为 $a=a$, 故 $(a,a)\in R$, 于是关系 R 是自反的.

(2) 若 $(a,b)\in R$, 由定义可知, $a=b$ 或 $a=-b$. 因此, $b=a$ 或者 $b=-a$, 于是 $(b,a)\in R$, 可知关系 R 是对称的.

(3) 若 $(a,b\in R)$, $(b,c)\in R$, 由定义可知, $a=b$ 或者 $a=-b$, 并且 $b=c$ 或者 $b=-c$, 可得 $a=c$ 或 $a=-c$, 因此, $(a,c)\in R$, 关系 R 是传递的.

综合以上关系 R 是等价关系.

例 2.41 设 R 是实数集合上的关系, $R=\{(a,b)\mid a-b\text{是整数}\}$, R 是等价关系吗?

解 对于任意三个实数 a,b,c.

(1) 因为 $a-a=0$ 是整数, 故 $(a,a)\in R$, 于是关系 R 是自反的.

(2) 若 $(a,b)\in R$, 由定义可知, $a-b$ 是整数, 因此, $b-a$ 是整数, 于是 $(b,a)\in R$, 可知关系 R 是对称的.

(3) 若 $(a,b \in R)$, $(b,c) \in R$, 由定义可知, $a-b$ 是整数, 并且 $b-c$ 是整数, 可得因此, $a-b+b-c=a-c$ 是整数, 于是 $(a,c) \in R$, 关系 R 是传递的.

综合以上关系 R 是等价关系.

下面给出了两个非等价的关系.

例 2.42 设 $\mathbf{N}^+$ 是正整数集合, 证明 $R=\{(a,b) \mid a \mid b\}$ 不是 $\mathbf{N}^+$ 上的等价关系.

证明 由于对于两个整数 2 和 4, 有 $2 \mid 4$, 所以 $(2,4) \in R$, 但是 $4 \not| 2$, 于是 $(4,2) \notin R$, 关系 R 不是对称关系, 自然不是等价关系.

例 2.43 设 R 是实数集上的关系, $R=\{(x,y) \mid x,y\text{是实数且}\ |x-y|<1\}$, 证明 R 不是等价关系.

证明 容易找到三个实数 x, y, z, 满足 $|x-y|<1$, $|y-z|<1$, 但是 $|x-z|>1$, 例如, $x=2.8$, $y=1.9$, $z=1.1$ 就是三个这样的数. 这说明 $(x,y) \in R$, $(y,z) \in R$, 但是 $(x,z) \notin R$, 于是关系 R 不是传递的, 自然不是等价的.

2.8.2 等价类

定义 2.17 设 R 为集合 A 上的等价关系, 对任何 $a \in A$, 集合

$$[a]_R=\{x \mid x \in A, aRx\}$$

即所有与 a 有关系的元素组成的集合称为元素 a 形成的 R 等价类.

由等价类的定义可知 $[a]_R$ 是非空的, 因为 $a \in [a]_R$, 因此, 任给集合 A 及其上的等价关系 R, 必可写出 A 上各个元素的等价类, 例如, 在例题 2.38 中, T 的各个元素的等价类为

$$[1]_R=[4]_R=\{1,4\}$$

$$[2]_R=[3]_R=\{2,3\}$$

例 2.44 设 I 是整数集合, R 是同余模 3 的关系, 即

$$R=\{(x,y) \mid x \in I, y \in I, x \equiv y(\bmod 3)\}$$

确定由 I 的元素所产生的等价类.

解 由例 2.39 中已证明整数集合上的同余模 k 的关系是等价关系, 故本例中由 I 的元素所产生的等价类是

$$[0]_R=\{\cdots,-6,-3,0,3,6,\cdots\}$$

$$[1]_R=\{\cdots,-5,-2,1,4,7,\cdots\}$$

$$[2]_R=\{\cdots,-4,-1,2,5,8,\cdots\}$$

从例 2.39 可以看到, 在集合 I 上同余模 3 等价关系 R 所构成的等价类有

$$[0]_R=[3]_R=[-3]_R=\cdots$$

$$[1]_R=[4]_R=[-2]_R=\cdots$$

$$[2]_R=[5]_R=[-1]_R=\cdots$$

定理 2.14　设给定集合 A 上的等价关系 R, 对于 $a, b \in A$, 有

$$aRb \text{ 当且仅当 } [a]_R = [b]_R$$

证明　充分性. 先设 $[a]_R = [b]_R$. 由于 $a \in [a]_R = [b]_R$, 故 $a \in [b]_R$, 可知 aRb.

必要性. 再设 aRb. $c \in [a]_R \Rightarrow aRc \Rightarrow cRa \Rightarrow cRb \Rightarrow c \in [b]_R \Rightarrow [a]_R \subseteq [b]_R$. 另一方面, $c \in [b]_R \Rightarrow bRc \Rightarrow aRc \Rightarrow c \in [a]_R \Rightarrow [b]_R \subseteq [a]_R$.

综上所述, $aRb \Leftrightarrow [a]_R = [b]_R$, 证毕.

2.8.3　划分与等价关系

定义 2.18　集合 A 上的等价关系 R, 其等价类集合

$$\{[a]_R \mid a \in A\}$$

称作 A 关于 R 的商集, 记作 A/R.

在例题 1 中, 商集 $T/R = \{[1]_R, [2]_R\}$. 在例题 3 中, 商集 $I/R = \{[0]_R, [1]_R, [2]_R\}$.

我们注意到商集 I/R 中, I=$[0]_R \cup [1]_R \cup [2]_R$, 且任意两个等价类的交集为 $\varnothing$.

对于一般的等价关系 R, 我们有下述重要定理.

定理 2.15　设 R 为集合 A 上的等价关系, 那么 R 所给出的集合 A 的商集 A/R 是 A 的一个划分.

证明　把与 A 的固定元 α 有等价关系 R 的所有元素放在一起组成一个子集 $[\alpha]_R$, 则所有这样的子集组成商集 A/R. 我们首先证明下述命题.

(1) $\bigcup\limits_{\alpha \in A} [\alpha]_R = A$

这是因为, 对于任意 $a \in A$, 有

$$a \in [a]_R \subseteq \bigcup_{\alpha \in A} [\alpha]_R \Rightarrow A \subseteq \bigcup_{\alpha \in A} [\alpha]_R$$

另一方面, 对于每一个 $\alpha \in A \Rightarrow [\alpha_R] \in A \Rightarrow \bigcup\limits_{\alpha \in A} [\alpha]_R] \subseteq A$. 再来证明下述命题

(2) A/R 的每个元素只能属于一个分块.

采用反证法. 若 $a \in [b]_R$, $a \in [c]_R$, 且 $[b]_R \neq [c]_R$, 则 bRa, cRa 成立, 由对称性得 aRc 成立, 再由传递性得 bRc, 据定理 3.10.1 必有 $[b]_R = [c]_R$, 这与题设矛盾, 故 A/R 是 A 上对应于 R 的一个划分.

定理 2.16　集合 A 的一个划分确定 A 的元素间的一个等价关系.

证明　设集合 A 有一个划分 $S = \{S_1, S_2, \cdots, S_m\}$, 现定义一个关系 R, aRb 当且仅当 a、b 在同一分块中. 可以证明这样规定的关系 R 是一个等价关系. 原因如下.

Ⅰ: a 与 a 在同一分块中, 故必有 aRa. 即 R 是自反的.

Ⅱ: 若 a 与 b 在同一分块, b 与 a 也必在同一分块中, 即 $aRb \Rightarrow bRa$, 故 R 是对称的.

Ⅲ: 若 a 与 b 在同一分块中, b 与 c 在同一分块中, 因为

$$S_i \cap S_j = \varnothing, \quad i \neq j$$

即 b 属于且仅属于一个分块, 故 a 与 c 必在同一分块中, 故有

$$(aRb) \wedge (bRc) \Rightarrow (aRc)$$

即 R 是传递的.

R 满足上述三个条件, 故 R 是等价关系, 由 R 的定义可知, S 就是 A/R.

例 2.45 设 $A=\{a,b,c,d,e\}$, 有一个划分 $S=\{\{a,b\},\{c\},\{d,e\}\}$, 试由划分 S 确定 A 上的一个等价关系 R.

解 我们用如下方法产生一个等价关系 R

$$\begin{aligned}
R_1 &= \{a,b\}\times\{a,b\}=\{(a,a),(a,b),(b,a),(b,b)\}\\
R_2 &= \{c\}\times\{c\}=\{(c,c)\}\\
R_3 &= \{d,e\}\times\{d,e\}=\{(d,d),(d,e),(e,d),(e,e)\}\\
R &= R_1\cup R_2\cup R_3\\
&= \{(a,a),(b,b),(c,c),(d,d),(e,e),(a,b),(b,a),(d,e),(e,d)\}
\end{aligned}$$

从 R 的序偶表示式中容易验证 R 是等价关系.

定理 2.17 设 R_1 和 R_2 为非空集合 A 上的等价关系, 则 $R_1=R_2$ 当且仅当 $A/R_1=A/R_2$.

证明 $A/R_1=\{[a]_{R_1}|a\in A\}$, $A/R_2=\{[a]_{R_2}|a\in A\}$

若 $R_1=R_2$, 对任意 $a\in A$, 则

$$[a]_{R_1}=\{x|x\in A,aR_1x\}=\{x|x\in A,aR_2x\}=[a]_{R_2}$$

故 $\{[a]_{R_1}|a\in A\}=\{[a]_{R_2}|a\in A\}$, 即 $A/R_1=A/R_2$.

反过来, 设 $A/R_1=A/R_2$, 则 $\{[a]_{R_1}|a\in A\}=\{[a]_{R_2}|a\in A\}$. 对任意 $[a]_{R_1}\in A/R_1$, 必存在 $[c]_{R_2}\in A/R_2$, 使得 $[a]_{R_1}=[c]_{R_2}$, 故

$$(a,b)\in R_1\Leftrightarrow a\in[a]_{R_1}\wedge b\in[a]_{R_1}\Leftrightarrow a\in[c]_{R_2}\wedge b\in[c]_{R_2}\Rightarrow(a,b)\in R_2$$

所以 $R_1\subseteq R_2$. 类似地有 $R_2\subseteq R_1$, 因此, $R_1=R_2$.

集合 A 上的等价关系和 A 的划分之间存在一一对应关系, 因此往往用划分的个数来决定等价关系的个数, 并且由等价关系确定划分的方法在数据分类时经常应用.

2.9 偏　序

2.9.1 引言

给定一个集合, 有时可以在集合的元素之间按照类似普通数的大小定义集合上的一种关系. 例如, 若集合是由英文单词组成的集合, 单词 x 与单词 y 有关系: 按照字典顺序 x 排在 y 的前面. 若集合是由需要完成的课题组成的集合, 课题 x 与课题 y 有关系需要课题 x 必须在课题 y 之前完成. 自然数集合上的大小关系是最常见的一种按数的大小刻画的一种关系. 集合上这种能体现元素之间“大小”的关系规定以后, 再把所有形如 (x,y) 的对加到这些关

系中, 就得到了一个自反、反对称和传递的关系. 这种关系可以把集合的元素按照一定的顺序排列起来.

定义 2.19　给定集合 S 上的关系 R, 若 R 是自反的、反对称的和传递的, 则称 R 为偏序关系, 有时也称 R 是部分关系. 偏序关系有时也简单地称为偏序. 集合 S 连同偏序关系 R 合称为偏序集, 记作 (S,R).

例 2.46　证明: 大于或等于关系 $(\geqslant)$ 是整数集合上的偏序.

解　对所有整数 a, 因为 $a \geqslant a$, 所以 $\geqslant$ 是自反的. 对任意整数 a 和 b, 如果 $a \geqslant b$ 且 $b \geqslant a$, 则 $a = b$, 所以 $\geqslant$ 是反对称的. 最后, 对任意整数 a、b 和 c, 若 $a \geqslant b$ 且 $b \geqslant c$, 可推出 $a \geqslant c$, 所以 $\geqslant$ 是传递的. 按照定义 $\geqslant$ 是整数集合上的偏序关系, $(Z,\geqslant)$ 是偏序集.

例 2.47　整除关系"$|$"是正整数集合 $\mathbf{Z}^+$ 上的偏序关系.

解　因为对于任意正整数 a, 都有 $a|a$, 整除关系是自反的; 对于任意两个正整数 a、b, 若 $a|b$ 且 $b|a$, 那么有 $a = b$, 整除关系是反对称的; 对于任意三个正整数 a、b、c, 若有 $a|b$, $b|c$, 则一定有 $a|c$, 所以整除关系是传递的. 按照定义 $(\mathbf{Z}^+,|)$ 是偏序集.

例 2.48　证明: 包含关系 $\subseteq$ 是集合 S 的幂集上的偏序.

解　因为只要 A 是 S 的子集, 就有 $A \subseteq A$, $\subseteq$ 是自反的. 由 $A \subseteq B$ 和 $B \subseteq A$ 推出 $A = B$, 因此它是反对称的. 最后, 由 $A \subseteq B$ 和 $B \subseteq C$ 推出 $A \subseteq C$, 推出 $\subseteq$ 是传递的. 因此, $\subseteq$ 是 $P(S)$ 上的偏序, 且 $(P(S),\subseteq)$ 是偏序集.

例 2.49 列举了一个不是偏序的关系.

例 2.49　设 R 是由人组成的集合上的关系, 两个人 x 与 y, xRy 当且仅当 x 年纪大于 y, 证明: R 不是偏序.

解　对于每一个人 x 来说, 没有说自己比自己年长的. 即对所有的人 x, $x\overline{R}x$, 表明 R 不是自反的, 自然 R 不是偏序.

R 是反对称的, 原因是 x 比 y 年长, y 就不会比 x 年长. R 也是传递的, 因为如果 x 比 y 年长, y 比 z 年长, 那么 x 肯定比 z 年长.

整数集合上的"$\leqslant$"关系是偏序关系在前面的讨论中已经说明. 在一个偏序集 (S,R) 中, 今后, 偏序关系用记号 $\preccurlyeq$ 表示, $a \preccurlyeq b$ 表示 aRb, 也可以读作 a 小于等于 b, 当然符号 $\preccurlyeq$ 是用来表示偏序关系的, 它可以是平时常用的小于或等于关系, 但在一般情况下不是. 记号 $a \prec b$ 表示 $a \preccurlyeq b$ 且 $a \neq b$. 如果 $a \prec b$ 我们就说 a 小于 b 或者 b 大于 a.

注意, 若 a 与 b 是偏序集 $(S,\preccurlyeq)$ 的元素, 则不一定有 $a \preccurlyeq b$ 或 $b \preccurlyeq a$. 例如, 在 $(P(Z),\subseteq)$ 中, 对于两个集合 $\{1,2\}$ 与 $\{1,3\}$ 既没有 $\{1,2\} \subseteq \{1,3\}$, 也没有 $\{1,3\} \subseteq \{1,2\}$, 没有一个集合被另一个集合包含, 也就是说这两个集合没有关系. 类似地, 在 $(\mathbf{Z}^+,|)$ 中, 2 与 3 没关系, 3 也与 2 没关系, 因为 $2 \nmid 3$, 且 $3 \nmid 2$. 由此得到定义 2.20.

定义 2.20　偏序集 $(S,\preccurlyeq)$ 的元素 a 和 b 称为可比的, 如果 $a \preccurlyeq b$ 或 $b \preccurlyeq a$. 若既没有 $a \preccurlyeq b$, 也没有 $b \preccurlyeq a$, 则称 a 与 b 是不可比的.

例 2.50　在偏序集 $(\mathbf{Z}^+,|)$ 中, 3 和 9 是可比的吗? 5 和 7 是可比的吗?

解　整数 3 和 9 是可比的, 因为 $3|9$. 整数 5 和 7 是不可比的, 因为 $5 \nmid 7$ 且 $7 \nmid 5$.

根据以上事例, 我们知道偏序关系中完全可能存在一些不可比的元素对, 这也就是为什么称这样的关系为"偏序"关系或者"部分的"关系的原因. 当偏序集中的任何一对元素都可比的时候, 这个特殊的偏序关系便是下面介绍的全序关系.

定义 2.21 如果 $(S,\preccurlyeq)$ 是偏序集, 且 S 中的每对元素都是可比的, 则 S 称为全序集或线序集, $\preccurlyeq$ 称为全序关系或线序关系, 全序关系有时也简单地称为全序. 一个全序集也称为链.

例 2.51 偏序集 $(\mathbf{Z},\leqslant)$ 是全序集. 因为只要 a 和 b 是整数, 就有 $a\leqslant b$ 或 $b\leqslant a$.

例 2.52 给定集合 $P=\{\phi,\{a\},\{a,b\},\{a,b,c\}\}$ 上的包含关系 $\subseteq$, 证明 $(P,\subseteq)$ 是个全序关系.

证明 因为 $\phi\subseteq\{a\}\subseteq\{a,b\}\subseteq\{a,b,c\}$, 这说明 P 中的任何两个元素都有关系, 按照定义 $(P,\subseteq)$ 是全序关系.

例 2.53 设正整数的有序对的集合 $\mathbf{Z}^+\times\mathbf{Z}^+$, 对于 (a_1,a_2) 和 (b_1,b_2), 如果 $a_1<b_1$ 或如果 $a_1=b_1$ 且 $a_2\leqslant b_2$(字典顺序), 则定义 $(a_1,a_2)\preccurlyeq(b_1,b_2)$, 则 $(\mathbf{Z}^+\times\mathbf{Z}^+,\preccurlyeq)$ 是一个全序集合.

解 不难验证集合 $\mathbf{Z}^+\times\mathbf{Z}^+$ 上定义的关系 $\preccurlyeq$ 满足自反性、反对称性和传递性, 于是 $(\mathbf{Z}^+\times\mathbf{Z}^+,\preccurlyeq)$ 是一个偏序集. 对于任意 (a_1,a_2), $(b_1,b_2)\in\mathbf{Z}^+\times\mathbf{Z}^+$, 不失一般性可设 $a_1\leqslant b_1$. 当 $a_1<b_1$ 时, 有 $(a_1,a_2)\preccurlyeq(b_1,b_2)$; 当 $a_1=b_1$ 时, 不妨设 $a_2\leqslant b_2$, 根据定义有 $(a_1,a_2)\preccurlyeq(b_1,b_2)$, $\mathbf{Z}^+\times\mathbf{Z}^+$ 的任意两个元素可比, 所以 $(\mathbf{Z}^+\times\mathbf{Z}^+,\preccurlyeq)$ 是一个全序集合.

例 2.54 偏序集 $(\mathbf{Z}^+,|\,)$ 不是全序集, 因为它包含着不可比的元素, 如 5 和 7.

某些数的集合内存在最大数或者最小数, 在偏序集内也有类似的说法.

定义 2.22 设 $(S,\preccurlyeq)$ 是一个偏序集, B 是 S 的一个子集, 若存在 $b\in B$, 使得对于 B 中的任何一个元素 x, 都有 $b\preccurlyeq x$, 则称 b 是 B 的**最小元素**. 同理, 若存在 $b\in B$, 使得对于 B 中的任何一个元素 x, 都有 $x\preccurlyeq b$, 则称 b 是 B 的**最大元素**.

按照上面的定义, 一个集合的最大元素和最小元素首先是该集合内的元素.

例 2.55 考虑偏序集 $(\mathscr{P}\{a,b\},\subseteq)$.

(1) 取 $B=\{\phi,\{a\}\}$, 则 $\{a\}$ 是 B 的最大元素, ϕ 是 B 的最小元素.

(2) 取 $B=\{\{a\},\{b\}\}$, 则 B 没有最大元素, 也没有最小元素. 这是因为 $\{a\}$ 和 {b}是不可比的.

定理 2.18 *设 $(A,\preccurlyeq)$ 为偏序集, $B\subseteq A$, 若 B 有最大(最小)元, 则必是唯一的.*

证明 设 a 和 b 都是 B 的最大元素, 由最大元素的定义可知 $a\preccurlyeq b$ 和 $b\preccurlyeq a$, 因为 $\preccurlyeq$ 是反对称的, 得到 $a=b$. B 的最大元素唯一.

B 的最小元素唯一的证明与此类似.

定义 2.23 对于偏序集 $(S,\preccurlyeq)$, 若 S 的每个非空子集都有一个最小元素, 就称它为良序集.

例 2.56 设 n 某一正整数, 集合 $A=\{1,2,\cdots,n\}$ 对于数之间的小于等于关系 $\leqslant$ 来说是一个良序集合.

关于良序集合和全序集合有以下结论.

定理 2.19 *每一个良序集合一定是全序集合.*

证明 按照定义, 只需证明良序集合的任意两个元素有关系即可. 事实上, 设 $(A,\preccurlyeq)$ 是一个良序集. 任意 $a,b\in A$, 因为由这两个元素组成的集合 B 有最小元素, 不妨设 a 是最小元素, 于是 $a \preccurlyeq b$. $(A, \preccurlyeq)$ 是全序集.

反过来, 一个全序集合不一定是良序集合.

例 2.57 整数集合 **Z** 与通常的小于等于关系 $\leqslant$ 是一个全序集, 但不是良序集. 因为负整数集合是 **Z** 的子集, 负整数集没有最小元素.

对于一个有限的全序集合来说, 情况就不一样了.

定理 2.20 *每一个有限的全序集合一定是良序集合.*

证明 设有限的全序集合 $A = \{a_1, a_2, \cdots, a_n\}$. 对于 A 的任何一个子集 $B = \{b_1, b_2, \cdots, b_k\}, 1 \leqslant k \leqslant n$, 我们将证明集合 B 有最小元素. 若 b_1 是集合 B 的最小元素, 则结论得证. 否则, 存在 $b_{i_1} \in B$, 使得 $b_{i_1} \preccurlyeq b_1$. 若 b_{i_1} 是集合 B 的最小元素, 则结论得证. 否则, 存在 $b_{i_2} \in B$, 使得 $b_{i_2} \preccurlyeq b_{i_1}$. 如此下去便得到一个序列, 满足

$$b_{i_{k-1}} \preccurlyeq b_{i_{k-2}} \cdots \preccurlyeq b_{i_1} \preccurlyeq b_1$$

不难得知, $b_{i_{k-1}}$ 是集合 B 的最小元素.

定理 2.21 (良序归纳原理) *设 S 是一个良序集, 如果下述条件成立:*

归纳步骤: 对一切 $y \in S$, 如果 $P(x)$ 对所有 $x \in S$ 且 $x \prec y$ 为真, 则 $P(y)$ 必为真. 那么 $P(x)$ 对所有 $x \in S$ 为真.

证明 若 $P(x)$ 不对所有 $x \in S$ 为真, 那么存在一个元素 $y \in S$ 使得 $P(y)$ 为假. 于是集合

$$A = \{\, x \in S \mid P(x)\text{为假}\}$$

是非空的. 因为 S 是良序的, 集合 A 有最小元素 a. 根据 a 是选自 A 的最小元素, 我们知道对所有的 $x \in S(x \prec a)$ 都有 $P(x)$ 为真. 由归纳步骤就可以推出 $P(a)$ 为真. 这个矛盾就证明了 $P(x)$ 必须对所有 $x \in S$ 为真.

2.9.2 字典顺序

字典中的字按照字母顺序或字典顺序排列, 字典顺序是以字母表中的字母顺序为基础的. 这是从一个集合上的偏序构造一个集合上的串的序的特殊情况. 我们将说明这种构造在任一个偏序集上是怎样做的.

首先, 我们将说明怎样在两个偏序集 $(A_1, \preccurlyeq)$ 和 $(A_1, \preccurlyeq)$ 的笛卡儿积上构造一个偏序. 在 $A_1 \times A_2$ 的字典顺序定义如下: 如果第一个对的第一个元素 (在 A_1 中) 小于第二个对的第一个元素, 或者第一个元素相等, 但是第一个对的第二个元素 (在 A_2 中) 小于第二个对的第二个元素, 那么第一个对小于第二个对. 换句话说, (a_1, a_2) 小于 (b_1, b_2), 即

$$(a_1, a_2) < (b_1, b_2)$$

或者 $a_1 \prec_1$ 或者 $a_1 = a_2$ 且 $a_2 \prec_2 a_2$.

把相等加到 $A_1 \times A_2$ 的序 $\preccurlyeq$ 就得到偏序 $\preccurlyeq$. 这个验证留作练习.

例 2.58 确定在偏序集 $(Z_1 \times Z_2, \preccurlyeq)$ 中, 是否有 (3, 5)$\prec$(4, 8), (3, 8)$\prec$(4, 5) 和 (4, 9)$\prec$ $(4, 11)$? 这里的 $\preccurlyeq$ 是 **Z** 上通常的 $\leqslant$ 关系构造的字典顺序.

解 因为 $3<4$, 故而 $(3,5)\prec(4,8)$ 且 $(3,8)\prec(4,5)$. 因为 $(4,9)$ 与 $(4,11)$ 的第一个元素相同, 但 $9<11$, 我们有 $(4,9)\prec(4,11)$.

下面的表格明显地显示了 $\mathbf{Z}^+\times\mathbf{Z}^+$ 中比 $(3,4)$ 小的有序对的集合.

(1 , 1)	(2 , 1)	(3 , 1)	(4 , 1)	(5 , 1)	(6 , 1)	(7 , 1)	⋯
(1 , 2)	(2 , 2)	(3 , 2)	(4 , 2)	(5 , 2)	(6 , 2)	(7 , 2)	⋯
(1 , 3)	(2 , 3)	(3 , 3)	(4 , 3)	(5 , 3)	(6 , 3)	(7 , 3)	⋯
(1 , 4)	(2 , 4)	(3 , 4)	(4 , 4)	(5 , 4)	(6 , 4)	(7 , 4)	⋯
(1 , 5)	(2 , 5)	(3 , 5)	(4 , 5)	(5 , 5)	(6 , 5)	(7 , 5)	⋯
(1 , 6)	(2 , 6)	(3 , 6)	(4 , 6)	(5 , 6)	(6 , 6)	(7 , 6)	⋯
(1 , 7)	(2 , 7)	(3 , 7)	(4 , 7)	(5 , 7)	(6 , 7)	(7 , 7)	⋯
⋮	⋮	⋮	⋮	⋮	⋮	⋮	⋮

可以在 n 个偏序集 $(A_1,\preccurlyeq_1),(A_2,\preccurlyeq_2),\cdots,(A_n,\preccurlyeq_n)$ 的笛卡儿积上定义字典顺序. 以下定义 $A_1\times A_2\times\cdots\times A_n$ 的偏序 $\preccurlyeq$: 如果 $a_1\prec b_1$ 或者存在整数 $i>0$ 使得 $a_1=b_1,a_2=b_2,\cdots,a_t=b_t$, 且 $a_{i+1}\prec_{i+1}b_{i+1}$, 那么

$$(a_1,a_2,\cdots,a_n)\prec(b_1,b_2,\cdots,b_n)$$

换句话说, 如果在两个 n 元组不同元素出现的第一位置上第一个 n 元组的元素小于第二个 n 元组的元素, 那么第一个 n 元组小于第二个 n 元组.

注意 $(1,2,3,5)\prec(1,2,4,3)$. 因为这些四元组的前两位相同, 但是第一个四元组的第三位 3 小于第二个四元组第三位 4 , (这里的四元组上的字典顺序是整数集合的通常的“小与或等于”关系导出的字典顺序).

我们现在可以定义串的字典顺序. 考虑偏序集 S 上的串 $a_1a_2\cdots a_m$ 和 $b_1b_2\cdots b_n$. 假定这两个串不相等. 设 t 是 m、n 中较小的数. 定义字典顺序如下: $a_1a_2\cdots a_m$ 小于 $b_1b_2\cdots b_n$, 当且仅当

$$(a_1,a_2,\cdots,a_t)\prec(b_1,b_2,\cdots,b_t)$$

或者

$$(a_1,a_2,\cdots,a_t)=(b_1,b_2,\cdots,b_t)\ \text{并且} m\leqslant n$$

其中, 不等式中的 $\prec$ 表示 S^t 中的字典顺序, 换句话说, 为确定两个不同串的序, 较长的串被切到较短的串的长 t, 即 $t=\min(m,n)$, 然后使用 S^t 上的字典顺序比较每个串的前 t 位组成的 t 元组. 如果对应于第一个串的 t 元组小于第二个串的 t 元组, 或者这两个 t 元组相等, 但是第二个串更长, 那么第一个串小于第二个串. 这是偏序的, 验证留给读者作为练习.

例 2.59 考虑小写英文字母串构成的集合. 使用在字母表中的字母顺序可以构造在串的集合上的字典顺序. 如果两个串第一次出现不同字母时, 第一个串的字母先于第二个串的字母, 或者第一个串和第二个串在所有的位都相同, 但是第二个串有更多的字母那么第一个串小于第二个串. 这种排序和字典使用的字典排序相同. 例如

$$\text{discreet}\prec\text{discrete}$$

因为这两个串在第 7 位首次出现不同字母, 并且 $e \prec t$. 又如

$$\text{discreet} \prec \text{discreetness}$$

这两个串的前 8 个子母相同, 但是第二个串更长. 此外

$$\text{discrete} \prec \text{discretion}$$

因为

$$\text{discrete} \prec \text{discreti}$$

2.9.3　哈斯图

考虑集合 $\{1,2,3,4\}$ 上的关系 $\{(a,b), a \leqslant b\}$, 这个关系是偏序, 偏序图参见图 2.13 (a). 偏序关系的偏序图上的许多弧都是必须存在的, 如每个节点上的环形弧. 今后, 在画出偏序关系的偏序图时, 必须存在的弧也可以不画出来, 这种约定并不失去偏序关系的信息.

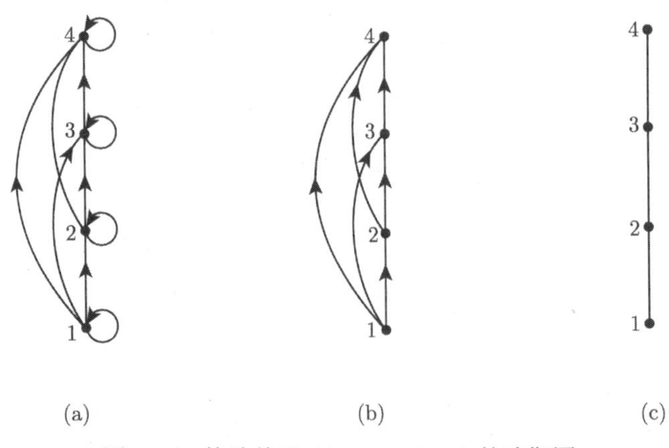

图 2.13　构造关于 $(\{1,2,3,4\}, \leqslant)$ 的哈斯图

例如, 因为偏序关系是自反的, 表明有向图的所有节点都有环, 可以不必画出这些环. 在图 2.13(b) 中没有显示这些环.

由于偏序关系是传递的, 不必显示那些由于传递性而出现的边, 例如, 在图 2.13(c) 中没有显示边 $(1,3)$、$(1,4)$ 和 $(2,4)$.

如果再假设所有边的方向是向上的, 我们也不必画出边的方向, 图 2.13(c) 就没有显示边的方向.

偏序关系图的这种简化画法依然保持偏序关系的所有信息, 这种图称为哈斯图, 它是用 20 世纪德国数学家赫尔姆 • 哈斯的名字命名的.

一般来说. 我们可以使用下面的过程求一个偏序关系的哈斯图: 从偏序关系的有向图开始, 因为偏序关系是自反的, 每个顶点有个环, 移走这些环, 移走所有由于传递性出现的边. 因为偏序关系是传递的, 一些边是因为传递而出现的, 例如, 如果 (a,b) 和 (b,c), 移走边 (a,c). 最后, 排列每条边使得它的起点在终点的下面, 移走所有的有向边的箭头.

这些步骤都是非常明确的. 对于一个有穷偏序集只需要有限步执行就可完成. 当所有的步骤执行以后, 就得到一个包含着足够的表示偏序信息的哈斯图.

例 2.60　画出表示 {1, 2, 3, 4, 6, 8, 12}上的偏序 $\{(a, b) \mid a$整除$b\}$ 的哈斯图.

解　由这个偏序的有向图开始, 如图 2.14(a) 所示. 移走所有的环, 如图 2.14(b) 所示. 然后删除所有由传递性导出的边, 这些边是 (1, 4), (1, 6),(1, 8), (1, 12), (2, 8),(2, 12) 和 (3, 12). 排列所有的边使得方向向上, 并且删除所有的箭头得到哈斯图, 结果如图 2.14(c) 所示.

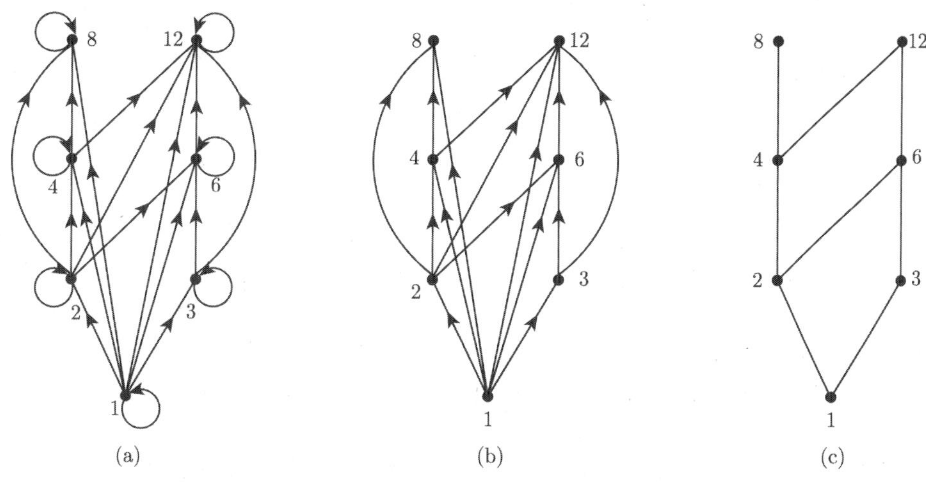

图 2.14　构造关于 $(\{1, 2, 3, 4, 6, 8, 12\}, |)$ 上的哈斯图

例 2.61　画出幂集 $P(S)$ 上的偏序 $\{P(S), \subseteq\}$ 的哈斯图, 其中 $S = \{a, b, c\}$.

解　关于这个偏序的哈斯图是由相关的有向图得到的, 先删除所有的环和所有由传递性产生的边, 即 $(\phi, \{a, b\})$, $(\phi, \{a, c\})$, $(\phi, \{b, c\})$, $(\phi, \{a, b, c\})$, $(\{a\}, \{a, b, c\})$. 最后, 使所有的边方向向上并删除箭头. 得到的哈斯图如图 2.15 所示.

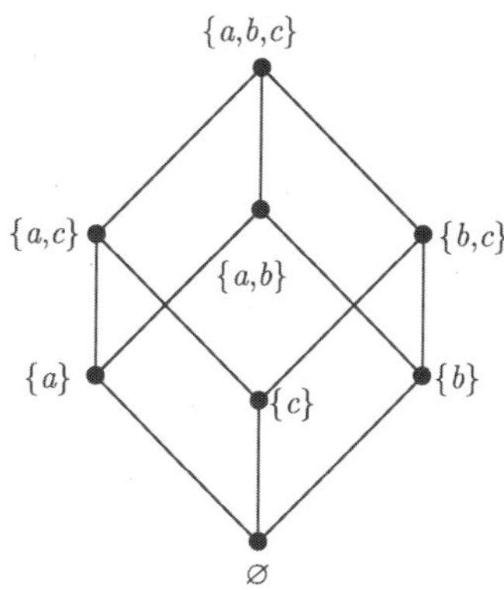

图 2.15　构造关于 $(P(\{a, b, c\}), \subseteq)$ 上的哈斯图

2.9.4　极大元素与极小元素

偏序集的一个元素 a 称为极大的, 当它不小于这个偏序集的任意其他元素. 即 a 在偏序集 $(S, \preccurlyeq)$ 中是极大的, 当不存在 $b \in S$ 使得 $a \prec b$. 类似地, 偏序集的一个元素 a 称为极小的, 如果它不大于这个偏序集的任何其他元素. 即 a 在偏序集 $(S, \preccurlyeq)$ 中是极小的, 如果不存 $b \in S$ 使得 $b \prec a$.

注意: 极大元素、最大元素、极小元素和最小元素这些概念不同.

使用哈斯图很容易识别极大元素与极小元素, 它们是图中的“顶”元素与“底”元素.

例 2.62　偏序集 $(\{2,4,5,10,12,20,25\},|)$ 的哪些元素是极大的? 哪些元素是极小的?

解　图 2.16 关于这个偏序集的哈斯图显示了极大元素是 12、20 和 25, 极小元素是 2 和 5. 通过这个例子可以看出, 一个偏序集可以有多于一个的极大元素和多于一个的极小元素.

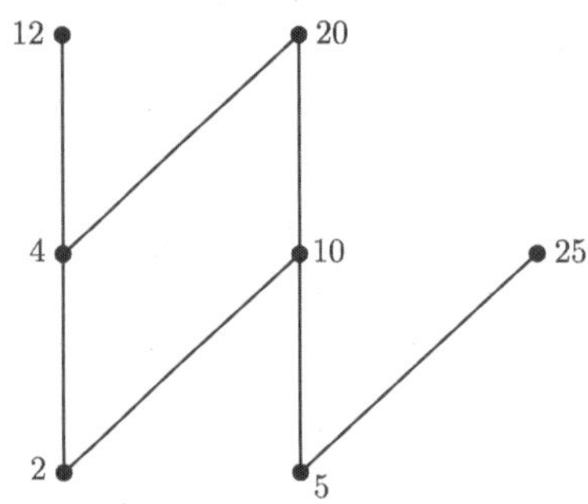

图 2.16　偏序集 $(\{2,4,5,10,12,20,25\}|\ )$ 上的哈斯图

一个偏序集 $(S,\preccurlyeq)$ 的子集 B 的最大元素和最小元素的概念我们已经定义过. 当 $B=S$ 时, 也就是 S 上的最大元素和最小元素. 即若 a 是偏序集 $(S,\preccurlyeq)$ 的最大元素, 对于所有的 $b\in$ 都有 $b\preccurlyeq a$. 当最大元素存在时, 它是唯一的; 类似地, 若 a 是偏序集 $(S,\preccurlyeq)$ 的最小元素, 对所有的 $b\in$ 都有 $a\preccurlyeq b$. 当最小元素存在时, 它是唯一的.

例 2.63　确定图 2.17 的每个哈斯图表示的偏序集是否有最大元素和最小元素.

解　哈斯图图 2.17(a) 的偏序集的最小元素是 a. 这个偏序集没有最大元素. 哈斯图图 2.17(b) 的偏序集既没有最小元素也没有最大元素. 哈斯图图 2.17(c) 的偏序集没有最小元素, 它的最大元素是 d. 哈斯图图 2.17(d) 的偏序集有最小元素 a 和最大元素 d.

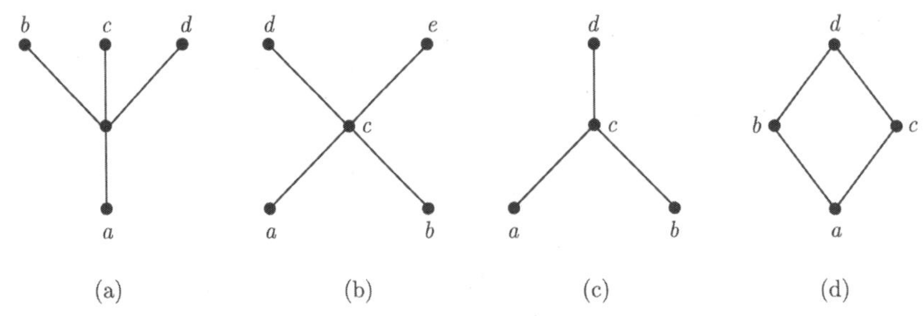

图 2.17　四个偏序集上的哈斯图

例 2.64　设 S 是集合, 确定偏序集 $(P(S),\subseteq)$ 中是否存在最大元素与最小元素.

解　最小元素是空集, 因为对于 S 的任何子集 T, 有 $\phi\subseteq T$. 集合 S 是这个偏序集的最大元素, 因为只要 T 是 S 的子集, 就有 $T\subseteq S$.

例 2.65　在偏序集 $(\mathbf{Z}^{+},|\ )$ 中是否存在最大元素和最小元素?

解　1 是最小元素, 因为只要 n 是正整数, 就有 $1|n$. 因为没有被所有正整数整除的整数, 所以不存在最大元素.

有时候可以找到一个元素的下偏序集 $(S,\preccurlyeq)$ 的子集 A 中所有的元素. 如果 u 是 S 的元素, 使得对所有的元素 $a\in S$, 有 $a\preccurlyeq u$, 那么 u 称为 A 的一个上界. 类似地, 也可能存在一个元素小于 A 中的所有其他元素. 如果 l 是 S 的元素, 使得对所有的元素 $a\in S$, 有 $l\preccurlyeq a$, 那么 l 称为 A 的一个下界.

例 2.66　找出图 2.18 所示哈斯图的偏序集的子集 $\{a,b,c\}$, $\{j,h\}$ 和 $\{a,c,d,f\}$ 的下界和上界.

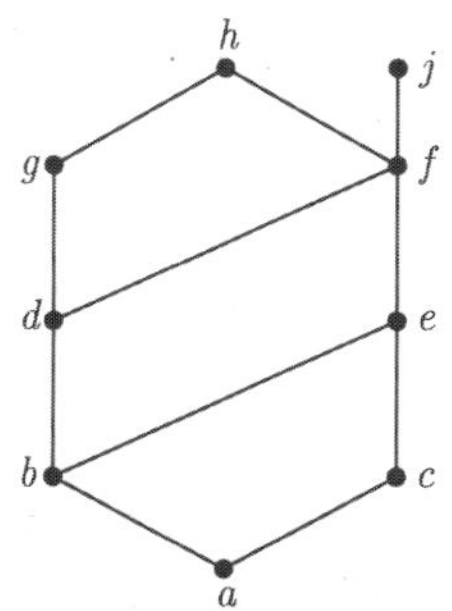

图 2.18　偏序集上的哈斯图

解　$\{a,b,c\}$ 的上界是 e、f、j 和 h, 它的唯一的下界是 a. $\{j,h\}$ 没有上界, 它的下界是 a、b、c、d、e 和 f. $\{a,c,d,f\}$ 的上界是 f、h 和 j, 它的下界是 a.

元素 x 称为子集 A 的最小上界, 如果 x 是一个上界并且它小于 A 的其他上界. 因为如果这样的元素存在, 只存在一个, 称这个元素为最小上界是有意义的 [见节末练习 42(a). 即只要 $a\in A$, 就有 $a\preccurlyeq x$, 并且只要 z 是 A 的上界, 就有 $x\preccurlyeq z$, x 就是 A 的最小上界. 类似地, 如果 y 是 A 的下界, 并且只要 z 是 A 的下界, 就有 $z\preccurlyeq y$, y 就是 A 的最大下界. A 的最大下界如果存在也是唯一的. 见节末的练习 42(b)]. 一个子集 A 的最大下界和最小上界分别记作 $\mathrm{glb}(A)$ 和 $\mathrm{lub}(A)$.

例 2.67　图 2.18 所示的偏序集中, 如果 $\{b,d,g\}$ 的最大下界和最小上界存在, 求出这个最大下界和最小上界.

解　$\{b,d,g\}$ 的上界是 g 和 h , 因为 $g\prec h$, 所以 g 是最小上界.

例 2.68　在偏序集 $(\mathbf{Z}^{+},|)$ 中, 如果集合{3,9,12}和 $\{1,2,4,5,10\}$ 的最大下界和最小上界存在, 求出这些最大下界和最小上界.

解　如果 3、9、12 被一个整数整除, 那么这个整数就是 $\{3,9,12\}$ 的下界. 这样的整数只有 1 和 3. 因为 1|3, 3 是 {3, 9,12}的最大下界. 集合 $\{1,2,4,5,10\}$ 关系到 | 下界只有 1. 因此 1 是 $\{1,2,4,5,10\}$ 的最大下界.

一个整数是 $\{3,9,12\}$ 的上界, 当以仅当它被 3、9 和 12 整除. 具有这种性质的整数就是那些被 3、9 和 12 的最小公倍数 36 整除的整数. 因此, 36 是 $\{3,9,12\}$ 的最小上界. 一个正整数是集合 $\{1,2,4,5,10\}$ 的上界, 当且仅当它被 1、2、4、5 和 10 整除. 具有这种性质的整数就是被这些整数的最小公倍数 20 整除的整数. 因此, 20 是 $\{1,2,4,5,10\}$ 的最小上界.

2.9.5　格

如果一个偏序集的每对元素都有最小上界和最大下界, 就称这个偏序集为格. 格有许多特殊的性质. 此外, 格有许多不同的应用, 如用在信息流的模型. 格在布尔代数中也起到了重要的作用.

例 2.69　确定图 2.19 的每个哈斯图表示的偏序集是否是格.

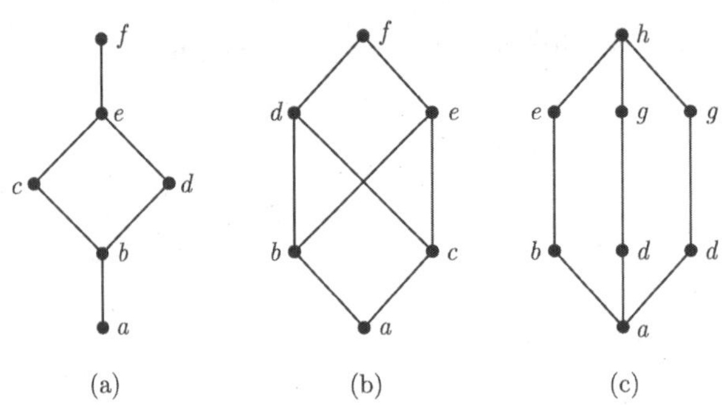

图 2.19　三个偏序集上的哈斯图

解　图 2.19(a) 和图 2.19(c) 中的哈斯图表示的偏序集是格. 因为在每个偏序集中每对元素都有最小上界和最大下界. 读者应该能验证这一点. 另外, 图 2.19(b) 所示的哈斯图的偏序集不是格, 因为元素 b 和 c 没有最小上界. 为此只要注意到 d、e 和 f 中每一个都是界. 但这三个元素的任何一个关于这个偏序集中的序都不大于其他 2 个.

例 2.70　偏序集 $(\mathbf{Z}^+, |)$ 是格吗?

解　设 a 和 b 是两个正整数, 这两个整数的最小上界和最大下界分别是它们的最小公倍数和最大公约数. 读者应能验证这一点. 因此这个偏序集是格.

例 2.71　确定偏序集 $(\{1,2,3,4,5\},|)$ 和 $(\{1,2,4,8,16\},|)$ 是否为格.

解　因为 2 和 3 中没有上界, 它们当然没有最小上界, 故第一个偏序集不是格. 第二个偏序集的每两个元素都有最小上界和最大下界, 在这个偏序集中两个元素的最小上界是它们中间较大的元素, 而两个元素的最大下界是它们中间较小的元素. 读者应能验证这一点. 因此, 第二个偏序集是格.

例 2.72　确定 $(P(S),\subseteq)$ 是否是格, 其中 S 是集合.

解　设 A 和 B 是 S 的两个子集. A 和 B 的最小上界和最大下界分别是 $A\cup B$ 和 $A\cap B$. 读者可以证明这一点. 因此, $(P(S),\subseteq)$ 是格.

2.10　函　　数

2.10.1　函数的定义

假定对于集合 X 中的每个元素, 我们都唯一地分配集合 Y 中的一个元素与之对应, 这样的分配称为从 X 到 Y 的函数. 集合 X 称为此函数的定义域, 集合 B 称为此函数的陪域.

我们通常用形式化的符号来表示函数, 设 f 为从 X 到 Y 的函数, 则记为

$$f: X \to Y$$

读作“f 为从 X 到 Y 的函数”. 如果 $x \in X$, 则 $f(x)$ 表示由 f 分配给 x 的 Y 中的唯一元素 y, 称为 x 在 f 下的像, 而 y 称为 x 的原像. 所有这些像值的集合称为 f 的值域, 记作 $f(X)$.

容易看出, 除了上述定义外, 我们也可以从二元关系的角度给出函数的定义：函数 $f: X \to Y$ 是一个从 X 到 Y 的关系 ($X \times Y$ 的一个子集), 使得对于每一个 $x \in X$ 都存在 f 中的一个序偶 $< x, y >$ 与之对应.

很多事物之间的联系可以抽象为函数关系, 我们也经常会用数学公式来表示函数. 例如, 考虑将一个实数对应到其平方的函数, 常常会表示为

$$f(x) = x^2, \quad y = x^2$$

在后一种表示里, 由于 y 的取值依赖于 x, 所以也称 x 为自变量, y 为因变量.

例 2.73 (幂函数)　设 $\mathbf{R}$ 为实数集合, $f: \mathbf{R} \to \mathbf{R}$, $f(x) = x^2$. f 是一个简单的幂函数.

例 2.74 (取整函数)　取整函数经常应用于计算机科学. 设 x 为任意实数, 则 x 必定介于两个整数之间, 我们称这两个整数分别为 x 的上取整和下取整, 特别地, $\lfloor x \rfloor$ 称为 x 的下取整, 表示不大于 x 的最大整数. $\lceil x \rceil$ 称为 x 的上取整, 表示不小于 x 的最大整数. 例如, $\lfloor 3.1 \rfloor = 3$, $\lfloor -3.1 \rfloor = -4$, $\lceil 3.1 \rceil = 4$, $\lceil -3.1 \rceil = -3$.

除了用二元关系来定义函数之外, 我们还可以通过归纳形式来定义函数. 而为了不至于产生循环定义, 我们必须如同数学归纳法那样来指定相关定义的基础.

例 2.75 (阶乘函数)　阶乘 $n!$ 的递归定义如下

$$f: N \to N$$

(基础)$f(0) = 1$

(归纳)$f(n+1) = (n+1)f(n)$

于是我们有 $0! = 1$, $1! = 1$, $2! = 1 \times 2 = 2$, $3! = 1 \times 2 \times 3$.

例 2.76 (斐波那契序列)　斐波那契序列 (F_0, F_1, F_2, $\cdots$) 如下

$$0, 1, 1, 2, 3, 5, 8, \cdots$$

即 $F_0 = 0$, $F_1 = 1$, 以后每一项都是其前两项之和. 它能作为 N 上的函数 F 归纳地定义, 即

$$F: N \to N$$

(基础)$F_0 = 0$, $F_1 = 1$

(归纳)$F(n+2) = F(n+1) + F(n)$

2.10.2　函数的合成

函数是一种特殊的二元关系, 二元关系可以进行合成运算, 所以函数也可以进行合成运算. 设函数 $g: X \to Y$, $f: Y \to Z$, 则 g 和 f 的合成 $f \cdot g$ 是从 X 到 Z 的函数

$$f \cdot g(x) = f(g(x))$$

注意: 函数的合成与关系的合成书写顺序不同, 主要是为了与函数的嵌套顺序相一致.

例 2.77　设 $X=\{1,2,3\}$, $f:X\to X$, $g:X\to X$, 函数

$$f=\{<1,1>,<2,3>,<3,1>\}, g=\{<1,2>,<2,1>,<3,3>\},$$

则

$$\begin{aligned}g\cdot f&=\{<1,2>,<2,3>,<3,2>\}\\ f\cdot g&=\{<1,3>,<2,1>,<3,1>\}\\ f\cdot f&=\{<1,1>,<2,1>,<3,1>\}\\ g\cdot g&=\{<1,1>,<2,2>,<3,3>\}\end{aligned}$$

2.10.3　特殊函数类

函数 $f:X\to Y$ 称为单射函数, 如果定义域 X 中的不同元素有不同的像, 或者说如果 $x_1\neq x_2$ 蕴含着 $f(x_1)\leqslant f(x_2)$(若 $f(x_1)=f(x_2)$, 则 $x_1=x_2$).

函数 $f:X\to Y$ 称为满射函数, 如果定义域 Y 中的每个元素都是 X 中某个元素的像, 即 $f(X)=Y$.

如果函数 f 既是单射, 又是满射, 则称 f 是双射的.

例 2.78　考虑如下从 R 到 R 的函数

$$f_1(x)=x,\quad f_2(x)=x^2,\quad f_3(x)=2^x$$

f_1 既是单射函数, 又是满射函数, 因为任意实数 x 都恰能找到一个与之对应的原像. f_2 既不是单射函数, 也不是满射函数, 因为当 $x>0$ 时能找到两个原像, 但是当 $x<0$ 时不能找到原像. f_3 是单射函数, 对于任意实数 x, 其最多能找到一个原像与之对应.

集合 X 上的双射函数称为 X 上的置换, 特别地, 当 X 为无限集合时, X 上的置换称为无穷置换; 当 X 为有限集时, 若 $|X|=n$, 则称在 X 上的置换为 n 次置换. n 次置换常记作

$$P=\begin{pmatrix}x_1 & x_2 & \cdots & x_n\\ P(x_1) & P(x_2) & \cdots & P(x_n)\end{pmatrix}$$

例如

$$\begin{pmatrix}1 & 2 & 3 & 4\\ 2 & 1 & 4 & 3\end{pmatrix}$$

表示 $f(1)=2$, $f(2)=1$, $f(3)=4$, $f(4)=3$.

定理 2.22　*设 $g:X\to Y$ 和 $f:Y\to Z$ 是函数, fg 是合成函数.*

(1) 如果 f 和 g 是单射函数, 则 fg 是单射函数.

(2) 如果 f 和 g 是满射函数, 则 fg 是满射函数.

(3) 如果 f 和 g 是双射函数, 则 fg 是双射函数.

证明　(1) 设 x_1 和 x_2 是 X 的两个不同元素, 因为 g 为单射函数, 所以 $g(x_1)\leqslant g(x_2)$; 又因为 f 是单射函数而且 $g(x_1)\leqslant g(x_2)$, 所以 $fg(x1)\leqslant fg(x_2)$. 所以 $x_1\leqslant x_2$ 可导出 $fg(x_1)\leqslant fg(x_2)$, 那么 fg 为单射函数.

(2) 任取 $z \in \mathbf{Z}$, 因为 f 是满射函数, 所以存在 $y \in Y$ 使得 $f(y) = z$; 又因为 g 是满射函数, 所以存在 $x \in X$ 使得 $f(x) = y$. 于是 $fg(x) = f(g(x)) = f(y) = z$, 所以 $z \in fg(X)$, fg 为满射.

(3) 因为 f 和 g 是双射函数, 所以各自既是单射函数又是满射函数. 由 (1) 和 (2) 可知 fg 既是单射函数也是满射函数, 所以 fg 是双射函数. 证毕.

另外, 由合成函数的单射或者满射特性也能部分地推出组成函数的单设和满射性质.

定理 2.23　设 fg 是合成函数, 则有以下结论.

(1) 如果 fg 是单射函数, 则 g 是单射函数.

(2) 如果 fg 是满射函数, 则 f 是满射函数.

(3) 如果 fg 是双射函数, 则 f 是满射而 g 是单射.

证明过程略.

2.11 习　题

1. 设 $A = \{1, 2, 3\}$, $B = \{a\}$, 求出所有 A 到 B 的关系.

2. 设 $A = \{1, 2, 3, 4\}$, 集合 A 上的关系 $R_1 = \{(1, 3), (2, 2), (3, 4)\}$, $R_2 = \{(1, 4), (2, 3), (3, 4)\}$. 求:

(1) $R_1 \cup R_2$

(2) $R_1 \cap R_2$

(3) $R_1 - R_2$

(4) $R_1 \oplus R_2$

3. A 是一个有 n 个元素的集合, A 上的关系有多少个? 说明理由.

4. 给出分别满足下述条件的 $A = \{0, 1, 2, 3, 4\}$ 到 $B = \{0, 1, 2, 3\}$ 的关系 R 中的所有有序对 (a, b).

(1) $a = b$

(2) $a + b = 4$

(3) $a > b$

(4) $a \mid b$

(5) $\gcd(a, b) = 1$

(6) $\mathrm{lcm}(a, b) = 2$

5. 对于集合 {1,2,3,4}上的如下每一个关系, 确定它是否是自反的, 是否是对称的, 是否是反对称的, 是否是传递的.

(1) $\{(2, 2), (2, 3), (2, 4), (3, 2), (3, 3), (3, 4)\}$

(2) $\{(1, 1), (1, 2), (2, 1), (2, 2), (3, 3), (4, 4)\}$

(3) $\{(2, 4,), (4, 2)\}$

(4) $\{(1, 2), (2, 3), (3, 4)\}$

(5) $\{(1, 1), (2, 2), (3, 3), (4, 4)\}$

6. 确定所有实数集合上的关系 R 是否是自反的, 是否是反对称的, 是否是传递的. 其中 $(x, y) \in R$, 当且仅当

(1) $x + y = 0$

(2) $x = \pm y$

(3) $x - y$ 是有理数

(4) $x = 2y$

(5) x是 y 的倍数

(6) x与y都是负的或都是非负的

(7) $x = y^2$

(8) $x \geqslant y^2$

7. 找出下面定理证明中的错误.

定理: 设 R 是集合 A 上的对称关系和传递关系, 则 R 是自反的.

证明: 设 $a \in A$, 取元素 $b \in A$, 使得 $(a, b) \in R$, 由于 R 是对称的, 因而有 $(b, a) \in R$, 现在使用传递性, 由 $(a, b) \in R$ 和 $(b, a) \in R$ 得出结论 $(a, a) \in R$.

8. 假设 R 和 S 是集合 A 上的自反关系. 对于下面的每个论断, 给出证明过程或举出反例.

(1) $R \cup S$ 是自反的.

(2) $R \cap S$ 是自反的.

(3) $R \oplus S$ 是自反的.

(4) $R - S$ 是自反的.

(5) $R \cup S$ 是自反的.

9. 设集合 A 上的三个关系为

$$R = \{(1,1), (1,2), (1,3), (3,3)\}$$
$$S = \{(1,1), (1,2), (2,1), (2,2), (3,3)\}$$
$$T = \{(1,1), (2,2), (1,2), (1,3), (3,2)\}$$

(1) 给出关系 R、S、T 的关系矩阵, 并画出它们的关系图.

(2) 判断上述关系是否为①自反的; ②对称的; ③传递的; ④反对称的; ⑤反自反的.

10. 怎样利用表示集合 A 上的关系 R 的有向图确定这个关系是否为自反的? 是否为反自反的?

11. 怎样利用表示集合 A 上的关系 R 的有向图确定这个关系是否为对称的? 是否为反对称的?

12. R 是包含了前 100 个正整数的集合 $A = \{1, 2, 3, \cdots, 100\}$ 上的关系, 如果 R 满足下列条件, 那么表示 R 的关系矩阵有多少个非零的元素?

(1) $\{(a, b) \mid a > b\}$

(2) $\{(a, b) \mid a \neq b\}$

(3) $\{(a, b) \mid a = b + 1\}$

(4) $\{(a, b) \mid a = 1\}$

(5) $\{(a,b) \mid ab=1\}$

13. R_1、R_2 是集合 A 上的关系, 它们的关系矩阵分别是

$$M_{R_1}=\begin{pmatrix}0&1&0\\1&1&1\\1&0&0\end{pmatrix},\quad M_{R_2}=\begin{pmatrix}0&1&0\\0&1&1\\1&1&1\end{pmatrix}$$

14. 求表示下述关系的矩阵.

(1) $R_1\cup R_2$

(2) $R_1\cap R_2$

(3) $R_1\circ R_2$

(4) $R_2\circ R_1$

(5) $R_1\oplus R_2$

15. 判断下列论断是否正确.

(1) 若关系 R 是对称的, 则 R^{-1} 也是对称的.

(2) 若关系 R 是非对称的, 则 R^{-1} 也是非对称的.

(3) 若关系 R 是对称的, 则 $R\cap R^{-1}=\phi$.

(4) 若关系 R 是对称的, 则 $R\cap R^{-1}\neq\phi$.

(5) 若关系 R、S 是传递的, 则 $R\cup S$, $R\cap S$ 也是传递的.

16. 已知 $A=\{1,2,3,4\}$ 和定义在 A 和 S 上的关系 R

$$R=\{(1,2),(4,3),(2,2),(2,1),(3,1)\}$$

说明 R 不是传递的. 求一个关系 $R_1\supseteq R$ 使得 R_1 是传递的. 还能找出另外一个关系 $R_2\supseteq R$ 也是传递的吗?

17. 设 $\mathbf{Z}$ 是整数集合, $\mathbf{Z}$ 上的两个关系 R_1 和 R_2 分别是如下

(1) $R_1=\{(a,b) \mid a \mid b\}$

(2) $R_2=\{(a,b) \mid a\equiv b \pmod 3\}$

试求 R_1^{-1} 和 R_2^{-1}.

18. 找出图 2.20 中每个关系的自反、对称与传递闭包.

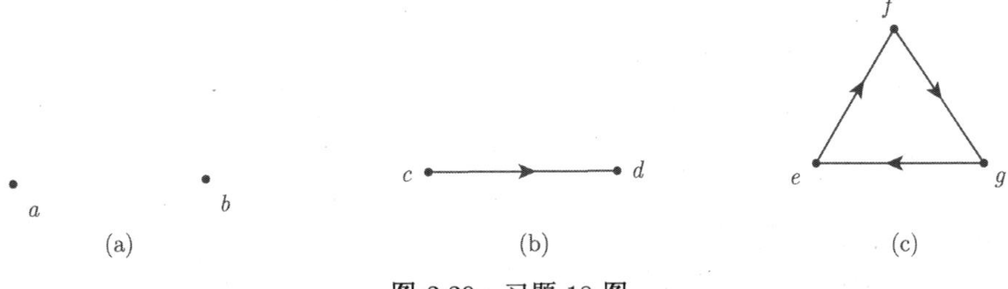

图 2.20　习题 18 图

19. 设 R_1、R_2 是集合 A 上的关系, 且 $R_1 \supseteq R_2$, 证明下列各式.

(1) $r(R_1) \subseteq r(R_2)$

(2) $s(R_1) \subseteq s(R_2)$

(3) $t(R_1) \subseteq t(R_2)$

20. 设 R 是集合 {0,1,2,3}上的关系, $R = \{(0,1),(1,1),(1,2),(2,0),(2,2),(3,0)\}$, 求

(1) R 的自反闭包

(2) R 的对称闭包

21. 设 R 是整数集合上的关系, $R = \{(a,b) \mid a \neq b\}$, R 的自反闭包是什么?

22. 设 R 是整数集合上的关系, $R = \{(a,b) \mid a\text{整除}b\}$, R 的对称闭包是什么?

23. 4 个元素的集合上有多少个不同的划分?

24. 设 $A = \{1,2,3,4,5,6\}$, 下面 P_1、P_2、P_3、P_4 都是集合 A 的一些子集组成的集合, 哪些是集合 A 的一个划分?

(1) $P_1 = \{\{1,2\},\{2,3,4\},\{4,5,6\}\}$

(2) $P_2 = \{\{1\},\{2,3,6\},\{4\},\{5\}\}$

(3) $P_3 = \{\{2,4,6\},\{1,3,5\}\}$

(4) $P_4 = \{\{1,4,5\},\{2,6\}\}$

25. 下面的 (1)~(5) 中的每一类标出了整数集合的一些子集, 试问哪一类标出的子集组成的集合是整数集合的划分.

(1) 偶数集合和奇数集合.

(2) 正整数集合和负整数集合.

(3) 被 3 整除的整数集合, 被 3 除后余数为 1 的整数集合, 被 3 除后余数为 2 的整数集合.

(4) 小于 -100 的整数集合, 绝对值不超过 100 的整数集合, 大于 100 的整数集合.

(5) 不能被 3 整除的整数集合, 偶数集合, 当被 6 除时余数是 3 的整数集合.

26. 下面的 P_1、P_2、P_3、P_4, 每一个集合都是集合 $\{0,1,2,3,4,5\}$ 的划分. 给出每一个划分产生的等价关系中的有序对.

(1) $P_1 = \{\{0\},\{1,2\},\{3,4,5\}\}$

(2) $P_2 = \{\{0,1\},\{2,3\},\{4,5\}\}$

(3) $P_3 = \{\{0,1,2\},\{3,4,5\}\}$

(4) $P_4 = \{\{0\},\{1\},\{2\},\{3\},\{4\},\{5\}\}$

27. 设 R 是集合 A 上的对称和传递关系, 证明: 如果对于 A 中的每个元素 a, 都存在一个元素 $b \in A$, 使得 $(a,b) \in R$, 那么 R 是 A 上的等价关系.

28. 证明：由模 6 同余类构成的划分是模 3 同余类构成划分的一个加细.

29. 假设 R_1 和 R_2 是集合 A 上的等价关系, A/P_1 和 A/P_2 分别是 R_1 和 R_2 的商集, 证明 $R_1 \subseteq R_2$, 当且仅当 A/P_1 是 A/P_2 的加细.

30. 设 $\{A_1, A_2, \cdots, A_k\}$ 是集合 A 的一个划分, 定义 A 上的一个二元关系 R, 使得 $(a,b) \in R$ 当且仅当 a 和 b 在这个划分的同一个块内. 证明：R 是自反的、对称的和传递的.

31. 设 $\{A_1, A_2, \cdots, A_k\}$ 是集合 A 的一个划分, 若 $A_i \cap B \neq \phi$, $1 \leqslant i \leqslant n$, 试证明: $\{A_1 \cap B, A_2 \cap B, \cdots, A_n \cap B\}$ 是集合 $A \cap B$ 的一个划分.

32. 分别确定有向图 2.21~ 图 2.23 表示的关系 R_1、R_2、R_3 是否为等价关系.

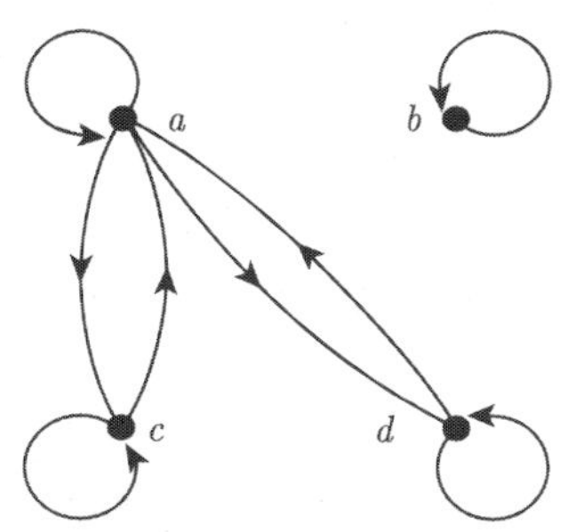

图 2.21　关系 R_1 的图表示

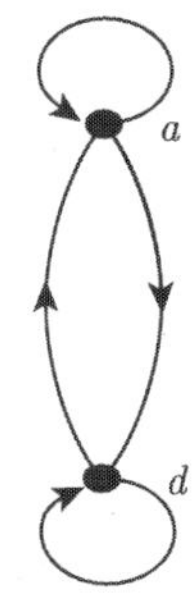

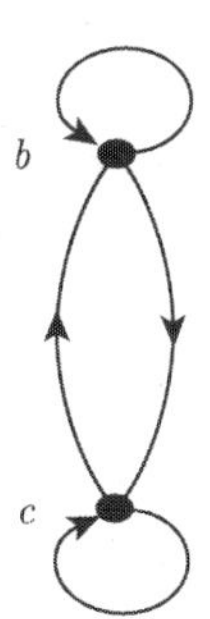

图 2.22　关系 R_2 的有向图

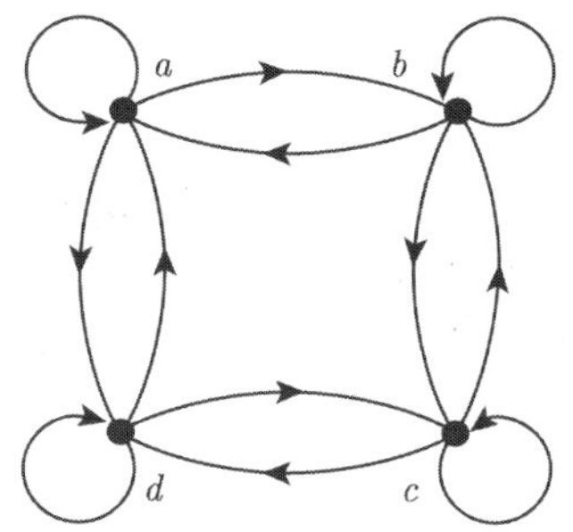

图 2.23　关系 R_3 的有向图

33. 设集合 $A = \{3, 5, 15\}$, $B = \{1, 2, 3, 6, 12\}$, $C = \{3, 9, 27, 54\}$. 偏序关系为整除, 画出这些集合的偏序关系图, 并指出哪些是全序关系.

34. 构造下述集合的例子.

(1) 非空全序集, 其中某些子集没有最小元素.

(2) 非空偏序集, 它不是全序集, 某些子集没有最大元素.

35. 图 2.20 给出了集合 {1,2,3,4}上的四个偏序关系图, 画出它们的哈斯图, 并说明哪一个是全序关系, 哪一个是良序关系.

第 3 章　同余与同余方程

3.1　整数和除法

人类从计数开始就和自然数打交道, 后来由于实践需要, 数的概念进一步扩充到整数. 数论这门学科最初是从研究整数开始的, 所以称为整数论. 后来整数论又进一步发展, 就称为数论了. 确切地说, 数论就是研究数的规律, 特别是整数性质的数学分支. 初等数论主要是用整数的四则运算方法来研究整数性质 (特别是一些特殊类型的正整数的性质及其关系) 的数学分支.

初等数论中得到的整数的许多性质都要直接或间接地涉及整除性, 整除性是初等数论的基础, 因此本章我们首先讨论整除性的基本理论.

3.2　整　　数

我们知道, **自然数**或者**正整数**指的是数 $1, 2, \cdots$, 而**整数**指的是数 $0, \pm 1, \pm 2, \cdots$. 全体整数的集合记作 $\mathbf{Z}$, 而全体正整数或自然数的集合记作 $\mathbf{Z}^+$ 或者 $\mathbf{N}$.

显然, 对任意 $a, b \in \mathbf{Z}$, 有 $a+b, a-b, ab \in \mathbf{Z}$, 即 $\mathbf{Z}$ 关于加、减、乘运算的结果还是整数, 这种现象称为集合对运算是封闭的, 但也存在 $a, b \in \mathbf{Z}$, 使得 $a/b \notin \mathbf{Z}$. 因此我们需要考虑整除, 即研究什么时候 $a/b \in \mathbf{Z}$. 为此, 我们引入下面的定义.

定义 3.1　设 $a, b \in \mathbf{Z}$, 且 $b \neq 0$. 如果存在 $q \in \mathbf{Z}$, 使得 $a = bq$, 则称 b**整除**a, 记作 $b|a$. 此时, b 称为 a 的**因数**, a 称为 b 的**倍数**.

如果 b 不能整除 a, 则用记号 $b \nmid a$ 表示.

对任意整数 a, 显然 $1|a$, 即 1 是任意整数的因数; 当 $a \neq 0$ 时, 有 $a|0$ 和 $a|a$, 即 0 是任意整数的倍数, 任意非零整数是自身的因数也是自身的倍数.

如果一个整数是 2 的倍数, 我们称它为**偶数**, 否则称它为**奇数**.

因为一个非零数的因数的绝对值不大于该数本身的绝对值, 所以任一非零数的因数只有有限多个.

由整除的定义, 我们不难证明下面这些基本性质.

命题 3.1　*设 $a, b, c \in \mathbf{Z}$.*

(1) 如果 $c|b, b|a$, 那么 $c|a$.

(2) 如果 $b|a, c \neq 0$, 那么 $cb|ca$.

(3) 如果 $c|a, c|b$ 那么对任意 $m, n \in \mathbf{Z}$, 有 $c|ma+nb$.

(4) 如果 $b|a, a|b$ 那么 $a = b$ 或 $a = -b$.

因为 $|a|$ 和 a 的所有因数都相同, 所以我们讨论因数时可以只就正整数来讨论.

下面是整除的基本定理, 也称为**带余除法**, 它是初等数论中最基本、最常用工具.

定理 3.1 设 $a, b \in \mathbf{Z}$, 且 $b \neq 0$, 则存在唯一的 $q, r \in \mathbf{Z}$, 使得

$$a = bq + r, \quad 0 \leqslant r < |b| \tag{3.1}$$

证明 考虑整数序列

$$\cdots, -2|b|, -|b|, 0, |b|, 2|b|, \cdots$$

则 a 位于上述序列的某相邻两项之间. 不妨假定

$$q|b| \leqslant a < (q+1)|b|$$

于是 $0 \leqslant a - q|b| < |b|$, 令 $r = a - q|b|$, 则 $0 \leqslant r < |b|$, 因此, 当 $b > 0$ 时, 有 $a = bq + r$; 当 $b < 0$ 时, 有 $a = b(-q) + r$. 这样, 我们证明了 q 和 r 的存在性.

下面证明 q 和 r 的唯一性. 假设存在另外一组 $q', r' \in \mathbf{Z}$ 使得式 (3.13) 成立, 即 $a = bq' + r', 0 \leqslant r' < |b|$, 则有

$$-|b| < r - r' = b(q' - q) < |b|$$

因此 $b(q' - q) = 0$, 从而 $r - r' = 0$, 即 $q' = q, r' = r$, 所以唯一性成立.

例如, 当 $a = 17, b = 5$ 时, $17 = 5 \times 3 + 2$, 这时 $q = 3, r = 2$; 而 $a = -17, b = 5$ 时,$-17 = 5 \times (-4) + 3$, 这时 $q = -4, r = 3$.

定义 3.2 称式(3.1)中的 q 为用 b 除 a 得出的**不完全商**, 称 r 为用 b 除 a 得到的**最小非负余数**, 也简称**余数**, 常记作 $\langle a \rangle_b$ 或 $a \bmod b$.

注 1 在不致引起混淆时, $\langle a \rangle_b$ 中的 b 常略去不写. 方便起见, 以后除非特别说明, 我们总假定除数 b 以及因数都大于零.

作为带余除法的一个重要应用, 考虑整数的基 $b(b \geqslant 2)$ 表示. 我们知道, 通常所用的数都是十进制的, 而计算机上用的数是二进制、八进制及十六进制的. 下面的定理给出一个数能用不同进制表示的依据.

定理 3.2 设 $b \geqslant 2$ 是给定的正整数, 那么任意正整数 n 可以唯一表示为

$$n = r_k b^k + r_{k-1} b^{k-1} + \cdots + r_1 b + r_0$$

其中, 整数 $k \geqslant 0$, 整数 $r_i (i = 0, 1, \cdots, k)$ 满足 $0 \leqslant r_i < b, r_k \neq 0$.

证明 对给定的正整数 n, 必存在唯一的整数 $k \geqslant 0$, 使得 $b^k \leqslant n < b^{k+1}$. 由带余除法, 存在唯一的 $q_0, r_0 \in \mathbf{Z}$ 使得

$$n = bq_0 + r_0, \quad 0 \leqslant r_0 < b \tag{3.2}$$

下面对 k 进行归纳证明. 当 $k = 0$ 时, 则有 $q_0 = 0, 1 \leqslant r_0 < b$, 这时结论显然成立.

假设结论对 $k = m \geqslant 0$ 成立, 那么当 $k = m + 1$ 时, 式 (3.2) 中的 q_0 必满足 $b^m \leqslant q_0 < b^{m+1}$ (注: 因为 $q_0 = \dfrac{n - r_0}{b}$, 从 n 和 r_0 的范围来讨论即可得出结论). 由归纳假设知, q_0 可以唯一地表示为

$$q_0 = s_m b^m + s_{m-1} b^{m-1} + \cdots + s_1 b + s_0$$

其中, 整数 $s_j(j=0,1,\cdots,m)$ 满足 $0\leqslant s_j<b, s_m\neq 0$. 因此我们有

$$n=s_mb^{m+1}+s_{m-1}b^m+\cdots+s_1b^2+s_0b+r_0$$

易见, 这种表示是满足定理要求的唯一表示, 否则与上面 q_0 的唯一表示性矛盾. 因此结论对 $m+1$ 也成立.

如果取 $b=2$, 那么任意正整数 n 可以表示为 2 的乘幂之和, 即

$$n=2^k+r_{k-1}2^{k-1}+\cdots+r_12+r_0$$

其中, 整数 $k\geqslant 0, r_i(i=0,1,\cdots,k-1)$ 是 0 或 1.

在本节的最后, 我们给出余数的几个基本性质.

定理 3.3　设 $a_1,a_2,b\in\mathbf{Z}$, 且 $b>0$ 则

(1) $\langle a_1+a_2\rangle=\langle\langle a_1\rangle+\langle a_2\rangle\rangle$

(2) $\langle a_1-a_2\rangle=\langle\langle a_1\rangle-\langle a_2\rangle\rangle$

(3) $\langle a_1a_2\rangle=\langle\langle a_1\rangle\langle a_2\rangle\rangle$

证明　(1)~(3) 的证明类似, 故这里仅证明 (1). 设 $a_1=bq_1+\langle a_1\rangle$, $a_2=bq_2+\langle a_2\rangle$, $\langle a_1\rangle+\langle a_2\rangle=bq_3+\langle\langle a_1\rangle+\langle a_2\rangle\rangle$, 于是

$$\begin{aligned}a_1+a_2&=b(q_1+q_2)+\langle a_1\rangle+\langle a_2\rangle\\&=b(q_1+q_2+q_3)+\langle\langle a_1\rangle+\langle a_2\rangle\rangle\end{aligned}$$

因此 $\langle a_1+a_2\rangle=\langle\langle a_1\rangle+\langle a_2\rangle\rangle$, 所以 (1) 成立.

3.3　素　　数

在正整数中, 1 只能被它本身整除. 任何大于 1 的整数都至少能被 1 和它本身整除.

定义 3.3　如果正整数 a 大于 1 且只能被 1 和它自己整除, 则称 a 是素数 (prime). 如果 a 大于 1 且不是素数, 则称 a 是合数 (composite number). 素数也称为质数. 例如, 2、11 为素数, 6 为合数.

素数在数论中占据着极其重要的地位, 以后若无特别提示, 素数总是指正整数.

定义 3.4　若正整数 a 有一因数 b, 而 b 又是素数, 则称 b 为 a 的素因数或素因子.

例如, $12=3\times 4$, 其中 3 是 12 的素因数, 而 4 不是.

命题 3.2　p 为素数, a、b、c、d 为整数.

(1) 如果 $p|ab$, 那么 $p|a$ 或 $p|b$.

(2) 如果 $d>1, d|p$, 有 $d=p$.

(3) a 是大于 1 的合数当且仅当 $a=bc$, 其中 $1<b<a, 1<c<a$.

(4) 若 a 为合数, 则存在素数 p, 使得 $p|a$. 即合数必有素数因子.

证明　这里仅证明 (4). 令 $a=d_1d_2\cdots d_k$. 不妨设 d_1 是其中最小的. 若 d_1 不是素数, 则存在 $e_1>1, e_2>1, d_1=e_1e_2$, 因此, e_1 和 e_2 也是 a 的正因数, 这与 d_1 的最小性矛盾. 因此, d_1 是素数, 证毕.

根据上述命题, 任何大于 1 的整数要么是素数, 要么可以分解成素数的乘积. 表明素数是构成整数的基本元素. 于是有下面的定理.

定理 3.4(算术基本定理)　设整数 $a>1$, 则 a 能被唯一地分解为

$$a=p_1p_2\cdots p_n$$

其中, $p_i(1\leqslant i\leqslant n)$ 是满足 $p_1\leqslant p_2\leqslant\cdots\leqslant p_n$ 的素数.

证明　我们先证明分解的存在性. 如果 a 是素数, 取 $p_1=a$ 即可. 如果 a 是合数, 则 a 有大于 1 的最小因数, 记作 p_1, 其为素数. 设 $a=p_1q_2$, 如果 q_2 是素数, 则取 $p_2=q_2$; 否则, 可取 p_2 为 q_2 的大于 1 的最小因数, 且 $q_2=p_2q_3$. 同理, 可根据 q_3 取 p_3, 以此类推, 取 $p_4,\cdots,p_i,\cdots$, 因为 $a>q_2>q_3>\cdots$, 所以该过程必终止. 假设在第 n 步终止, 则由 p_i 的取法有 $a=p_1p_2\cdots p_n$, 且易见 $p_1\leqslant p_2\leqslant\cdots\leqslant p_n$.

下面证明分解的唯一性. 假设存在大于 1 的整数, 该整数有两个不同的分解, 不妨假设 a 是这种数中最小的. 设

$$a=p_1p_2\cdots p_n=q_1q_2\cdots q_m$$

其中, $p_i(1\leqslant i\leqslant n)$ 是满足 $p_1\leqslant p_2\leqslant\cdots\leqslant p_n$ 的素数, $q_i(1\leqslant i\leqslant m)$ 是满足 $q_1\leqslant q_2\leqslant\cdots\leqslant q_m$ 的素数, 则有 $p_1\neq q_1$, 否则 a 不是最小的有两个不同分解的正整数. 因为 $p_1|q_1q_2\cdots q_m$, 存在 $q_i(i>1)$, 使得 $p_1|q_i$, 因为 q_i 是素数, 所以 $p_1=q_i$. 这样 $q_i=p_1\geqslant q_1$, 同理可以得到 $q_1\geqslant p_1$, 因此 $p_1=q_1$, 矛盾. 故满足要求的分解是唯一的. 证毕.

如果把算术基本定理中 $a=p_1p_2\cdots p_n$ 里相同的素数集中起来, 就可得到

$$a=p_1^{\alpha_1}p_2^{\alpha_2}\cdots p_k^{\alpha_k} \tag{3.3}$$

其中, $\alpha_i(1\leqslant i\leqslant k),p_1<p_2<\cdots<p_k$. 式 (3.3) 称为 a 的**标准分解式**.

例如, 72 的标准分解式是 $2^3\times3^2$, 100 的标准分解式是 $2^2\times5^2$.

由算术基本定理立即得到下面的定理.

推论 3.1　对任一正整数 a 进行素因子分解, $a=p_1^{r_1}p_2^{r_2}\cdots p_k^{r_k}$, 则 a 有 $(r_1+1)(r_2+1)\cdots(r_k+1)=\prod_{i=1}^{k}(r_i+1)$ 个正因子.

例 3.1　(1) 20328 有多少个正因子?

(2) 20! 的二进制表示中从最低位数起有多少个连续的 0?

解　(1) $20328=2^3\times3\times7\times11^2$, 由推论 3.1 得 20328 正因子个数为 $4\times2\times2\times3=48$ 个.

(2) 只需求 20! 含有多少个因子 2. 不超过 20 含有因子 2 的数 (为偶数) 有 2, $4=2^2$, $6=2\times3$, $8=2^3$, $10=2\times5$, $12=2^2\times3$, $14=2\times7$, $16=2^4$, $18=2\times3^2$, $20=2^2\times5$. 故 20! 含有 $1+2+1+3+1+2+1+4+1+2=18$ 个因子 2, 从而 20! 的二进制表示中从最低位数起有 18 个连续的 0.

素数在数论中的地位非常重要, 有必要对素数作进一步讨论.

命题 3.3　(1) 任何大于 1 的合数 a 必有一个不超过 $\sqrt{a}$ 的素因数.

(2) 素数有无限个.

证明　(1) 合数 a 可以表示成若干素数之积, 立即得证.

(2) 反证法. 假设只有有限个素数, 设为 $p_1, p_2, \cdots, p_n$, 令 $m = p_1p_2\cdots p_n + 1$, 因为 m 比每一个素数都大, 所以 m 是合数, 这样 m 有一个素数因子 p_i, 根据 $p_i \mid m$, 可以得出 $p_i \mid 1$, 矛盾.

此命题可以判断整数是否为素数.

例 3.2　判断 127 和 133 是否是素数.

解　$\sqrt{127}$ 和 $\sqrt{133}$ 都小于 13, 只需检查它们是否有小于 13 的素因子, 而小于 13 的素数有 2、3、5、7、11, 则 $2 \nmid 127, 3 \nmid 127, 5 \nmid 127, 7 \nmid 127, 11 \nmid 127$, 所以 127 为素数.

因为 $7|133$, 所以 133 为合数.

定义 3.5　对于正整数 a, 用 $\pi(a)$ 表示不超过 a 的素数的个数.

例如, $\pi(0) = \pi(1) = 0, \pi(2) = 1, \pi(3) = 2, \pi(4) = 2, \pi(15) = 6$.

定理 3.5(素数定理)　$\lim\limits_{n\to\infty} \dfrac{\pi(n)}{n/\ln n} = 1.$

证明略, 仅以下表说明.

n	10^3	10^4	10^5	10^6	10^7
$\pi(n)$	168	1229	9592	78498	664579
$\dfrac{n}{\ln n}$	145	1086	8686	72382	620421
$\dfrac{\pi(n)}{n/\ln n}$	1.159	1.132	1.104	1.085	1.071

例 3.3　写出不超过 100 的所有素数.

解

~~1~~ 2 3 ~~4~~ 5 ~~6~~ 7 ~~8~~ ~~9~~ ~~10~~
11 ~~12~~ 13 ~~14~~ ~~15~~ ~~16~~ 17 ~~18~~ 19 ~~20~~
~~21~~ ~~22~~ 23 ~~24~~ ~~25~~ ~~26~~ ~~27~~ ~~28~~ 29 ~~30~~
31 ~~32~~ ~~33~~ ~~34~~ ~~35~~ ~~36~~ 37 ~~38~~ ~~39~~ ~~40~~
41 ~~42~~ 43 ~~44~~ ~~45~~ ~~46~~ 47 ~~48~~ ~~49~~ ~~50~~
~~51~~ ~~52~~ 53 ~~54~~ ~~55~~ ~~56~~ ~~57~~ ~~58~~ 59 ~~60~~
61 ~~62~~ ~~63~~ ~~64~~ ~~65~~ ~~66~~ 67 ~~68~~ ~~69~~ ~~70~~
71 ~~72~~ 73 ~~74~~ ~~75~~ ~~76~~ ~~77~~ ~~78~~ 79 ~~80~~
~~81~~ ~~82~~ 83 ~~84~~ ~~85~~ ~~86~~ ~~87~~ ~~88~~ 89 ~~90~~
~~91~~ ~~92~~ ~~93~~ ~~94~~ ~~95~~ ~~96~~ 97 ~~98~~ ~~99~~ ~~100~~

方法: (1) 删去 1, 剩下的后面第一个数是 2, 2 是素数;

(2) 删去 2 后面的被 2 整除的数, 剩下的 2 后面的第一个素数是 3;

(3) 再删去 3 后面的被 3 整除的数, 剩下的 3 后面的第一个素数是 5;

……

按照以上步骤可以依次得到素数 $2,3,5,7,11,\cdots$, 根据素数性质, 不超过 100 的合数必有一个不超过 10 的素因数, 因此在删去 7 后面被 7 整除的数以后, 就得到了不超过 100 的全部素数, 此法称为 Eratosthenes 筛法.

尽管素数个数无穷多, 但它比起正整数的个数来少得多.

1742 年, 德国数学家哥德巴赫 (C.Goldbach) 提出了 "每个大于 2 的偶数均可表示为两个素数之和" 的著名猜想, 俗称 "1+1". 我国数学家陈景润在 1966 年证明并在 1973 年发表了 "每一个充分大的偶数都可表为一个素数及一个不超过两个素数乘积之和" 的重要论文. 俗称 "1+2". 这是至今关于这个猜想的最好结果, 有人验证到 3.3×10^6 以内的偶数对哥德巴赫猜想都是正确的, 但该猜想至今未被证明.

3.4 最大公约数和最小公倍数

3.4.1 最大公约数和最小公倍数的定义

定义 3.6 设 $a_1,a_2,\cdots,a_n$ 和 d 都是正整数, $n\geqslant 2$. 若 $d|a_i, 1\leqslant i\leqslant n$, 则整数 d 是 $a_1,a_2,\cdots,a_n$ 的公因子或公约数 (common divisor). 在所有公约数中最大的那一个数称为 $a_1,a_2,\cdots,a_n$ 的最大公约数 (greatest common divisor), 记为 $(a_1,a_2,\cdots,a_n)$.

若 $(a_1,a_2,\cdots,a_n)=1$, 则称 $a_1,a_2,\cdots,a_n$ 是互素的.

注 2 不是素数的正整数依然可以互素. 例如, $(12,25)=1$, 但 12 和 25 都不是素数而是合数.

注 3 在个数大于等于 3 的互素正整数中, 不一定每两个正整数都是互素的, 如 $(6,10,15)=1$, 但 $(6,10)=2,(6,15)=3,(10,15)=5$.

定义 3.7 设 $a_1,a_2,\cdots,a_n$ 和 m 都是正整数, $n\geqslant 2$. 若 $a_i|m, 1\leqslant i\leqslant n$, 则称 m 是 $a_1,a_2,\cdots,a_n$ 的公倍数 (common multiple). 在 $a_1,a_2,\cdots,a_n$ 所有公倍数中最小的那一个称为 $a_1,a_2,\cdots,a_n$ 的最小公倍数 (least common multiple), 记为 $[a_1,a_2,\cdots,a_n]$

显然 $(0,a)=a,(1,a)=1,[1,a]=a$.

根据定义, 最大公约数和最小公倍数有下述性质:

(1) 若 $a|m, b|m$, 则 $[a,b]|m$;

(2) 若 $d|a, d|b$, 则 $d|(a,b)$;

(3) 若 $a=qb+r$, 其中 a、b、q、r 都是整数, 则 $(a,b)=(b,r)$.

证明 (1) 记 $M=[a,b]$, 设 $m=qM+r, 0\leqslant r<M$, 由 $a|m, a|M$ 及 $r=m-qM$ 可推出 $a|r$, 同理, b, 即 r 是 a 和 b 的公倍数, 所以 $M\leqslant r$, 但 $0\leqslant r<M$, 必有 $r=0$, 得证 $M|m$.

(2) 记 $D=(a,b)$, 令 $m=(d,D)$. 若 $m=D$, 自然有 $d|D$, 结论成立. 否则 $m>D$, 注意到 $d|a, D|a$, 由 (1) 得 $m|a$. 同理 $m|b$, 即 m 是 a 和 b 的公因子. 这与 D 是 a 和 b 的最大公约数矛盾.

(3) 只需证明 a 与 b 和 b 与 r 有相同的公因子. 设 d 是 a 与 b 的公因子, 即 $d|a, d|b$. 注意到 $r=a-qb$, 则有 $d|r$. 从而 $d|b$ 且 $d|r$, 即 d 也是 b 与 r 的公因子. 反之一样, 设 d 是 b 与 r 的公因子, 即 $d|b$ 且 $d|r$. 注意到, $a=qb+r$, 故有 $d|a$. 从而 $d|a, d|b$, 即 d 也是 a 与 b 的公因子.

根据上述性质, 后面将介绍最大公约数与最小公倍数的求法.

3.4.2　最大公约数和最小公倍数的求法

方法一: 利用整数的素因子分解法有

$$a = p_1^{r_1} p_2^{r_2} \cdots p_k^{r_k}, \quad b = p_1^{s_1} p_2^{s_2} \cdots p_k^{s_k}$$

其中, $p_1, p_2, \cdots, p_k$ 是不同的素数, $r_1, r_2, \cdots, r_k, s_1, s_2, \cdots, s_k$ 是非负整数, 则

$$(a,b) = p_1^{\min(r_1,s_1)} p_2^{\min(r_2,s_2)} \cdots p_k^{\min(r_k,s_k)}$$

$$[a,b] = p_1^{\max(r_1,s_1)} p_2^{\max(r_2,s_2)} \cdots p_k^{\max(r_k,s_k)}$$

例 3.4　求 84 和 600 的最大公约数和最小公倍数.

解　对 84 和 600 进行素因子分解得

$$84 = 2^2 \times 3 \times 7, \quad 600 = 2^3 \times 3 \times 5^2$$

将它们都写成 $84 = 2^2 \times 3^1 \times 5^0 \times 7^1, 600 = 2^3 \times 3^1 \times 5^2 \times 7^0$. 所以

$$(84, 600) = 2^2 \times 3^1 \times 5^0 \times 7^0 = 12$$

$$[84, 600] = 2^3 \times 3^1 \times 5^2 \times 7^1 = 4200$$

方法二: 用辗转相除法求最大公约数, 此法常用, 原理基于上述性质 (3).

具体方法如下: 设 a、b 为整数, $b \neq 0$. 作带余除法, $a = q_1 b + r_2, 0 \leqslant r_2 < |b|$. 若 $r_2 > 0$, 对 b 和 r_2 作带余除法, 得 $b = q_2 r_2 + r_3, 0 \leqslant r_3 < r_2$. 重复上述过程, 由于 $|b| > r_2 > r_3 > \cdots \geqslant 0$, 存在 k 使得 $r_{k+1} = 0$. 于是有

$$\begin{aligned} a &= q_1 b + r_2, \quad 1 \leqslant r_2 < |b| \\ b &= q_2 r_2 + r_3, \quad 1 \leqslant r_3 < r_2 \\ r_2 &= q_3 r_3 + r_4, \quad 1 \leqslant r_4 < r_3 \\ &\cdots \\ r_{k-2} &= q_{k-1} r_{k-1} + r_k, \quad 1 \leqslant r_k < r_{k-1} \\ r_{k-1} &= q_k r_k \end{aligned}$$

则有 $(a,b) = (b, r_2) = (r_2, r_3) = \cdots = (r_{k-1}, r_k) = r_k$.

此法称为欧几里得 (Euclid) 算法, 又称辗转相除法.

例 3.5　用欧几里得算法求 126 与 27 的最大公约数.

解　$126 = 4 \times 27 + 18, 27 = 1 \times 18 + 9, 18 = 2 \times 9$, 所以 $(126, 27) = 9$.

根据上述例子可得 $9 = 27 - 18 \times 1 = 27 - 1 \times (126 - 4 \times 27) = -1 \times 126 + 5 \times 27$.

我们可以得出一个关于最大公约数的推论.

推论 3.2　若 $(a,b) = d$, 则 $\exists x, y \in \mathbf{Z}$, 有 $xa + yb = d$.

证明略.

上述 $xa+yb=d$, 也称为 d 是 a、b 的线性组合.

例如, $(168,300)=12$, 则 $12=9\times168-5\times300$, 验证留给读者.

本节最后再讨论两个整数互素的一些性质:

(1) a 与 b 互素的充分必要条件: $\exists x,y\in\mathbf{Z}$, 有 $ax+by=1$;

(2) 若 $a|c,b|c$, 且 a 与 b 互素, 则 $ab|c$.

如 $212,3|12$, 则 $2\times3=6,6|12$.

证明　(1) 先证必要性.

若 a、b 互素, 即 $(a,b)=1$, 根据上述推论得, $\exists x,y\in\mathbf{Z}$, 有 $ax+by=1$.

再证充分性. 设 $ax+by=1,x,y\in\mathbf{Z}$, 又设 $d>0$ 是 a 和 b 的公因子, 则 $d|xa+by$, 即 $d|1$. 所以 $d=1$.

(2) a、b 互素, $\exists x,y\in\mathbf{Z}$, 有 $ax+by=1$, 则有 $axc+byc=c$. 又由 $a|xa,b|c$ 可得 $ab|axc$, 同理 $ab|byc$. 于是有 $ab|axc+byc$, 即 $ab|c$.

3.5　同　　余

用一个固定的数来除所有整数, 根据余数不同, 可以把全体整数进行分类, 余数相同的分在同一类. 利用研究同一类的数有哪些性质, 不同类的数之间又有哪些关系, 来研究所有整数的性质. 本章介绍同余的基本理论.

同余定义及基本性质

定义 3.8　设 $a,b\in\mathbf{Z}$, m 是一个正整数, 如果用 m 分别去除 a 和 b, 所得余数相同, 则称 a 和 b 关于模 m**同余**, 用符号 $a\equiv b(\text{mod } m)$ 表示; 如果余数不同, 则称 a 和 b 关于模 m**不同余**, 用符号 $a\not\equiv b(\text{mod } m)$ 表示.

根据定义容易得知: $a\equiv b(\text{mod } m)\Leftrightarrow$ 存在整数 k, 使得 $a=b+km$.

同余与通常的相等类似, 是 $\mathbf{Z}$ 上的等价关系, 即满足下面的性质.

命题 3.4　设 $a,b,c\in\mathbf{Z}$, m 是任意正整数, 则模 m 同余是 $\mathbf{Z}$ 上的等价关系, 即下列性质成立.

(1) $a\equiv a(\text{mod } m)$.

(2) 如果 $a\equiv b(\text{mod } m)$, 那么 $b\equiv a(\text{mod } m)$.

(3) 如果 $a\equiv b(\text{mod } m)$, $b\equiv c(\text{mod } m)$, 那么 $a\equiv c(\text{mod } m)$.

证明略.

定理 3.6　设 $a,b,c,d\in\mathbf{Z}$, m 是任意正整数.

(1) 如果 $a\equiv b(\text{mod } m)$, 那么 $ac\equiv bc(\text{mod } m)$.

(2) 如果 $a\equiv b(\text{mod } m)$, $c\equiv d(\text{mod } m)$, 那么 $(a+c)\equiv(b+d)(\text{mod } m)$.

(3) 如果 $a\equiv b(\text{mod } m)$, $c\equiv d(\text{mod } m)$, 那么 $ac\equiv bd(\text{mod } m)$.

(4) 如果 $a\equiv b(\text{mod } m)$, 那么对任意正整数 n, 有 $a^n\equiv b^n(\text{mod } m)$.

证明　(1) 如果 $a \equiv b(\bmod m)$, 则有 $m|a-b$, 因此有 $m|(a-b)\cdot c$, 即 $m|ac-bc$, 所以 $ac \equiv bc(\bmod\ m)$.

(2) 由 $a \equiv b(\bmod m)$, $c \equiv d(\bmod m)$ 知, $m|a-b$ 且 $m|c-d$, 所以 $m|a-b+c-d$, 即 $m|(a+c)-(b+d)$, 于是有 $a+c \equiv b+d(\bmod m)$.

(3) 由假设知 $m|a-b$, $m|c-d$, 因此 $m|(a-b)c+b(c-d)$, 即 $m|ac-bd$, 所以 $ac \equiv bd(\bmod\ m)$.

(4) 对 n 用归纳法. 当 $n=1$ 时, 结论显然成立. 假设结论对 $n=k(\geqslant 1)$ 也成立, 即 $a^k \equiv b^k(\bmod m)$. 则当 $n=k+1$ 时, 由 (3) 有 $aa^k \equiv bb^k(\bmod m)$, 即 $a^{k+1} \equiv b^{k+1}(\bmod m)$. 因此对任意正整数 n, 都有 $a^n \equiv b^n(\bmod\ m)$.

由定理 3.6, 我们容易得到下面的推论.

推论 3.3　如果 $a \equiv b(\bmod m)$, 那么对任意整系数多项式 $f(x)=r_kx^k+\cdots+r_1x+r_0$, $r_i \in \mathbf{Z}$, $0 \leqslant i \leqslant k$, 有 $f(a) \equiv f(b)(\bmod m)$.

定理 3.7　证明:

(1) 如果 $a \equiv b(\bmod m)$, 正整数 $d|m$, 那么 $a \equiv b(\bmod\ d)$.

(2) 如果 $ac = bc(\bmod m)$, 则 $a \equiv b(\bmod\ m/(c,m))$.

证明　(1) 由 $a \equiv b(\bmod m)$ 知 $m|a-b$. 因为 $d|m$, 所以 $d|a-b$, 故 $a \equiv b(\bmod d)$.

(2) 令 $d=(c,m)$. 由 $ac = bc(\bmod\ m)$ 知, 存在 $k \in \mathbf{Z}$, 使得 $ac-bc=km$, 于是有 $(a-b)\dfrac{c}{d}=k\dfrac{m}{d}$. 又因为 $d=(c,m)$, 所以 $\left(\dfrac{c}{d},\dfrac{m}{d}\right)=1$. 从而有 $\dfrac{m}{d}|a-b$, 即 $a \equiv b(\bmod m/d)$, 故结论成立.

定理 3.7 的一种特殊情形是, 当 $(c,m)=1$ 时, $ac = bc(\bmod\ m)$ 蕴含 $a \equiv b(\bmod d)$.

3.6 剩余系

3.6.1 完全剩余系

由命题 3.4 知, 模 m 同余是 $\mathbf{Z}$ 上的等价关系, 该关系将全体整数划分为 m 个等价类, 我们用 Z_m 表示全体等价类组成的集合. 例如, 模 3 同余的 3 个等价类如下

$$\{\cdots,-6,-3,0,3,6,\cdots\}$$
$$\{\cdots,-5,-2,1,4,7,\cdots\}$$
$$\{\cdots,-4,-1,2,5,8,\cdots\}$$

同一等价类中的元素具有相同的余数, 每个等价类中的元素有相同的余数 r, 这里 $r=0,1,2$. 用 $[r]$ 表示该等价类. 令 $Z_3=\{[0],[1],[2]\}$. 有时直接用余数表示等价类, 在这种记号下, $Z_3=\{0,1,2\}$.

定义 3.9　设 $S \subseteq \mathbf{Z}$, 如果任意整数都与 S 中正好一个元素关于模 m 同余, 则称 S 是模 m 的一个**完全剩余系**(简称**剩余系**).

因为任一整数用 m 去除得到的最小非负余数必定是 $0,1,2,\cdots,m-1$ 中的某个数, 即任一整数关于模 m 必定与 $0,1,2,\cdots,m-1$ 中某一数同余, 这样 $S=\{0,1,2,\cdots,m-1\}$ 是模 m 的一个完全剩余系, 该完全剩余系称作**标准剩余系**, 记作 Z_m. 模 m 的完全剩余系恰好有 m 个元素.

下面的定理给出了集合 $S \subseteq \mathbf{Z}$ 是完全剩余系的充要条件.

定理 3.8 设 $S = \{a_1, a_2, \cdots, a_k\} \subseteq \mathbf{Z}$, 则 S 是模 m 的一个完全剩余系的充要条件如下.

(1) $k = m$.

(2) 当 $i \neq j$ 时, $a_i \not\equiv a_j \pmod m$.

证明 ($\Rightarrow$) 设 S 是模 m 的一个完全剩余系, 由定义知 $|S| = m$. 因为任何整数都只与 S 中一个元素同余, 自然 S 中的每个元素只能与 S 中的一个元素同余, 而 S 中的元素与自身同余, 所以 S 中的不同元素关于模 m 不同余, 必要性成立.

($\Leftarrow$) 设 $k = m$, 且 S 中任意两个元素关于模 m 均不同余, 那么 S 中每个元素都属于 Z_m 中不同的等价类, 于是任意整数都与 S 中正好一个元素关于模 m 同余, 根据定义, S 是模 m 的一个完全剩余类系.

定理 3.8 表明, 任意 m 个模 m 互不同余的数构成模 m 的一个完全剩余系. 从一个给定的完全剩余系, 我们可以使用下面的定理构造新的完全剩余系.

定理 3.9 设 $S = \{a_1, a_2, \cdots, a_m\}$ 是模 m 的一个完全剩余系, $(k, m) = 1$, 则 $S' = \{ka_1 + b, ka_2 + b, \cdots, ka_m + b\}$ 也是模 m 的一个完全剩余系, 这里 b 是任意整数.

证明 由定理 3.8 知, 只需证明当 $i \neq j$ 时, $ka_i + b \not\equiv ka_j + b \pmod m$ 即可. 下面用反证法. 假设 $ka_i + b \equiv ka_j + b \pmod m$, 那么必然有 $ka_i \equiv ka_j \pmod m$, 即 $m | k(a_i - a_j)$. 因为 $(k, m) = 1$, 所以 $m | a_i - a_j$, 即 $a_i \equiv a_j \pmod m$, 这与 S 是模 m 的一个完全剩余系矛盾, 因此定理成立.

例 3.6 设 m 是正偶数, $\{a_1, a_2, \cdots, a_m\}$ 和 $\{b_1, b_2, \cdots, b_m\}$ 都是模 m 的完全剩余系, 试证

$$\{a_1 + b_1, a_2 + b_2, \cdots, a_m + b_m\}$$

不是模 m 的完全剩余系.

证明 因为 $\{a_1, a_2, \cdots, a_m\}$ 是模 m 的完全剩余系, 所以

$$\sum_{i=1}^{m} a_i \equiv \sum_{i=1}^{m} i = \frac{m(m+1)}{2} \equiv \frac{m}{2} \pmod m$$

同理有

$$\sum_{i=1}^{m} b_i \equiv \frac{m}{2} \pmod m$$

如果 $\{a_1 + b_1, a_2 + b_2, \cdots, a_m + b_m\}$ 也是模 m 的完全剩余系, 则同理也有

$$\sum_{i=1}^{m} (a_i + b_i) \equiv \frac{m}{2} \pmod m$$

但是

$$\sum_{i=1}^{m} (a_i + b_i) = \sum_{i=1}^{m} a_i + \sum_{i=1}^{m} b_i \equiv \frac{m}{2} + \frac{m}{2} = m \equiv 0 \pmod m$$

所以 $\frac{m}{2} \equiv 0 \pmod m$, 矛盾. 故 $\{a_1 + b_1, a_2 + b_2, \cdots, a_m + b_m\}$ 不是模 m 的完全剩余系.

3.6.2　既约剩余系、Euler 函数和 Euler 定理

在模 m 的一个完全剩余系 S 中, 有的数与 m 互素, 有的数与 m 不互素, 所有与 m 互素的数构成的集合称作模 m 的一个**既约剩余系**, 同理有**标准既约剩余系**.

因为 1 与任何数都互素, 所以任意正整数都有既约剩余系. 要问既约剩余系中元素的个数, 只需求出标准既约剩余系中元素的个数即可, 欧拉用 $\phi(m)$ 表示模 m 的既约剩余系所含元素的个数. 换言之, 对任意正整数 m, $\phi(m)$ 表示所有不大于 m 且与 m 互素的正整数的个数, 这样得到的函数 ϕ: $N \to N$ 称作**欧拉函数**.

由定义可知, 显然 $\phi(1) = \phi(2) = 1, \phi(3) = \phi(4) = 2, \phi(5) = 4, \cdots$. 一般地, 若正整数 m 是素数, 则 $\phi(m) = m - 1$; 若 m 是合数, 则 $\phi(m) < m - 1$.

与完全剩余系类似, 我们有如下判定一个集合是否是既约剩余系的结论.

定理 3.10　设 $S = \{a_1, a_2, \cdots, a_k\} \subseteq \mathbf{Z}$, 则 S 是模 m 的一个既约剩余系的充要条件如下.

(1) $k = \phi(m)$.

(2) 当 $i \neq j$ 时, $a_i \not\equiv a_j (\bmod\ m)$.

(3) 对任意 $a_i \in S$, 都有 $(a_i, m) = 1$.

证明　必要性由定义即得.

下面考虑充分性. 因为 $a_i \not\equiv a_j (\bmod\ m)$, 所以 S 中的 k 个数属于 Z_m 的 k 个不同的等价类, 又因为 $k = \phi(m)$ 以及 S 中每个元素都与 m 互素, 所以 $a_1, a_2, \cdots, a_k$ 是模 m 的完全剩余系中所有与 m 互素的数, 因此 S 是模 m 的既约剩余系.

定理 3.10 表明, 任意 $\phi(m)$ 个与 m 互素且两两关于模 m 不同余的数构成模 m 的一个既约剩余系.

与定理 3.9 类似, 我们有下面的结果.

定理 3.11　设 $S = \{a_1, a_2, \cdots, a_\phi(m)\}$ 是模 m 的一个既约剩余系, $(k, m) = 1$, 则 $S' = \{ka_1, ka_2, \cdots, ka_\phi(m)\}$ 也是模 m 的一个既约剩余系.

证明　因为当 $i \neq j$ 时, $a_i \not\equiv a_j (\bmod\ m)$, 又 $(k, m) = 1$, 所以 $ka_i \not\equiv ka_j (\bmod\ m)$. 另外, 对任意 $ka_i \in S'$, 因为 $(k, m) = 1$ 和 $(a_i, m) = 1$, 所以 $(ka_i, m) = 1$, 由定理 3.10 知, S' 是模 m 的一个既约剩余系, 定理成立.

下面是一个称为欧拉定理的结论, 有着十分广泛的应用.

定理 3.12(欧拉 (Euler) 定理)　设 $a \in \mathbf{Z}$, m 是正整数, 如果 $(a, m) = 1$, 那么

$$a^{\phi(m)} \equiv 1 (\bmod\ m)$$

证明　设 $S = \{a_1, a_2, \cdots, a_{\phi(m)}\}$ 模 m 的一个既约剩余系, 则由定理 3.11 知, $S' = \{aa_1, aa_2, \cdots, aa_{\phi(m)}\}$ 也是模 m 的一个既约剩余系. S' 中任一数恰好与 S 的一个数关于模 m 同余, 于是有

$$a^{\phi(m)} \prod_{i=1}^{\phi(m)} a_i = \prod_{i=1}^{\phi(m)} (aa_i) \equiv \prod_{i=1}^{\phi(m)} a_i (\bmod\ m) \tag{3.4}$$

即 $m | (a^{\phi(m)} - 1) \prod\limits_{i=1}^{\phi(m)} a_i$. 另外, 由既约剩余系定义知, 对所有 $1 \leqslant i \leqslant \phi(m)$, 都有 $(a_i, m) = 1$,

所以 $\left(\prod_{i=1}^{\phi(m)} a_i, m\right) = 1$, 从而 $m|a^{\phi(m)}-1$, 即 $a^{\phi(m)} \equiv 1(\text{mod } m)$, 故定理成立.

例如, 当 $a=5$, $m=6$ 时, 显然有 $(5,6)=1, \phi(6)=2$, 计算得 $5^{\phi(6)}=5^2\equiv 1(\text{mod } 6)$, 与欧拉定理结论一致.

欧拉定理的一种特殊情形是 $m=p$, 这里 p 是素数. 此时 $\phi(p)=p-1$, 代入式 (3.4) 即得下面的定理.

定理 3.13 (Fermat 定理) 如果 $a\in \mathbf{Z}$, p 是素数, 则

$$a^p \equiv a(\text{mod } p)$$

特别地, 若 $p\nmid a$, 则

$$a^{p-1} \equiv a(\text{mod } p)$$

证明 若 $p|a$, 则 $a^p\equiv a(\text{mod } p)$ 显然成立. $p\nmid a$, 则有 $(p,a)=1$, 于是由欧拉定理知, $a^{p-1}=a^{\phi(p)}\equiv 1(\text{mod } p)$, 即 $a^{p-1}\equiv a(\text{mod } p)$, 用 a 乘该同余式两边即得 $a^p\equiv a(\text{mod } p)$. 这就证明了定理.

上面定理说, 如果 p 是素数, 那么对任意正整数 a 都有 $a^p\equiv a(\text{mod } p)$. 因此, 若存在整数 b, 使得 $b^n\not\equiv b(\text{ mod } n)$, 那么 n 必定不是素数. 例如, 63 不是素数, 因为 $2^{63}=(2^6)^{10}\times 2^3\equiv 2^3\not\equiv 2(\text{mod } 63)$.

值得注意的是, 这种判定 n 是合数的方法不需要对 n 进行分解.

例 3.7 求 $3^{301}(\text{mod } 11)=$?.

解 由 Fermat 定理知, $3^{10}\equiv 1(\text{mod } 11)$, 所以

$$3^{301}=(3^{10})^{30}\times 3\equiv 3(\text{mod } 11)$$

于是 $3^{301}(\text{mod } 11)=3$.

3.7 欧拉函数的计算

对于正整数 m, 要求 $\phi(m)$, 根据定义需要检查 $1\sim m$ 每一个数是否与 m 互素, 这种方法是比较耗时的. 例如, $m\approx 10^3$, 会耗费许多时间. 对 $m\approx 10^{100}$ 这么大的数, 则几乎是不可能的. 本节讨论计算欧拉函数 $\phi(m)$ 的一般方法, 以及欧拉函数的计算方法.

下面的定理为计算 $\phi(m)$ 提供了基础.

定理 3.14 (1) 如果 p 是素数且 $\alpha\geqslant 1$, 则

$$\phi(p^\alpha)=p^\alpha-p^{\alpha-1} \tag{3.5}$$

(2) 如果 $(a,b)=1$, 那么

$$\phi(ab)=\phi(a)\phi(b) \tag{3.6}$$

证明　(1) 考虑模 p^α 的完全剩余系 $S=\{1,2,\cdots,p^\alpha\}$, 在 S 中与 p^α 不互素的数只有 p 的倍数, 即

$$p,2p,\cdots,p^{\alpha-1}p$$

这些数总共有 $p^{\alpha-1}$ 个, 其余 $p^\alpha-p^{\alpha-1}$ 个数都是与 p^α 互素的, 因此 p^α 的既约剩余系含有 $p^\alpha-p^{\alpha-1}$ 个元素, 故 $\phi(p^\alpha)=p^\alpha-p^{\alpha-1}$.

(2) 设 $S_a=\{x_1,x_2,\cdots,x_{\phi(a)}\}$ 和 $S_b=\{y_1,y_2,\cdots,y_{\phi(b)}\}$ 分别是模 a 和模 b 的既约剩余系. 作集合

$$S_{ab}=\{bx_i+ay_j|1\leqslant i\leqslant\phi(a),1\leqslant j\leqslant\phi(b)\}$$

若 $bx_i+ay_j=bx_{i'}+ay_{j'}$, 这里 $1\leqslant i,i'\leqslant\phi(a)$ 和 $1\leqslant j,j'\leqslant\phi(b)$, 推知 $x_i\equiv x_{i'}(\mathrm{mod})$ 和 $y_j\equiv y_{j'}(\mathrm{mod}\ b)$. 由此可知集合 S_{ab} 中含有 $\phi(a)\phi(b)$ 个数. 欲证式 (3.6), 只需证明 S_{ab} 是 ab 的一个既约剩余系即可, 下面分三步来证明.

先证 S_{ab} 中任意两个数关于模 ab 均不同余. 设 bx_i+ay_j, $bx_{i'}+ay_{j'}\in S_{ab}$, $bx_i+ay_j\neq bx_{i'}+ay_{j'}$, 则 $x_i\not\equiv x_{i'}(\mathrm{mod})$ 和 $y_j\not\equiv y_{j'}(\mathrm{mod}\ b)$ 至少一个成立. 如果 $bx_i+ay_j\equiv bx_{i'}+ay_{j'}(\mathrm{mod}\ \ ab)$, 那么必有 $bx_i+ay_j\equiv bx_{i'}+ay_{j'}(\mathrm{mod}\ a)$, 于是 $bx_i\equiv bx_{i'}(\mathrm{mod}\ a)$. 因为 $(a,b)=1$, 所以 $x_i\equiv x_{i'}(\mathrm{mod}\ \ a)$. 同理可得 $y_i\equiv y_{i'}(\mathrm{mod}\ b)$, 这是一个矛盾. 因此 S_{ab} 中任意两个数关于模 ab 是不同余的.

再证 S_{ab} 中任一数都与 ab 互素. 对任意 $bx_i+ay_j\in S_{ab}$, 因为 $(x_i,a)=1$, $(b,a)=1$, 所以 $(bx_i,a)=1$, 故 $(bx_i+ay_j,a)=1$. 同理有 $(bx_i+ay_j,b)=1$. 于是 $(bx_i+ay_j,ab)=1$, 这表明 S_{ab} 中任一数都与 ab 互素.

最后证任一与 ab 互素的数都与 S_{ab} 中某个数关于模 ab 同余. 假设整数 c 与 ab 互素, 即 $(c,ab)=1$. 因为 $(a,b)=1$, 所以存在 $x_0,y_0\in\mathbf{Z}$, 使得 $bx_0+ay_0=1$, 于是 $bcx_0+acy_0=c$. 令 $x=cx_0$, $y=cy_0$, 则有 $bx+ay=c$. 因为 $(c,ab)=1$, 所以 $(c,a)=1$, 即 $(bx+ay,a)=1$, 故 $(bx,a)=1$, 从而有 $(x,a)=1$. 因此存在 $x_i\in S_a$, 使得 $x\equiv x_i(\ \mathrm{mod}\ \ a)$. 同理, 存在 $y_j\in S_b$, 使得 $y\equiv y_j(\mathrm{mod}\ b)$. 因此有 $bx\equiv bx_i(\mathrm{mod}\ ab)$, $ay\equiv ay_j(\mathrm{mod}\ ab)$, 即 $c\equiv(bx_i+ay_j)(\mathrm{mod}\ ab)$. 这说明与 ab 互素的数都与 S_{ab} 中某个数关于模 ab 同余.

综上可知, S_{ab} 是 ab 的一个既约剩余系, 故式 (3.6) 成立.

有了上面这些结果, 我们很容易得到计算 $\phi(m)$ 的一般公式.

定理 3.15　*设 m 的标准分解为 $m=p_1^{\alpha_1}p_2^{\alpha_2}\cdots p_k^{\alpha_k}$, 则*

$$\phi(m)=m\left(1-\frac{1}{p_1}\right)\left(1-\frac{1}{p_2}\right)\cdots\left(1-\frac{1}{p_k}\right)\tag{3.7}$$

证明　由式 (3.6) 和式 (8.2), 有

$$\begin{aligned}\phi(m)=&\phi(p_1^{\alpha_1}p_2^{\alpha_2}\cdots p_k^{\alpha_k})\\=&\phi(p_1^{\alpha_1})\phi(p_2^{\alpha_2})\cdots\phi(p_k^{\alpha_k})\\=&(p_1^{\alpha_1}-p_1^{\alpha_1-1})(p_2^{\alpha_2}-p_2^{\alpha_2-1})\cdots(p_k^{\alpha_k}-p_k^{\alpha_k-1})\end{aligned}$$

$$=p_1^{\alpha_1}p_2^{\alpha_2}\cdots p_k^{\alpha_k}\left(1-\frac{1}{p_1}\right)\left(1-\frac{1}{p_2}\right)\cdots\left(1-\frac{1}{p_k}\right)$$
$$=m\left(1-\frac{1}{p_1}\right)\left(1-\frac{1}{p_2}\right)\cdots\left(1-\frac{1}{p_k}\right)$$

所以定理成立.

例如, $\phi(300)=\phi(2^2\times 3\times 5^2)=300\times\left(1-\frac{1}{2}\right)\times\left(1-\frac{1}{3}\right)\times\left(1-\frac{1}{5}\right)=80$. 把式 (3.7) 稍作变形, 可得

$$\phi(m)=p_1^{\alpha_1-1}p_2^{\alpha_2-1}\cdots p_k^{\alpha_k-1}(p_1-1)(p_2-1)\cdots(p_k-1)$$

也可将式 (3.7) 写成

$$\phi(m)=m\cdot\prod_{p|m}\left(1-\frac{1}{p}\right)$$

其中, p 是素数.

因为当 $m>2$ 时, m 或者有 $2^k(k\geqslant 2)$ 因子或者有大于 2 的素数因子, 所以 $\phi(m)$ 总是偶数.

在定理 3.14 中, 我们考虑的是两个数 a、b 互素时, $\phi(ab)$、$\phi(a)$ 及 $\phi(b)$ 三者间的关系, 下面讨论一般情况.

定理 3.16 (1) 设 $(a,b)=d$, 那么

$$\phi(ab)=\phi(a)\phi(b)\frac{d}{\phi(d)}$$

(2) 如果 $a|b$, 那么 $\phi(a)|\phi(b)$.

证明 (1) 由定理 3.15 得

$$\frac{\phi(ab)}{ab}=\prod_{p|ab}\left(1-\frac{1}{p}\right)$$
$$=\frac{\prod_{p|a}\left(1-\frac{1}{p}\right)\cdot\prod_{p|b}\left(1-\frac{1}{p}\right)}{\prod_{p|(a,b)}\left(1-\frac{1}{p}\right)}$$
$$=\frac{\frac{\phi(a)}{a}\cdot\frac{\phi(b)}{b}}{\frac{\phi(d)}{d}}$$
$$=\frac{1}{ab}\phi(a)\phi(b)\frac{d}{\phi(d)}$$

因此, $\phi(ab)=\phi(a)\phi(b)\frac{d}{\phi(d)}$.

(2) 因为 $a|b$, 可设 $b=ac$, $(a,c)=e$, 则由 (1) 知

$$\begin{aligned}\frac{\phi(b)}{\phi(a)} &= \frac{ac\cdot\prod\limits_{p|ac}\left(1-\frac{1}{p}\right)}{a\cdot\prod\limits_{p|a}\left(1-\frac{1}{p}\right)}\\ &= \frac{c\cdot\prod\limits_{p|a}\left(1-\frac{1}{p}\right)\cdot\prod\limits_{p|\frac{c}{e}}\left(1-\frac{1}{p}\right)}{\prod\limits_{p|a}\left(1-\frac{1}{p}\right)}\\ &= e\cdot\frac{c}{e}\cdot\prod_{p|\frac{c}{e}}\left(1-\frac{1}{p}\right)\\ &= e\cdot\phi\left(\frac{c}{e}\right)\text{是整数}\end{aligned}$$

因此 $\phi(a)|\phi(b)$, 定理成立.

注 4　因为 $(a,c)=e$, 可设 $e=p_1^{k_1}p_2^{k_2}\cdots p_t^{k_t}$, $a=ep_{t+1}^{k_{t+1}}\cdots p_n^{k_n}$, $c=ep_{n+1}^{k_{n+1}}\cdots p_m^{k_m}$, 这里的 p_i 都是素数. 这样 ac 的全体素数因子是

$$p_1,p_2,\cdots,p_t,p_{t+1},\cdots,p_n,p_{n+1},\cdots,p_m$$

这些素数因子也就是 a 的素数因子和 $\frac{c}{e}$ 的素数因子. 于是 (2) 的证明过程中的第 2 个等号成立.

3.8　一次同余方程

3.8.1　一次同余方程的概念

代数学中, 求解方程是一个重要问题. 在同余理论中, 求解同余方程也同样是个重要的问题.

定义 3.10　设 $f(x)=a_nx^n+a_{n-1}x^{n-1}+\cdots+a_1x+a_0$, 其中 $a_i\in\mathbf{Z}$, $i=0,1,\cdots,n$, 则称

$$f(x)\equiv 0(\bmod\ m) \tag{3.8}$$

为**模m的一元同余方程**. 如果 $m\nmid a_n$, 则 n 称作方程 (3.8) 的**次数**. 如果 x_0 满足 $f(x_0)\equiv 0(\bmod\ m)$, 那么所有满足 $x\equiv x_0(\bmod\ m)$ 的 x 都满足 $f(x)\equiv 0(\bmod\ m)$, 我们称作方程 (3.8) 的**解或根**. 若方程 (3.8) 的两个解关于模 m 互不同余, 那么称它们是不相同的解.

根据定义, 将模 m 的标准剩余系中的每个元素代入式 (3.8) 即可确定它的所有解, 因此, 解同余方程一般来说比解一般意义下的方程容易. 例如, 要解 $x^5+2x^4+x^3+2x^2-2x+3\equiv 0(\bmod\ 7)$, 我们只需把模 7 的标准剩余系中的元素 $0,1,2,3,4,5,6$ 代入验算, 从而可以得到它的全部解为 $x\equiv 1,5,6(\bmod\ 7)$. 代入法是求解同余方程的基本方法, 但对于模数较大的情形, 计算量很大. 另外, 我们应该注意到有些同余方程没有解, 如 $x^2\equiv 3(\bmod\ 10)$. 这也很容易理解, 因为毕竟有许多普通方程也没有 (实数) 解, 如 $x^2=-1$.

3.8.2 一次同余方程的解

本节将讨论一次同余方式的公式解, 即讨论一个一次同余方程是否有解, 有多少个不同的解, 如何用公式给出它的所有解等问题.

我们先讨论一元一次同余方程的求解问题. 一元一次同余方程的一般形式是 $ax \equiv b(\bmod m)$, 其中 $a, b, m \in \mathbf{Z}$, $m > 0$ 且 $m \nmid a$. 下面分 $(a, m) = 1$ 和 $(a, m) > 1$ 两种情况来讨论它的解.

注 5 当 $m|a$ 时, 可设 $a = km$, 于是方程变为 $kmx \equiv b(\bmod m)$. 容易看出, 若 b 是 m 的倍数, 则任何整数都是方程的解; 若 b 不是 m 的倍数, 则方程无解. 因此, 一般情况下, 都首先要求 $m \nmid a$, 另外, 既然要求 $m \nmid a$, 所以 $m > 1$.

定理 3.17 设 $(a, m) = 1$, 那么一元一次同余方程 $ax \equiv b(\bmod m)$ 有且仅有一个解 $x \equiv ba^{\phi(m)-1}(\bmod m)$.

证明 由欧拉定理知, $a^{\phi(m)} \equiv 1(\bmod m)$, 于是 $a(ba^{\phi(m)-1}) \equiv b(\bmod m)$, 这说明 $x \equiv ba^{\phi(m)-1}(\bmod m)$ 是同余方程 $ax \equiv b(\bmod m)$ 的解.

对于方程的任意两个解 x_1 和 x_2, 因为 $ax_1 \equiv b(\bmod m)$, $ax_2 \equiv b(\bmod m)$, 所以 $a(x_1 - x_2) \equiv 0(\bmod m)$, 而 $(a, m) = 1$, 故 $x_1 \equiv x_2(\bmod m)$, 方程的解唯一.

例 3.8 解同余方程 $3x \equiv 7(\bmod 80)$.

解 因为 $(3, 80) = 1$, 所以 $3x \equiv 7(\bmod 80)$ 有唯一解.

$$\phi(80) = \phi(2^4 \times 5) = \phi(2^4)\phi(5) = (2^4 - 2^3) \times 4 = 32$$

故由定理 3.17 知, 该唯一解为

$$x \equiv 7 \times 3^{\phi(80)-1} \equiv 7 \times 3^{31} \equiv 7 \times 3^3 \times (3^4)^7 \equiv 7 \times 3^3 \equiv 29(\bmod 80)$$

即 $x \equiv 29(\bmod 80)$.

对于一般情形, 我们有下面的定理.

定理 3.18 设 $(a, m) = d$. 则有以下结论.

(1) 一元一次同余方程

$$ax \equiv b(\bmod m) \tag{3.9}$$

有解当且仅当 $d|b$.

(2) 若方程 (3.9) 有解, 则恰有 d 个解

$$x \equiv x_0 + k\frac{m}{d}(\bmod m), \quad k = 0, 1, 2, \cdots, d-1$$

其中, x_0 是方程 (3.9) 的一个特解.

证明 先证定理的第一部分.

($\Rightarrow$) 设方程 (3.9) 有解. 存在 $x_0, k \in \mathbf{Z}$, 使得 $ax_0 = b + km$. 因为 $(a, m) = d$, 所以 $d|a$, $d|m$, 于是 $d|b$.

($\Leftarrow$) 设 $d|b$. 由 $(a, m) = d$ 可知 $\left(\dfrac{a}{d}, \dfrac{m}{d}\right) = 1$, 由定理 3.17 知, 同余方程

$$\frac{a}{d}x \equiv \frac{b}{d}\left(\bmod \frac{m}{d}\right) \tag{3.10}$$

有唯一解, 设为 $x \equiv x_0 \left(\text{mod}\ \dfrac{m}{d}\right)$. 易见 $x \equiv x_0(\text{mod}\ m)$ 是方程 (3.9) 的解. 第一部分证完.

再证定理的第二部分.

设方程 (3.9) 有解 x_0, 由前面的结论知 $d|b$, 这样式 (3.10) 有意义, 显然 x_0 是方程 (3.10) 的解. 另外, 方程 (3.9) 的解是方程 (3.10) 的解, 方程 (3.10) 的解也是方程 (3.9) 的解. 于是解方程 (3.9) 就转化为解方程 (3.10) 了. 需要注意的是, 方程 (3.9) 和方程 (3.10) 的模不同, 方程 (3.10) 的模 $\dfrac{m}{d}$ 相同的解不一定就是方程 (3.9) 模 m 相同的解.

设方程 (3.10) 的唯一解为 $x \equiv x_0 \left(\text{mod}\ \dfrac{m}{d}\right)$. x_1 是方程 (3.9) 的任意一个解. 因为 x_1 也是方程 (3.10) 的解, 由方程 (3.10) 解的唯一性知

$$x_1 \equiv x_0 \left(\text{mod}\ \frac{m}{d}\right)$$

这样 $x_1 = x0 + k \cdot \dfrac{m}{d}$, 这里 k 是整数. 这就是说方程 (3.9) 的任意解都具有 $x_1 = x0 + k \cdot \dfrac{m}{d}$ 这种形式, 不难验证这种形式的任何数也是方程 (3.9) 的解. 因此, 只要在所有形如 $x_0 + k\dfrac{m}{d}$ 的数中找出所有模 m 不同的数即可, 这些数是

$$x_0, x_0 + \frac{m}{d}, \cdots, x_0 + (d-1)\frac{m}{d}$$

它们就是方程 (3.9) 的所有解.

定理 3.18 的证明过程实际上也给出了一种求解一般一元一次同余方程的方法. 下面看一个例子.

例 3.9　解同余方程 $9x \equiv 21(\text{mod}\ 240)$.

解　因为 $(9, 240) = 3|21$, 所以 $9x \equiv 21(\text{mod}\ \ 240)$ 有 3 个解. 前面的例子已经得到 $3x \equiv 7(\text{mod}\ \ 80)$ 的唯一解 $x \equiv 29(\text{mod}\ 80)$, 从它得出方程的全部解为

$$x \equiv 29(\text{mod}\ 240)$$
$$x \equiv 29 + 80 = 109(\text{mod}\ \ 240)$$
$$x \equiv 29 + 2 \times 80 = 189(\text{mod}\ 240)$$

3.9　剩 余 定 理

3.9.1　一次同余方程组

本节讨论一次同余方程组的求解.

在代数方程体系中, 两个不同的一元一次方程不可能有公共解, 因此不存在一元一次方程组的求解问题. 但对于模不相同的一元一次同余方程, 这个问题是有意义的. 我们先看下面的例子.

例 3.10　求满足被 3 除余 2, 被 5 除余 1, 被 7 除余 6 的最小正整数.

解 根据题意, 即要求满足下面三个同余方程的最小正整数

$$x \equiv 2 (\bmod 3) \tag{3.11}$$

$$x \equiv 1 (\bmod 5) \tag{3.12}$$

$$x \equiv 6 (\bmod 7) \tag{3.13}$$

由第一个同余方程知, 存在 $k \in \mathbf{Z}$, 使得 $x = 3k + 2$, 将其代入第二个同余方程得

$$3k + 2 \equiv 1 (\bmod 5)$$

即

$$3k \equiv 4 (\bmod 5)$$

它有唯一解 $k \equiv 3 (\bmod 5)$. 于是存在 $r \in \mathbf{Z}$, 使得 $k = 5r + 3$, 所以 $x = 15r + 11$, 将其代入

$$15r + 11 \equiv 6 (\bmod 7)$$

即

$$15r \equiv 2 (\bmod 7)$$

它有唯一解 $r \equiv 2 (\bmod 7)$. 因此存在 $s \in \mathbf{Z}$, 使得 $r = 7s + 2$, 从而 $x = 105s + 41$. 反过来, 易见对任意 $s \in Z, x = 105s + 41$, 即 $x \equiv 41 (\bmod 105)$, 满足三个方程式, 故 41 是所求方程组的一个整数解.

对于一般同余方程组的求解, 我们有下面的定理. 该定理来源于我国古代孙子在大约公元 3 世纪的数学著作《孙子算经》的第 3 卷问题 26. 宋代数学家秦九韶在 1247 年成书的《数学九章》中对此类问题的解法作了系统的论述, 并称为大衍求一术. 因此, 该定理也叫中国剩余定理.

定理 3.19 设 $m_1, m_2, \cdots, m_k$ 是 k 个两两互素的正整数, $m = m_1 m_2 \cdots m_k$, $M_i = m/m_i, 1 \leqslant i \leqslant k$, 那么同余方程组

$$\begin{cases} x \equiv b_1 \pmod{m_1} \\ x \equiv b_2 \pmod{m_2} \\ \quad \vdots \\ x \equiv b_k \pmod{m_k} \end{cases}$$

有唯一解

$$x \equiv \sum_{i=1}^{k} b_i M_i M_i' (\bmod m)$$

其中, M_i' 满足 $M_i M_i' \equiv 1 (\bmod m_i)$.

证明 对于 $i = 1, 2, \cdots, k$, 由于 $M_i = M/m_i$, 即 M_i 是除去 m_i 所有其他 m_j 的乘积, 所以 $(M_i, m_i) = 1$, 故存在整数 M_i' 是方程 $M_i x \equiv 1 (\bmod m_i)$ 的解. 即

$$M_i M_i' \equiv 1 (\bmod m_i), \quad i = 1, 2, \cdots, k$$

这样 $b_iM_iM_i' \equiv b_i(\text{mod } m_i)$. 在 k 个相加的项 $\sum_{i=1}^{k} b_iM_iM_i'$ 中, 只有 $b_iM_iM_i'$ 这一项与 b_i 模 m_i 相等. 其余的 $k-1$ 项的每一项都是 m_i 的倍数, 所以有

$$\sum_{i=1}^{k} b_iM_iM_i' \equiv b_i(\text{mod } m_i)$$

因此, $x = \sum_{i=1}^{k} b_iM_iM_i'$ 是一元同余方程组的解.

由于 m 是 m_i 的倍数, 不难验证与 x 模 m 同余的任何一个整数 y 都是方程组的解, 即

$$y \equiv \sum_{i=1}^{k} b_iM_iM_i'(\text{mod } m)$$

的整数 y 也为方程组的解.

最后证明解的唯一性. 设 x_1 和 x_2 都是同余方程组的解, 则对所有的 $i(1 \leqslant i \leqslant n)$ 有

$$x_1 \equiv x_2(\text{mod } m_i)$$

所以 $x_1 \equiv x_2(\text{ mod } [m_1, m_2, \cdots, m_k])$. 因为 $m_1, m_2, \cdots, m_k$ 是两两互素的, 所以 $[m_1, m_2, \cdots, m_k] = m_1m_2\cdots m_k$, 于是有

$$x_1 \equiv x_2(\text{mod } m)$$

方程的解唯一, 剩余定理证完.

定理 3.19 的证明中提供了同余方程组的公式解法. 下面利用这种方法求解例 3.10 中的同余方程组.

例 3.11　解同余方程组

$$\begin{cases} x \equiv 2(\text{mod } 3) \\ x \equiv 1(\text{mod } 5) \\ x \equiv 6(\text{mod } 7) \end{cases}$$

解　直接利用剩余定理的结论求解. 这里 $m_1 = 3$, $m_2 = 5$, $m_3 = 7$, $m = 105$, $M_1 = 5 \times 7 = 35$, $M_2 = 3 \times 7 = 21$, $M_3 = 3 \times 5 = 15$. 分别解同余方程

$$35M_1' \equiv 1(\text{mod } 3), \quad 21M_2' \equiv 1(\text{mod } 5), \quad 15M_3' \equiv 1(\text{mod } 7)$$

得

$$M_1' \equiv 2(\text{mod } 3), \quad M_2' \equiv 1(\text{mod } 5), \quad M_3' \equiv 1(\text{mod } 7)$$

于是同余方程组的解为

$$x \equiv 2 \times 35 \times 2 + 1 \times 21 \times 1 + 6 \times 15 \times 1(\text{mod } 105) \equiv 41(\text{mod } 105)$$

3.9.2　剩余定理的计算机大整数加法

利用剩余定理可以作大整数计算机加法. 假设 $m_1, m_2, \cdots, m_k$ 是 $\geqslant 2$ 的且两两互素的整数. 令 m 为它们的乘积. 作集合

$$A = \{0, 1, 2, \cdots, m-1\}$$

和集合

$$B = \{b_1, b_2, \cdots, b_k \mid 0 \leqslant b_i \leqslant m_i - 1, i = 0, 1, 2, \cdots, k\}$$

对于任意 $x \in A$, 令

$$\phi: \quad x \to (x \bmod m_1,\ x \bmod m_2,\ \cdots,\ x \bmod m_k)$$

由于 $(x \bmod m_1,\ x \bmod m_2,\ \cdots,\ x \bmod m_k)$ 由 x 唯一确定, 故这是集合 A 和集合 B 之间的一个映射关系. 下面证明 ϕ 是一一映射. 设 $x_1 \neq x_2$, 必然有 $\phi(x_1) \neq \phi(x_2)$. 否则, 设 $\phi(x_1) = \phi(x_2) = (b_1, b_2, \cdots, b_k)$, 这相当于 x_1 和 x_2 都是方程

$$\begin{cases} x \equiv b_1 \pmod{m_1} \\ x \equiv b_2 \pmod{m_2} \\ \quad \vdots \\ x \equiv b_k \pmod{m_k} \end{cases} \tag{3.14}$$

的解, 这与剩余定理表明的方程有唯一的满足 $0 \leqslant x < m$ 的解相矛盾, 因为集合 A 和集合 B 是有限集合, ϕ 是满射是显然的. 实际上, B 中的元素 $(b_1, b_2, \cdots, b_k)$ 的原像就是方程 (3.14) 满足 $0 \leqslant x < m$ 的解.

现在, 在集合 A 定义运算 $\oplus$: 任意 $x_1, x_2 \in A$, 且

$$x_1 \oplus x_2 = (x_1 + x_2) \bmod m$$

定义集合 B 上的运算为 $\boxplus$: 任意 $(a_1, a_2, \cdots, a_k), (b_1, b_2, \cdots, b_k) \in B$, 且

$$\begin{aligned} &(a_1, a_2, \cdots, a_k) \boxplus (b_1, b_2, \cdots, b_k) \\ =&((a_1 + b_1) \bmod m_1, (a_2 + b_2) \bmod m_2, \cdots, (a_k + b_k) \bmod m_k) \end{aligned}$$

则

$$\begin{aligned} &\phi(x_1 \oplus x_2) = \phi((x_1 + x_2) \bmod m) \\ =&(((x_1 + x_2) \bmod m) \bmod m_1, \cdots, ((x_1 + x_2) \bmod m) \bmod m_k) \\ =&((x_1 \bmod m + x_2 \bmod m) \bmod m_1, \cdots, (x_1 \bmod m + x_2 \bmod m) \bmod m_k) \\ =&\phi(x_1) \boxplus \phi(x_2) \end{aligned}$$

这表明 ϕ 是集合 A 到集合 B 之间的同构映射.

根据以上讨论, 每个小于 $99 \times 98 \times 97 \times 95$ 的非负整数可唯一地用该整数除以这四个数的余数表示. 例如

$$123684 \bmod 99 = 33$$

$$123684 \bmod 98 = 8$$

$$123684 \bmod 97 = 9$$

$$123684 \bmod 95 = 89$$

于是 123684 可唯一地表示成 $(33,8,9,89)$. 类似地 412456 可表示成 $(32,92,42,16)$. 我们这样来计算这两个整数的和

$$\begin{aligned}&(33,8,9,89)+(32,92,42,16)\\=&(65 \bmod 99, 100 \bmod 98, 51 \bmod 97, 105 \bmod 95)\\=&(65,2,51,10)\end{aligned}$$

要求出两个整数的和, 即求出 $(65,2,51,10)$ 表示的整数, 需要解同余方程组

$$\begin{aligned}x&\equiv 65(\bmod 99)\\x&\equiv 2(\bmod 98)\\x&\equiv 51(\bmod 97)\\x&\equiv 10(\bmod 95)\end{aligned}$$

537140 是唯一一个小于 89403930 的非负解. 537140 便是所求的和.

3.10　原　根

3.10.1　原根的定义

根据欧拉定理, 设 n 为正整数, 对于任意一个与 n 互素的整数 a, 都有

$$a^{\phi(n)}\equiv 1(\bmod n)$$

这说明, 方程 $a^x\equiv 1(\bmod n)$ 有正整数解. 因而, 存在一个最小的正整数是该同余方程的解. 下面对这种最小的正整数给出一个定义.

定义 3.11　设整数 a 和正整数 n 互素, 使得 $a^x\equiv 1(\bmod n)$ 成立的最小的正整数 x 称为 a 模 n 的阶数或者次数, 记作 $\mathrm{ord}_n a$.

注 6　作代数除法, 设 $a=kn+r$, 则 $a\equiv r(\bmod n)$, 由于 $(n,r)=(a,n)=1$, 所以 r 也存在模 n 次数的概念, 并且 $\mathrm{ord}_n a=\mathrm{ord}_n r$, 这样我们只考虑求 $1\leqslant a<n$ 这样的 a 的次数即可.

例 3.12　找出 2 模 7 的阶数.

解　通过计算发现

$$2^1\equiv 2(\bmod 7),\quad 2^2\equiv 4(\bmod 7),\quad 2^3\equiv 1(\bmod 7).$$

因此有 $\mathrm{ord}_7 2=3$.

类似地, 为了找到 3 模 7 的阶数, 作如下计算

$$3^1\equiv 3(\bmod 7),\quad 3^2\equiv 2(\bmod 7),\quad 3^3\equiv 6(\bmod 7)$$

$$3^4\equiv 4(\bmod 7),\quad 3^5\equiv 5(\bmod 7),\quad 3^6\equiv 1(\bmod 7)$$

我们得到 $\mathrm{ord}_7 3=6$.

已知 $\phi(n)$ 是方程 $a^x \equiv 1(\bmod n)$ 的一个解, 为了找到该方程的全部解, 需要下面的定理.

定理 3.20 设整数 a 和 n 互素且 $n>0$, 那么正整数 x_0 是同余方程 $a^x \equiv 1(\bmod n)$ 的一个解当且仅当 $\mathrm{ord}_n a|x_0$.

证明 ($\Leftarrow$) 设正整数 x_0 满足 $\mathrm{ord}_n a|x_0$, $x_0 = k\cdot \mathrm{ord}_n a$, 其中 k 为正整数, 我们有

$$a^{x_0} = a^{k\cdot \mathrm{ord}_n a} = (a^{\mathrm{ord}_n a})^k \equiv 1(\bmod n)$$

说明 x_0 是方程的一个解.

($\Rightarrow$) 反过来, 设正整数 x_0 满足 $a^{x_0} \equiv 1(\bmod n)$, 用带余除法记为

$$x_0 = q\cdot \mathrm{ord}_n a + r, \quad 0 \leqslant r < \mathrm{ord}_n a$$

于是

$$a^{x_0} = a^{q\cdot \mathrm{ord}_n a + r} = (a^{\mathrm{ord}_n a})^q a^r \equiv a^r(\bmod n)$$

已知 $a^{x_0} \equiv 1(\bmod n)$, 所以 $a^r \equiv 1(\bmod n)$. 因为 $\mathrm{ord}_n a$ 是使得 $a^{\mathrm{ord}_n a} \equiv 1(\bmod n)$ 成立的最小的正整数. 而 $0 \leqslant r < \mathrm{ord}_n a$, 必有 $r = 0$, 这样, $x = q\cdot \mathrm{ord}_n a$, 故有 $\mathrm{ord}_n a|x_0$.

例 3.13 确定 $x = 10$ 和 $x = 15$ 是否是方程 $2^x \equiv 1(\bmod 7)$ 的解.

解 由例 3.12 可知, $\mathrm{ord}_7 2 = 3$. 因为 $3 \nmid 10$, $3 \mid 15$, 所以 $x = 10$ 不是 $2^x \equiv 1(\bmod 7)$ 的解, $x = 15$ 是 $2^x \equiv 1(\bmod 7)$ 的解.

定理 3.21 若整数 a 与 n 互素且 $n > 0$, 那么 $\mathrm{ord}_n a|\phi(n)$.

证明 因为 $(a,n) = 1$, 由欧拉定理可知 $a^{\phi(n)} \equiv 1(\bmod n)$. 应用定理 3.20 便得 $\mathrm{ord}_n a|\phi(n)$.

注 7 定理 3.21 告诉我们, $\mathrm{ord}_n a$ 是 $\phi(n)$ 的因子. 这就表明, 在 $\phi(n)$ 的因子中求 $\mathrm{ord}_n a$ 即可.

例 3.14 计算 7 模 9 的次数.

首先注意到有 $\phi(9) = 6$. 因为 6 的正因子只有 1、2、3 和 6, 由定理 3.21 可知 $\mathrm{ord}_9 7$ 是 1、2、3 和 6 之一. 由小至大验证如下

$$7^1 \equiv 7(\bmod 9), \quad 7^2 \equiv 4(\bmod 9), \quad 7^3 \equiv 1(\bmod 9)$$

故 $\mathrm{ord}_9 7 = 3$.

下面要叙述的定理 3.22 对于后面一些结论的讨论非常重要.

定理 3.22 若整数 a 与正整数 n 互素, 那么 $a^i \equiv a^j(\bmod n)$, 当且仅当 $i \equiv j(\bmod \mathrm{ord}_n a)$, 其中 i 和 j 是非负整数.

证明 ($\Leftarrow$) 设 $i \equiv j(\bmod \mathrm{ord}_n a)$, $0 \leqslant j \leqslant i$, 则 $i = j + k\cdot \mathrm{ord}_n a$, 其中 k 是一个非负整数. 因为 $a^{\mathrm{ord}_n a} \equiv 1(\bmod n)$, 于是

$$a^i = a^{j+k\cdot \mathrm{ord}_n a} = (a^{\mathrm{ord}_n a})^k a^j \equiv a^j(\bmod n)$$

($\Rightarrow$) 设 $a^i \equiv a^j(\bmod n)$, 不妨令 $i \geqslant j$. 于是 $n|a^i - a^j$, 即 $n|a^j(a^{i-j}-1)$, 因为 $(a,n) = 1$, 所以 $(a^j,n) = 1$, 这样便有 $n|a^{i-j}-1$, 也就是 $a^{i-j} \equiv 1(\bmod n)$. 根据定理 3.20 可知 $\mathrm{ord}_n a|i-j$, 或者等价地说

$$i \equiv j(\text{mod } \text{ord}_n a)$$

例 3.15　证明: $3^5 \equiv 3^{11}(\text{mod } 14), 3^9 \not\equiv 3^{20}(\text{mod } 14)$.

解　令 $a = 3, n = 14$. 可知 $(a, n) = 1$, $\phi(14) = 6$. 因为 $\text{ord}_{14}3|\phi(14)$, 所以 3 的模 14 的阶数 $\text{ord}_{14}3$ 只能是 1、2、3 和 6 其中之一, 经过验证 $\text{ord}_{14}3 = 6$, 又因为

$$5 \equiv 11(\text{mod } 6), \quad 9 \not\equiv 20(\text{mod } 6)$$

根据定理3.22便知

$$3^5 \equiv 3^{11}(\text{mod } 14), \quad 3^9 \not\equiv 3^{20}(\text{mod } 14)$$

经过前面的讨论, 我们知道, 对于任何一个与 n 互素的整数 a, 都有 $\text{ord}_n a|\phi(n)$. 自然有这样的问题: 是否存在整数 a, 使得 a 的模 n 的阶数最大, 即 $\text{ord}_n a = \phi(n)$?

先对这样的数给出一个定义.

定义 3.12　设整数 a 与整数 n 互素且 $n > 0$, 若 $\text{ord}_n a = \phi(n)$, 则称 a 是模 n 的一个**原根**.

例 3.16　前面已经求得 $\text{ord}_7 3 = 6 = \phi(7)$. 按定义 3.12, 3 是模 7 的一个原根. 通过计算可知 $\text{ord}_7 5 = 6$, 故 5 也是模 7 的一个原根.

下面的例 3.17 说明并非所有整数都有原根.

例 3.17　证明模 8 没有原根.

证明　按定义一个数的原根是不超过该数并且与该数互素的数, 注意到所有比 8 小且与 8 互素的整数只有 1、3、5、7, 并且

$$\text{ord}_8 1 = 1, \quad \text{ord}_8 3 = \text{ord}_8 5 = \text{ord}_8 7 = 2$$

它们都不等于 $\phi(8) = 4$, 故 8 没有原根.

原根的用途之一就是下面的定理.

定理 3.23　*设 r 和正整数 n 互素. 若 r 是模 n 的一个原根, 那么下列整数*

$$r^1, r^2, \cdots, r^{\phi(n)}$$

构成了模 n 的既约剩余系.

证明　按照模 n 既约剩余系的定义, 为了证明原根 r 的前 $\phi(n)$ 个幂构成模 n 的既约剩余系, 只需证明它们都与 n 互素且任何两个都不是模 n 同余的即可. 首先, 因为 $(r, n) = 1$, 所以对任意正整数 k 有 $(r^k, n) = 1$. 于是这 $\phi(n)$ 个数都与 n 互素. 其次, 再证明它们中任何两个都不是模 n 同余的. 因为对于 $1 \leqslant i \leqslant \phi(n)$ 及 $1 \leqslant j \leqslant \phi(n)$, 若

$$r^i \equiv r^j(\text{mod } n)$$

根据定理 3.22 有 $i \equiv j(\text{mod } \phi(n))$, 于是 $\phi(n) \mid (i - j)$, 从而有 $i - j = 0$. 因此, 它们中任何两个都不是模 n 同余的, 综合上面两点

$$r^1, r^2, \cdots, r^{\phi(n)}$$

构成模 n 的一个既约剩余系.

当一个整数有一个原根时, 它通常还有其他的原根. 为了证明这个结论, 先证明下面的定理.

定理 3.24 设整数 a 与正整数 n 互素且 $\mathrm{ord}_n a = t$, 则对任何一个正整数 u, 有

$$\mathrm{ord}_n(a^u) = t/(t,u)$$

证明 首先注意到因为 a 与 n 互素, 所以 a^u 也与 n 互素. 令 $s = \mathrm{ord}_n(a^u)$, $v = (t,u)$, 设 $t = t_1 v$, $u = u_1 v$. 可知 $(t_1, u_1) = 1$. 因为 $t_1 = t/(t,u)$, 为了证明 $\mathrm{ord}_n(a^u) = t_1$, 只要证明 $s|t_1$ 和 $t_1|s$ 就可以了.

先来证明 $s|t_1$. 因为 $\mathrm{ord}_n(a) = t$, 于是 $a^t \equiv 1(\mathrm{mod}\ n)$. 而 $(a^u)^{t_1} = (a^{u_1 v})^{t/v} = (a^t)^{u_1} \equiv 1(\mathrm{mod}\ n)$. 所以 $s|t_1$.

再来证明 $t_1|s$. 因为 s 是 a^u 的次数, 所以

$$(a^u)^s = a^{us} \equiv 1(\mathrm{mod}\ n)$$

得 a 的次数 $t|us$. 即 $t_1 v|u_1 vs$, 于是 $t_1|u_1 s$. 由于 $(t_1, u_1) = 1$, 可得 $t_1|s$.

以上分别证明了 $s|t_1$ 和 $t_1|s$, 所以 $s = t_1 = t/v = t/(t,u)$.

例 3.18 已经知道, $\mathrm{ord}_7\, 3 = 6$, 可得 $\mathrm{ord}_7\, 3^4 = 6/(6,4) = 6/2 = 3$.

例 3.19 设 r 是模 n 的原根, 其中 n 是一个大于 1 的整数. 那么 r^u 是模 n 的一个原根当且仅当 $(u, \phi(n)) = 1$.

证明 因为

$$\mathrm{ord}_n r^u = \frac{\mathrm{ord}_n r}{(u, \mathrm{ord}_n r)} = \frac{\phi(n)}{(u, \phi(n))}$$

因此, $\mathrm{ord}_n r^u = \phi(n)$, 即 r^u 是模 n 的一个原根, 当且仅当 $(u, \phi(n)) = 1$.

例 3.20 如果正整数 n 有一个原根, 那么它一共有 $\phi(\phi(n))$ 个不同余的原根.

证明 设 r 是模 n 的一个原根, 那么根据定理 3.23 可知, $r^1, r^2, \cdots, r^{\phi(n)}$ 构成了模 n 的一个既约剩余系. 对于模 n 的任意一个原根 a, 因为 a 与 n 互素, 所以 a 与 $r^1, r^2, \cdots, r^{\phi(n)}$ 某一个模 n 相等. 这样, 要找出模 n 的所有原根, 只要在 $r^1, r^2, \cdots, r^{\phi(n)}$ 中找出即可. 而 r^u 是模 n 的原根当且仅当 $(u, \phi(n)) = 1$. 因为有 $\phi(\phi(n))$ 个这样的 u, 相应地也就有 $\phi(\phi(n))$ 个模 n 的原根.

例 3.21 验证 2 是模 11 的一个原根.

解 易知 $\phi(11) = 10$, 并且

$$\begin{aligned}
&2^1 \equiv 2(\mathrm{mod}\ 11), \quad 2^2 \equiv 4(\mathrm{mod}\ 11), \quad 2^3 \equiv 8(\mathrm{mod}\ 11)\\
&2^4 \equiv 5(\mathrm{mod} 11), \quad 2^5 \equiv 10(\mathrm{mod}\ 11), \quad 2^6 \equiv 9(\mathrm{mod}\ 11)\\
&2^7 \equiv 7(\mathrm{mod}\ 11), \quad 2^8 \equiv 3(\mathrm{mod}\ 11), \quad 2^9 \equiv 6(\mathrm{mod}\ 11)\\
&2^{10} \equiv 1(\mathrm{mod}\ 11)
\end{aligned}$$

按照模 11 原根的定义可知, 2 是模 11 的一个原根.

例 3.22 找出模 11 的所有原根.

解 因为 $\phi(11) = 10$, $\phi(\phi(11)) = 4$, 所以模 11 共有 4 个不同余的原根. 由例 3.21 可知, 2 是模 11 的原根. 所以, 所有的原根都可以从 2^1, 2^2, 2^3, 2^4, 2^5, 2^6, 2^7, 2^8, 2^9, 2^{10} 中找出来.

具体就是在这些数中挑出那些所有与 10 互素的幂对应的数, 也就是 2^1, 2^3, 2^7, 2^9. 又因为 $2^1 \equiv 2 \pmod{11}$, $2^3 \equiv 8 \pmod{11}$, $2^7 \equiv 7 \pmod{11}$, $2^9 \equiv 6 \pmod{11}$, $2^1 \equiv 2 \pmod{11}$. 这样, $2,6,7,8$ 就是模 11 的全部不同余的原根.

3.10.2 具有原根的正整数的分布

通过前面的讨论, 我们发现有的正整数有原根, 有的没有原根, 现在的问题是什么样的正整数有原根?

我们先证明每一个素数都有一个原根.

定义 3.13 假设 $f(x)$ 是一个次数非零的整系数多项式. 若

$$f(c) \equiv 0 \pmod{m}$$

则称整数 c 是 $f(x)$ 的一个模 m 的根.

不难验证, 若 c 是一个 $f(x)$ 模 m 的根, 则对每一个形如 $km+c$ 的整数, 也就是每个与 c 模 m 同余的整数, 也是 $f(x)$ 模 m 的根.

例 3.23 验证:

(1) $x \equiv 2 \pmod 7$ 和 $x \equiv 4 \pmod 7$ 是多项式 $f(x)=x^2+x+1$ 两个模 7 的根.

(2) 多项式 $f(x)=x^2+2$ 没有模 5 的根.

解 (1) 分别将 2 和 4 代入方程 $f(x)=x^2+x+1$ 得到 21 和 7, 它们都是 7 的倍数, 按照定义 3.13, 2 和 4 是多项式 $f(x)=x^2+x+1$ 的模 7 的根. 进而 $x \equiv 2 \pmod 7$ 和 $x \equiv 4 \pmod 7$ 都是多项式 $f(x)=x^2+x+1$ 模 7 的根.

(2) 因为整数 c 是多项式 $f(x)=x^2+2$ 模 5 的根, 当且仅当与 c 模 5 同余的数是多项式 $f(x)=x^2+2$ 模 5 的根, 这样只需验证 0, 1, 2, 3, 4 都不是多项式 $f(x)=x^2+2$ 模 5 的根便可, 分别代入验证即知. 这里略去.

例 3.24 Fermat 定理说, 与素数 p 互素的任何整数 a 都有 $a^{\phi(p)} \equiv 1 \pmod n$, 也就是 $a^{p-1}-1 \equiv 0 \pmod p$. 因为 $1,2,\cdots,p-1$ 每个都与 p 互素, 所以 $1,2,\cdots,p-1$ 都满足方程 $x^{p-1}-1 \equiv 0 \pmod p$, 也就都是多项式 $f(x)=x^{p-1}-1$ 模 p 的根. 因此, $x \equiv 1 \pmod p$, $x \equiv 2 \pmod p$, $\cdots$, $x \equiv p-1 \pmod p$ 也是多项式 $f(x)=x^{p-1}-1$ 的模 p 的根.

对于给定的素数 p, 什么样的多项式存在模 p 的根? 该多项式模 p 根有多少? 下面定理 3.25 是一个关于多项式模 p 的根的重要定理.

定理 3.25 (Lagrange定理) 设 p 是素数, 且

$$f(x)=a_nx^n+a_{n-1}x^{n-1}+\cdots+a_1x^1+a_0$$

是一个次数为 $n(n \geqslant 1)$, 首项系数 a_n 不能被 p 整除的整系数多项式, 那么 $f(x)$ 至多有 n 个模 p 不同余的根.

证明 用数学归纳法来证明这个定理.

当 $n=1$ 时, $f(x)=a_1x+a_0$, $p \nmid a_1$. 需要证明 $f(x)$ 至多有一个模 p 不同的根. 事实上, 因为 $p \nmid a_1$, 所以 $(a_1,p)=1$. 这样, 存在两个整数 u,v 使得

$$a_1u+pv=1$$

等式的两端同时乘以 $-a_0$ 并整理可得

$$a_1(-ua_0)+a_0+(-a_0pv)=0$$

于是 $a_1(-ua_0)+a_0+(-a_0pv)\equiv a_1(-ua_0)+a_0\equiv 0(\bmod p)$. 这样方程 $f(x)\equiv 0(\bmod p)$ 有一个解 $x\equiv(-ua_0)(\bmod p)$. 再设 $x\equiv x_1(\bmod p)$ 和 $x\equiv x_2(\bmod p)$ 是方程 $a_1x+a_0\equiv 0(\bmod p)$ 的两个解. 于是 $a_1x_1+a_0\equiv 0(\bmod p)$ 和 $a_1x_2+a_0\equiv 0(\bmod p)$, 这样便得 $a_1(x_1-x_2)\equiv 0(\bmod p)$, 即 $p|a_1(x_1-x_2)$. 因为 $p\nmid a_1$, 故 $p|x_1-x_2$, 也就是 $x_1\equiv x_2(\bmod p)$, 所以方程 $f(x)\equiv 0(\bmod p)$ 的解唯一, 这样也就证明了方程至多有一个解.

设定理对次数为 $n-1$ 的多项式成立. 令 $f(x)$ 是一个次数为 n 且首项系数不被 p 整除的多项式. 若 $f(x)$ 有 $n+1$ 个模 p 不同余的根, 记为 $c_0, c_1, \cdots, c_n$, 则 $f(c_k)\equiv 0(\bmod p)$, $k=0,1,2,\cdots,n$. 令

$$\begin{aligned}f(x)-f(c_0)&=a_n(x^n-c_0^n)+a_{n-1}(x^{n-1}-c_0^{n-1})+\cdots+a_1(x-c_0)\\&=(x-c_0)g(x)\end{aligned}$$

其中, $g(x)$ 是一个首项系数为 a_n(与 p 互素) 的次数为 $n-1$ 的多项式. 下面将要证明 $c_1, c_2, \cdots, c_n$ 都是 $g(x)$ 模 p 不同余的根. 事实上, 因为 $c_0, c_1, \cdots, c_n$ 都是 $f(x)$ 模 p 不同余的根, 可知 $k=1,2,\cdots,n$. 有 $f(c_k)\equiv 0(\bmod p)$ 和 $f(c_0)\equiv 0(\bmod p)$, 因而

$$f(c_k)-f(c_0)=(c_k-c_0)g(c_k)\equiv 0(\bmod p)$$

因为 $c_k-c_0\not\equiv 0(\bmod p)$, 所以 $g(c_k)\equiv 0(\bmod p)$. 这表示次数为 $n-1$ 的首项系数不能被 p 整除的多项式 $g(x)$ 有 n 个模 p 不同的根, 这与归纳假设相矛盾. 所以 $f(x)$ 的模 p 不同余的根的个数不会超过 n, 证毕.

定理 3.26 假设 p 为素数且 d 是 $p-1$ 的因子, 那么多项式 x^d-1 恰有 d 个模 p 不同余的根.

证明 根据题意, 设 $p-1=de$, 那么有

$$\begin{aligned}x^{p-1}-1&=(x^d)^e-1\\&=(x^d-1)(x^{d(e-1)}+x^{d(e-2)}+\cdots+x^d+1)=(x^d-1)g(x)\end{aligned}$$

由 Fermat 定理知, $x^{\phi(p)}-1=x^{p-1}-1$ 有且仅有 $p-1$ 个模 p 不同余的根. 对于任何一个 $x^{p-1}-1$ 的模 p 的根 α, 有 $p|(\alpha^d-1)g(\alpha)$, 因为 p 是素数, 或者 $p|(\alpha^d-1)$, 即 α 是 $x^{p-1}-1$ 模 p 的根; 或者 $p|g(\alpha)$, 即 α 是 $g(x)$ 的模 p 的根. 因为二者模 p 根的个数之和就是 $x^{p-1}-1$ 的模 p 的根的个数 $p-1$, 从 $g(x)$ 是一个次数为 $d(e-1)=p-d-1$ 的首项与 p 互素的多项式可知, 其模 p 不同余的根至多有 $p-d-1$, 类似地, x^d-1 模 p 不同余的根的个数至多是 d, 但二者之和为 $p-1$, 所以多项式 x^d-1 必须有 d 个模 p 不同余的根.

定理 3.21 告诉我们, 若 a 与 n 互素, 则 $\mathrm{ord}_n a$ 一定是 $\phi(n)$ 的因子. 现在让 n 等于一个素数 p, 因为小于 p 的正整数中的每一个都与 p 互素, 这些数中的每一个数的指数就是 $\phi(n)(\phi(p)=p-1)$ 的因子. 现在的问题是: 任给 $p-1$ 的因子 d, 这些小于 p 的正整数中有多少个模 p 阶为 d 的数?

定理 3.27　设 p 是一个素数且 d 是 $p-1$ 的一个正因子, 那么小于 p 的正整数中模 p 的阶为 d 的数的个数至多是 $\phi(d)$.

证明　对于给定的 $p-1$ 的正因子 d, 令 $F(d)$ 表示小于 p 的正整数中模 p 的阶为 d 的数的个数.

第一种情况: $F(d)=0$. 显然有 $F(d)\leqslant\phi(d)$.

第二种情况: $F(d)\neq 0$. 这时存在一个模 p 的阶为 d 的整数 a, 即 $\mathrm{ord}_p a=d$. 因为 d 是最小的使得 $a^d\equiv 1(\mathrm{mod}\ p)$ 的正整数, 故 d 个整数

$$a,a^2,\cdots,a^d$$

是模 p 不同余的, 原因是上面的 d 个整数中如果有两个是模 p 同余的, 则其对应的两个指数之差是 d 的倍数, 这显然是不可能的. 对于任何 $k(1\leqslant k\leqslant d)$, 由于 $(a^k)^d=(a^d)^k\equiv 1(\mathrm{mod}\ p)$, 所以 d 个数 $a,a^2,\cdots,a^d$ 是 x^d-1 模 p 的 d 个根也是其所有的根. 每个小于 p 的正整数中模 p 的阶为 d 的数都恰好与这 d 个数中的某一个模 p 同余, 那么小于 p 的正整数中模 p 的阶为 d 的根只需要在这 d 个数中寻找即可. 已知 a^k 次数是 $\dfrac{d}{(k,d)}$, 而 a, a^2, $\cdots$, a^d 的幂中恰好有 $\phi(d)$ 个 k 满足 $(k,d)=1$, 所以 a, a^2, $\cdots$, a^d 恰好有 $\phi(d)$ 个元素的次数为 d, 从而有 $\phi(d)$ 个模 p 阶为 d 的元素. 此时, $F(d)=\phi(d)$.

综合以上两种情况, 我们有 $F(d)\leqslant\phi(d)$, 证毕.

定理 3.28　设 n 为一个正整数, 那么

$$n=\sum_{d|n}\phi(d)$$

证明　令 A 是 $1,2,\cdots,n$ 这 n 个整数组成集合. 现在对集合 A 中的 n 个整数进行分类: 任取 $m\in A$, 若 $(m,n)=d$, 则令 m 属于 C_d 类. 就是说, $m\in C_d$ 当且仅当 $(m,n)=d$ 或者 $(m/d,n/d)=1$. 所以, C_d 类就是由不超过 n 并且与 n 的最大公因子为 d 的整数组成的, 或者等价地说 C_d 类就是由不超过 n/d 且和 n/d 互素的整数组成的. 这样 C_d 类中的元素个数就是不超过 n/d 且和 n/d 互素的正整数个数, 这个数恰好就是 $\phi(n/d)$. 由于 $1\sim n$ 的这些整数一定属于其中的一个类而且只属于一个类, 故所有类含有的整数个数之和为 n, 这样

$$n=\sum_{d|n}\phi(n/d)$$

因为当 d 遍历 n 的所有正因子时, n/d 也遍历所有 n 的正因子, 从而

$$n=\sum_{d|n}\phi(n/d)=\sum_{d|n}\phi(d)$$

定理证毕.

例 3.25　设 $n=18$, d 是 n 的一个因子. $1\sim 18$ 的整数 $m\in C_d$ 当且仅当 $(m,18)=d$, 例如, 当 $d=1$ 时, 需要找出 $1\sim 18$ 所有与 18 互素的整数组成的集合 C_1; 当 $d=2$ 时, 需要找出 $1\sim 18$ 的所有与 18 的最大公因子为 2 的那些整数组成的集合 C_2 等. 通过计算可知

$$C_1 = \{1, 5, 7, 11, 13, 17\}, \quad C_6 = \{6, 12\}$$
$$C_2 = \{2, 4, 8, 10, 14, 16\}, \quad C_9 = \{9\}$$
$$C_3 = \{3, 15, \}, \quad C_8 = \{18\}$$

我们看到, C_d 类包含 $\phi(18/d)$ 个整数, $d = 1, 2, 3, 6, 9, 18$. 并且有

$$18 = \phi(18) + \phi(9) + \phi(6) + \phi(3) + \phi(2) + \phi(1)$$

现在进一步讨论定理 3.27 中涉及的 $F(d)$ 和 $\phi(d)$ 的关系.

定理 3.29 *设 p 是一个素数, d 是 $p-1$ 的一个正因子, 那么模 p 阶为 d 且不同余的整数的个数为 $\phi(d)$.*

证明 由 Fermat 定理可知, $1, 2, \cdots, p-1$ 中的任何一个数都是方程 $x^{p-1} \equiv 1(\bmod\ p$ 的解, 若某个数的次数是 d, 根据定理 3.20, d 是 $\phi(p) = p-1$ 的因子. 在 $1, 2, \cdots, p-1$ 这些数中挑出模 p 的阶为 d 的所有数组成集合 F_d, 并且用 $F(d)$ 表示集合 F_d 中元素的个数. 按照这种记法, 若 $d' \neq d$ 是 $p-1$ 的另一个不同于 d 的因子, 因为一个数的次数不可能既是 d 又是 d', 于是 $F_d \cap F_{d'} = \phi$, 这样

$$p - 1 = \sum_{d|p-1} F(d)$$

根据定理 3.28 有

$$p - 1 = \sum_{d|p-1} \phi(d)$$

所以

$$\sum_{d|p-1} F(d) = \sum_{d|p-1} \phi(d) \tag{3.15}$$

根据定理 3.27 和式 (3.15) 可知 $F(d) = \phi(d)$.

定理 3.30 *每个素数都有原根.*

证明 设 p 是一个素数. 对于 $p-1$ 的因子 $p-1$, 根据定理 3.29, 存在 $\phi(p-1)$ 个模 p 的阶为 $p-1 = \phi(p)$ 且不同余的整数, 显然这些数中的每一个都是原根, 这也就证明了每个素数 p 都存在原根而且原根共有 $\phi(p-1)$ 个.

上面的定理 3.30 告诉我们每个素数都有一个原根. 自然会问: 不是素数的正整数是否存在原根?

后续的工作是确定存在原根的所有正整数.

下面为了证明每个奇素数 p 的幂 $p^\alpha(\alpha \geqslant 2)$ 都有原根, 先证明每个奇素数 p 的平方有原根.

定理 3.31 *设 p 是一个奇素数, 若 r 是 p 的原根, 则 r 或 $r+p$ 是 p^2 的原根, 也就是说 p^2 有原根.*

证明 已知 r 是模 p 的一个原根, 于是 $\mathrm{ord}_p r = \phi(p) = p-1$. 因为 $(r, p) = 1$, 所以 $(r, p^2) = 1$, 于是 r 模 p^2 的次数 $\mathrm{ord}_{p^2} r$ 存在, 可令 $n = \mathrm{ord}_{p^2} r$. 这样

$$r^n \equiv 1(\bmod\ p)^2$$

模 p^2 同余的两个数也一定模 p 同余, 故有

$$r^n \equiv 1(\bmod p)$$

根据定理 3.20, $p-1=\operatorname{ord}_p r|n$, 另外, $n=\operatorname{ord}_{p^2} r$ 和 $r^{\phi(p^2)} \equiv 1(\bmod p^2)$(欧拉定理), 再根据定理 3.20 有 $n|\phi(p^2)$, 而 $\phi(p^2)=p(p-1)$, 即 $n|p(p-1)$. 又由于 $p-1|n$, 可设 $n=q(p-1)$, 这样 $q(p-1)|p(p-1)$, 推出 $q|p$, 从而 $q=1$ 或者 $q=p$, 也就是 $n=p-1$ 或者 $n=p(p-1)$. 下面分情况进行讨论

当 $n=p(p-1)$ 时, 即 $\operatorname{ord}_{p^2}r=\phi(p^2)$, 这时, r 是模 p^2 的一个原根.

当 $n=p-1$ 时

$$r^{p-1} \equiv 1(\bmod p^2) \tag{3.16}$$

令 $s=r+p$. 由于 $s\equiv r(\bmod p)$, s 也是模 p 的一个原根. 按照前面的证明类似地可以得到, $\operatorname{ord}_{p^2} s$ 为 $p-1$ 或 $p(p-1)$. 我们将通过证明 $\operatorname{ord}_{p^2} s=p-1$ 是错误的, 也就得到 $\operatorname{ord}_{p^2} s=p(p-1)$. 为了证明 $\operatorname{ord}_{p^2} s\neq p-1$, 首先利用二项式定理

$$\begin{aligned} s^{p-1}=(r+p)^{p-1}&=r^{p-1}+(p-1)r^{p-2}p+\binom{p-1}{2}r^{p-3}p^2+\cdots+p^{p-1}\\ &\equiv r^{p-1}+(p-1)pr^{p-2}(\bmod p^2)\end{aligned}$$

因此, 利用式 (3.16) 可以得到

$$s^{p-1}\equiv 1+(p-1)pr^{p-2}\equiv 1-pr^{p-2}(\bmod p^2)$$

于是

$$s^{p-1}-1\equiv -pr^{p-2}(\bmod p^2)$$

我们说

$$s^{p-1}\not\equiv 1(\bmod p^2)$$

若不然, 则 $s^{p-1}\equiv 1(\bmod p^2)$, 于是 $p^2|pr^{p-2}$, 推出 $p|r^{p-2}$, 从而 $p|r$. 这显然与 $(p,r)=1$ 相矛盾. 这样, 由于 $\operatorname{ord}_{p^2}s\neq p-1$, 可知 $\operatorname{ord}_{p^2}s=p(p-1)=\phi(p^2)$. 此时, $s=r+p$ 是模 p^2 的一个原根, 证完.

注 8　在定理的证明过程中出现了幂为 $p-3$ 的数字, 这说明了定理中 p 为奇素数这个条件的必要性.

定理 3.31 告诉我们, 只要 p 是一个奇素数, 那么 p^2 一定存在原根.

例 3.26　$r=3$ 是素数 $p=7$ 一个原根. 从定理3.31的证明过程可以得知, $r=3$ 模 7^2 的次数 $\operatorname{ord}_{7^2}3=7-1=6$ 或者 $\operatorname{ord}_{7^2}3=7(7-1)=42$. 然而

$$r^{p-1}=3^6\not\equiv 1(\bmod 49)$$

故有 $\operatorname{ord}_{49}3=42$. 因此, 3 也是 $p^2=49$ 的一个原根.

下面的定理 3.32 说明了每个奇素数的任意大于等于 3 的次幂的数都有原根.

定理 3.32　设 p 是一个奇素数, 若 r 是模 p^2 的一个原根, 则对任意的 $k \geqslant 3$, r 也是模 p^k 的原根.

证明　设 a 为模 p 的原根, 与 a 模 p 相等的 $a+p$ 也是模 p 的原根. 由定理 3.31 可知, 若 a 不是模 p^2 的原根, 则 $a+p$ 一定为模 p^2 的原根. 所以总是存在一个整数 r, r 既是模 p 的一个原根, 又是模 p^2 的一个原根. 因为 $\text{ord}_{p^2}r = \phi(p^2) = p(p-1) > p-1$, 根据次数的最小性可知

$$r^{p-1} \not\equiv 1(\text{mod } p^2)$$

稍后利用数学归纳法, 我们将会证明这个原根 r, 对所有的正整数 $k \geqslant 2$ 都满足

$$r^{p^{k-2}(p-1)} \not\equiv 1(\text{mod } p^k) \tag{3.17}$$

下面就在式 (3.17) 成立的基础上来证明 r 也是模 p^k 的一个原根. 令 $n = \text{ord}_{p^k}r$, 则 $n|\phi(p^k)$. 而 $\phi(p^k) = p^{k-1}(p-1)$, 即 $n|p^{k-1}(p-1)$. 由 $\text{ord}_{p^k}r$ 的定义得知, $r^n \equiv 1(\text{mod } p^k)$, 从而 $r^n \equiv 1(\text{mod } p)$. 于是 $\text{ord}_p r = \phi(p) = p-1$ 可以整除 n, 即 $p-1|n$, 这样从 $p-1|n$ 和 $n|p^{k-1}(p-1)$ 可得 $n = p^t(p-1)$, 其中 t 是一个满足 $0 \leqslant t \leqslant k-1$ 的整数. 可以断言 $t = k-1$. 不然, $0 \leqslant t \leqslant k-2$. 因为

$$r^{p^{k-2}(p-1)} = \left(r^{p^t(p-1)}\right)^{p^{k-2-t}} \equiv (r^n)^{p^{k-2-t}} \equiv 1(\text{mod } p^k)$$

这与式 (3.17) 矛盾. 因此, $\text{ord}_{p^k}r = p^{k-1}(p-1) = \phi(p^k)$. 所以 r 也是模 p^k 的一个原根.

剩下的只是要用数学归纳法证明式 (3.17).

$k=2$ 的情形可直接由 $r^{p-1} \not\equiv 1(\text{mod } p^2)$ 得出. 设结论对整数 $k \geqslant 2$ 成立, 即

$$r^{p^{k-2}(p-1))} \not\equiv 1(\text{mod } p^k) \tag{3.18}$$

来证明 $k+1$ 的时候成立. 由 $(r,p)=1$ 可得 $(r,p^{k-1})=1$. 根据欧拉定理可知

$$r^{\phi(p^{k-1})} = r^{p^{k-2}(p-1)} \equiv 1(\text{mod } p^{k-1})$$

因此, 存在一个整数 d, 满足

$$r^{p^{k-2}(p-1)} = 1 + dp^{k-1} \tag{3.19}$$

由式 (3.18) 可知 $p \nmid d$. 式 (3.19) 的两边同时取 p 次方, 得到

$$\begin{aligned} r^{p^{k-1}(p-1)} &= (1+dp^{k-1})^p \\ &= 1 + p(dp^{k-1}) + \binom{p}{2}(dp^{k-1})^2 + \cdots + \left(dp^{k-1}\right)^p \\ &\equiv 1 + dp^k \quad (\text{mod} \quad p^{k+1}) \end{aligned}$$

由 $p \nmid d$ 可知 $p^{k+1} \nmid dp^k$, 而 $p^{k+1}|r^{p^{k-1}p-1} - 1 - dp^k$, 所以 $p^{k+1} \nmid r^{p^{k-1}p-1} - 1$, 或者

$$r^{p^{k-1}p-1} \not\equiv 1(\text{mod} \quad p^{k+1})$$

这也就是 $k+1$ 的时候成立, 根据归纳法原理, 式 (3.17) 得证.

推论 3.4 对任意奇素数 p 的 $k(\geqslant 1)$ 次方 p^k, 存在模 p^k 的原根.

例 3.27 由例3.26, 3 是模 7 和模 7^2 的原根. 再根据定理 3.32 的证明过程, 对所有正整数 k, 3 也是模 7^k 的原根.

奇素数幂的原根情况已经讨论完了. 现在来讨论偶素数 (只有 2) 的幂这类数的原根的问题. 不难验证 1 和 3 分别是 2 和 $2^2=4$ 的原根, 而对 $2^\alpha(\alpha\geqslant 3)$, 情况就完全不同了. 下面将会证明这些数不存在原根.

定理 3.33 设 a 是一个奇数, k 是一个整数, $k\geqslant 3$. 那么

$$a^{\phi(2^k)/2}=a^{2^{k-2}}\equiv 1(\bmod 2^k)$$

证明 用数学归纳法证明这个结论.

当 $k=3$ 时, 需要验证 $a^2\equiv 1(\bmod 8)$ 成立. 因为 a 为奇数, 可设 $a=2b+1$, 这里 b 为整数, 有

$$a^2=(2b+1)^2=4b^2+4b+1=4b(b+1)+1$$

b 和 $b+1$ 中有一个偶数, 故有 $8|4b(b+1)$, 从而 $8\mid a^2-1$, 即

$$a^2\equiv 1(\bmod 8) \tag{3.20}$$

归纳假设 k 时成立, 也就是

$$a^{2^{k-2}}\equiv 1(\bmod 2^k)$$

于是存在整数 d 满足

$$a^{2^{k-2}}=1+d\cdot 2^k \tag{3.21}$$

式 (3.21) 的两边平方得

$$a^{2^{k-1}}=1+d2^{k+1}+d^2 2^{2k}$$

所以

$$a^{2^{k-1}}\equiv 1(\bmod 2^{k+1})$$

这说明 $k+1$ 时成立, 归纳得证.

推论 3.5 设 $k\geqslant 3$ 为整数, 则 2^k 没有原根.

证明 要证明没有原根, 需要验证每一个与 2^k 互素的整数都不是原根, 而与 2^k 互素的整数只有奇数. 设 a 是任意一个奇数, 对于任意 $k\geqslant 3$, 根据定理 3.33, 因为

$$a^{\phi(2^k)/2}\equiv 1(\bmod 2^k)$$

这样, a 的次数 $\mathrm{ord}_{2^k}a$ 最大为 $\dfrac{\phi(2^k)}{2}(<\phi(2^k))$. 也就得出 a 不会是 2^k 的原根, 这就证明了 2^k $(k\geqslant 3)$ 没有原根.

已知当 $k\geqslant 3$ 时, 2^k 没有原根, 是否存在有最大阶 $\phi(2^k)/2$ 的数?

定理 3.34 假设 $k\geqslant 3$ 是一个整数, 则有

$$\mathrm{ord}_{2^k}5=\phi(2^k)/2=2^{k-2}$$

证明　依据定理 3.33, 当 $k \geqslant 3$ 时, 有

$$5^{2^{k-2}} \equiv 1(\bmod 2^k)$$

因为 $\mathrm{ord}_{2^k}5|2^{k-2}$. 因此, 如果证明 $\mathrm{ord}_{2^k}5 \nmid 2^{k-3}$, 就会得到

$$\mathrm{ord}_{2^k}5 = 2^{k-2} = \phi(2^k)/2$$

为了证明 $\mathrm{ord}_{2^k}5 \nmid 2^{k-3}$, 下面将会用数学归纳法来证明对 $k \geqslant 3$ 有

$$5^{2^{k-3}} \equiv 1 + 2^{k-1}(\bmod 2^k)$$

当 $k = 3$ 时, 有

$$5 \equiv 1 + 4(\bmod 8)$$

假设 $k = 3$ 时成立, 即

$$5^{2^{k-3}} \equiv 1 + 2^{k-1}(\bmod 2^k)$$

那么存在一个正整数 d 满足

$$5^{2^{k-3}} = (1 + 2^{k-1}) + d \cdot 2^k$$

两边同时平方得

$$5^{2^{k-2}} = (1 + 2^{k-1})^2 + 2(1 + 2^{k-1}) \cdot d \cdot 2^k + (d \cdot 2^k)^2$$

注意到等号右边的后两项都有 2^{k+1} 因子, 于是

$$5^{2^{k-2}} \equiv (1 + 2^{k-1})^2 = 1 + 2^k + 2^{2k-2} \equiv 1 + 2^k(\bmod 2^{k+1})$$

所以结论对于 $k + 1$ 的情况成立. 因此我们证明了当 $k \geqslant 3$ 有

$$5^{2^{k-3}} \equiv 1 + 2^{k-1}(\bmod 2^k)$$

因为 $1 + 2^{k-1} \not\equiv 1(\bmod 2^k)$, 所以 $5^{2^{k-3}} \not\equiv 1(\bmod 2^k)$, 所以 $\mathrm{ord}_{2^k}5 \nmid 2^{k-3}$, 因此 $\mathrm{ord}_{2^k}5 = 2^{k-2} = \phi(2^k)/2$, 证毕.

前面讨论的 $n = p^\alpha$(p 是素数, $\alpha \geqslant 1$) 的原根情况:

(1) p 为奇素数时, p^α 有原根;

(2) p 为偶素数 ($p = 2$). 若 $\alpha = 1$ 或 $\alpha = 2$, 则 n 有原根, 否则 n 无原根.

这样, 像素数幂这种数的原根情况都清楚了.

下面讨论不是素数幂的整数的原根存在情况, 也就是可以被两个或更多的素数整除的整数的原根情况.

先排除掉这一类数中没有原根的数. 看以下结论.

定理 3.35　*如果正整数 n 不是一个素数的幂或者不是一个素数的幂的 2 倍, 那么 n 不存在原根.*

证明　设正整数 n 不是一个素数的幂也不是一个奇素数的幂的 2 倍, 则 n 有素幂因子分解如下

$$n = p_1^{t_1} p_2^{t_2} \cdots p_m^{t_m}$$

因为这个分解式至少有两项, 所以 $m \geqslant 2$, 如果 $p_1, p_2, \cdots, p_m$ 有一个是 2, 可令 $p_1 = 2$, 那么 p_1 的幂 $t_1 \geqslant 2$. $1 \leqslant t_2, \cdots, 1 \leqslant t_m$, 任取正整数 r 与 n 互素, 即 $(r, n) = 1$, 所以 $\left(r, p_k^{t_k}\right) = 1$, $1 \leqslant k \leqslant m$. 由欧拉定理可知

$$r^{\phi(p_k^{t_k})} \equiv 1 (\bmod\ p_k^{t_k})$$

用 U 表示 $\phi(p_1^{t_1}), \phi(p_2^{t_2}), \cdots, \phi(p_m^{t_m})$ 的最小公倍数, 也就是

$$U = \left[\phi\left(p_1^{t_1}\right), \phi(p_2^{t_2}), \cdots, \phi(p_m^{t_m})\right]$$

由于 $\phi(p_k^{t_k}) \mid U$, 故当 $k = 1, 2, \cdots, m$ 时有

$$r^U \equiv 1 (\bmod\ p_k^{t_k})$$

注意到 $p_1^{t_1}, p_2^{t_2}, \cdots, p_m^{t_m}$ 两两互素, 有

$$r^U \equiv 1 (\bmod\ n)$$

这就是说有

$$\mathrm{ord}_n r \leqslant U$$

由于 ϕ 是乘性函数, 可得

$$\phi(n) = \phi(p_1^{t_1} p_2^{t_2} \cdots p_m^{t_m}) = \phi(p_1^{t_1}) \phi(p_2^{t_2}) \cdots \phi(p_m^{t_m})$$

因为当 $k = 1, 2, \cdots, m$ 时, 有 $\phi(p_k^{t_k}) = p_k^{t_k - 1}(p_k - 1)$ 都是 2 的倍数, 故 $U \leqslant \dfrac{1}{2}\phi(n)$, 既然存在一个比 $\phi(n)$ 小的数 U 使得

$$r^U \equiv 1 (\bmod\ n)$$

表明 r 的次数不可能是 $\phi(n)$, 也就是 r 不会是 n 的原根, n 没有原根.

通过前面的讨论, 已经把所要观察的对象限制为形如 $n = 2p^t$ 的整数, 这里 p 是一个奇素数, t 是一个正整数. 下面证明所有这种形式的整数都有原根.

定理 3.36　形如 $2p^t$ 的整数都存在原根. 这里 p 为奇素数, t 是正整数. 事实上, 若 r 是 p^t 的原根, 则当 r 是奇数时, r 是 $2p^t$ 的原根; 当 r 是偶数时, $r + p^t$ 是 $2p^t$ 的原根.

证明　已知 p^t 是有原根的, 设 r 为其中之一, 于是

$$r^{\phi(p^t)} \equiv 1 (\bmod\ p^t)$$

因为 $\phi(2p^t) = \phi(2)\phi(p^t) = \phi(p^t)$, 于是

$$r^{\phi(2p^t)} \equiv 1 (\bmod\ p^t) \tag{3.22}$$

下面我们分 r 是奇数和 r 是偶数两种情况来讨论.

(1) 当 r 是奇数时, $r^{\phi(2p^t)}-1$ 有偶数因子 $r-1$, 于是

$$r^{\phi(2p^t)} \equiv 1(\text{mod } 2) \tag{3.23}$$

式 (3.22) 和式 (3.23) 中的两个模 p^t 和 2 是互素的, 可得

$$r^{\phi(2p^t)} \equiv 1(\text{mod } 2p^t) \tag{3.24}$$

因为 $\phi(2p^t)=\phi(p^t)$, r 是模 p^t 的一个原根, 所以没有比 $\phi(2p^t)$ 更小的数满足式 (3.24). 这就证明了 r 是 $2p^t$ 的一个原根.

(2) 当 r 是偶数时, $r+p^t$ 是奇数, 因为 $(r+p^t)^{\phi(2p^t)}-1$ 是偶数 $r+p^t-1$ 的倍数, 自然也是 2 的倍数, 所以

$$(r+p^t)^{\phi(2p^t)} \equiv 1(\text{mod } 2) \tag{3.25}$$

从 r 是偶数可知 $(r,p^t)=1$, 因此 $(r+p^t,p^t)=1$, 又 $\phi(2p^t)=\phi(p^t)$, 由欧拉定理知

$$(r+p^t)^{\phi(2p^t)} \equiv 1(\text{mod } p^t) \tag{3.26}$$

结合式 (3.25) 和式 (3.26) 可知

$$(r+p^t)^{\phi(2p^t)} \equiv 1(\text{mod } 2p^t) \tag{3.27}$$

注意到 $r+p^t$ 是 p^t 的一个原根, 故没有比 $\phi(2p^t)$ 更小的次数满足式 (3.27). 因此, $r+p^t$ 是模 $2p^t$ 的一个原根.

例 3.28 已经证明了, 对所有的正整数 t, 3 是模 7^t 的原根. 由于 3 是奇数, 根据定理3.36, 3 是模 $2\cdot 7^t$ 的原根. 例如, $t=1$, 3 是 14 的一个原根.

类似地, 对所有的正整数 t, 2 是模 5^t 的一个原根. 因为 $2+5^t$ 是奇数, 由定理3.36 可知, 对所有的正整数 t, $2+5^t$ 是模 $2\cdot 5^t$ 的一个原根. 例如, 取 $t=2$, 则 27 是 50 的一个原根.

3.11 指数的算术

本节介绍怎样利用原根进行算术运算.

设 r 是模 m 的一个原根, 下列整数

$$r, r^2, \cdots, r^{\phi(m)}$$

构成模 m 的一个既约剩余系. 因此, 若 a 是一个与 m 互素的整数, 则存在一个唯一的正整数 x, $1\leqslant x\leqslant \phi(m)$, 使得

$$r^x \equiv a(\text{mod } m)$$

这就引出了下面的定义.

定义 3.14　设 r 是正整数 m 的原根, 整数 a 与 m 互素. 使得同余式

$$r^x \equiv a \pmod m$$

成立的唯一的整数 $x, 1 \leqslant x \leqslant \phi(m)$ 称为 a 对模 m 的以 r 为底的指数(或称为离散对数). 若记 $x = \text{ind}_r a$, 那么

$$r^{\text{ind}_r a} \equiv a \pmod m$$

按照定义 3.14, 若 x 是 a 对模 m 的以 r 为底的指数, $x = \text{ind}_r a$ 显然与 m 有关. 指数的记法中没有体现 m 可以理解为 m 是一个事先约定好的数.

设 a、b 都与 m 互素且 $a \equiv b \pmod m$, 那么 $r^{\text{ind}_r a} \equiv a \equiv b \equiv r^{\text{ind}_r b} \pmod m$. 这样

$$\text{ind}_r a \equiv \text{ind}_r b \pmod{\phi(m)}$$

又因为 $1 \leqslant \text{ind}_r a, \text{ind}_r b \leqslant \phi(m)$, 所以必有 $\text{ind}_r a = \text{ind}_r b$, 这就是说模 m 相等数的指数相同.

例 3.29　$m = 7$ 时, $\phi(7) = 6$. 已知 3 是模 7 的一个原根, 可知 $3^1, 3^2, 3^3, 3^4, 3^5, 3^6$ 是模 7 的一个既约剩余系, 因为

$$3^1 \equiv 3 \pmod 7, \quad 3^2 \equiv 2 \pmod 7, \quad 3^3 \equiv 6 \pmod 7$$
$$3^4 \equiv 4 \pmod 7, \quad 3^5 \equiv 5 \pmod 7, \quad 3^6 \equiv 1 \pmod 7$$

因此, 对模 7 有

$$\text{ind}_3 1 = 6, \quad \text{ind}_3 2 = 2, \quad \text{ind}_3 3 = 1$$
$$\text{ind}_3 4 = 4, \quad \text{ind}_3 5 = 5, \quad \text{ind}_3 6 = 3$$

例 3.30　设 $m = 7$, 因为 5 是模 7 的一个原根, 可知 $5^1, 5^2, 5^3, 5^4, 5^5, 5^6$ 是模 7 的一个既约剩余系, 因为

$$5^1 \equiv 5 \pmod 7, \quad 5^2 \equiv 4 \pmod 7, \quad 5^3 \equiv 6 \pmod 7$$
$$5^4 \equiv 2 \pmod 7, \quad 5^5 \equiv 3 \pmod 7, \quad 5^6 \equiv 1 \pmod 7$$

因此, 对模 7 有

$$\text{ind}_5 1 = 6, \quad \text{ind}_5 2 = 4, \quad \text{ind}_5 3 = 5$$
$$\text{ind}_5 4 = 2, \quad \text{ind}_5 5 = 1, \quad \text{ind}_5 6 = 3$$

下面给出指数的一些性质. 只要将普通指数中的等式用模 $\phi(m)$ 的同余式代替, 离散对数就拥有和普通对数相似的一些性质.

定理 3.37　设 r 是正整数 m 的原根, a、b 都是与 m 互素的整数, 那么有

(1) $\text{ind}_r 1 \equiv 0 \pmod{\phi(m)}$;

(2) $\text{ind}_r(ab) \equiv \text{ind}_r a + \text{ind}_r b \pmod{\phi(m)}$;

(3) $\text{ind}_r a^k \equiv k \cdot \text{ind}_r a \pmod{\phi(m)}$, 其中 k 为正整数.

证明　(1) 因为 r 是模 m 的原根, 所以 $r^{\phi(m)} \equiv 1 \pmod m$, 而且没有更小的 r 的方幂满足这个同余式, 根据指数的定义有 $\text{ind}_r 1 = \phi(m)$, 当然有

$$\text{ind}_r 1 = \phi(m) \equiv 0 \pmod{\phi(m)}$$

(2) 由定义可知

$$r^{\text{ind}_r a} \equiv a \pmod m \tag{3.28}$$

$$r^{\text{ind}_r b} \equiv b \pmod m \tag{3.29}$$

$$r^{\text{ind}_r(ab)} \equiv ab(\text{mod } m) \tag{3.30}$$

式 (3.28) 和式 (3.29) 相乘可得

$$r^{\text{ind}_r a} \cdot r^{\text{ind}_r b} = r^{\text{ind}_r a+\text{ind}_r b} \equiv ab(\text{mod } m) \tag{3.31}$$

比较式 (3.30) 和式 (3.31) 可知

$$r^{\text{ind}_r(ab)} \equiv r^{\text{ind}_r a+\text{ind}_r b}(\text{mod } m) \tag{3.32}$$

再由式 (3.32) 可知

$$\text{ind}_r(ab) \equiv \text{ind}_r a + \text{ind}_r b(\text{mod } \ \phi(m)) \tag{3.33}$$

(3) 首先从指数的定义可以得到

$$r^{\text{ind}_r a^k} \equiv a^k(\text{mod } m) \tag{3.34}$$

$$r^{\text{ind}_r a} \equiv a(\text{mod } m) \tag{3.35}$$

由式 (3.35) 可知

$$r^{k\cdot \text{ind}_r a} = (r^{\text{ind}_r a})^k \equiv a^k(\text{mod } m) \tag{3.36}$$

由式 (3.34) 和式 (3.36) 可知

$$r^{k\cdot \text{ind}_r a} \equiv r^{\text{ind}_r a^k}(\text{mod } m) \tag{3.37}$$

最后根据式 (3.37) 可知

$$k \cdot \text{ind}_r a \equiv \text{ind}_r a^k(\text{mod } \phi(m)). \tag{3.38}$$

3.12 原根在密码学中的应用

3.12.1 公钥密码学的背景知识

首先介绍加密和解密的一般原理.

在现代通信中, 所传信息的安全性无容讳言. 密码学就是基于这一要求产生的研究通信安全性的学科. 网络上的两个用户在发送和接收数据时, 若要防止他人窃听数据, 发送者可以对发送的**明文**数据进行**加密**使其变成加密后的**密文**数据, 使窃听者读不懂加密后的数据, 而达到安全通信的目的. 只有真正的接收方才可将收到的密文通过某种称为**解密**的变换或者说加密逆变换将密文还原成明文. 密码学技术的研究自然应涉及加密算法和解密算法, 从这个意义上理解加密方法和解密方法是不能公开的. 但好的安全通信方法除了涉及的加密算法和解密算法之外, 还涉及与之相伴的称为加密密钥和解密密钥的参数, 由于它们之间的相互作用, 现在可以做到只要解密密钥参数秘密保管, 即使加密算法、解密算法和加密密钥都公开, 也不会影响通信的安全性. 只有拥有解密密钥的人才是解密密文的唯一用户. 其他任何即使知道解密、解密算法和加密密钥也无法解密密文. 关于这方面的详细知识可参考有关密码学方面的书籍.

人们习惯用图 3.1 这个模型来描述安全的通信过程.

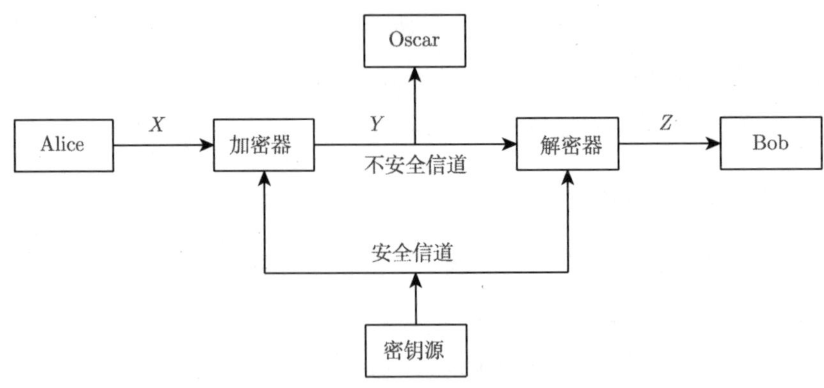

图 3.1　保密通信模型

具体来说, 设加密算法、解密算法、加密密钥和解密密钥分别为 E、D、p_a 和 s_a, 加密器将明文 X 经过加密算法 E 和加密密钥 p_a 进行运算得到密文 Y. 这个过程用式 (3.39) 来描述

$$Y = E_{p_a}(X) \tag{3.39}$$

密文 Y 经网络传输到解密器, 解密器用解密算法 D 和解密密钥 s_a 可解出明文 X, 这个过程可用式 (3.40) 来描述

$$D_{s_a}(Y) = D_{s_a}(E_{p_a}(X)) = X \tag{3.40}$$

这个模型描述了信息安全通信的整个过程. 为了保证信息安全中的数字签名需要, 与式 (3.40) 相对应的另外公式 $E_{p_a}(D_{s_a}(x)) = X$ 也要成立.

当式 (3.40) 中的 p_a 和 s_a 相同时, 这种加密和解密体制称为**对称密码体制**. 其特点是发送者和接收者共享同一个秘密密钥. 在这种情况下, 当通信的参与者较多时, 发送者与不同用户之间的通信密钥应该不同, 这给发送者的密钥管理带来不便, 这一状况持续了很长时间. 幸运的是, 后人找到一个称为公钥密码体制的方法解决了这个长期困惑人们的问题. 公钥密码体制是由斯坦福大学的研究人员 Diffie 和 Hellman 于 1976 年提出的. 其思想是在已有加密算法 E 和解密算法 D 的前提下, 每个通信用户拥有一对密钥——加密密钥 p 和解密密钥即私钥 s. 公有的加密算法 E、解密算法 D 和每个用户的解密密钥可对网络中的所有用户都公开, 但每个用户解密密钥由该用户秘密保管, 不得公开.

设有通信中的两个用户 A 和 B, 按照公钥体制通信的思想, A 的公钥 p_a 和 B 的公钥 p_b 要对网络中的所有用户都公开, A 的私钥 s_a 和 B 的私钥 s_b 则分别秘密保管. A 与 B 安全通信时, A 用 p_b 对明文信息采用加密算法 E 加密后发给 B, 接收方 B 用 s_b 和解密算法 D 进行解密.

从上面的讨论可知, 拥有 s_b 就意味着可以采用公开的解密方法 D 将密文解密. 私钥 s_b 能解密出 p_b 加密的信息, 表明 s_b 与 p_b 之间有必然的联系. 既然 B 的 p_b 已经公开了, 第三方用户如 C 尝试用公开的 p_b 来导出 s_b, 以达到解密的目的, C 有这种想法完全是可能的. 公钥密码算法必须保证这种企图是不能实现的, 这也正是公钥密码算法设计的难度所在. 公钥密码算法的设计原则是必须保证根据公钥推导私钥若在理论上做不到不可行, 起码在计算上应该是不可行的.

下面介绍数字签名的一般原理.

书信或文件根据亲笔签名或印章来证明其真实性. 为了证明网络通信中电子文稿的真实性, 又如何 "盖章" 呢? 这就是数字签名要解决的问题. 数字签名必须保证以下三点.

(1) 接收方能够核实发送方对报文的签名.

(2) 发送方事后不能抵赖对报文的签名.

(3) 不能伪造报文的签名.

数字签名经常采用公钥密码方案, 下面是其原理.

设加密和解密函数分别是 $E(x)$ 和 $D(x)$. 发送方 A 的私钥和公钥分别是 s_a 和 p_a, 发送方 A 要对信息 x 进行数字签名, 接收方 B 对报文进行验证, 确保 x 的真实性.

下面是签名和验证的过程.

(1) 签名: 发送方用 s_a 对报文 x 进行计算得 $D_{s_a}(x)$, $D_{s_a}(x)$ 便是所谓的签名报文, 然后将原始报文 x 和签名后报文的合成结果 $(x, D_{s_a}(x))$ 发送至接收方 B.

(2) 验证: 接收方使用发送方的公钥 p_a 进行计算得出

$$E_{p_a}(D_{s_a}(x)) = x$$

因为接收方恢复出报文 x 用的是 A 的公钥 p_a, 所以接收方判断报文 $(x, D_{s_a}(x))$ 是 A 签名发送的, 这就验证了报文的签名.

每个用户的公钥和私钥通常是从权威的第三方机构获取的. 利用签名来保证信息的真实性的技术能够保证任何除 A 之外的用户不能伪造 A 的签名消息, 原因是这种伪造的报文无法用 A 的公钥恢复出来. 同样地, 用户 A 也不能抵赖发出过签名的报文, 因为接收方可以把签名报文 $(x, D_{s_a}(x))$ 出示给权威的第三方, 第三方若用公钥 p_a 恢复出报文 x, 那么拥有 p_a 者也就是报文的签名人.

1985 年 ElGamal 提出了一个利用原根理论进行加密和数字签名的方案. 在介绍具体的方案之前, 先介绍模重复平方计算法.

3.12.2 模重复平方计算方法

在离散对数公钥方案中, 常常要对大正整数 m 和 n 计算

$$b^n (\mathrm{mod}\ m)$$

其中, b 是一个小于 n 的正整数. 例如, 计算 $12996^{227} (\mathrm{mod}\ 37909)$. 我们可以递归地计算

$$b^n (\mathrm{mod}\ m) = (b^{n-1} (\mathrm{mod}\ m) \cdot b) (\mathrm{mod}\ m)$$

但这种计算较为费时，必须作 $n-1$ 次乘法.

现在将 n 写成二进制形式

$$n = n_0 + n_1 2 + \cdots + n_{k-1} 2^{k-1} + n_k 2^k$$

其中, $n_i \in \{0, 1\}, i = 0, 1, \cdots, k-1$, 则 $b^n (\mathrm{mod}\ m)$ 的计算可归纳为

$$\underbrace{\underbrace{\underbrace{\underbrace{b^{n_0} (b^2)^{n_1}} (b^4)^{n_2}} (b^8)^{n_3}} \cdots (b^{2^{k-2}})^{n_{k-2}} (b^{2^{k-1}})^{n_{k-1}} (b^{2^k})^{n_k}} (\mathrm{mod}\ m)$$

这种计算方法称为 “模重复平方计算方法”, 具体算法如下.

初始化: 令 $a=1$, 将 n 按 2 的幂展开

$$n=n_0+n_1 2+\cdots+n_{k-1}2^{k-1}+n_k 2^k$$

(1) 如果 $n_0=1$, 则计算 $a_0=ab(\bmod m)$, 否则取 $a_0=a$, 即

$$a_0=ab^{n_0}(\bmod m)$$

再计算 $b_1=b^2(\bmod m)$ (第 1 步计算出 a_0 和 b_1).

(2) 如果 $n_1=1$, 则计算 $a_1=a_0b_1(\bmod m)$, 否则取 $a_1=a_0$, 即计算

$$a_1=a_0b_1^{n_1}(\bmod m)$$

再计算 $b_2=b_1^2(\bmod m)$ (第 2 步计算出 a_1 和 b_2).

(3) 如果 $n_2=1$, 则计算 $a_2=a_1b_2(\bmod m)$, 否则取 $a_2=a_1$, 即计算

$$a_2=a_1b_2^{n_2}(\bmod m)$$

再计算 $b_3=b_2^2(\bmod m)$ (第 3 步计算出 a_2 和 b_3).

(4) 如果 $n_3=1$, 则计算 $a_3=a_2b_3(\bmod m)$, 否则取 $a_3=a_2$, 即计算

$$a_3=a_2b_3^{n_3}(\bmod m)$$

再计算 $b_4=b_3^2(\bmod m)$(第 4 步计算出 a_3 和 b_4).

$\cdots$

$(k-1)$ 如果 $n_{k-2}=1$, 则计算 $a_{k-2}=a_{k-3}b_{k-2}(\bmod m)$, 否则取 $a_{k-2}=a_{k-3}$, 即计算

$$a_{k-2}=a_{k-3}b_{k-2}^{n_{k-2}}(\bmod m)$$

再计算 $b_{k-1}=b_{k-2}^2(\bmod m)$(第 $k-1$ 步计算出 a_{k-2} 和 b_{k-1}).

(k) 如果 $n_{k-1}=1$, 则计算 $a_{k-1}=a_{k-2}b_{k-1}(\bmod m)$, 否则取 $a_{k-1}=a_{k-2}$, 即计算

$$a_{k-1}=a_{k-2}b_{k-1}^{n_{k-1}}(\bmod m)$$

再计算 $b_k=b_{k-1}^2(\bmod m)$(第 k 步计算出 a_{k-1} 和 b_k).

$(k+1)$ 如果 $n_k=1$, 则计算 $a_k=a_{k-1}b_k(\bmod m)$, 否则取 $a_k=a_{k-1}$, 即计算

$$a_k=a_{k-1}b_k^{n_k}(\bmod m)$$

最后 a_k 就是

$$b^n(\bmod m)$$

例 3.31 计算 $12996^{227} \pmod{37909}$.

解 设 $m = 37909$, $b = 12996$, $a = 1$, 将 227 写成二进制, 即

$$227 = n_0 + n_1 2 + \cdots + n_{k-1}2^{k-1} + n_k 2^k = 1 + 2 + 2^5 + 2^6 + 2^7$$

可知 $n_0 = 0, n_1 = 1, n_2 = n_3 = n_4 = 0, n_5 = 1, n_6 = 1, n_7 = 1$.

运用模重复平计算方法依次计算可得

(1) $n_0 = 1$, 计算

$$a = a \cdot b \equiv 12996, \quad b_1 \equiv b^2 \equiv 11421 \pmod{37909}$$

(2) $n_1 = 1$, 计算

$$a_1 = a \cdot b_1 \equiv 13581, \quad b_2 \equiv b_1^2 \equiv 32281 \pmod{37909}$$

(3) $n_2 = 0$, 计算

$$a_2 = a_1 \equiv 13581, \quad b_3 \equiv b_2^2 \equiv 20369 \pmod{37909}$$

(4) $n_3 = 0$, 计算

$$a_3 = a_2 \equiv 13581, \quad b_4 \equiv b_3^2 \equiv 20065 \pmod{37909}$$

(5) $n_4 = 0$, 计算

$$a_4 = a_3 \equiv 13581, \quad b_5 \equiv b_4^2 \equiv 10645 \pmod{37909}$$

(6) $n_5 = 1$, 计算

$$a_5 = a_4 \cdot b_5 \equiv 22728, \quad b_6 \equiv b_5^2 \equiv 6024 \pmod{37909}$$

(7) $n_6 = 1$, 计算

$$a_6 = a_5 \cdot b_6 \equiv 24073, \quad b_7 \equiv b_6^2 \equiv 9663 \pmod{37909}$$

(8) $n_7 = 1$, 计算

$$a_7 = a_6 \cdot b_7 \equiv 7775 \pmod{37909}$$

最后, 计算出

$$12996^{227} \equiv 7775 \pmod{37909}$$

3.12.3 离散对数 ElGamal 公钥加密方案

(1) 用户甲选取一个大素数 p 和 p 的一个原根 g, 再随机选取一个整数 $a(1 \leqslant a \leqslant p-2)$. 计算

$$b = g^a \pmod{p}$$

b 和 a 分别为用户甲的公钥和私钥, 用户甲对外公开 (p, g, b), a 不公开.

(2) 若用户乙需要将加密信息发送给用户甲. 加密过程如下:

① 用户乙获取用户甲的 (p, g, b). 将要发送的明文信息 M 表示成整数 $m(1 \leqslant m \leqslant p-1)$.

② 用户乙随机选取一个整数 $k(1 \leqslant k \leqslant p-1)$, 计算

$$m_1 = g^k (\bmod\ p), \quad m_2 = b^k m (\bmod\ p)$$

③ 用户乙将 (m_1, m_2) 发送给用户甲, 此时 (m_1, m_2) 就是信息 m 的密文.

(3) 用户甲收到密文后进行解密, 解密方法是: 对收到的密文 (m_1, m_2) 利用私钥 a 计算

$$\left(m_2 \cdot m_1^{p-1-a}\right) (\bmod\ p)$$

结果为明文 m.

离散对数公钥算法证明.

证明　只要证明算法的第 (3) 步 $(m_2 \cdot m_1^{p-1-a})(\bmod\ p)$ 结果为 m 即可.

事实上, 因为 $b = g^a(\bmod\ p)$, 可得 $b \equiv g^a(\bmod\ p)$, 故 $b^k \equiv g^{ak}(\bmod\ p)$, $b^k m \equiv g^{ak} m$ $(\bmod\ p)$, 于是

$$m_2 = b^k m(\bmod\ p) = g^{ak} m(\bmod\ p)$$

已知 $m_1 = g^k(\bmod\ p)$, 可得 $m_1 \equiv g^k(\bmod\ p)$, 故 $m_1^{p-1-a} \equiv g^{k(p-1)-ka}(\bmod\ p)$, 于是

$$m_1^{p-1-a}(\bmod\ p) = g^{k(p-1)-ka}(\bmod\ p)$$

这样

$$\begin{aligned}
(m_2 \cdot m_1^{p-1-a})(\bmod\ p) &= ((m_2 \cdot m_1^{p-1-a})(\bmod\ p))(\bmod\ p) \\
&= ((g^{ak} m)(\bmod\ p) \cdot g^{k(p-1)-ka}(\bmod\ p))(\bmod\ p) \\
&= (g^{ak} m \cdot g^{k(p-1)-ka})(\bmod\ p) \\
&= (g^{k(p-1)} m)(\bmod\ p) \\
&= ((g^{p-1})^k m)(\bmod\ p) \\
&= m(\bmod\ p) \\
&= m
\end{aligned}$$

证毕.

例 3.32　已知用户甲选择的素数 $p = 2357$, $g = 2$ 是 p 的一个原根, $a = 1751$ 是用户甲的密钥. 若用户乙发送给用户甲的信息表示成 $m = 2035$, 且用户乙选取的 $k = 1520$. 那么经过ElGamal公钥密码体制, 用户乙发送给用户甲的密文是什么? 用户甲如何恢复出明文 m?

解　(1) 用户甲先计算出自己的公钥

$$b = g^a(\bmod\ p) = 2^{1751}(\bmod\ 2357) = 1185$$

之后, 用户甲将信息 $(p, g, b) = (2357, 2, 1185)$ 公开.

(2) 用户乙得到 $(p, g, b) = (2357, 2, 1430)$ 和选择了 $k = 1520$, 进行加密计算

$$\begin{aligned}
m_1 &= g^k(\bmod\ p) = 2^{1520}(\bmod\ 2357) = 1430 \\
m_2 &= (b^k m)(\bmod\ p) = (1185^{1520} \cdot 2035)(\bmod\ 2357) = 697
\end{aligned}$$

将密文 $(m_1, m_2) = (1430, 697)$ 发送给用户甲.

(3) 用户甲收到密文 $(m_1, m_2) = (1430, 697)$ 之后, 进行解密计算

$$(m_2 m_1^{p-1-a}) (\text{mod } p) = (697 \cdot 1430^{2357-1-1751}) (\text{mod } 2357) = 2035$$

这样就恢复出明文 2035.

3.12.4 离散对数 ElGamal 公钥签名方案

基于离散对数 ElGamal 数字签名方案.

设有发送签名消息的用户甲和验证签名消息的用户乙. 用户甲选取一个大素数 p 和 p 的一个原根 g, 再随机选取一个整数 $a(1 \leqslant a \leqslant p-2)$. 计算

$$b = g^a (\text{mod } p)$$

b 和 a 分别为用户甲的公钥和私钥, 用户甲对外公开 (p, g, b), a 不公开.

用户甲对消息 m 签名的过程如下:

(1) 随机选择一个与 $p-1$ 互素的整数 k;

(2) 计算 $r = g^k \bmod p$;

(3) 计算 $s = k^{-1}(m - ar) \bmod (p-1)$, k^{-1} 是 k 模 $p-1$ 的逆.

把 (m, r, s) 作为签名后的消息发送给用户乙.

用户乙收到签名消息 (m, r, s), 签名消息验证如下:

(1) 获取用户甲的公开信息 (p, g, b).

(2) 计算 $v_1 = b^r r^s \bmod p$ 和 $v_2 = g^m \bmod p$;

(3) 若 $v_1 = v_2$, 则签名消息有效, 否则无效.

ElGamal 签名算法证明.

证明 由于

$$s = k^{-1}(m - ar) \bmod (p-1)$$

可知 $sk \equiv (m - ar) \bmod (p-1)$, $m \equiv (sk + ar) \bmod (p-1)$, 即 $m \equiv (sk + ar) \bmod \phi(p)$, 因而

$$g^m \equiv g^{sk+ar} \bmod p \tag{3.41}$$

已知 $r = g^k \bmod p$, $b = g^a \bmod p$, 于是 $g^k \equiv r \bmod p$, $g^a \equiv b \bmod p$, 进而有 $(g^k)^s \equiv r^s (\text{mod } p)$, $(g^a)^r \equiv b^r (\text{mod } p)$, 于是

$$(g^k)^s \cdot (g^a)^r \equiv r^s \cdot b^r (\text{mod } p) \tag{3.42}$$

根据式 (3.41) 和式 (3.42) 有

$$g^m \equiv g^{sk+ar} = (g^k)^s \cdot (g^a)^r \equiv r^s \cdot b^r (\text{mod } p)$$

可知

$$v_2 = g^m (\text{mod } p) = r^s \cdot b^r (\text{mod } p) = v_1$$

成立, 证毕.

下面是一个签名的具体例子.

(1) 用户甲取 $p=19$, 模 19 的一个原根 $g=2$ 和私钥 $a=5$, 那么用户甲的公钥为

$$b=g^a(\bmod\ p)=2^5(\bmod\ 19)=13$$

用户甲将信息 $(p,g,b)=(19,2,13)$ 公开.

(2) 用户甲将信息 $m=6$ 用于数字签名, 取一个与 $p-1=18$ 互素的 $k=5$, 计算

$$\begin{aligned}
r&=g^k(\bmod\ 19)=2^5(\bmod\ 19)=13\\
s&=k^{-1}(m-ar)(\bmod\ p-1)\\
&=5^{-1}(6-5\cdot 13)(\bmod\ 18)\\
&=11(6-5\cdot 13)(\bmod\ 18)\\
&=17
\end{aligned}$$

用户甲将签名消息 $(m,r,s)=(6,13,17)$ 发送给用户乙.

(3) 用户乙收到签名消息验证

$$\begin{aligned}
v_2&=g^m(\bmod\ p)\\
&=2^6(\bmod\ 19)\\
&=13^{17}\times 13^{13}(\bmod\ 19)\\
&=(r^s\cdot b^r)(\bmod\ p)\\
&=v_1
\end{aligned}$$

3.12.5　ElGamal 安全性讨论

下面简要讨论 ElGamal 密码体制的安全性. 目前针对 ElGamal 密码体制的主要攻击是求解离散对数问题: 给定 g 和 $b=g^a(\bmod\ p)$, 求出 a 的值, 即计算 $a=\log_g b$. 如果密码分析这可以计算 $a=\log_g b$, 那么可以使用它解密密文. 因此, 保证 ElGamal 密码体制安全性的一个必要条件就是 p 的离散对数是难解的. 到目前为止, 只要素数 p 选取适当, p 上的离散对数问题仍是难解的. 一般而言, 素数 p 必须足够大, 且 $p-1$ 至少包含一个足够大的素因数以防止使用 Pohling-Hellman 算法得到 a.

如果 p 的离散对数是难解的, 即从 p、g、b 计算 a 是困难的, 那么是否可以在不知道 a 的情况下恢复明文 x 呢? 如果可以, 那么可以在不知道 a 和 k 的条件下使用 x 计算

$$xm_2^{-1}=b^{-k}\mathrm{mod}p=m_1^{-a}\mathrm{mod}p$$

即在不知道 a 和 k 时, 计算 b^{-k} 和 m_1^{-1}, 这个问题也是困难的.

关于 Pohling-Hellman 算法可以参考文献 [9].

3.13 习　题

1. 判断下列命题是否为真:

(1) $4|6$,

(2) $5|-25$

(3) $12|3$

(4) $3|0$

(5) $0|-1$

(6) $0|0$

2. 给出 36 的全部因数.

3. 设 a、b、c、d 均为正整数, 下述各命题是否为真; 若为真, 请给出证明, 否则请给出反例.

(1) 若 $a|c, b|c$, 则 $ab|c$.

(2) 若 $a|c, b|d$, 则 $ab|cd$.

(3) 若 $ab|c$, 则 $a|c$.

(4) 若 $a|bc$, 则 $a|c$ 或 $b|c$.

4. 对下述每一对数作带余除法. 第一个数是被除数, 第二个是除数.

(1) 37, 4

(2) 5, 9

(3) 18, 3

(4) -4, 3

(5) -28, 7

(6) -6, -4.

5. 判断下述正整数是素数还是合数.

113, 221, 527, $2^{13}-1$

6. 给出下述正整数的素因子分解.

126, 222, 100000, 196608, 20!

7. 求 2004! 末尾零的个数.

8. 利用素因子分解求下述每一对数的最大公约数和最小公倍数.

(1) 175, 140

(2) 72, 108

(3) 315 2200

9. 求满足 $(a,b)=10, (a,b)=100$ 的所有正整数对 a、b.

10. 用辗转相除法求下述每一对数的最大公约数.

(1) 85, 125

(2) 231, 72

(3) 45, 56

(4) 154, 64

11. 设 p 是素数, a 是整数. 证明：当 $p|a$ 时, $\gcd(p,a)=p$; 当 pa 时, $\gcd(p,a)=1$.

12. 下述每一对数 a、b 是否互素? 若互素, 试给出整数 x 和 y 使 $xa+yb=1$.

(1) 12, 35

(2) 63, 91

(3) 450, 539

(4) 1024, 729

13. 设 a、b 是两个不为 0 的整数, d 为正整数, 则 $d=\gcd(a,b)$ 当且仅当存在整数 x 和 y 使 $a=dx, b=dy$, 且 x 和 y 互素.

14. 证明：对任意正整数 a 和 b, 有 $ab=(a,b)\cdot(a,b)$.

15. 证明：如果 $a|bc$, 且 a、b 互素, 则 $a|c$.

16. 设 a、b 互素, 证明下列结论.

(1) 对任意整数 m, $(m,ab)=(m,a)(m,b)$.

(2) 当 $d>0$ 时, $d|ab$ 当且仅当存在正整数 d_1 和 d_2 使 $d=d_1d_2, d_1|a, d_2|b$, 并且 d 的这种表示是唯一的.

17. 判断下述命题是否为真.

(1) $13\equiv 1 \pmod 2$

(2) $22\equiv 7 \pmod 5$

(3) $69\equiv 62 \pmod 7$

(4) $111\equiv -9 \pmod 4$

18. 求整数 m 使下列命题为真.

(1) $27\equiv 5 \pmod m$

(2) $1000\equiv 1 \pmod m$

(3) $1331\equiv 0 \pmod m$

19. 写出 Z_6 的全部元素以及 Z_6 上的加法表和乘法表.

20. 给出模 8 的最小非负完全剩余系, 另外给出两个不同的完全剩余系, 并给出 3 个不同的简化剩余系.

21. (1) 给出全是奇数的模 13 的完全剩余系, 能否给出全是奇数的模 10 的完全剩余系.

(2) 给出全是偶数的模 9 的简化完全剩余系, 能否给出全是偶数的模 10 的简化完全剩余系.

22. (1) 计算下列整数模 47 后的最小正剩余 (小于 47 的最小正整数).

2^{32}, 2^{47}, 2^{200}

(2) 求下列最小正剩余.

3^{10} 模 11, 5^{16} 模 17, 3^{20} 模 23

23. 证明：

(1) 设 $d\geqslant 1$, $d|m$, 则 $a\equiv b \pmod m \Rightarrow a\equiv b \pmod d$;

(2) 设 $d\geqslant 1$, $d|m$, 则 $a\equiv b \pmod m \Leftrightarrow da\equiv db \pmod{dm}$;

(3) 设 c 与 m 互素, 则 $a\equiv b \pmod m \Leftrightarrow ca\equiv cb \pmod m$

24. 下述一次同余方程是否有解? 若有解, 试给出它的全部解.

(1) $9x \equiv 3 \pmod 6$

(2) $4x \equiv 3 \pmod 2$

(3) $3x \equiv -1 \pmod 5$

(4) $8x \equiv 2 \pmod 4$

(5) $20x \equiv 12 \pmod 8$

25. 对下述每一组 a、b、m, 验证 b 是 a 的模 m 的逆:

(1) 5, 3, 7

(2) 11, 11, 12

(3) 6, 11, 13

26. 对下述每一对数 a 和 m, 是否有 a 的模 m 的逆? 若有, 试给出.

(1) 2, 3

(2) 18, 7

(3) 5, 9

(4) −1, 9

27. 设 $m > 1$, $ac \equiv bc \pmod m$, $d \equiv \gcd(c, m)$, 则 $a \equiv b \pmod{m/d}$.

28. 设 p 是素数, 若 $x^2 \equiv 1 \pmod p$, 则 $x \equiv 1 \pmod p$ 或 $x \equiv -1 \pmod p$.

29. 证明: 若 m 和 n 互素, 则 $\phi(mn) = \phi(m)\phi(n)$.

30. 利用费马定理计算:

(1) $2^{325} \bmod 5$

(2) $3^{516} \bmod 7$

(3) $8^{1003} \bmod 11$

31. 有一队士兵, 若 3 人一组, 则余 1 人; 若 5 人一组, 则缺 2 人; 若 11 人一组, 则余 3 人, 已知这队士兵不超过 170 人, 问这队士兵共有多少人?

第 4 章　二 次 剩 余

本章首先讨论模为合数的高次同余方程的一般理论. 重点讨论如何判断模为合数的二次同余方程是否有解. 当有解时, 解的结构.

本章还给出了二次同余方程在信息科学中的电子抛币协议和零知识证明方面的重要应用.

4.1　模为合数的高次同余方程的解数

本节讨论模为合数的高次同余方程的解法, 其基本思想是利用下面的定理将合数模转化为模为两两互素的方程组来处理.

定理 4.1　设 $m_1, m_2, \cdots, m_k$ 是 k 个两两互素的正整数, $m = m_1m_2\cdots m_k$, $f(x) = a_nx^n + a_{n-1}x^{n-1} + \cdots + a_1x + a_0$, 那么方程

$$f(x) \equiv 0(\bmod m) \tag{4.1}$$

有解的充要条件是同余方程组

$$\begin{cases} f(x) \equiv 0(\bmod\ m_1) \\ f(x) \equiv 0(\bmod\ m_2) \\ \qquad\vdots \\ f(x) \equiv 0(\bmod\ m_k) \end{cases} \tag{4.2}$$

有解. 如果式 (4.2) 中 $f(x) \equiv 0(\bmod\ m_i)$ 有 $n_i(1 \leqslant i \leqslant n_i)$ 个解, 那么方程 (4.1) 有 $\prod\limits_{i=1}^{k} n_i$ 个解.

证明　首先证明方程 (4.1) 有解当且仅当式 (4.2) 有解.

设方程 (4.1) 有解 x_0, 即 $f(x_0) \equiv 0(\bmod\ m)$. 对 $i = 1, 2, \cdots, k$, 因为 $m_i|m$, 所以 $f(x_0) \equiv 0(\bmod\ m_i)$, 这样 $x = x_0$ 也是方程组 (4.2) 的解.

反过来设方程组 (4.2) 有解 x_0, 则对 $i = 1, 2, \cdots, k$ 都有 $f(x_0) \equiv 0(\bmod m_i)$, 即 $m_i \mid f(x_0)$. 因为 $m_1, m_2, \cdots, m_k$ 是 k 个两两互素的整数, 所以 $m_1m_2\cdots m_k \mid f(x_0)$, 即 $m \mid f(x_0)$, 这样 x_0 也是方程 (4.1) 的解.

我们用 $T(m; f)$ 表示方程 (4.1) 的解数, 用 $T(m_j; f)$ 表示方程 $f(x) \equiv 0(\bmod\ m_j)$ 的解数 $(1 \leqslant j \leqslant k)$, 下面证明方程 (4.1) 与方程组 (4.2) 的解数相同且有

$$T(m; f) = T(m_1; f)T(m_2; f)\cdots T(m_k; f) \tag{4.3}$$

设 $t=T(m;f)$, $t_j=T(m_j;f)(1\leqslant j\leqslant k)$. 若方程组 (4.2) 中的某个方程不妨设第 j_0 个方程无解, 则方程 (4.1) 必无解, 此时 $t_{j_0}=0, t=0$, 所以式 (4.3) 成立. 现设 $t_j>0(1\leqslant j\leqslant k)$, 并且

$$x\equiv a_1^{(j)},a_2^{(j)},\cdots,a_{t_j}^{(j)}(\bmod m_j)$$

是方程组 (4.2) 中第 j 个方程模 m_j 不同的全部解. 作集合 $A_j=\{a_1^{(j)},a_2^{(j)},\cdots,a_{t_j}^{(j)}\}$ $(1\leqslant j\leqslant k)$. 令

$$A=A_1\times A_2\times\cdots\times A_k=\{(b_1,b_2,\cdots,b_k)\mid b_j\in A_j,\ j=1,2,\cdots,k\}$$

设

$$x\equiv a_1,a_2,\cdots,a_t(\bmod m)$$

是方程 (4.1) 模 m 不同的全部解, 并令

$$B=\{a_1,a_2,\cdots,a_t\}$$

注意到 $|A|=T(m_1;f)T(m_2;f)\cdots T(m_k;f)$, 要是能建立集合 B 和集合 A 之间的一一对应关系, 那么式 (4.3) 自然也就成立了. 事实上, 任取 $a_r\in B$, 这里 $1\leqslant r\leqslant t$. 因为 a_r 是方程组 (4.2) 的解, 所以对于每一个 $j(1\leqslant j\leqslant k)$, a_r 应该与第 j 个方程解中的一个 (且仅一个) 设为 $a_{r_j}^{(j)}(1\leqslant r_j\leqslant t_j)$ 模 m_j 同余, 即

$$a_r\equiv a_{r_j}^{(j)}(\bmod m_j)$$

对 B 的元素 a_r, 可令 A 的由 a_r 唯一确定的元素

$$\left(a_{r_1}^{(1)},a_{r_2}^{(2)},\cdots,a_{r_k}^{(k)}\right)$$

与之对应, 这是一个集合 B 到集合 A 之间的一个映射, 记为 ϕ.

其次证明 ϕ 是 B 到 A 的一个一一映射.

先证 ϕ 是单射. 任取 B 中的两个不同元素 a_r 和 a_s, 即 $a_r\not\equiv a_s(\bmod m)$, 设 a_r 和 a_s 与 A 中对应的元素分别为

$$\left(a_{r_1}^{(1)},a_{r_2}^{(2)},\cdots,a_{r_k}^{(k)}\right)$$

和

$$\left(a_{s_1}^{(1)},a_{s_2}^{(2)},\cdots,a_{s_k}^{(k)}\right)$$

可以断言, $\left(a_{r_1}^{(1)},a_{r_2}^{(2)},\cdots,a_{r_k}^{(k)}\right)$ 与元素 $\left(a_{s_1}^{(1)},a_{s_2}^{(2)},\cdots,a_{s_k}^{(k)}\right)$ 不同, 否则, 对任意 l, $l(1\leqslant l\leqslant k)$, 都有 $a_{r_l}^{(l)}\equiv a_{s_l}^{(l)}(\bmod m_l)$, 因为 $a_r\equiv a_{r_l}^{(l)}(\bmod m_l)$, $a_s\equiv a_{s_l}^{(l)}(\bmod m_l)$, 于是 $a_r\equiv a_s(\bmod m_l)$, 而 $m_1,m_2,\cdots,m_k$ 两两互素, 这必然导致 $a_s\equiv a_r(\bmod m)$, 这与 $a_s\not\equiv a_r(\bmod m)$ 相矛盾. 所以, 这种对应关系能保证 B 中的不同元素一定对应 A 中的不同元素, 即 ϕ 是单射.

再证 ϕ 是满射. 任取 $(b_1, b_2, \cdots, b_k) \in A$, 这里 b_i 是方程 $f(x) \equiv 0(\bmod\ m_i)$ 的解, 即 $f(b_i) \equiv 0(\bmod\ m_i)$, $i = 1, 2, \cdots, k$. 作联立方程组

$$\begin{cases} x \equiv b_1(\bmod\ m_1) \\ x \equiv b_2(\bmod\ m_2) \\ \quad\vdots \\ x \equiv b_k(\bmod\ m_k) \end{cases}$$

根据中国剩余定理, 该方程组有唯一解, 设其为

$$x \equiv c(\bmod\ m)$$

将 c 代入方程组中的每个方程便有 $c \equiv b_i(\bmod\ m_i)$, $1 \leqslant i \leqslant k$, 进而有 $f(c) \equiv f(b_i)(\bmod\ m_i)$, 因为 $f(b_i) \equiv 0(\bmod\ m_i)$, 所以 $f(c) \equiv 0(\bmod\ m_i)$, 故 c 是同余方程组 (4.2) 的解, 因而也是方程 (4.1) 的解, c 应该与方程 (4.1) 的某个解 a_r 模 m 相等, 即 $c \equiv a_r(\bmod\ m)$, 于是 $c \equiv a_r(\bmod\ m_i)$. 而 $c \equiv b_i(\bmod\ m_i)$, 可知 $a_r \equiv b_i(\bmod\ m_i)(1 \leqslant i \leqslant k)$, 这样, B 中的元素 a_r 与 $(b_1, b_2, \cdots, b_k)$ 对应. 证毕.

定理 4.1 的证明过程有一定的难度, 其思想是建立两个方程解集合的一一对应关系, 来证明方程的解数相等. 定理证明过程给出了求解同余方程 (4.1) 的具体方法, 即把模 m 分解为两两互素的较小的模 m_j 的乘积, 然后求每个同余方程 $f(x) \equiv 0(\bmod\ m_j)$ 的全部解, 以每个方程解集合的笛卡儿积组成的集合的元素组成一个一次同余方程组, 解所有此类型的一次同余方程组, 便得到方程 (4.1) 的全部解, 这种构造性的证明方法很有价值.

例 4.1　解同余式

$$f(x) = x^4 + 2x^3 + 8x + 9 \equiv 0(\bmod\ 35)$$

解　原同余式等价于同余方程组

$$\begin{cases} f(x) \equiv 0(\bmod\ 5) \\ f(x) \equiv 0(\bmod\ 7) \end{cases}$$

直接验算可知, $f(x) \equiv 0(\bmod\ 5)$ 的解为 $x \equiv 1, 4(\bmod\ 5)$, $f(x) \equiv 0(\bmod\ 7)$ 的解为 $x \equiv 3, 5, 6(\bmod\ 7)$.

根据中国剩余定理求得同余方程组

$$\begin{cases} x \equiv b_1(\bmod\ 5) \\ x \equiv b_2(\bmod\ 7) \end{cases}$$

的解为

$$x \equiv 3 \cdot 7 \cdot b_1 + 3 \cdot 5 \cdot b_2(\bmod\ 35)$$

分别令 $(b_1, b_2) = (1, 3), (1, 5), (1, 6), (4, 3), (4, 5), (4, 6)$ 并化简可知

$$x \equiv 31, 26, 6, 24, 19, 34(\bmod\ 35)$$

是方程的全部解.

例 4.2 已知一个数的平方与自身最后三位数字(若数字不够三位, 前面以 0 补充) 相同的整数, 求这个数.

解 由题意, 只需求同余方程

$$x^2 \equiv x(\text{mod } 1000)$$

的解即可. 因为 $1000 = 2^3 \times 5^3$, 所以由定理 4.3 的证明知, 可以先分别求出方程 $x^2 \equiv x(\text{mod } 2^3)$ 和 $x^2 \equiv x(\text{mod } 5^3)$ 的解. 前者的解 $x \equiv 0, 1(\text{mod } 2^3)$, 后者的解 $x \equiv 0, 1(\text{mod } 5^3)$, 它们产生四个不同的同余方程组

$$\begin{cases} x \equiv 0(\text{mod } 2^3) \\ x \equiv 0(\text{mod } 5^3) \end{cases} \quad \begin{cases} x \equiv 1(\text{mod } 2^3) \\ x \equiv 1(\text{mod } 5^3) \end{cases} \quad \begin{cases} x \equiv 1(\text{mod } 2^3) \\ x \equiv 0(\text{mod } 5^3) \end{cases} \quad \begin{cases} x \equiv 0(\text{mod } 2^3) \\ x \equiv 1(\text{mod } 5^3) \end{cases}$$

通过中国剩余定理可求得四个同余方程组的解分别为 $x \equiv 0, 1, 376, 625(\text{mod } 1000)$, 这就是所求的满足要求的所有数字.

对于正整数 m, 设 m 的标准分解式为

$$m = p_1^{\alpha_1} p_2^{\alpha_2} \cdots p_k^{\alpha_k}, \quad k \geqslant 2$$

由定理 4.1 及其证明的过程可以知道: 解方程

$$f(x) = a_n x^n + a_{n-1} x^{n-1} + \cdots + a_1 x + a_0 \equiv 0(\text{mod} m)$$

可转化为解方程

$$f(x) \equiv 0(\text{mod } p_i^{\alpha_i}), \quad i = 1, 2, \cdots, k$$

再利用剩余定理求解这些解的组合构成的同余方程组, 这就告诉我们求解模为合数的同余方程的关键是求解形如

$$f(x) \equiv 0(\text{mod } p^{\alpha})$$

的同余方程, p 是素数. 解此方程的思路是从模 p 的低次幂的解逐步探讨模为 p 高次幂的解.

$\alpha = 1$ 对应方程为

$$f(x) \equiv 0(\text{mod } p) \tag{4.4}$$

这种方程解的个数问题在第 3 章已经得到结果, 该方程解的个数至多为 n. 以下不妨设 $\alpha \geqslant 2$.

当 $\alpha = 2$, 对应的方程是

$$f(x) \equiv 0(\text{mod } p^2) \tag{4.5}$$

我们先来比较一下方程 (4.4) 和方程 (4.5). 显然, 方程 (4.5) 的解一定是方程 (4.4) 的解, 反之未必, 例如, 2 是方程 $x \equiv 0(\bmod 2)$ 的解, 但 2 不是方程 $x \equiv 0(\bmod 2^2)$ 的解. 尽管如此, 我们仍旧可以在方程 (4.4) 的解中寻找方程 (4.5) 的解. 设 x_0' 是方程 (4.5) 的一个解, 由于 x_0' 一定是方程 (4.4) 的一个解, 所以 x_0' 一定与方程 (4.4) 的某个解 x_0 模 p 同余, 即 $x_0' \equiv x_0(\bmod\ p)$, 这就是说 $x_0' = x_0 + kp$. 因此, 对于方程 (4.4) 的每一个解 x_0, 只要判断是否存在 k, 使得 $x_0 + kp$ 是方程 (4.5) 的解即可. 令

$$f'(x) = n a_n x^{n-1} + a_{n-1} x^{n-2} + \cdots + a_1$$

因为

$$\begin{aligned}f(x+y) &= a_n(x+y)^n + a_{n-1}(x+y)^{n-1} + \cdots + a_1(x+y) + a_0\\&= (a_nx^n + a_{n-1}x^{n-1} + \cdots + a_1x + a_0) + (na_nx^{n-1}y\\&\quad + (n-1)a_{n-1}x^{n-2}y + \cdots + a_1y) + \cdots\\&= f(x) + yf'(x) + y^2g(x,y)\end{aligned}$$

其中, $g(x,y)$ 是关于 x、y 的某个整系数多项式, 于是

$$f(x_0+kp) = f(x_0) + kpf'(x_0) + k^2p^2g(x_0,kp) \equiv f(x_0) + kpf'(x_0) (\bmod p^2)$$

若 x_0+kp 是方程 (4.5) 的解, 即 $f(x_0+kp) \equiv 0(\bmod p^2)$, 于是 $f(x_0)+kpf'(x_0) \equiv 0(\bmod p^2)$, 或者

$$kf'(x_0) \equiv -\frac{f(x_0)}{p} (\bmod p)$$

这就说明 k 一定是一元一次同余方程 $kf'(x_0) \equiv -\dfrac{f(x_0)}{p}(\bmod p)$ 的解. 反过来, 同余方程 $kf'(x_0) \equiv -\dfrac{f(x_0)}{p}(\bmod p)$ 的任何一个解 k_0 都会使得 x_0+k_0p 是方程 (4.5) 的一个解. 这样, 要解方程 (4.5), 只要对方程 (4.4) 的每一个解 x_0, 解方程 $kf'(x_0) \equiv -\dfrac{f(x_0)}{p}(\bmod p)$ 即可. 这显然是一种利用方程 (4.4) 的解寻找方程 (4.5) 的方法.

当模为 p^α 时有解, 利用同样的思想, 可在 $f(x) \equiv 0(\bmod p^\alpha)$ 的解中寻找 $f(x) \equiv 0(\bmod p^{\alpha+1})$ 的解. 下面是一般结论.

定理 4.2　设 $f(x) = a_nx^n + a_{n-1}x^{n-1} + \cdots + a_1x + a_0$, $f'(x) = na_nx^{n-1} + a_{n-1}x^{n-2} + \cdots + a_1$, x_0 是 $f(x) \equiv 0(\bmod p^\alpha)$ 的一个解.

(1) $p \nmid f'(x_0)$, 那么 $f(x) \equiv 0(\bmod p^{\alpha+1})$ 恰好有一个解 $x \equiv x_0 + kp^\alpha(\bmod p^{\alpha+1})$, 其中 k 是 $kf'(x_0) \equiv -\dfrac{f(x_0)}{p^\alpha}(\bmod p)$ 的唯一解.

(2) $p|f'(x_0)$, $p^{\alpha+1}|f(x_0)$, 那么 $f(x) \equiv 0(\bmod p^{\alpha+1})$ 恰好有 p 个解 $x \equiv x_0 + kp^\alpha(\bmod p^{\alpha+1})$, 其中 $k = 0, 1, \cdots, p-1$.

(3) $p|f'(x_0)$, $p^{\alpha+1} \nmid f(x_0)$, 那么 $f(x) \equiv 0(\bmod p^{\alpha+1})$ 没有解满足 $x \equiv x_0(\bmod p^\alpha)$.

证明　方程 $f(x) \equiv 0(\bmod p^{\alpha+1})$ 有解, 当且仅当其解具有 $x_0 + kp^\alpha$ 这种形式, 其中 x_0 是 $f(x) \equiv 0(\bmod p^\alpha)$ 的一个解, k 是某个整数. 下面讨论 k 必须满足何种条件. 因为

$$f(x_0+kp^\alpha) \equiv f(x_0) + kp^\alpha f'(x_0) + (kp^\alpha)^2 g(x_0, kp^\alpha)$$

所以 $f(x_0+kp^\alpha) \equiv 0(\bmod p^{\alpha+1})$ 当且仅当 $f(x_0) + kp^\alpha f'(x_0) \equiv 0(\bmod p^{\alpha+1})$, 即

$$p^\alpha f'(x_0)k \equiv -f(x_0)(\bmod p^{\alpha+1}) \tag{4.6}$$

这是一个关于 k 的一元一次同余方程, 下面讨论它的解情况.

因为 x_0 是 $f(x)\equiv 0(\text{mod } p^\alpha)$ 的一个解, 于是方程 (4.6) 与方程 $f'(x_0)k\equiv -\dfrac{f(x_0)}{p^\alpha}(\text{mod } p)$ 同解. 令 $d=(f'(x_0),p)$, 这样, 方程 (4.6) 有解, 当且仅当方程 $f'(x_0)k\equiv -\dfrac{f(x_0)}{p^\alpha}(\text{mod } p)$ 有解, 当且仅当 $d\left|\dfrac{f(x_0)}{p^\alpha}\right.$(一次同余方程有解的结论), 即

$$(f'(x_0),p)\left|\frac{f(x_0)}{p^\alpha}\right.$$

下面分情况讨论.

(1) $(f'(x_0),p)=1$, 即 $p\nmid f'(x_0)$. 此时, 方程 $f'(x_0)k\equiv -\dfrac{f(x_0)}{p^\alpha}(\text{mod } p)$ 有唯一解 k_0, 这样 $x_0+k_0p^\alpha$ 便是方程 $f(x)\equiv 0(\text{mod } p^{\alpha+1})$ 的解, 故结论中的 (1) 成立.

(2) $p|f'(x_0)$, $p^{\alpha+1}|f(x_0)$. 显然任意 $k\in\mathbf{Z}$ 都是方程 $f'(x_0)k\equiv -\dfrac{f(x_0)}{p^\alpha}(\text{mod } p)$ 的解, 所以 x_0+kp^α 都是方程 $f(x)\equiv 0(\text{mod } p^{\alpha+1})$ 的解. 观察知, 这些解关于模 $p^{\alpha+1}$ 共 p 个, 分别由 $k=0,1,\cdots,p-1$ 给出, 故 (2) 成立.

(3) $p|f'(x_0)$, $p^{\alpha+1}\nmid f(x_0)$. 那么方程 (4.6) 无解, 因此 (3) 成立.

4.2 二次同余方程

4.1 节把模为合数的高次同余方程解的问题最终分解成求解模为素数的高次同余方程解的问题. 不过, 求一般意义下模为素数的高次方程的解依然是一件不容易的事. 本节限制方程的次数为 2, 给出二次方程是否有解的判别方法, 进而研究其解的问题.

模为素数的一元二次同余方程的一般形式为

$$ax^2+bx+c\equiv 0(\text{mod } p) \tag{4.7}$$

其中, p 为素数, $p\nmid a$.

式 (4.7) 在 $p=2$ 的情况下是容易求解的. 因为当 $p=2$ 时, 由 Fermat 定理知, 对于任意 x, 总有 $x^2\equiv x(\text{mod } 2)$, 故方程 $ax^2+bx+c\equiv 0(\text{mod } 2)$ 与方程

$$(a+b)x+c\equiv 0(\text{mod } 2) \tag{4.8}$$

同解, 已知 $2\nmid a$, 可知 a 是奇数, 根据 c 的情况讨论如下.

(1) c 为奇数, b 为奇数时, 方程无解.

(2) c 为奇数, b 为偶数时, 方程有唯一奇数解.

(3) c 为偶数, b 为奇数时, 方程有奇数和偶数两个解.

(4) c 为偶数, b 为偶数时, 方程有唯一偶数解.

以下可不妨总是假定 p 是奇素数, 于是 $p\nmid 2$, 因为 $p\nmid a$, 所以 $p\nmid 4a$, 式 (4.7) 与

$$4a(ax^2+bx+c)\equiv 0(\text{mod } p)$$

同解. 上式可写成

$$(2ax+b)^2 \equiv b^2-4ac(\mathrm{mod}\ p) \tag{4.9}$$

令 $y=2ax+b$, 我们说方程 (4.9) 与方程

$$y^2 \equiv b^2-4ac(\mathrm{mod}\ p) \tag{4.10}$$

同时有解或同时无解. 这是因为当方程 (4.10) 有解时, 可设 $y\equiv y_0(\mathrm{mod}\ p)$ 是方程 (4.10) 的一个解, 因为 $(p,2a)=1$, 方程 $y_0\equiv 2ax+b(\mathrm{mod}\ p)$ 有解 $x\equiv x_0(\mathrm{mod}\ p)$, 故 $2ax_0+b\equiv y_0(\mathrm{mod}\ p)$, 本同余式两边平方得

$$(2ax_0+b)^2 \equiv y_0^2(\mathrm{mod}\ p)$$

但 $y_0^2\equiv b^2-4ac(\mathrm{mod}\ p)$, 所以

$$(2ax_0+b)^2 \equiv b^2-4ac(\mathrm{mod}\ p)$$

这说明 $x\equiv x_0(\mathrm{mod}\ p)$ 是方程 (4.9) 的一个解. 反之, 当方程 (4.10) 无解时, 方程 (4.9) 也无解. 否则, 方程 (4.9) 的一个解将导致方程 (4.10) 的一个解, 这是一个矛盾, 这就证明了方程 (4.10) 与方程 (4.9) 或同时有解或同时无解. 对式 (4.10) 的每个解 $y\equiv y_0(\mathrm{mod}\ p)$, 可由 $y=2ax+b$ 得到

$$2ax\equiv y_0-b(\mathrm{mod}\ p)$$

的唯一解 $x\equiv x_0(\mathrm{mod}\ p)$, 它给出式 (4.9) 的一个解. 进一步, 设 $y\equiv y_1(\mathrm{mod}\ p)$, $y\equiv y_2(\mathrm{mod}\ p)$ 是方程 (4.10) 的两个模 p 不同的解, 由 $y_1\equiv 2ax+b(\mathrm{mod}\ p)$ 和 $y_2\equiv 2ax+b(\mathrm{mod}\ p)$ 导出的两个解分别记作 $x\equiv x_1(\mathrm{mod}\ p)$ 和 $x\equiv x_2(\mathrm{mod}\ p)$, 经验证这两个都是方程 (4.9) 的解, 因为 $y_1\not\equiv y_2(\mathrm{mod}\ p)$, 当且仅当 $x_1\not\equiv x_2(\mathrm{mod}\ p)$, 再注意到方程 (4.9) 的解只有这两个, 故方程 (4.9) 与方程 (4.10) 的解数也相同.

根据上面的结果得出, 讨论一般二次方程解的问题等价于讨论形如

$$x^2\equiv n(\mathrm{mod}\ p) \tag{4.11}$$

同余方程的解, 而对于这种形式的方程, 当 $p|n$ 时, 方程有且仅有一个解 $x\equiv 0(\mathrm{mod}\ p)$. 下面总假定 $p\nmid n$, 即 $(p,n)=1$.

为了求方程 (4.11) 的解, 先给出下面的定义.

定义 4.1　设有整数 m,n, $(m,n)=1$, $m>1$. 当 $x^2\equiv n(\mathrm{mod}\ m)$ 有解时, 称 n 为模 m 的二次剩余, 否则称 n 为模 m 的二次非剩余.

按照定义, n 是模 m 的二次剩余或二次非剩余, 首先要有 $(m,n)=1$. 因为 $(m,0)\neq 1$, 可知 0 不会是模 m 的二次剩余, 也不会是模 m 的二次非剩余.

如果 n 为模 m 的二次剩余 (二次非剩余), 那么 $n+km(k\in\mathbf{Z})$ 也是模 m 的二次剩余 (二次非剩余). 于是, 我们只需在 $1,2,\cdots,m-1$ 这些数中考虑哪些是模 m 的二次剩余, 哪些是模 m 的二次非剩余即可.

先看一个简单的例子.

例 4.3 给出模 11 的全部二次剩余和二次非剩余.

解 计算 1, 2, ⋯, 10 的平方模 11 得

$$1^2 \equiv 10^2 \equiv 1 (\bmod 11)$$

$$2^2 \equiv 9^2 \equiv 4 (\bmod 11)$$

$$3^2 \equiv 8^2 \equiv 9 (\bmod 11)$$

$$4^2 \equiv 7^2 \equiv 5 (\bmod 11)$$

$$5^2 \equiv 6^2 \equiv 3 (\bmod 11)$$

根据定义 1, 3, 4, 5, 9 是模 11 的二次剩余. 对于任意 $i \in \{2, 6, 7, 8, 10\}$, 因为比 11 小的整数中任何一个正整数的平方与 i 模 11 不相同, 所以任何整数的平方与 i 模 11 不相同, 这就说明了 2, 6, 7, 8, 10 是模 11 的二次非剩余.

上面的例子告诉我们模 11 的二次剩余和二次非剩余的个数一样, 各有 $(11-1)/2$ 个, 这个结论可以推广.

定理 4.3 *设 p 是奇素数, 那么在 p 的既约剩余系 $\{1, 2, \cdots, p-1\}$ 中, 模 p 的二次剩余和二次非剩余各占 $(p-1)/2$ 个, 且*

$$1, 2^2 (\bmod p), \cdots, \left(\frac{p-1}{2}\right)^2 (\bmod p) \tag{4.12}$$

就是模 p 的全部二次剩余.

证明 根据整数 n 不论是模 p 二次剩余还是模 p 二次非剩余的概念, n 首先是一个与 p 互素的数. 而任何一个与 p 互素的整数 n 一定与 $\{1, 2, \cdots, p-1\}$ 中个一个模 p 相等, 并且 n 是模 p 的二次剩余当且仅当 $\{1, 2, \cdots, p-1\}$ 中与 n 模 p 相等的那个数是模 p 的二次剩余. 这样要找出模 p 的所有二次剩余和所有二次非剩余, 只需要在 $\{1, 2, \cdots, p-1\}$ 中寻找即可.

设 $a \in \{1, 2, \cdots, p-1\}$, a 是模 p 的一个二次剩余, 于是存在整数 k, 使得 $k^2 \equiv a (\bmod p)$, 因为

$$(k (\bmod n))^2 \equiv k^2 \equiv a (\bmod p)$$

令 $l = k (\bmod p)$, 则 $l \in \{1, 2, \cdots, p-1\}$, 所以, 当 a 是模 p 的二次剩余时, 一定存在 $l (1 \leqslant l \leqslant p-1)$, 使得 $l^2 \equiv a (\bmod p)$(这也就是说, 若 $b \in \{1, 2, \cdots, p-1\}$, 对于任何 $l (1 \leqslant l \leqslant p-1)$ 都有 $l^2 \not\equiv b (\bmod p)$, 则 b 就是模 p 的二次非剩余). 分别计算当 $l = 1, 2, \cdots, p-1$ 时, $l^2 (\bmod p)$ 的值, 即

$$1, 2^2 (\bmod p), 3^2 (\bmod p), \cdots, (p-1)^2 (\bmod p)$$

这些数中的每一个数都是模 p 的二次剩余, 也是模 p 的所有二次剩余. 其实, 上面的这些数重复的算一个, 共有 $(p-1)/2$ 个, 它们是

$$1, 2^2 (\bmod p), 3^2 (\bmod p), \cdots, \left(\frac{p-1}{2}\right)^2 (\bmod p)$$

事实上, 因为当 $\frac{p+1}{2} \leqslant i \leqslant p-1$ 时, 有 $1 \leqslant p-i \leqslant \frac{p-1}{2}$, 而 $i^2 \equiv (p-i)^2 (\bmod p)$, 所以

$$1, 2^2 (\bmod p), 3^2 (\bmod p), \cdots, (p-1)^2 (\bmod p)$$

至多有 $(p-1)/2$ 个数. 又因为当 $k,l\in\{1,2,\cdots,(p-1)/2\}$, 且 $k\neq l$ 时, 有 $k^2(\text{mod }p)\neq l^2(\text{mod }p)$, 否则若 $k^2\equiv l^2(\text{mod }p)$, 可知 $p\mid(k+l)$ 或 $p\mid(k-l)$, 但 $2\leqslant p+l<p-1$, 可知 $p\mid(k-l)$, 这只能是 $k=l$. 所以

$$1,2^2(\text{mod }p),3^2(\text{mod }p),\cdots,\left(\frac{p-1}{2}\right)^2(\text{mod }p)$$

是 $(p-1)/2$ 个互不相同的数, 从而模 p 的二次剩余和二次非剩余各有 $(p-1)/2$ 个.

定理 4.3 回答了这一问题: 对于给定的素数 p, 哪些 n 是模 p 的二次剩余, 哪些 n 是模 p 的二次非剩余.

例 4.4　给出模 17 的全部二次剩余和全部二次非剩余.

解　由定理 4.3 知, 模 17 的二次剩余为

$$1,2^2(\text{mod }17),\cdots,\left(\frac{17-1}{2}\right)^2(\text{mod }17)$$

即 1, 4, 9, 16, 8, 2, 15, 13, 模 17 的二次非剩余就是 3, 5, 6, 7, 10, 11, 12, 14.

下面的定理从理论上给出判断一个整数 n 是否为模 p 的二次剩余的方法, 通常称为欧拉判别法.

定理 4.4 (欧拉判别法)　*设 p 是奇素数, $n\in\mathbf{Z}$, $p\nmid n$.*

(1) n 是模 p 的二次剩余当且仅当 $n^{\frac{p-1}{2}}\equiv 1(\text{mod}p)$.

(2) n 是模 p 的二次非剩余当且仅当 $n^{\frac{p-1}{2}}\equiv -1(\text{mod }p)$.

证明　先证明下述论断, 即对题设中的 p 和 n, 下面的两个同余式有且仅有一个成立

$$n^{\frac{p-1}{2}}\equiv 1(\text{mod }p),\quad n^{\frac{p-1}{2}}\equiv -1(\text{mod }p)$$

事实上, 由 Fermat 小定理知 $n^{p-1}\equiv 1(\text{mod }p)$, 所以有

$$(n^{\frac{p-1}{2}}-1)(n^{\frac{p-1}{2}}+1)\equiv 0(\text{mod }p)$$

于是

$$n^{\frac{p-1}{2}}\equiv 1(\text{mod }p)\quad 或\quad n^{\frac{p-1}{2}}\equiv -1(\text{mod }p)$$

但二者不能同时成立, 否则有 $2\equiv 0(\text{mod }p)$, 这与 p 是奇素数不相符, 故断言成立.

先证 (1) 的必要性. 设 n 是模 p 的二次剩余, 即存在 x_0, 使得 $x_0^2\equiv n(\text{mod }p)$. 因为 $p\nmid n$, 所以 $p\nmid x_0$, 即 $(x_0,p)=1$. 于是由 Fermat 小定理有 $x_0^{p-1}\equiv 1(\text{mod }p)$, 从而

$$n^{\frac{p-1}{2}}\equiv (x_0^2)^{\frac{p-1}{2}}=x_0^{p-1}\equiv 1(\text{mod }p)$$

可知 $n^{\frac{p-1}{2}}\equiv 1(\text{mod }p)$.

再证 (1) 的充分性. 设 $n^{\frac{p-1}{2}}\equiv 1(\text{mod }p)$, 下面的这些数

$$1,2^2(\text{mod }p),3^2(\text{mod }p),\cdots,\left(\frac{p-1}{2}\right)^2(\text{mod }p)$$

都是模 p 的全部二次剩余 (根据定理 4.3), 由上面 (1) 的必要性证明过程知, 这 $(p-1)/2$ 个数均是 $x^{\frac{p-1}{2}} \equiv 1(\bmod p)$ 的全部解. 再根据第 3 章 Lagrange 定理, 这 $(p-1)/2$ 个数是 $x^{\frac{p-1}{2}} \equiv 1(\bmod p)$ 的全部解. 既然 n 是 $x^{\frac{p-1}{2}} \equiv 1(\bmod p)$ 的一个解, 则 n 一定与 $(p-1)/2$ 个数中的某一个模 p 同余. 设 n 与 $k^2(\bmod p)$ 同余, 那么 $n \equiv (k^2(\bmod p))(\bmod p)$, 这样 $k^2 \equiv (k^2(\bmod p)) \equiv n(\bmod p)$, 便知 $k^2 \equiv n(\bmod p)$, 于是 n 是模 p 的二次剩余.

(2) 在本定理证明开始的时候已经得到, 对于每个与 p 互素的整数 n, 下面的两个同余式

$$n^{\frac{p-1}{2}} \equiv 1(\bmod p), \quad n^{\frac{p-1}{2}} \equiv -1(\bmod p)$$

有且仅有一个成立. 由 (1) 知, n 为模 p 的二次剩余当且仅当 $n^{\frac{p-1}{2}} \equiv 1(\bmod p)$ 成立. 这样, n 为模 p 的二次非剩余当且仅 $n^{\frac{p-1}{2}} \equiv -1(\bmod p)$.

例如, 因为 $3^{\frac{5-1}{2}} = 9 \equiv -1(\bmod 5)$, $4^{\frac{5-1}{2}} = 16 \equiv 1(\bmod 5)$, 根据定理 4.4, 所以 3 是模 5 的二次非剩余, 而 4 是模 5 的二次剩余. 即同余方程 $x^2 \equiv 3(\bmod 5)$ 无解, $x^2 \equiv 4(\bmod 5)$ 有解.

欧拉判别法是一种基本方法, 但在实际应用时, 如 p 比较大时, 计算不太方便. 下一节将寻求更简单的方法.

4.3 勒让德符号

因为模 p 的二次剩余和二次非剩余都来自于集合 $A = \{1, 2, \cdots, p-1\}$, 对于不太大的素数 p, 应用定理 4.3 或欧拉判别法可以判断 $n \in A$ 是哪种情况, 但对于较大 p 的情形, 这两个定理都不太实用.

本节研究的问题是: 对于给定的素数 p 和整数 n, n 是模 p 的二次剩余吗? 若 n 不是模 p 的二次剩余, 则存在以 n 为二次剩余的素数吗?

我们从一个符号开始, 这个符号是 A.M.Legendre 于 1798 年定义并使用的, 也称为勒让德符号.

定义 4.2 设 p 是奇素数, $(p, n) = 1$, 定义

$$\left(\frac{n}{p}\right) = \begin{cases} 1, & \text{若 } n \text{ 是模 } p \text{ 的二次剩余} \\ -1, & \text{若 } n \text{ 是模 } p \text{ 的二次非剩余} \end{cases}$$

称函数 $\left(\frac{n}{p}\right)$ 为勒让德符号.

根据例 4.4 可知 $\left(\frac{1}{17}\right)=\left(\frac{4}{17}\right)=\left(\frac{9}{17}\right)=\left(\frac{15}{17}\right) = 1$, $\left(\frac{3}{17}\right)=\left(\frac{5}{17}\right) = -1$ 等.

注意:

(1) 设整数 n 与素数 p 互素, 当 $n = 1$ 时, 因为 $1^2 \equiv 1(\bmod p)$, 这就是说对于任何素数 p, 1 总是模 p 的二次剩余. 即 $\left(\frac{1}{p}\right) = 1$. 设 $n \neq 1$ 且 $(p, n) = 1$, 因为 $n^2 \equiv n^2(\bmod p)$, 这相当于方程 $x^2 \equiv n^2(\bmod p)$ 有解, 所以可知 $\left(\frac{n^2}{p}\right) = 1$.

(2) 勒让德符号仅仅对素数 p 有定义. 因此, $\left(\frac{4}{15}\right)$ 没有意义.

(3) 对于每个与 2 互素的数 a, 因为 $a-1$ 总是偶数, 所以 $2\mid(a-1)$, 于是 $a^2\equiv a(\bmod 2)$, 这说明 a 是模 2 的二次剩余, 研究模 2 的二次剩余是个很简单的问题. 因此勒让德符号仅仅考虑奇素数 p.

(4) 由欧拉判别法可知 $\left(\dfrac{n}{p}\right)\equiv n^{\frac{n-1}{2}}(\bmod p)$.

下面介绍勒让德符号的一些性质.

定理 4.5　设 p 是素数, $p\nmid mn$, 则

$$\left(\frac{mn}{p}\right)=\left(\frac{m}{p}\right)\left(\frac{n}{p}\right)$$

证明　因为 $p\nmid mn$, 所以 $p\nmid m, p\nmid n$, 由上述注意 (4)

$$\left(\frac{mn}{p}\right)\equiv(mn)^{\frac{p-1}{2}}=m^{\frac{p-1}{2}}\cdot n^{\frac{p-1}{2}}\equiv\left(\frac{m}{p}\right)\left(\frac{n}{p}\right)(\bmod p)$$

这样 $\left(\dfrac{mn}{p}\right)-\left(\dfrac{n}{p}\right)\left(\dfrac{n}{p}\right)$ 是 p 的倍数, 而其值只能是 0、2 或者 -2 三者之一, 所以只能为零, 证毕.

设 $n=\pm 2^m p_1^{\alpha_1}p_2^{\alpha_2}\cdots p_k^{\alpha_k}$, 其中 m 为非负整数, $p_i(1\leqslant i\leqslant k)$ 为素数, $2<p_1<p_2<\cdots<p_k$, 根据定理 4.5, 有

$$\left(\frac{n}{p}\right)=\left(\frac{\pm 1}{p}\right)\left(\frac{2}{p}\right)^m\left(\frac{p_1}{p}\right)^{\alpha_1}\left(\frac{p_2}{p}\right)^{\alpha_2}\cdots\left(\frac{p_k}{p}\right)^{\alpha_k}$$

因为 $\left(\dfrac{1}{p}\right)=1$, 所以对于满足 $(n,p)=1$ 的整数 n, 计算 $\left(\dfrac{n}{p}\right)$ 时, 只需计算出下面的三种值

$$\left(\frac{-1}{p}\right),\quad\left(\frac{2}{p}\right),\quad\left(\frac{q}{p}\right),\quad q\ \text{为素数}$$

我们先计算 $\left(\dfrac{-1}{p}\right)$.

定理 4.6　若 p 为奇素数, 则

$$\left(\frac{-1}{p}\right)=(-1)^{\frac{p-1}{2}}=\begin{cases}1, & p\equiv 1(\bmod 4)\\ -1, & p\equiv -1(\bmod 4)\end{cases}$$

证明　因为 $\left(\dfrac{-1}{p}\right)\equiv(-1)^{\frac{p-1}{2}}(\bmod p)$, 又因为 $\left(\frac{-1}{p}\right)-(-1)^{\frac{p-1}{2}}$ 的值只能是 0、2 和 -2 三种情况, 所以 $\left(\dfrac{-1}{p}\right)=(-1)^{\frac{p-1}{2}}$.

$\dfrac{p-1}{2}$ 是偶数当且仅当 $p=4k+1$, 当且仅当 $p\equiv 1(\bmod 4)$.

$\dfrac{p-1}{2}$ 是奇数当且仅当 $p=4k+3$, 当且仅当 $p\equiv -1(\bmod 4)$, 即 $p\equiv -1(\bmod p)$. 定理得证.

作为定理 4.6 的应用, 下面看两个例子.

例 4.5　每个形如 $4k+3$ 的素数 p 都不能写成两个平方之和.

证明 用反证法. 设存在整数 x, y 使得 $p=4k+3=x^2+y^2$, 则 $x^2+y^2\equiv 0(\bmod p)$, 即 $x^2\equiv -y^2(\bmod p)$. 因为 $y<p$, p 是素数, 所以 $(y,p)=1$, 这样关于 z 的一元一次同余方程 $yz\equiv 1(\bmod p)$ 有唯一解 z_0(z_0 实为 y 模 p 的逆), 即 $yz_0\equiv 1(\bmod p)$, 于是, 同余式 $x^2\equiv -y^2(\bmod p)$ 两边同时乘以 z_0^2 可得

$$x^2z_0^2\equiv -y^2z_0^2=-(yz_0)^2\equiv -1(\bmod p)$$

于是 $(xz_0)^2\equiv -1(\bmod p)$, 故 $\left(\frac{-1}{p}\right)=1$, 这与定理 4.6 矛盾.

例 4.6 每个形如 $4k+1$ 的素数 p 都能写成两个平方之和, 且这种写法唯一.

证明 设 $p=4k+1$ 为一素数, 由定理 4.6 知, $\left(\frac{-1}{p}\right)=1$, 即 $x^2\equiv -1(\bmod p)$ 有解. 设 $x_0(0<x_0<p)$ 是它的一个解. 我们断言, 存在整数 a, b, $-\sqrt{p}<a,b<\sqrt{p}$, 使得 $bx_0\equiv a(\bmod p)$.

事实上, 考虑满足 $0\leqslant a',b'<\sqrt{p}$ 的整数 a', b'. 每个可取的值为 $0,1,\cdots,\lfloor\sqrt{p}\rfloor$, 它们各有 $\lfloor\sqrt{p}\rfloor+1$ 种可能的取值, 所以有 $(\lfloor\sqrt{p}\rfloor+1)^2$ 个形如 $b'x_0-a'$ 的数. 因为 $(\lfloor\sqrt{p}\rfloor+1)^2>p$, 所以这些数中必有两个设为 $b_1x_0-a_1$ 和 $b_2x_0-a_2$(因此 $b_1=b_2$ 和 $a_1=a_2$ 不能同时成立) 是关于模 p 同余的. 即 $(b_1x_0-a_1)\equiv(b_2x_0-a_2)(\bmod p)$, 变换一下写法有

$$(b_1-b_2)x_0\equiv(a_1-a_2)(\bmod p) \tag{4.13}$$

因为 $b_1=b_2$ 和 $a_1=a_2$ 不能同时成立, 再根据式 (4.13), 可知 $b_1=b_2$ 和 $a_1=a_2$ 都不成立, 即 $b_1\neq b_2$ 且 $a_1\neq a_2$. 令 $b=b_1-b_2$, $a=a_1-a_2$, 断言成立.

因为 $x_0^2\equiv -1(\bmod p)$, 所以有 $a^2\equiv b^2x_0^2\equiv -b^2(\bmod p)$, 即 $p|(a^2+b^2)$. 由于 $-\sqrt{p}<a,b<\sqrt{p}$ 且 a, b 均不为零, 可知 $a^2+b^2<2p$, 再加上 $p|(a^2+b^2)$, 便有 $p=a^2+b^2$. 这就证明了 p 能写成两个非零整数平方和的形式.

下面证明写法唯一. 设 $p=x^2+y^2=a^2+b^2$, 其中 $x>0$, $y>0$, $a>0$, $b>0$. 因为 p 是素数, 只有因子 1 和 p, 必有 $(a,b)=(x,y)=1$, 而

$$(ax-by)(ax+by)=a^2x^2-b^2y^2=a^2(x^2+y^2)-y^2(a^2+b^2)\equiv 0(\bmod p)$$

故 $p|ax-by$ 或者 $p|ax+by$. 下面分情况讨论.

(1) $p|(ax-by)$. 注意到 $p^2=p\cdot p=(x^2+y^2)(a^2+b^2)=(ax-by)^2+(ay+bx)^2$, 推出 $p|(ax+by)$, 因为 $0<ax+by<2p$, 可知 $ax+by=p$, 这样 $ax-by=0$ 即 $ax=by$, 再根据 $(a,b)=(x,y)=1$, 便得 $a=y$, $b=x$.

(2) $p|(ax+by)$. 注意到 $p^2=(ax+by)^2+(ay-bx)^2$, 可知 $p=ax+by$, 这样 $ay-bx=0$ 即 $ay=bx$, 再根据 $(a,b)=(x,y)=1$, 便知 $a=x$, $b=y$.

综上, 形如 $4k+1$ 的素数 p 可唯一写成两个非零整数的平方和.

为了计算 $\left(\frac{2}{p}\right)$, 先证明下面的高斯 (C.F.Gauss) 引理.

定理 4.7 (高斯引理) 设 p 为奇素数, n 为整数, $(p,n)=1$. 让 $n, 2n, \cdots, \frac{(p-1)n}{2}$ 分别除以 p 得到下面的 $\frac{(p-1)n}{2}$ 个余数

$$n \bmod p,\ 2n \bmod p,\ \cdots,\ \frac{(p-1)n}{2} \bmod p \tag{4.14}$$

$$\left(\frac{n}{p}\right) = (-1)^m$$

证明　因为 $(p,n)=1$, 则对于任意 $1 \leqslant i < j \leqslant p$, 整数 in 和 jn 除以 p 的余数不同. 否则, 设 in 和 jn 分别除以 p 的余数相同, 于是 $in \equiv jn (\bmod\ p)$, 即 $p|n(i-j)$, 已知 $(p,n)=1$, 推知 $p|(i-j)$, 于是 $i=j$, 这与 i 和 j 的选取不符. 这样 n, $2n$, $3n$, $\cdots$, $\dfrac{p-1}{2}n$ 分别除以 p 的余数是互不相同的 $(p-1)/2$ 的数. 由于 $p/2$ 不是整数, 所以这 $(p-1)/2$ 的数中不会出现 $p/2$. 我们用 $a_1, a_2, \cdots, a_l$ 表示这 $(p-1)/2$ 个数中那些小于 $p/2$ 的数, 用 $b_1, b_2, \cdots, b_m$ 表示这 $(p-1)/2$ 个数中那些大于 $p/2$ 的数, $l+m=(p-1)/2$. 于是

$$\left(\prod_{i=1}^{l} a_i\right)\left(\prod_{j=1}^{m} b_j\right) \equiv \prod_{k=1}^{(p-1)/2} kn = \left(\frac{p-1}{2}\right)! \cdot n^{(p-1)/2} (\bmod\ p) \tag{4.15}$$

因为对任意 $j=1,2,\cdots,m$, 都有 $p/2 < b_j < p$, 即 $0 < p-b_j < p/2$, 所以 a_1 ,a_2, $\cdots$, a_l, $p-b_1$, $p-b_2$, $\cdots$, $p-b_m$ 都是 $1 \sim (p-1)/2$ 的数.

下面证明这 $(p-1)/2$ 个数互不相同. 首先注意到各 a_i 之间互不相同, 各 $p-b_j$ 之间互不相同, 这样只需证明如下事实: 对任意 $1 \leqslant i \leqslant l$, $1 \leqslant j \leqslant m$, $a_i \neq p-b_j$ 即可. 采用反证法, 若存在 a_i, b_j 使得 $a_i = p-b_j$, 因为 $a_i = k_1 n (\bmod\ p)$, $b_j = k_2 n (\bmod\ p)$, 这里 $1 \leqslant k_1, k_2 \leqslant (p-1)/2$, 而 $a_i = p-b_j$, 即 $k_1 n (\bmod\ p) = p - k_2 n (\bmod\ p)$, 整理后有 $k_1 n (\bmod\ p) + k_2 n (\bmod\ p) = p$, 等号两端模 p 求余数, 可知

$$n(k_1+k_2) \bmod\ p = 0$$

故 $p \mid n(k_1+k_2)$. 因为 $(p,n)=1$, 可知 $p \mid (k_1+k_2)$, 这和 k_1、k_2 的取值范围不符. 这就证明了 $a_1, a_2, \cdots, a_l, p-b_1, p-b_2, \cdots, p-b_m$ 各不相同, 它们也就是 1, 2, $\cdots$, $\dfrac{p-1}{2}$ 这些数. 于是有

$$\left(\prod_{i=1}^{l} a_l\right)\left(\prod_{j=1}^{m} (p-b_j)\right) = \left(\frac{p-1}{2}\right)!$$

从而由式 (4.15) 得

$$\begin{aligned}\left(\frac{p-1}{2}\right)! &= \left(\prod_{i=1}^{l} a_i\right)\left(\prod_{j=1}^{m} (p-b_j)\right) \\ &\equiv (-1)^m \left(\prod_{i=1}^{l} a_l\right)\left(\prod_{j=1}^{m} b_j\right) \\ &\equiv (-1)^m \left(\frac{p-1}{2}\right)! \cdot n^{(p-1)/2} (\bmod\ p)\end{aligned}$$

故 $(-1)^m n^{\frac{(p-1)}{2}} \equiv 1 (\bmod\ p)$, 同余号的两端各乘 $(-1)^m$, 得 $n^{\frac{(p-1)}{2}} \equiv (-1)^m (\bmod\ p)$. 于是 $\left(\dfrac{n}{p}\right) \equiv n^{\frac{p-1}{2}} \equiv (-1)^m (\bmod\ p)$, 可知

$$\left(\frac{n}{p}\right) = (-1)^m$$

证毕.

例如, 可以利用高斯引理来求 $\left(\frac{3}{17}\right)$. 为此, 先求出式 (4.14) 中所有的数, 这些数是

$$\begin{aligned}&(1\times3) \bmod 17,\quad (2\times3) \bmod 17,\quad (3\times3) \bmod 17,\quad (4\times3) \bmod 17,\\&(5\times3) \bmod 17,\quad (6\times3) \bmod 17,\quad (7\times3) \bmod 17,\quad \left(\frac{17-1}{2}\times3\right) \bmod 17\end{aligned}$$

即 3, 6, 9, 12, 15, 1, 4, 7 这些数, 其中大于 17/2 的数共 3 个, 所以 $\left(\frac{3}{17}\right)=(-1)^3=-1$. 这说明 3 不是模 17 的二次剩余.

下面的定理利用高斯引理计算 $\left(\frac{2}{p}\right)$.

定理 4.8 设 p 为奇素数, 则

$$\left(\frac{2}{p}\right)=(-1)^m=\begin{cases}1, & 若\ p\equiv\pm1(\bmod 8)\\-1, & 若\ p\equiv\pm3(\bmod 8)\end{cases}$$

其中, m 是满足 $\frac{p}{4}<k<\frac{p}{2}$ 的 k 的个数.

证明 在高斯引理中取 $n=2$, 按照式 (4.14) 给出的相应数是

$$(1\times2) \bmod p,\ (2\times2) \bmod p,\ \cdots,\ \left(\frac{p-1}{2}\times2\right) \bmod p$$

注意到这些数其实就是 $2k$, $k=1,2,\cdots,\frac{p-1}{2}$. 这些数中大于 $\frac{p}{2}$ 的数 $2k$ 满足 $\frac{p}{2}<2k<p$ 或者 $\frac{p}{4}<k<\frac{p}{2}$, 这些数的个数 $m=\lfloor\frac{p}{2}\rfloor-\lfloor\frac{p}{4}\rfloor$. 令 $p=8l+r$, $r=1,3,5,7$, 则有

$$m=2l+\left\lfloor\frac{r}{2}\right\rfloor-\left\lfloor\frac{r}{4}\right\rfloor\equiv0,1,1,0(\bmod 2)$$

因此

$$\left(\frac{2}{p}\right)=(-1)^m=\begin{cases}1, & 若\ p\equiv1(\bmod 8)\ 或\ p\equiv7(\bmod 8)\\-1, & 若\ p\equiv3(\bmod 8)\ 或\ p\equiv5(\bmod 8)\end{cases}$$

此式可以统一表示为

$$\left(\frac{2}{p}\right)=(-1)^m=\begin{cases}1, & 若\ p\equiv\pm1(\bmod 8)\\-1, & 若\ p\equiv\pm3(\bmod 8)\end{cases}$$

这就证明了定理 4.8.

最后介绍求 $\left(\frac{q}{p}\right)$, q 是素数, $q\neq2$.

先介绍一个引理. 该引理给出了在 n 为奇数的情况下, $\left(\frac{n}{p}\right)$ 的一种表示方法.

引理 4.1 设 p 奇素数, n 是一个奇数, $(p,n)=1$, 则

$$\left(\frac{n}{p}\right)=(-1)^{T(n,p)}$$

其中

$$T(n,p)=\sum_{k=1}^{(p-1)/2}\left\lfloor\frac{kn}{p}\right\rfloor$$

证明　当 $k=1,2,\cdots,\dfrac{p-1}{2}$ 时, 分别用 kn 除以 p, 得

$$kn=p\left\lfloor\frac{kn}{p}\right\rfloor+(kn)\ \bmod\ p,\quad k=1,2,\cdots,\frac{p-1}{2}$$

这些等式相加得

$$\begin{aligned}n\sum_{k=1}^{(p-1)/2}k&=p\sum_{k=1}^{(p-1)/2}\left\lfloor\frac{kn}{p}\right\rfloor+\sum_{k=1}^{(p-1)/2}((kn)\ \bmod\ p)\\&=p\cdot T(n,p)+\sum_{k=1}^{(p-1)/2}((kn)\ \bmod\ p)\end{aligned}\tag{4.16}$$

按照高斯引理证明中 a_s 和 b_t 的记法, 有

$$\begin{aligned}\sum_{k=1}^{(p-1)/2}((kn)\ \bmod\ p)&=\sum_{s=1}^{l}a_s+\sum_{t=1}^{m}b_t\\&=\sum_{s=1}^{l}a_s+\sum_{t=1}^{m}(p-b_t)-mp+2\sum_{t=1}^{m}b_t\\&=\sum_{k=1}^{(p-1)/2}k-mp+2\sum_{t=1}^{m}b_t\end{aligned}\tag{4.17}$$

式 (4.17) 的左边恰好是式 (4.16) 右边的第二项, 将式 (4.17) 的右边替换式 (4.16) 的第二项并整理可得

$$(n-1)\sum_{k=1}^{(p-1)/2}k=p(T(n,p)-m)+2\sum_{t=1}^{m}b_t$$

由题设 n 是奇数可知上式等号的左边是偶数, 所以 $p(T(n,p)-m)$ 是偶数, 而 p 是奇数, 所以 $T(n,p)-m$ 是偶数, 这表明 $T(n,p)$ 与 m 的奇偶性相同, 根据高斯引理 $\left(\dfrac{n}{p}\right)=(-1)^m$, 故 $\left(\dfrac{n}{p}\right)=(-1)^{T(n,p)}$, 这就证明了引理.

本引理的意义在于: m 在模 2 相等的意义下有了一个明确的表示形式 $T(n,p)$, 这就使得求 $(-1)^m$ 时变得方便些了.

例 4.7　使用引理 4.9, 计算 $\left(\dfrac{7}{11}\right)$ 和 $\left(\dfrac{11}{7}\right)$.

解　因为

$$\begin{aligned}\sum_{k=1}^{\frac{11-1}{2}}\left\lfloor\frac{7k}{11}\right\rfloor&=\left\lfloor\frac{7}{11}\right\rfloor+\left\lfloor\frac{14}{11}\right\rfloor+\left\lfloor\frac{21}{11}\right\rfloor+\left\lfloor\frac{28}{11}\right\rfloor+\left\lfloor\frac{35}{11}\right\rfloor\\&=0+1+1+2+3\\&=7\end{aligned}$$

所以, $\left(\dfrac{7}{11}\right)=(-1)^7=-1$. 这就是说 7 不是 11 的二次剩余.

相似地, 因为

$$\begin{aligned}\sum_{k=1}^{\frac{7-1}{2}}\left\lfloor\frac{11k}{7}\right\rfloor&=\left\lfloor\frac{11}{7}\right\rfloor+\left\lfloor\frac{22}{7}\right\rfloor+\left\lfloor\frac{33}{7}\right\rfloor\\&=1+3+4\\&=8\end{aligned}$$

所以 $\left(\dfrac{11}{7}\right)=(-1)^8=1$, 表明 11 是 7 的二次剩余.

从上面的例子得出, 7 不是模 11 的二次剩余, 11 是模 7 的二次剩余. 一个自然的问题是: 对两个不同的奇素数 p, q, 勒让德符号 $\left(\dfrac{q}{p}\right)$ 和 $\left(\dfrac{p}{q}\right)$ 之间有关系吗?

下面的称为**二次互反律**的结论揭示了它们之间的关系. 这个互反律最先由欧拉于 1738 年发现, 但没能给出证明. 1785 年勒让德声称已证明该结论, 后来发现其证明有问题. 直到 1796 年, 高斯才给出了二次互反律的完整证明.

定理 4.9 (二次互反律) 设 p,q 是两个不同的奇素数, 则

$$\left(\frac{q}{p}\right)\left(\frac{p}{q}\right)=(-1)^{\frac{p-1}{2}\cdot\frac{q-1}{2}}$$

在给出定理 4.10 的证明之前, 我们再考察一下例 4.7. 令 $p=7, q=11$. 考虑整点 (x,y), 其中 $1\leqslant x\leqslant\dfrac{7-1}{2}=3$, $1\leqslant y\leqslant\dfrac{11-1}{2}=5$, 这样的点共有 $3\times5=15$ 个. 值得注意的是这些整点都不满足 $11x=7y$. 否则 $11|7y$, 可知 $11|y$, 但 $1\leqslant y\leqslant 5$, 这是不可能的. 依据 $11x$ 和 $7y$ 的大小, 我们将这 15 个点分成两组.

(1) 满足 $1\leqslant x\leqslant 3$, $1\leqslant y\leqslant 5$, $11x>7y$ 的整点 (x,y) 正好满足条件 $1\leqslant x\leqslant 3$, $1\leqslant y\leqslant\dfrac{11}{7}x$. 因为对每个给定 x, y 有 $\left\lfloor\dfrac{11}{7}x\right\rfloor$ 个可能的取值, 所以满足 $1\leqslant x\leqslant 3$, $1\leqslant y\leqslant 5$, $11x>7y$ 的整点个数为

$$\sum_{x=1}^{3}\left\lfloor\frac{11x}{7}\right\rfloor=\left\lfloor\frac{11}{7}\right\rfloor+\left\lfloor\frac{22}{7}\right\rfloor+\left\lfloor\frac{33}{7}\right\rfloor$$

这些点分别是 $(1,1)$, $(2,1)$, $(2,2)$, $(2,3)$, $(3,1)$, $(3,2)$, $(3,3)$, $(3,4)$. 这些点位于平面坐标系直线 $y=\dfrac{11}{7}x$ 的下面.

(2) 满足 $1\leqslant x\leqslant 3$, $1\leqslant y\leqslant 5$, $11x<7y$ 的整点 (x,y) 正好满足条件 $1\leqslant y\leqslant 5$, $1\leqslant x\leqslant\dfrac{7}{11}y$. 因为对每个给定的 $y(1\leqslant y\leqslant 5)$, x 有 $\left\lfloor\dfrac{7}{11}y\right\rfloor$ 个可能的取值, 所以满足 $1\leqslant x\leqslant 3$, $1\leqslant y\leqslant 5$, $11x<7y$ 的整点 (x,y) 的总数为

$$\sum_{y=1}^{5}\left\lfloor\frac{7y}{11}\right\rfloor=\left\lfloor\frac{7}{11}\right\rfloor+\left\lfloor\frac{14}{11}\right\rfloor+\left\lfloor\frac{21}{11}\right\rfloor+\left\lfloor\frac{28}{11}\right\rfloor+\left\lfloor\frac{35}{11}\right\rfloor=7$$

这些点分别是 $(1,2)$, $(1,3)$, $(1,4)$, $(2,4)$, $(1,5)$, $(2,5)$, $(3,5)$. 这些点位于平面坐标系直线 $y=\dfrac{11}{7}x$ 的上面.

因为

$$\frac{7-1}{2}\times\frac{11-1}{2}=3\times 5=\sum_{k=1}^{3}\left\lfloor\frac{11k}{7}\right\rfloor+\sum_{k=1}^{5}\left\lfloor\frac{7k}{11}\right\rfloor$$

所以

$$(-1)^{\frac{7-1}{2}\cdot\frac{11-1}{2}}=(-1)^{\sum\limits_{k=1}^{3}\left\lfloor\frac{11k}{7}\right\rfloor+\sum\limits_{k=1}^{5}\left\lfloor\frac{7k}{11}\right\rfloor}=(-1)^{\sum\limits_{k=1}^{3}\left\lfloor\frac{11k}{7}\right\rfloor}\cdot(-1)^{\sum\limits_{k=1}^{5}\left\lfloor\frac{7k}{11}\right\rfloor}$$

由引理 4.9 知 $\left(\dfrac{11}{7}\right)=(-1)^{\sum\limits_{k=1}^{3}\left\lfloor\frac{11k}{7}\right\rfloor}$, $\left(\dfrac{7}{11}\right)=(-1)^{\sum\limits_{k=1}^{5}\left\lfloor\frac{7k}{11}\right\rfloor}$, 所以有

$$\left(\frac{11}{7}\right)\left(\frac{7}{11}\right)=(-1)^{\left(\frac{7-1}{2}\times\frac{11-1}{2}\right)}$$

下面证明二次互反律.

定理 4.10 的证明 考虑整数点 (x,y), 其中 $1\leqslant x\leqslant\dfrac{p-1}{2}$, $1\leqslant y\leqslant\dfrac{q-1}{2}$, 这样的整点共有 $\dfrac{p-1}{2}\cdot\dfrac{q-1}{2}$ 个. 显然这些整点都不满足 $qx=py$. 否则有 $q|py$, 从而有 $q|y$, 但 $1\leqslant y\leqslant\dfrac{q-1}{2}$, 矛盾. 我们按照 qx 和 py 的大小将这些整点分成两组.

(1) 因为一个整点 (x,y) 满足 $1\leqslant x\leqslant\dfrac{p-1}{2}$, $1\leqslant y\leqslant\dfrac{q-1}{2}$, $qx>py$ 当且仅当 $1\leqslant x\leqslant\dfrac{p-1}{2}$, $1\leqslant y\leqslant\dfrac{q}{p}x$. 所以对每个给定的 $x\left(1\leqslant x\leqslant\dfrac{p-1}{2}\right)$, y 有 $\left\lfloor\dfrac{q}{p}x\right\rfloor$ 个可能的取值, 所以满足 $1\leqslant x\leqslant\dfrac{p-1}{2}$, $1\leqslant y\leqslant\dfrac{q-1}{2}$, $qx>py$ 的整点总数为 $\sum\limits_{k=1}^{(p-1)/2}\left\lfloor\dfrac{qk}{p}\right\rfloor$.

(2) 与 (1) 类似, 因为一个整点 (x,y) 满足 $1\leqslant x\leqslant\dfrac{p-1}{2}$, $1\leqslant y\leqslant\dfrac{q-1}{2}$, $qx<py$ 当且仅当它满足 $1\leqslant y\leqslant\dfrac{q-1}{2}$, $1\leqslant x\leqslant\dfrac{q}{q}y$. 所以对每个给定的 $y\left(1\leqslant y\leqslant\dfrac{q-1}{2}\right)$, x 有 $\left\lfloor\dfrac{q}{q}y\right\rfloor$ 个可能的取值, 所以满足 $1\leqslant x\leqslant\dfrac{p-1}{2}$, $1\leqslant y\leqslant\dfrac{q-1}{2}$, $qx<py$ 的整点总数为 $\sum\limits_{k=1}^{(q-1)/2}\left\lfloor\dfrac{pk}{q}\right\rfloor$.

由上面 (1) 和 (2) 知

$$\sum_{k=1}^{(p-1)/2}\left\lfloor\frac{qk}{p}\right\rfloor+\sum_{k=1}^{(q-1)/2}\left\lfloor\frac{pk}{q}\right\rfloor=\frac{p-1}{2}\cdot\frac{q-1}{2}$$

使用引理 4.9 的记法 $T(n,p)=\sum\limits_{k=1}^{(p-1)/2}\left\lfloor\dfrac{kn}{p}\right\rfloor$, 则有

$$T(q,p)+T(p,q)=\frac{p-1}{2}\cdot\frac{q-1}{2}$$

所以

$$(-1)^{T(q,p)}\cdot(-1)^{T(p,q)}=(-1)^{T(q,p)+T(p,q)}=(-1)^{\frac{p-1}{2}\cdot\frac{q-1}{2}}$$

另外, 由引理 4.9 知 $(-1)^{T(q,p)}=\left(\frac{q}{p}\right)$, $(-1)^{T(p,q)}=\left(\frac{p}{q}\right)$, 因此

$$\left(\frac{q}{p}\right)\left(\frac{p}{q}\right)=(-1)^{\frac{p-1}{2}\cdot\frac{q-1}{2}}$$

这就完成了定理的证明.

注 1 (1) 由勒让德符号的定义, $\left(\frac{q}{p}\right)$ 刻画了二次同余方程 $x^2\equiv q(\bmod\ p)$ 是否有解; $\left(\frac{p}{q}\right)$ 刻画了二次同余方程 $x^2\equiv p(\bmod\ q)$ 是否有解, 一个方程的模数和余数的位置互换就成了另一个方程. 定理刻画了这两者之间的关系, 称为二次互反律.

(2) 设 p, q 是两个不同的奇素数, 则二次互反律也可以表示为

$$\left(\frac{p}{q}\right)=(-1)^{\frac{p-1}{2}\cdot\frac{q-1}{2}}\left(\frac{q}{p}\right)$$

因此当 $\frac{p-1}{2}(\geqslant 4)$ 是偶数或者 $\frac{q-1}{2}(\geqslant 4)$ 是偶数, 也就是 $p\equiv 1(\bmod\ 4)$ 或 $q\equiv 1(\bmod\ 4)$ 时, $\left(\frac{p}{q}\right)=\left(\frac{q}{p}\right)$; 当 $p\not\equiv 1(\bmod\ 4)$ 且 $q\not\equiv 1(\bmod\ 4)$ 时, 即 $p\equiv 3(\bmod\ 4)$ 且 $q\equiv 3(\bmod\ 4)$, 即 $p\equiv -1(\bmod\ 4)$ 且 $q\equiv -1(\bmod\ 4)$, 此时, $\left(\frac{p}{q}\right)=-\left(\frac{q}{p}\right)$. 因此

$$\left(\frac{p}{q}\right)=\begin{cases}\left(\frac{q}{p}\right), & \text{若 } p\equiv 1(\bmod\ 4) \text{ 或 } q\equiv 1(\bmod\ 4)\\ \left(-\frac{q}{p}\right), & \text{若 } p\equiv -1(\bmod\ 4) \text{ 且 } q\equiv -1(\bmod\ 4)\end{cases}$$

下面看几个例子.

例 4.8 计算 $\left(\frac{13}{17}\right)$ 和 $\left(\frac{17}{13}\right)$.

解 因为 $13\equiv 17\equiv 1(\bmod\ 4)$, 所以 $\left(\frac{13}{17}\right)=\left(\frac{17}{13}\right)$. 而 $\left(\frac{17}{13}\right)=\left(\frac{4}{13}\right)=\left(\frac{2^2}{13}\right)=1$, 故 $\left(\frac{13}{17}\right)=\left(\frac{17}{13}\right)=1$.

例 4.9 计算 $\left(\frac{713}{1009}\right)$.

解 由 $713=23\times 31$ 得 $\left(\frac{713}{1009}\right)=\left(\frac{23\times 31}{1009}\right)=\left(\frac{23}{1009}\right)\left(\frac{31}{1009}\right)$, 因为 $1009\equiv 1(\bmod$

4), 所以

$$\begin{aligned}\left(\frac{23}{1009}\right)&=\left(\frac{1009}{23}\right)=\left(\frac{20}{23}\right)=\left(\frac{2^2\times 5}{23}\right)\\&=\left(\frac{2^2}{23}\right)\times\left(\frac{5}{23}\right)=\left(\frac{5}{23}\right)\\&=\left(\frac{23}{5}\right)=\left(\frac{3}{5}\right)=\left(\frac{5}{3}\right)\\&=\left(\frac{2}{3}\right)=-1\end{aligned}$$

$$\begin{aligned}\left(\frac{31}{1009}\right)&=\left(\frac{1009}{31}\right)=\left(\frac{17}{31}\right)=\left(\frac{31}{17}\right)=\left(\frac{14}{17}\right)\\&=\left(\frac{2}{17}\right)\times\left(\frac{7}{17}\right)=\left(\frac{7}{17}\right)=\left(\frac{17}{7}\right)\\&=\left(\frac{3}{7}\right)=-\left(\frac{7}{3}\right)=-\left(\frac{4}{3}\right)\\&=-\left(\frac{2^2}{3}\right)=-1\end{aligned}$$

例 4.10 求以 11 为其二次剩余的所有奇素数 p.

解 由二次互反律得 $\left(\frac{11}{p}\right)=(-1)^{\frac{p-1}{2}}\left(\frac{p}{11}\right)$. 显然有

$$(-1)^{\frac{p-1}{2}}=\begin{cases}1, & 若\ p\equiv 1(\text{mod } 4)\\-1, & 若\ p\equiv 3(\text{mod } 4)\end{cases}$$

另外, 直接计算知

$$\left(\frac{p}{11}\right)=\begin{cases}1, & 若\ p\equiv 1,3,4,5,9(\text{mod } 11)\\-1, & 若\ p\equiv 2,6,7,8,10(\text{mod } 11)\end{cases}$$

由定义, 11 是模 p 的二次剩余的充要条件是 $\left(\frac{11}{p}\right)=1$, 后者等价于 p 是下面某个同余方程的解

$$\begin{cases}x\equiv b_1(\text{mod } 4)\\x\equiv b_2(\text{mod } 11)\end{cases}\tag{4.18}$$

其中, $(b_1,b_2)\in\{(1,1),(1,3),(1,4),(1,5),(1,9),(3,2),(3,6),(3,7,)(3,8),(3,10)\}$. 由剩余定理, 对每组 (b_1,b_2), 方程 (4.18) 有唯一解 $x\equiv -11b_1+12b_2(\text{mod } 44)$, 于是

$$p\equiv\pm1,\pm5,\pm7,\pm9,\pm19(\text{mod } 44)$$

所以当 p 是以上素数时, 11 是其二次剩余. 进而可以推出, p 是下述形式的素数时,

$$p\equiv\pm3,\pm13,\pm15,\pm17,\pm21(\text{mod } 44)$$

11 是其二次非剩余.

4.4 二次同余方程的求解

设 n 是一个与奇素数 p 互素的整数. 由前面的讨论, 我们总是可以求出 $\left(\frac{n}{p}\right)$ 值. 这也就是说总是可以知道方程 $x^2 \equiv n(\bmod\ p)$ 有解还是无解, 本节的目的就是在有解的情况下, 将解求出来. 进而讨论模为奇素数幂的二次同余方程的解法和模为偶数幂的二次同余方程的解法.

首先讨论方程 $x^2 \equiv n(\bmod\ p)$ 的解.

设 $\left(\frac{n}{p}\right) = 1$. 可设方程 $x^2 \equiv n(\bmod\ p)$ 的某个解为 x_0. 注意 $-x_0$ 也是方程的解, 并且是一个不同于 x_0 的解. 这是因为, 若 $x_0 \equiv -x_0(\bmod\ p)$, 推出 $p \mid x_0$, 从而 $p \mid n$, 这与题设不符. 根据 Lagrange 定理, 方程的解至多为 2 个, 所以这两个解也就是方程的全部解. 这样只要求出方程的一个解, 也就求出了方程的全部解.

$x^2 \equiv n(\bmod\ p)$ 有解, 表明 n 是模 p 的二次剩余. 而模 p 的所有二次剩余就是下面的这些数 (根据定理 4.3)

$$1, 2^2 \bmod\ p,\ \cdots,\ \left(\frac{p-1}{2}\right)^2 \bmod\ p$$

这样, n 应该与其中之一模 p 相等, 如 $k^2 \equiv n(\bmod\ p)$, 这里 $1 \leqslant k \leqslant \frac{p-1}{2}$. 这恰好说明方程 $x^2 \equiv n(\bmod\ p)$ 的解是 $x = \pm k$, 要具体将 k 找出来, 可将 $x = 1, 2, \cdots, \frac{p-1}{2}$ 代入方程验证即可. 这种解方程 $x^2 \equiv n(\bmod\ p)$ 的方法, 当 p 不大的时候, 还是很有效的.

在 p 较大的情况下, 可以利用下面的方法.

定理 4.11 设 p 是奇素数, $p \nmid n$, $\left(\frac{n}{p}\right) = 1$, 则有以下结论.

(1) 当 $p \equiv 3(\bmod\ 4)$ 时, $x^2 \equiv n(\bmod\ p)$ 的解为 $x \equiv \pm n^{\frac{p+1}{4}}$.

(2) 当 $p \equiv 5(\bmod\ 8)$ 时, 分两种情况讨论.

① 若 $n^{\frac{p-1}{4}} \equiv 1(\bmod\ p)$, 则 $x^2 \equiv n(\bmod\ p)$ 的解为 $x \equiv \pm n^{\frac{p+3}{8}}(\bmod\ p)$.

② 若 $n^{\frac{p-1}{4}} \equiv -1(\bmod\ p)$, 则 $x \equiv \pm \left(\frac{p-1}{2}\right)! \cdot n^{\frac{p+3}{8}}$ 是 $x^2 \equiv n(\bmod\ p)$ 的解.

(3) 当 $p \equiv 1(\bmod\ 8)$ 时, $x^2 \equiv n(\bmod\ p)$ 的解为 $x \equiv \pm n^{\frac{h+1}{2}} N^{s_k}(\bmod\ p)$, 其中 N 是模 p 的任意二次非剩余, h 满足 $p - 1 = 2^k h$ 和 $2 \nmid h$, s_k 是待定的整数.

证明 因为 p 是奇素数, 所以 p 模 8 的余数为只能为 1, 3, 5, 7 情形之一, 下面分情况讨论.

(1) p 模 8 的余数为 7 或者 3. 这时的两种情况都有 p 模 4 余 3, 即 $p \equiv 3(\bmod\ 4)$, 此时 $p + 1$ 是 4 的倍数. 已知 $\left(\frac{n}{p}\right) = 1$, n 是模 p 的二次剩余. 由欧拉判别法知, n 是模 p 的二次剩余当且仅当 $n^{\frac{p-1}{2}} \equiv 1(\bmod\ p)$, 推知 $n^{\frac{p+1}{2}} \equiv n(\bmod\ p)$, 即 $(n^{\frac{p+1}{4}})^2 \equiv n(\bmod\ p)$. 这样, $x \equiv \pm n^{\frac{p+1}{4}}(\bmod\ p)$ 是 $x^2 \equiv n(\bmod\ p)$ 的所有解.

(2) $p\equiv 5 \pmod 8$, 此时 $p+3$ 是 8 的倍数, $p-1$ 是 4 的倍数. 因为 $\left(\dfrac{n}{p}\right)=1$, 由欧拉判别法知 $n^{\frac{p-1}{2}}\equiv 1 \pmod p$, 即 $(n^{\frac{p-1}{4}})^2\equiv 1 \pmod p$, 于是

$$(n^{\frac{p-1}{4}}+1)(n^{\frac{p-1}{4}}-1)\equiv 0 \pmod p$$

于是

$$n^{\frac{p-1}{4}}\equiv 1 \pmod p \tag{4.19}$$

或

$$n^{\frac{p-1}{4}}\equiv -1 \pmod p \tag{4.20}$$

从 $p\nmid n$ 可知式 (4.19) 和式 (4.20) 有且仅有一个成立 (否则, 式 (4.19) 和式 (4.20) 两式相加后, 可以推出 $p|n$, 与题设不符). 下面分两种情况讨论.

① 设式 (4.19) 成立, 则 $n^{\frac{p+3}{4}}\equiv n(\bmod p)$, 即 $(n^{\frac{p+3}{8}})^2\equiv n(\bmod p)$, 所以 $x\equiv \pm n^{\frac{p+3}{8}}(\bmod p)$ 是 $x^2\equiv n \pmod p$ 的解.

② 设式 (4.20) 成立. 首先, 因为素数 p 满足 $p\equiv 5 \pmod 8$, 根据威尔逊定理有

$$\begin{aligned}-1&\equiv (p-1)!\\&=1\times 2\times\cdots\times\frac{p-1}{2}\times\left(p-\frac{p-1}{2}\right)\cdots(p-2)(p-1)\\&\equiv\left(\left(\frac{p-1}{2}\right)!\right)^2 \pmod p\end{aligned}$$

由式 (4.20) 可得 $n^{\frac{p+3}{4}}\equiv -n \pmod p$, 即 $(n^{\frac{p+3}{8}})^2\equiv -n \pmod p$, 于是, 我们有

$$\left(\left(\frac{p-1}{2}\right)!\cdot n^{\frac{p+3}{8}}\right)^2\equiv n \pmod p$$

$x\equiv \pm\left(\dfrac{p-1}{2}\right)!\cdot n^{\frac{p+3}{8}}$ 是 $x^2\equiv n \pmod p$ 的解.

(3) $p\equiv 1 \pmod 8$. 令 $p-1=2^k h$, 其中 $2\nmid h$, 则有 $k\geqslant 3$. 已知 $\left(\dfrac{n}{p}\right)=1$, 依据欧拉判断知 $n^{\frac{p-1}{2}}\equiv 1 \pmod p$, 即 $n^{2^{k-1}h}\equiv 1 \pmod p$, 因此有

$$(n^{2^{k-2}h}-1)(n^{2^{k-2}h}+1)\equiv 0 \pmod p$$

所以

$$n^{2^{k-2}h}\equiv 1 \pmod p \tag{4.21}$$

或

$$n^{2^{k-2}h}\equiv -1 \pmod p \tag{4.22}$$

从 $p\nmid n$, 可知式 (4.21) 和式 (4.22) 有且仅有一个成立 (否则, 式 (4.21) 和式 (4.22) 两式相加后, 可以推出 $p|n$, 矛盾). 另外, 设 N 是模 p 的任意一个二次非剩余 (因为 $1, 2, \cdots, p-1$ 中

模 p 的二次剩余和模 p 的二次非剩余各占一半, 所以这样的 N 是存在的), 即 $\left(\frac{N}{p}\right)=-1$, 据欧拉判别法有

$$N^{2^{k-1}h} \equiv -1(\bmod p) \tag{4.23}$$

若式 (4.21) 成立, 取 $s_2=0$, 则

$$n^{2^{k-2}h}N^{2^{k-1}s_2} \equiv 1(\bmod p)$$

若式 (4.22) 成立, 结合式 (4.23), 取 $s_2=h$, 则

$$n^{2^{k-2}h}N^{2^{k-1}s_2} \equiv 1(\bmod p)$$

因而总存在非负整数 s_2, 使得

$$n^{2^{k-2}h}N^{2^{k-1}s_2} \equiv 1(\bmod p)$$

于是

$$\left(n^{2^{k-3}h}N^{2^{k-2}s_2}-1\right)\left(n^{2^{k-3}h}N^{2^{k-2}s_2}+1\right) \equiv 0(\bmod p)$$

同理, 下面的两个同余式

$$n^{2^{k-3}h}N^{2^{K-2}s_2} \equiv 1(\bmod p), \quad n^{2^{k-3}h}N^{2^{k-2}s_2} \equiv -1(\bmod p)$$

有且仅有一个成立. 于是又存在非负整数 $s_3=s_2$ 或 $s_3=s_2+2h$, 使得

$$n^{2^{k-3}h}N^{2^{k-2}s_3} \equiv 1(\bmod p)$$

以此类推, 由于 k 是有限整数, 必存在非负整数 s_k, 使得

$$n^{h}N^{2s_k} \equiv 1(\bmod p)$$

于是有 $n^{h+1}N^{2s_k} \equiv n(\bmod p)$, 所以 $x=\pm n^{\frac{h+1}{2}}N^{s_k}(\bmod p)$ 是 $x^2 \equiv n(\bmod p)$ 的解, 从而 (3) 成立.

下面利用定理 4.11 解同余方程.

例 4.11 分别解下列同余方程:

(1) $x^2 \equiv 3(\bmod 11)$

(2) $x^2 \equiv 3(\bmod 13)$

(3) $x^2 \equiv 2(\bmod 17)$

解 (1) 设 $p=3$, $q=11$, 由定理 4.9(二次互反律) 知

$$\left(\frac{p}{q}\right)=(-1)^{\frac{p-1}{2}\cdot\frac{q-1}{2}}\left(\frac{q}{p}\right)=(-1)^{\frac{3-1}{2}\cdot\frac{11-1}{2}}\left(\frac{11}{3}\right)=-\left(\frac{11}{3}\right)=-\left(\frac{2}{3}\right)=1$$

所以方程 $x^2\equiv 3(\mathrm{mod} 11)$ 有解. 因为 $11\equiv 3(\mathrm{mod}\ 4)$, 根据定理 4.11(1), 方程 $x^2\equiv 3(\mathrm{mod}\ 11)$ 的解为 $x\equiv \pm 3^{\frac{11+1}{4}}\equiv \pm 5(\mathrm{mod} 11)$.

(2) 设 $p=3$, $q=13$, 由定理 4.11 知

$$\left(\frac{p}{q}\right)=(-1)^{\frac{p-1}{2}\cdot\frac{q-1}{2}}\left(\frac{q}{p}\right)=(-1)^{\frac{3-1}{2}\cdot\frac{13-1}{2}}\left(\frac{13}{3}\right)=\left(\frac{13}{3}\right)=\left(\frac{1}{3}\right)=1$$

所以方程 $x^2\equiv 3(\mathrm{mod}\ 13)$ 有解. 又因为 $13\equiv 5(\mathrm{mod}\ 8)$ 且 $3^{\frac{13-1}{4}}=3^3\equiv 1(\mathrm{mod}\ 13)$, 所以由定理 4.11(2) 中的②知, $x^2\equiv 3(\mathrm{mod}\ 13)$ 的解为 $x\equiv \pm 3^{\frac{13+3}{8}}\equiv \pm 9(\mathrm{mod}\ 13)$.

(3) 因为 $\left(\frac{2}{17}\right)=1$, 且 $17\equiv 1(\mathrm{mod}\ 8)$, 所以可以利用定理 4.11(3) 的证明过程求解. 首先计算知, $N=3$ 是模 17 的一个二次非剩余, 即 $\left(\frac{3}{17}\right)=-1$, 于是有 $3^{\frac{17-1}{2}}\equiv -1(\mathrm{mod}\ 17)$, 即$3^{2^3}\equiv -1(\mathrm{mod}\ 17)$. 另外, 由 $\left(\frac{2}{17}\right)=1$ 知, $2^{2^3}\equiv 1(\mathrm{mod}\ 17)$, 因此 $(2^{2^2}-1)(2^{2^2}+1)\equiv 0(\mathrm{mod}\ 17)$, 进而 $2^{2^2}\equiv -1(\mathrm{mod}\ 17)$. 于是得到 $2^{2^2}\times 3^{2^3}\equiv 1(\mathrm{mod}\ 17)$. 重复前面的过程, 有 $(2^2\times 3^{2^2}-1)(2^2\times 3^{2^2}+1)\equiv 0(\mathrm{mod}\ 17)$, 由此得 $2^2\times 3^{2^2}\equiv 1(\mathrm{mod}\ 17)$, 于是有 $(2\times 3^2-1)(2\times 3^2+1)\equiv 0(\mathrm{mod}\ p)$, 由此得 $2\times 3^2\equiv 1(\mathrm{mod}\ 17)$, 进一步有 $2^2\times 3^2\equiv 2(\mathrm{mod}\ 17)$, 故 $x\equiv \pm 6(\mathrm{mod}\ 17)$ 是方程 $x^2\equiv 2(\mathrm{mod}\ 17)$ 的解.

其次讨论模为奇素数幂的方程 $x^2\equiv n(\mathrm{mod}\ p^\alpha)(\alpha>1)$ 的解.

定理 4.12 设 p 是奇素数, $p\nmid n$, 则二次同余方程

$$x^2\equiv n(\mathrm{mod}\ p^\alpha) \tag{4.24}$$

的解数与 $x^2\equiv n(\mathrm{mod}\ p)$ 的解数相同, 其中 $\alpha>1$.

证明 我们先回忆定理 3.7.2(1) 的结论: 设 $f(x)=a_nx^n+a_{n-1}x^{n-1}+\cdots+a_1x+a_0$, $f'(x)=na_nx^{n-1}+(n-1)a_{n-1}x^{n-2}+\cdots+a_1$, x_0 是 $f(x)\equiv(\mathrm{mod}\ p^\alpha)$ 的一个解, 若 $p\nmid f'(x_0)$, 那么 $f(x)\equiv(\mathrm{mod}\ p^{\alpha+1})$ 恰好有一个解 $x\equiv x_0+kp^\alpha(\mathrm{mod}\ p^{\alpha+1})$, 其中 k 是 $f'(x_0)k\equiv -\frac{f(x_0)}{p^\alpha}(\mathrm{mod}\ p)$ 的唯一解.

若 $x^2\equiv n(\mathrm{mod}\ p)$ 有解, 那么 $x^2\equiv n(\mathrm{mod}\ p)$ 恰好有两个解, 设为 $x\equiv \pm x_0(\mathrm{mod}\ p)$. 于是由定理 3.7.2(1) 知, $x^2\equiv n(\mathrm{mod}\ p^2)$ 有两个解. 反复使用定理 2.7.2(1) 可以得到, 对任意 $\alpha>1, x^2\equiv n(\mathrm{mod}\ p^\alpha)$ 都有两个解. 因为 $x^2\equiv n(\mathrm{mod}\ p^\alpha)$ 的解都是 $x^2\equiv n(\mathrm{mod}\ p)$ 的解, 所以前者不能有更多的解. 若 $x^2\equiv n(\mathrm{mod}\ p)$ 无解, 那么 $x^2\equiv n(\mathrm{mod}\ p^\alpha)$ 也无解. 综上, $x^2\equiv n(\mathrm{mod}\ p^\alpha)$ 的解数与 $x^2\equiv n(\mathrm{mod}\ p)$ 的解数相同.

注 2 设 $f(x)=x^2-n$, 则方程 $x^2\equiv n(\mathrm{mod}\ p^\alpha)$ 与 $f(x)\equiv 0(\mathrm{mod}\ p^\alpha)$ 同解. 事实上, 设 $f(x)\equiv 0(\mathrm{mod}\ p^\alpha)$ 的两个解为 x_1, x_2, 由定理 3.7.2(1) 知, $f(x)\equiv 0(\mathrm{mod}\ p^{\alpha+1})$ 有两个解 x_1', x_2', 满足 $x_1'=x_1+k_1p^\alpha$ 和 $x_2'=x_2+k_2p^\alpha$, 这里 k_1, k_2 分别是方程 $f'(x_1)k\equiv -\frac{f(x_1)}{p^\alpha}(\mathrm{mod}\ p)$ 和方程 $f'(x_2)k\equiv -\frac{f(x_2)}{p^\alpha}(\mathrm{mod}\ p)$ 的唯一解. 注意: x_1' 和 x_2' 是方程 $f(x)\equiv 0(\mathrm{mod}\ p^{\alpha+1})$ 两个模 $p^{\alpha+1}$ 不同的解, 即 $x_1'\not\equiv x_2'(\mathrm{mod}\ p^{\alpha+1})$. 否则, 设 $x_1'\equiv x_2'(\mathrm{mod}\ p^{\alpha+1})$,

即 $p^{\alpha+1} \mid x_1' - x_2'$, 于是 $p^\alpha \mid x_1' - x_2'$, 进而 $p^\alpha \mid x_1 - x_2$, 即 $x_1 \equiv x_2 \pmod{p^\alpha}$, 这是一个矛盾. 我们说方程 $f(x) \equiv 0 \pmod{p^{\alpha+1}}$ 不会再有其他解了, 这是因为, 如还有另外不同于 x_1', x_2' 的解 x_3', 由于 x_3' 也是方程 $f(x) \equiv 0 \pmod{p^\alpha}$ 的解, 所以 x_3' 一定与 x_1 或者与 x_2 模 p^α 相等, 不妨设 $x_3' = x_1 + k_3 p^\alpha$. 同样根据定理 3.7.2(1) 知 k_3 是方程 $f'(x_1)k \equiv -\dfrac{f(x_1)}{p^\alpha} \pmod{p}$ 的解. 因为 $(p,2) = 1$, $(p, x_1) = 1$, 而 $f'(x_1) = 2x_1$, 所以 $(p, f'(x_1)) = 1$, 于是一次方程 $f'(x_1)k \equiv -\dfrac{f(x_1)}{p^\alpha} \pmod{p}$ 的解唯一, 故 $k_3 = k_1 + lp$, 这样

$$x_3' = x_1 + k_3 p^\alpha = x_1 + (k_1 + lp)p^\alpha = x_1 + k_1 p^\alpha + lp^{\alpha+1} = x_1' + lp^{\alpha+1}$$

这与 x_3' 是方程 $f(x) \equiv 0 \pmod{p^{\alpha+1}}$ 的不同于 x_1' 和 x_2' 的解相矛盾. 这样, 方程 $f(x) \equiv 0 \pmod{p^{\alpha+1}}$ 只有 x_1' 和 x_2' 两个解. 另外, 若方程 $f(x) \equiv 0 \pmod{p^{\alpha+1}}$ 无解, 则显然方程 $f(x) \equiv 0 \pmod{p^\alpha}$ 无解. 最后得知方程 $f(x) \equiv 0 \pmod{p^{\alpha+1}}$ $f(x) \equiv 0 \pmod{p^\alpha}$ 与方程 $f(x) \equiv 0 \pmod{p^\alpha}$ 要么都无解, 要么都有两个解, 解数相同.

由定理 4.12 知, 当 $x^2 \equiv n \pmod{p}$ 有两个解时, 方程 (4.24) 恰好有两个解; 当 $x^2 \equiv n \pmod{p}$ 无解时, 方程 (4.24) 也无解.

下面看一个例子.

例 4.12　求 $x^2 \equiv 47 \pmod{11^2}$ 的解.

解　首先, 不难发现 $x^2 \equiv 47 \equiv 3 \pmod{11}$ 有解 $x \equiv \pm 5 \pmod{11}$, 因此 $x^2 \equiv 47 \pmod{11^2}$ 应该有两个解, 其形式为 $x \equiv \pm 5 + 11k \pmod{11^2}$, 其中 k 待定. 若解的形式为 $x \equiv 11k + 5 \pmod{11^2}$, 则代入得

$$47 \equiv (11k+5)^2 \equiv 11^2k^2 + 110k + 25 \equiv 11k + 25 \pmod{11^2}$$

即 $110k \equiv 22 \pmod{11^2}$, 这等价于 $10k \equiv 2 \pmod{11}$, 解得 $k \equiv 9 \pmod{11}$, 故 $x \equiv 11 \times 9 + 5 \equiv 104 \pmod{11^2}$ 是 $x^2 \equiv 47 \pmod{11^2}$ 的一个解. 于是另一个解为 $x \equiv -104 \equiv 17 \pmod{11^2}$. 综上, $x^2 \equiv 47 \pmod{11^2}$ 的解为 $x \equiv 104 \pmod{11^2}$ 和 $x \equiv 17 \pmod{11^2}$.

最后讨论 p 为偶素数的幂即 $p = 2^\alpha$ 时二次同余方程的解法和解数.

定理 4.13　设 n 是一个奇数.

(1) $x^2 \equiv n \pmod{2}$ 有且仅有一个解.

(2) $x^2 \equiv n \pmod{2^2}$ 有解当且仅当 $n \equiv 1 \pmod{4}$. 当 $x^2 \equiv n \pmod{2^2}$ 有解时, 它共有两个解.

(3) 对任意 $\alpha \geqslant 3$, $x^2 \equiv n \pmod{2^\alpha}$ 有解当且仅当 $n \equiv 1 \pmod{8}$. 当 $x^2 \equiv n \pmod{2^\alpha}$ 有解时, 它共有四个解; 若 x_0 是它的一个解, 那么其余的三个分别为 $-x_0$ 和 $\pm x_0 + 2^{\alpha-1}$.

证明　(1) $x \equiv 1 \pmod{2}$ 是 $x^2 \equiv n \pmod{2}$ 的唯一解.

(2) 因为方程 $x^2 \equiv n \pmod{2^2}$ 所有可能的解都属于集合 {0,1,2,3}, 又因为 n 是奇数, 故方程的解只能是 1 或者 3, 也就是说方程的解 x 必须满足 $x \equiv 1 \pmod{4}$ 或 $x \equiv 3 \pmod{4}$. 这两种情形下, 都有 $n \equiv 1 \pmod{4}$. 反过来, 若 $n \equiv 1 \pmod{4}$, 那么 $x^2 \equiv n \pmod{2^2}$ 有解 $x \equiv \pm 1 \pmod{4}$. (2) 得证.

(3) $\alpha \geqslant 3$. 若 $x^2 \equiv n(\text{mod } 2^\alpha)$ 有解, 因为 n 是奇数, 那么它的解必为奇数, 设为 $2l+1$. 于是 $(2l+1)^2 \equiv n(\text{mod } 2^\alpha)$, 即 $4l(l+1)+1 \equiv n(\text{mod } 2^\alpha)$, 因为 $4l(l+1)$ 总是 8 的倍数, 表明 $n \equiv 1(\text{mod } 8)$. 反过来设 $n \equiv 1(\text{mod } 8)$, 下面对 α 用归纳法证明 $x^2 \equiv n(\text{mod } 2^\alpha)$ 有四个解 $\pm x_0, \pm x_0 + 2^{\alpha-1}$, 其中 x_0 是某个特解.

$\alpha = 3$ 时, 则 $x^2 \equiv n(\text{mod } 2^\alpha)$ 有四个解 1, 3, 5, 7, 结论成立.

假设结论对 $\alpha(\geqslant 3)$ 成立, 下面证明结论对 $\alpha+1$ 也成立. 根据归纳假设, 可设 s 满足 $s^2 \equiv n(\text{mod } 2^\alpha)$, 注意 s 必为奇数. 取 $t = (n-s^2)/2^\alpha$, 即 $s^2 + 2^\alpha t = n$. 因为

$$(s+2^{\alpha-1}t)^2 = s^2 + 2^\alpha st + 2^{2\alpha-2}t^2 \equiv s^2 + 2^\alpha st \equiv s^2 + 2^\alpha t(\text{mod } 2^{\alpha+1})$$

上面式子的第一个同余是因为 $\alpha \geqslant 3$, 故 $2\alpha - 2 \geqslant \alpha + 1$. 第二个同余是因为 s 是奇数, 可令 $s = 2l+1$, 于是 $s^2 + 2^\alpha st \equiv s^2 + 2^\alpha t(\text{mod } 2^{\alpha+1})$. 令 $x_1 = s + 2^{\alpha-1}t$, 则 $x_1^2 \equiv s^2 + 2^\alpha t = n(\text{mod } 2^{\alpha+1})$, 这样 x_1 是 $x^2 \equiv n(\text{mod } 2^{\alpha+1})$ 的一个解, 下面验证 $\pm x_1, \pm x_1 + 2^\alpha$ 是它的四个不同的解. 事实上, 首先 $x_1 \not\equiv -x_1(\text{mod } 2^{\alpha+1})$. 否则有 $x_1 \equiv -x_1(\text{mod } 2^\alpha)$, 这与归纳假设相矛盾. 其次, 显然有 $x_1 \not\equiv x_1 + 2^\alpha(\text{mod } 2^{\alpha+1})$, 最后 $x_1 \not\equiv -x_1 + 2^\alpha(\text{mod } 2^{\alpha+1})$, 其他任意两个根模 $2^{\alpha+1}$ 的不相等的情况同理可证.

若除去上面的四个解, $x^2 \equiv n(\text{mod } 2^{\alpha+1})$ 还有其他解 x_2, 则 $x_2^2 \equiv x_1^2(\text{mod } 2^{\alpha+1})$, 即

$$(x_2 - x_1)(x_2 + x_1) \equiv 0(\text{mod } 2^{\alpha+1}) \tag{4.25}$$

因为 x_1, x_2 均是奇数, 所以 $x_2 - x_1, x_2 + x_1$ 均是偶数, 故式 (4.25) 给出

$$\frac{x_2 - x_1}{2} \times \frac{x_2 + x_1}{2} \equiv 0(\text{mod } 2^{\alpha-1})$$

再次因为 x_2 是奇数, 所以 $\dfrac{x_2 - x_1}{2}$ 和 $\dfrac{x_2 + x_1}{2}$ 一个是奇数, 另外一个是偶数; 否则这两个数的和 (等于 x_2) 为偶数, 与 x_2 是奇数相矛盾. 从而

$$\frac{x_2 - x_1}{2} \equiv 0(\text{mod } 2^{\alpha-1}) \quad \text{或} \quad \frac{x_2 + x_1}{2} \equiv 0(\text{mod } 2^{\alpha-1})$$

所以 $x_2 = x_1 + 2^\alpha k$ 或 $x_2 = -x_1 + 2^\alpha k$. 下面分情况讨论.

(1) $x_2 = x_1 + 2^\alpha k$.

① 当 k 是偶数时, 有 $x_2 = x_1 + 2^{\alpha+1}k_1$, 于是 x_2 与 x_1 模 $p^{\alpha+1}$ 相等.

② 当 k 是奇数时, 设 $k = 2k_2 + 1$, 则 $x_2 = x_1 + 2^\alpha + 2^{\alpha+1}k_2$, 于是 x_2 与 $x_1 + 2^\alpha$ 模 $p^{\alpha+1}$ 相等.

(2) $x_2 = -x_1 + 2^\alpha k$.

① 当 k 是偶数时, 有 $x_2 = -x_1 + 2^{\alpha+1}k_3$, 于是 x_2 与 $-x_1$ 模 $p^{\alpha+1}$ 相等.

② 当 k 是奇数时, 设 $k = 2k_4 + 1$, 则 $x_2 = -x_1 + 2^\alpha + 2^{\alpha+1}k_4$, 于是 x_2 与 $-x_1 + 2^\alpha$ 模 $p^{\alpha+1}$ 相等.

综合以上, 无论哪种情况, 都有 x_2 与 $\pm x_1, \pm x_1 + 2^\alpha$ 之一模 $2^{\alpha+1}$ 同余. 故 $x^2 \equiv n(\text{mod } 2^{\alpha+1})$ 只有四个解. 这样, 我们证明了 (3).

例 4.13　解下面两个同余方程.

(1) $x^2 \equiv 55(\text{mod } 2^8)$

(2) $x^2 \equiv 41(\text{mod } 2^8)$

解: (1) 因为 $55 \equiv 7 \not\equiv 1(\text{mod } 8)$, 所以根据定理 4.12(3) 知, $x^2 \equiv 55(\text{mod } 2^8)$ 无解.

(2) 因为 $41 \equiv 1(\text{mod } 8)$, 所以由定理 4.13(3) 知, $x^2 \equiv 41(\text{mod } 2^8)$ 应该有四个解. 显然 $x = 1$ 满足 $x^2 \equiv 41(\text{mod } 2^3)$, 由定理 4.12(3) 的证明知

$$x \equiv 1 + 2^2 \times \frac{41-1}{2^3} \equiv 5(\text{mod } 2^4)$$

是 $x^2 \equiv 41(\text{mod } 2^4)$ 的解. 同理有

$$x \equiv 5 + 2^3 \times \frac{41-5^2}{2^4} \equiv 13(\text{mod } 2^5)$$

是 $x^2 \equiv 41(\text{mod } 2^5)$ 的解;

$$x \equiv 13 + 2^4 \times \frac{41-13^2}{2^5} \equiv 13(\text{mod } 2^6)$$

是 $x^2 \equiv 41(\text{mod } 2^6)$ 的解;

$$x \equiv 13 + 2^5 \times \frac{41-13^2}{2^6} \equiv 13(\text{mod } 2^7)$$

是 $x^2 \equiv 41(\text{mod } 2^7)$ 的解;

$$x \equiv 13 + 2^6 \times \frac{41-13^2}{2^7} \equiv 13(\text{mod } 2^8)$$

是 $x^2 \equiv 41(\text{mod } 2^8)$ 的解, 故 $x^2 \equiv 41(\text{mod } 2^8)$ 的全部解为 $x \equiv \pm 13, \pm 13 + 2^7(\text{mod } 2^8)$.

4.5　二次剩余的应用

本节介绍二次剩余在通信中电子抛币协议和零知识证明中的应用.

4.5.1　二次剩余在抛币协议中的应用

信息世界给我们带来了很多便利，同时也没有给我们少添麻烦。物理世界中能轻松办到的事，在信息世界中却能让人伤透脑筋。让我们来考虑这样一个场景：两个人在电话中为一件小事争执不休，最后双方决定通过抛掷硬币来解决争端。在没有第三者的帮助下，通话双方有办法在电话里模拟抛掷一枚公平的硬币吗？

取两个不相等的奇素数 p 和 q, 令 $n = pq$. 取整数 a 满足 $0 < a < n$, $(a, n) = 1$ 且方程 $x^2 \equiv a(\text{mod } n)$ 有解. 根据本章定理 4.1, 方程

$$x^2 \equiv a(\text{mod } n)$$

有解的充要条件是同余方程组

$$\begin{cases} x^2 \equiv a(\bmod p) \\ x^2 \equiv a(\bmod q) \end{cases}$$

有解, 方程 $x^2 \equiv a(\bmod p)$ 和 $x^2 \equiv a(\bmod q)$ 的解数之积就是方程 $x^2 \equiv a(\bmod n)$ 的解数. 现设方程 $x^2 \equiv a(\bmod n)$ 有解, 如 x_0 是其解, 则 $\pm x_0$ 也是方程 $x^2 \equiv a(\bmod p)$ 的解, 并且 $x_0 \not\equiv -x_0(\bmod p)$. 否则, 可知 $p|2x_0$, 已知 p 是奇素数, $p \nmid 2$, 必有 $p|x_0$, 可知 $p|a$, 这与 $(n,a)=1$ 不相符. 由 Lagrange 定理, $\pm x_0$ 是方程 $x^2 \equiv a(\bmod p)$ 的所有解, 同理 $\pm x_0$ 也是方程 $x^2 \equiv a(\bmod q)$ 的所有解. 于是, 方程 $x^2 \equiv a(\bmod n)$ 的解数为 $2\times 2=4$. 再根据定理 4.1, 方程 $x^2 \equiv a(\bmod n)$ 的 4 个解分别由下面的同余方程组给出

$$(1)\ \begin{cases} x \equiv x_0(\bmod p) \\ x \equiv x_0(\bmod q) \end{cases} \qquad (2)\ \begin{cases} x \equiv x_0(\bmod p) \\ x \equiv -x_0(\bmod q) \end{cases}$$

$$(3)\ \begin{cases} x \equiv -x_0(\bmod p) \\ x \equiv x_0(\bmod q) \end{cases} \qquad (4)\ \begin{cases} x \equiv -x_0(\bmod p) \\ x \equiv -x_0(\bmod q) \end{cases}$$

由剩余定理, 上述四个方程在模 n 下都有唯一的解. 设 (1) 和 (2) 的解分别为 x_1 和 x_2, 不难计算 (4) 和 (3) 的解是 $-x_1$ 和 $-x_2$.

下面我们确定方程 $x^2 \equiv a(\bmod n)$ 的四个解与 n, p 和 q 的关系.

把 $x_1, x_2, -x_2$ 和 $-x_1$ 分别代入方程 (1), (2), (3) 和 (4) 得

$$(5)\ \begin{cases} x_1 \equiv x_0(\bmod p) \\ x_1 \equiv x_0(\bmod q) \end{cases} \qquad (6)\ \begin{cases} x_2 \equiv x_0(\bmod p) \\ x_2 \equiv -x_0(\bmod q) \end{cases}$$

$$(7)\ \begin{cases} -x_2 \equiv -x_0(\bmod p) \\ -x_2 \equiv x_0(\bmod q) \end{cases} \qquad (8)\ \begin{cases} -x_1 \equiv -x_0(\bmod p) \\ -x_1 \equiv -x_0(\bmod q) \end{cases}$$

将 (5) 的第一式和 (6) 的第一式相加可得

$$x_1 + x_2 \equiv 2x_0(\bmod p) \tag{4.26}$$

将 (5) 的第二式和 (6) 的第二式相加可得

$$x_1 + x_2 \equiv 0(\bmod q) \tag{4.27}$$

注意到 $x_0^2 \equiv a(\bmod n)$, $(a,n)=1$, 故 $p \nmid x_0$, 显然 $p \nmid 2$, 于是 $p \nmid 2x_0$, 这样, 从式 (4.26) 可知 $p \nmid (x_1+x_2)$, 但从式 (4.26) 又知 $q|(x_1+x_2)$, 所以

$$(x_1+x_2, n) = q$$

将 (5) 的第一式和 (7) 的第一式相加可得

$$x_1 - x_2 \equiv 0(\bmod p) \tag{4.28}$$

将 (5) 的第二式和 (7) 的第二式相加后得到

$$x_1 - x_2 \equiv 2x_0 (\text{mod } q) \tag{4.29}$$

注意到 $x_0^2 \equiv a(\text{mod } n)$, $(a,n)=1$, 故 $q \nmid x_0$, 显然 $q \nmid 2$, 于是 $q \nmid 2x_0$, 这样, 从式 (4.29) 可知 $q \nmid (x_1 - x_2)$, 但从式 (4.28) 又知 $p|(x_1 - x_2)$, 所以

$$(x_1 - x_2, n) = p$$

由上面的讨论可以看出, 若已知方程 $x^2 \equiv a(\text{mod } n)$ 的四个解, 则可以求出 p 和 q, 也就是说可以对 n 进行因子分解.

反过来, 已知正整数 $n = pq$ 的两个奇素数因子 p 和 q, 已知方程 $x^2 \equiv a(\text{mod } p)$, $x^2 \equiv a(\text{mod } q)$ 各自的两个解为 $\pm x_1$ 和 $\pm x_2$. 则可以利用剩余定理方便地构造 $x^2 \equiv a(\text{mod } n)$ 的所有四个解.

这也就证明了以下命题:

设 n 是两个奇素数 p,q 的乘积, a 为正整数且 $(a,n)=1$, 已知方程 $x^2 \equiv a(\text{mod } n)$ 有解. 则找出 $x^2 \equiv a(\text{mod } n)$ 的四个解在计算上等价于分解 n.

例 4.14 已知 $x^2 \equiv 860(\text{mod } 103 \times 107)$ 有解, 求其全部解.

解 由定理 4.3.1(1) 知, $x^2 \equiv 860 \equiv 36(\text{mod } 103)$ 有解 $x \equiv 36^{\frac{103+1}{4}} \equiv \pm 6(\text{mod } 103)$; $x^2 \equiv 860 \equiv 4(\text{mod } 107)$ 有解 $x \equiv 4^{\frac{107+1}{4}} \equiv \pm 2(\text{mod } 107)$; 于是, 解下列同余方程组

$$(1)\ \begin{cases} x \equiv 6(\text{mod } 103) \\ x \equiv 2(\text{mod } 107) \end{cases} \qquad (2)\ \begin{cases} x \equiv 6(\text{mod } 103) \\ x \equiv -2(\text{mod } 107) \end{cases}$$

$$(3)\ \begin{cases} x \equiv -6(\text{mod } 103) \\ x \equiv 2(\text{mod } 107) \end{cases} \qquad (4)\ \begin{cases} x \equiv -6(\text{mod } 103) \\ x \equiv -2(\text{mod } 107) \end{cases}$$

按照剩余定理, 可以求出方程 (1) 和 (2) 的解分别为 $x \equiv 109(\text{ mod } 103 \times 107)$ 和 $x \equiv 212(\text{ mod } 103 \times 107)$, 这样方程 (3) 和 (4) 的解分别为 $x \equiv -212(\text{mod } 103 \times 107)$ 和 $x \equiv -109(\text{mod } 103 \times 107)$, 于是方程 $x^2 \equiv 860(\text{ mod } 103 \times 107)$ 的所有解为 $x \equiv \pm 109, \pm 212(\text{ mod } 103 \times 107)$.

上面知识的重要性是能够实现网络通信中的两个用户不需要当面就可以实现当面抛掷硬币判决输赢的效果, 该算法称为电子硬币抛掷协议, 是由 M.Blum 在 1982 年发明的. 该协议基于这样一个事实: 计算任意两个不同大素数乘积比较容易. 反之, 将乘积分解为两个素数之积, 目前还没有有效的方法.

硬币抛掷协议场景: 有两个网络上不见面的用户 Alice 和 Bob, 有一个是两个大奇素数之积的正整数 n. 在一定条件下若 Bob 能够将 n 分解出 p 和 q, 则规定 Bob 赢; 否则 Alice 赢.

(1) Alice 选取满足 $p \equiv q \equiv 3(\text{mod } 4)$ 的两个不同的大奇素数 p, q, 将其乘积 $n = pq$ 发送给 Bob.

(2) Bob 随机选取一个小于 n 的正整数 x, 计算 $x^2(\text{mod } n)$, 令 $a = x^2(\text{mod } n)$, 将 a 发送给 Alice.

注 3　Bob 随机选取一个小于 n 的正整数 x, 可能选取的正整数 x 与 n 不互素, 导致后续环节 $x^2 \equiv a(\text{mod } n)$ 没有 4 个解. 例如, 当 $n = pq$, $p < q$ 时, 取 $x = p$, 这样 $a = x^2(\text{mod } n) = p^2$, 方程 $x^2 \equiv a(\text{mod } n)$ 变为 $x^2 \equiv p^2(\text{mod } n)$, 此时方程有两个不同的解 $\pm p$. 也只有这两个解. 这是因为, 取 y 是方程的任何一个解, 则 $y^2 \equiv p^2(\text{mod } pq)$, 因此 $p \mid (y^2 - p^2)$, 可知 $p \mid y$, 设 $y = kp$, 于是 $pq \mid (k^2p^2 - p^2)$, 从而 $q \mid (k+1)(k-1)$, 因为 q 是素数, 所以 $q \mid k+1$ 或者 $q \mid k-1$. 若是前者, 可设 $k = lq - 1$, 这样

$$y = kp = (lq-1)p = lpq - p$$

此时 y 与 $-p$ 模 pq 相等. 若是后者, 可设 $k = lq + 1$, 这样

$$y = kp = (lq+1)p = lpq + p$$

此时 y 与 p 模 pq 相等. 这就证明方程 $x^2 \equiv p^2(\text{mod } p)q$ 只有两个解 $\pm p$. 不过, 像这种 Bob 随机选取一个小于 n 的正整数 x, 导致 x 与 n 不互素发生的概率很小. 因为 $1, 2, 3, \cdots, pq-1$ 这 $pq-1$ 个数中与 pq 不互素的是 $p, 2p, \cdots, (q-1)p, q, 2q, \cdots, (p-1)q$, 共 $p+q-2$ 个, 这样, Bob 随机选取一个与 n 不互素数的概率为 $\dfrac{p+q-2}{pq-1}$, 当 p 和 q 是两个很大的奇素数时, 这个概率值是一个很小的数.

(3) Alice 求出 $x^2 \equiv a(\text{mod } n)$ 的 4 个解 $x_1, -x_1, x_2, -x_2$, 任取其中一个发送给 Bob.

注 4　当 $(x, n) = 1$ 时, 有 $(x^2, n) = 1$, 从而 $(x^2(\text{mod } n), n) = 1$, 即 $(a, n) = 1$. 因为 Bob 这里的数 x 是方程 $x^2 \equiv a(\text{mod } n)$ 的解, 这样方程 $x^2 \equiv a(\text{mod } p)$ 和方程 $x^2 \equiv a(\text{mod } q)$ 各有两个解, 根据定理知方程 $x^2 \equiv a(\text{mod } n)$ 有四个解, 表明 Alice 能够求出四个解, Bob 这边的 x 必然与这四个解中的一个模 n 同余, 设 $x \equiv x_1(\text{mod } n)$.

(4) Bob 利用 Alice 发过来的解, x 和 n 开始分解 n. 若 Bob 求出 n 的两个素数因子 p 和 q, 则 Bob 赢, 否则 Alice 赢.

注 5　由于 Alice 从 $x_1, x_2, -x_1, -x_2$ 随机选取一个发送给 Bob, 这样 Bob 收到 x_2 的概率为 $\dfrac{1}{4}$, Bob 收到 $-x_2$ 的概率也为 $\dfrac{1}{4}$, 从而 Bob 收到 x_2 或者 $-x_2$ 的概率为 $\dfrac{1}{2}$. 同理, Bob 收到的是 x_1 或者 $-x_1$ 的概率也是 $\dfrac{1}{2}$. 根据前面的分析, Bob 可以利用 x_2 或 $-x_2$ 及原有的 x 对 n 进行分解, 此时 Bob 赢. 若 Bob 收到 x_1 或 $-x_1$, 此时 Bob 无法分解 n, Alice 赢. Alice 选取 $x^2 \equiv a(\text{mod } n)$ 四个根发送给 Bob 时, 会不会故意发送一个对自己有利的根? 这样的顾虑是不必要的. 这是因为 Alice 并不知道 Bob 这里的 x 是四个根 $x_1, x_2, -x_1$ 和 $-x_2$ 中的哪一个. 硬币抛掷协议是公平的.

4.5.2　二次剩余在零知识证明中的应用

下面是二次同余方程的解应用于零知识证明 (zero–knowledge proof) 的又一重要应用. 零知识证明是指证明者能够在不向验证者泄露任何有用信息的情况下, 使验证者相信某个论断是正确的.

有以下场景.

(1) 网络通信中的两个从未见过面的用户 Alice 和 Bob, Alice 只是见过 Bob 的照片.

(2) Bob 拥有 Alice 的公钥.

(3) 某天两人见面后, Alice 声称自己就是 Alice, 如何让 Bob 相信这一点. Alice 至少有两个办法:

① Alice 把自己的私钥给 Bob, Bob 解密用 Alice 的公钥事先加密的数据, 若正确则表明这个人就是 Alice.

② Bob 将事先用 Alice 的公钥加密的密文数据交给 Alice, Alice 把解密后的数据交给 Bob, 若与 Bob 未加密的明文相同, 则表明这个人就是 Alice.

在第二个办法中, 因为 Alice 没有泄露自己的私钥, 因此要比第一个办法好些, 相当于给外界的知识为 "零". 事实证明, 这种给外界的知识为零的知识证明方法即 "零知识证明" 在密码学中有重要应用.

零知识证明一般意义下需要满足下述三个条件.

(1) **完备性**: 执行协议的验证者验证通过以后, 没有理由不相信证明者的论断.

(2) **可靠性**: 在证明者的论断是假的前提下, 证明者欺骗验证者的概率非常小.

(3) **零知识**: 验证过程中, 秘密不会泄露给验证者.

需要注意的是, 零知识证明不是数学意义上的证明, 因为 " 可靠性" 中允许证明者以一定的概率欺骗验证者, 只是这个概率非常小. 零知识证明协议自然会将概率降到最低.

下面是一个具体的零知识证明协议, 该协议是 1985 年 A.Shamir 发明的, 是向验证者证明自己拥有一个二次方程模平方根, 具体情况如下. 设 p 和 q 是两个不同的 $4k+3$ 形式的大素数, $n=pq$, 整数 y 与 n 互素, 方程 $x^2=y(\text{mod } n)$ 有解. 因为在不知道 p 和 q 的情况下, 求方程 $x^2=y(\text{mod } n)$ 的解 (等价于分解整数 n 为两个素数的乘积) 是困难的, 现在证明者 Alice 向验证者 Bob 证明她知道 p 和 q(等价于知道 y 模 n 的平方根), 又不透露 p 和 q, 可以使用下面的算法.

(1) Alice 任取 y 模 n 的平方根 s, 随机选取一个与 n 互素的数 r_1, 求方程 $r_1x\equiv s(\text{ mod } n)$ 的解 r_2. Alice 计算 $x_1=r_1^2(\text{mod } n), x_2=r_2^2(\text{mod } n)$, 这样 $x_1x_2\equiv r_1^2r_2^2\equiv s^2\equiv y(\text{mod } n)$. 将 x_1 和 x_2 发给 Bob.

(2) Bob 验证 $x_1x_2\equiv y(\text{mod } n)$ 后, 从 x_1 和 x_2 中随机选取一个数, 要求 Alice 提供该数的一个模 n 平方根, 随后 Bob 验证 Alice 提供的 r_1 或者 r_2 是该数的模 n 平方根.

(3) 重复前两步若干次, Bob 就会相信 Alice 知道 y 模 n 的平方根.

为什么算法的第 (3) 步需要"重复前两步若干次, Bob 就会相信 Alice 知道 y 模 n 的平方根"呢? 因为若 Alice 不知道 y 模 n 的平方根, 则对于两个满足 $x_1x_2\equiv y(\text{mod } n)$ 数 x_1 和 x_2 来说, Alice 不可能既知道 x_1 模 n 的平方根, 又知道 x_2 模 n 的平方根. 否则, 设 $u_1^2\equiv x_1(\text{mod } n)$, $u_2^2\equiv x_2(\text{mod } n)$, 则有 $(u_1u_2)^2\equiv x_1x_2\equiv y(\text{mod } n)$, 这样, Alice 就会知道 u_1u_2 是 y 模 n 的平方根, 与前提不符. 因此, 对于每一对满足 $x_1x_2\equiv y(\text{mod } n)$ 的 x_1 和 x_2, 若 Alice 不知道 y 模 n 的平方根, 则 x_1 和 x_2 中至少有一个数使得 Alice 不知道它的平方根, 而 Bob 在这两个数中随机选取, 结果选到 Alice 不能提供模 n 平方根的那个数概率至少为 $\dfrac{1}{2}$, 或者说选到 Alice 能提供模 n 平方根的概率至多为 $\dfrac{1}{2}$, 这也就得出在 Alice 不知道 y 模 n 平方根的情况下, 算法连续 n 轮后, Alice 都能向 Bob 提供正确消息的概率至多为 $\dfrac{1}{2^n}$.

需要说明的是, 即便 Alice 不知道 y 模 n 的平方根的时候, 也可以选择满足 $x_1x_2\equiv$

$y(\text{mod } n)$ 的两个数 x_1 和 x_2 并且其中之一 Alice 是知道其模 n 平方根的. 例如, 对于与 n 互素的随机数 r_1, 令 $x_1 = r_1^2(\text{mod } n)$, x_2 是方程 $x_1 x \equiv y(\text{mod } n)$ 的解. $x_1 x_2 \equiv y(\text{mod } n)$, 此时 Alice 知道 x_1 的模 n 平方根为 r_1. 到算法的第 (2) 步 Bob 恰好向 Alice 索要 x_1 的平方根, 这使得 Bob 产生误认. 不过这种现象随着算法重复多次, 就可以避免.

另外, 由于算法要进行多轮运算, Alice 前一轮第 (1) 步选取的与 n 互素的数 r_1 不能与后一轮第 (1) 步选取的 r_1 是同一个数, 这点需要注意. 原因是同一轮中的 r_1 和 r_2 有关系式

$$(r_1 r_2)^2 \equiv y(\text{mod } n)$$

其中, r_1 是 x_1 的平方根, r_2 是 x_2 的平方根, $r_1 r_2$ 是 y 模 n 的平方根. 若 Alice 前后两轮中选取的随机数是同一个 r_1, 且前轮中 Bob 索要的是 x_1 的平方根 r_1, 后轮 Bob 索要的 x_2 的平方根为 r_2, 由于前后两轮中的随机数是同一个 r_1, 所以前轮 Bob 得到 r_1 和后轮 Bob 得到的 r_2 仍然有关系式

$$(r_1 r_2)^2 \equiv y(\text{mod } n)$$

这就使得 Bob 能计算出 $r_1 r_2$ 是 y 模 n 的平方根.

综合以上, 算法在进行了多轮的情况下, Bob 确信 Alice 知道 y 模 n 的平方根, 或者确信 Alice 知道 p 和 q.

(1) 证明者 Alice 随机选取一个与 n 互素的数 r, 计算 $x = r^2(\text{mod } n)$ 和 $y = vx^{-1}(\text{mod } n)$, 其中 x^{-1} 满足 $x^{-1}x \equiv 1(\text{mod } n)$, 即 x^{-1} 是 x 模 n 的逆, 将 x 和 y 发给验证者 Bob.

注 6　$(r, n) = 1$, 可知 $(r^2, n) = 1$, 因而 $(x, n) = 1$, 于是存在整数 α 和 β, 使得 $x\alpha + n\beta = 1$, 这样 $x\alpha \equiv 1(\text{mod } n)$, 取 $x^{-1} = \alpha$, 表明上述 x^{-1} 是存在的.

(2) Bob 验证 $xy \equiv v(\text{mod } n)$, 且随机选取一个比特 b(0 或 1) 发给 Alice.

注 7　因为 $y = vx^{-1}(\text{mod } n)$, 所以 $xy \equiv xvx^{-1} \equiv v(\text{mod } n)$.

(3) Alice 收到 b.

① 若 $b = 0$, 则 Alice 发送 r 给 Bob.

② 若 $b = 1$, 则 Alice 发送 s 给 Bob, 这里 $s = ur^{-1}(\text{mod } n)$, r^{-1} 满足 $r^{-1}r \equiv 1(\text{mod } n)$.

(4) Bob 计算收到值的平方. 若他发出的是 0, 则验证这个平方关于模 n 是否与 x 同余; 若发出的是 1, 则验证这个平方关于模 n 是否与 y 同余.

注 8　若 Bob 在第 (2) 步发出的是零, Bob 第 (4) 步收到的数是 r, 因为 $x = r^2(\text{mod } n)$, 故 $r^2 \equiv x(\text{mod } n)$, 这就是说, Bob 收到数的平方与 x 模 n 同余.

若 Bob 在第 (2) 步发出的是 1, Bob 第 (4) 步收到的数是 s, 这里 $s = ur^{-1}(\text{mod } n)$, 于是 $s^2 \equiv u^2(r^{-1})^2 = u^2(r^2)^{-1}(\text{mod } n)$, 因为 $u^2 \equiv v(\text{mod } n), r^2 \equiv x(\text{mod } n)$, 这样 $s^2 \equiv u^2(r^2)^{-1} \equiv vx^{-1} \equiv y(\text{mod } n)$, 这就是说, Bob 收到数的平方与 y 模 n 同余.

上面 4 步形成一个循环, 完成一次验证. 应该注意的是, 如果 Alice 在一次验证中将 r 和 s 都发送给 Bob, 那么 Alice 个人拥有的信息 $u = rs$ 将会泄露给 Bob. 如果这个验证多次执行均能通过, 那么它表明 Alice 能按照 Bob 的要求发送 r 或 s, 这说明 Alice 在每轮中都知道 r 和 s, 这意味着 Alice 必须知道 u. 由于 Bob 发送给 Alice 的比特是随机的, 所以不知道 u 的人不可能多次通过验证. 因为随机选取的 b 是 0 或 1 的概率各 1/2, 所以不知道 u 能通

过验证的概率为 1/2. 这样如果执行 k 次验证, 那么不知道 u 却能通过验证的概率为 $1/2^k$. 因此, 为了增加安全性, 我们可以重复验证.

我们用一个简单的例子阐明上面的协议.

例 4.15 假设Alice想向Bob证实她知道 $n=1891$ 的分解 $1891=31\times 61$. 设 $I=391$, 因为 $\left(\dfrac{391}{31}\right)=1$, $\left(\dfrac{391}{61}\right)=1$, 所以 391 是模 31 的二次剩余, 也是模 61 的二次剩余, 从而是模 1891 的二次剩余. 于是我们可以直接取 $v=391$, 不需在 I 后粘贴 c. Alice容易得到 $u=239$ 满足 $u^2\equiv v \pmod{1891}$. 下面是一次验证.

(1) Alice随机选取与 n 互素的 r, 如 $r=998$, 计算

$$
\begin{aligned}
x &= r^2 \pmod{n} = 1338\\
y &= vx^{-1} \pmod{n} = 391\times 1296 \pmod{n} = 1839
\end{aligned}
$$

将 1338 和 1839 发送给Bob.

(2) Bob验证知 $xy\equiv 1338\times 1839\equiv 391=v \pmod{n}$, 随机选取一比特, 如 $b=1$, 发送给Alice.

(3) Alice发送 $s=ur^{-1} \pmod{n}=239\times 1855 \pmod{n}=851$, 即 851 给Bob.

(4) Bob计算 $s^2\equiv 851\equiv 1839\equiv y \pmod{1839}$.

下面的 Fiat–Shamir 协议是上述协议的一个变形, 它可以通过零知识证明验证证明者拥有某些信息, 因此可用于智能卡的身份验证.

设 $n=pq$, 其中 p 和 q 是两个不同的 $4k+3$ 形大素数. Alice 的秘密是一序列数: v_1, v_2, $\cdots$, v_m, 其中 $0<v_i<n$, $(v_i,n)=1$, $1\leqslant i\leqslant m$. 令 $s_i=(v_i^{-1})^2 \pmod{n}$, 这里 v_i^{-1} 满足 $v_iv_i^{-1}\equiv 1 \pmod{n}$. Alice 公开 s_1, s_2, $\cdots$, s_m. Bob 仅仅知道 n 和 s_1, s_2, $\cdots$, s_m. 证明者 Alice 想让验证者 Bob 相信她拥有秘密 v_1, v_2, $\cdots$, v_m, 但不泄露这些 v_i. 为此, 他们使用下面的交互式证明.

(1) 证明者 Alice 随机选取数 r, 计算 $x=r^2 \pmod{n}$, 并将 x 发送给验证者 Bob.

(2) Bob 选取 $S\subseteq\{1,2,\cdots,m\}$, 将 S 发送给 Alice.

(3) Alice 计算 $y=r\cdot\prod\limits_{i\in S} v_i \pmod{n}$, 将 y 发送给 Bob.

(4) Bob 验证 $x\equiv y^2\cdot\prod\limits_{i\in S} s_i \pmod{n}$.

这个协议与 Shamir 的是证明协议基于同样的假设, 即不知道正整数 n 分解的人不可能在合理的时间内计算出 $x^2\equiv s_i \pmod{n}$ 的解. (1) 中要求 r 随机选取, 其作用是避免当 $S=\{i\}$ 为单元素子集时, Bob 得到 v_i. 另外, 如果 Alice 的确知道秘密, 那么 (4) 中的同余式

必然成立. 事实上, 我们有

$$\begin{aligned} y^2 \cdot \prod_{i\in S} s_i &\equiv r^2 \cdot \prod_{i\in S} v_i^2 \cdot \prod_{i\in S} s_i \\ &\equiv r^2 \cdot \prod_{i\in S} v_i^2 \cdot \prod_{i\in S} (v_i^{-1})^2 \\ &\equiv r^2 \\ &\equiv x (\text{mod } n) \end{aligned}$$

即 $x \equiv y^2 \cdot \prod_{i\in S} s_i (\text{mod } n)$.

在上面的验证协议中, 如果 Alice 不知道秘密 $v_1, v_2, \cdots, v_m$, 那么她有可能使 Bob 相信她拥有这些秘密吗? 唯一明显的欺骗方式就是 Alice 在 Bob 提供子集 S 之前猜测 S, 进而拼凑 (1) 中的 x 和 (3) 中的 y, 使得它们通过 (4) 的验证. 但是 $\{1, 2, \cdots, m\}$ 的子集有 $1/2^m$ 个, 猜测正确的概率仅为 $1/2^m$. 如果这个协议被执行 k 轮, 那么凭猜测通过所有验证的概率仅为 $1/2^{km}$.

下面的例子阐明了上面的协议.

例 4.16 假设 Alice 想向 Bob 证实她拥有秘密信息, 该信息由下列数组成: $v_1 = 1144, v_2 = 877, v_3 = 2011, v_4 = 1221, v_5 = 101$, 假设 $n = 47 \times 53 = 2491$, Alice 公开 $n = 2491$ 及下面的 $s_i (1 \leqslant i \leqslant 5)$:

$$s_1 = 197, s_2 = 2453, s_3 = 1553, s_4 = 941, s_5 = 494$$

则一次验证的过程如下.

(1) Alice 随机选取 r, 如 $r = 1253$, 计算

$$x = r^2 (\text{mod } n) = 1253^2 (\text{mod } 2491) = 679$$

将 x 发送给 Bob.

(2) Bob 选取 $\{1, 2, 3, 4, 5\}$ 的一个子集, 如 $S = \{1, 3, 4, 5\}$, 将 S 发送给 Alice.

(3) Alice 计算

$$\begin{aligned} y &= r \cdot \prod_{i\in\{1,3,4,5\}} v_i (\text{mod } n) \\ &= 1253 \times 1141 \times 2001 \times 1221 \times 101 (\text{mod } 2491) \\ &= 68 \end{aligned}$$

发送给 Bob.

(4) Bob 验证

$$\begin{aligned} y^2 \cdot \prod_{i\in\{1,3,4,5\}} s_i &\equiv 68^2 \times 197 \times 1553 \times 941 \times 494 \\ &\equiv 679 \\ &\equiv x (\text{mod } 2491) \end{aligned}$$

第 5 章　代数系统的基本知识

本书后续群、环和域这三章都是具体的代数系统. 一般意义上的代数系统都会涉及公共的一些基础知识, 这些所有代数系统都涉及的知识在这里单独作为一章提前介绍.

代数结构或代数系统简称代数, 是指一个集合连同该集合上面定义了若干运算的系统总称. 如整数集合连同其上定义的乘法和加法就成为一个代数系统. 当然一般意义下的代数系统的元素可能不是普通的数, 其运算自然也不是普通的加、减、乘、除. 一般意义上的代数系统可以理解为我们平时熟悉的集合和运算的抽象, 研究方法也是平时方法的抽象. 用抽象方法研究各种代数系统性质的理论学科叫 " 近世代数". 所谓抽象方法是指它并不关注组成代数系统的具体集合是什么, 也不关注集合上的运算如何定义, 而只假设这些运算遵循某些规则, 诸如类似我们平时所说的结合律、交换律、分配律等, 来讨论和研究代数系统应有的性质, 所得的结论具有普遍意义.

本章将介绍代数系统的构成及其一般性质.

5.1　二元运算及性质

5.1.1　二元运算的定义

代数系统离不开代数运算, 利用映射的概念来定义代数运算这一概念.

一般来说, 运算就是若干元素之间遵守一定的规则, 由此产生一个称为运算结果的元素. 最常见的就是两个元素参与运算得到第三个称为结果的元素. 可以将这个过程抽象出来.

定义 5.1　给定两个集合 A、B 和另一个集合 D, 一个 $A\times B$ 到 D 的映射称为一个 $A\times B$ 到 D 的**代数运算**.

按照定义, 我们将一个 $A\times B$ 到 D 的映射称为 $A\times B$ 到 D 的**代数运算**, 这符合由两个元素在一定的规则下产生第三个元素的思想. 已知有一个 $A\times B$ 到 D 的映射, 按照映射的定义, 给定一个 A 的任意元 a 和一个 B 的任意元 b 就可以通过这个映射下得到一个 D 的元 d. 也可以说, 所给的映射能够对 a 和 b 进行运算, 而得到一个结果 d. 这正是普通的计算法的特征. 例如, 普通加法就是能够把任意两个数加起来, 而得到另一个数, 这样将映射称为运算是合理的.

用一个特殊的运算符号 $\circ$ 来表示一个代数运算. 那么运算可以表示成

$$\circ:(a,b)\to d=\circ(a,b)$$

方便起见, 不写 $\circ(a,b)$ 而写 $a\circ b$. 这样, 我们描写代数运算的符号, 就变成

$$\circ:(a,b)\to d=a\circ b$$

例 5.1　A={所有整数}, B={所有不等于零的整数}, D={所有有理数}.

$$\circ(a,b)\to\frac{a}{b}=a\circ b$$

是一个 $A\times B$ 到 D 的代数运算, 也就是普通的除法.

例 5.2　设 $\mathbf{Z}$ 是整数集合, 一个 $\mathbf{Z}\times\mathbf{Z}$ 到 $\mathbf{Z}$ 的映射

$$\circ : (a,b) \to a(b+1)$$

是 $\mathbf{Z}$ 上的一个代数运算.

例 5.3　设 A 是一个非空集合, $\mathscr{P}(A)$ 是集合 A 的幂集, 则集合的并与交是幂集 $\mathscr{P}(A)$ 上的两个代数运算.

在 A 和 B 都是有限集合的时候, 一个 $A\times B$ 到 D 的代数运算, 我们常用一个表, 称为运算表来说明. 假定 A 有 n 个元 $a_1,\cdots,a_n$, B 有 m 个元 $b_1,\cdots,b_m, D=\{d_{ij}\mid i=1,2,\cdots,n;j=1,2,\cdots,m\}$, 则 $A\times B$ 到 D 的代数运算

$$\circ : (a_i,b_j) \to d_{ij}$$

可以表示为

	b_1	b_2	$\cdots$	b_m
a_1	d_{11}	d_{12}	$\cdots$	d_{1m}
$\vdots$	$\vdots$	$\vdots$		$\vdots$
a_n	d_{n1}	d_{n2}	$\cdots$	d_{nm}

用运算表来说明一个代数运算, 常比用箭头或用等式的方法省事, 并且清楚. 不过, 需要注意的是, 只有有限集合之间的代数运算才可以用表的形式表示.

$A\times B$ 到 D 的一般代数运算用到的时候比较少. 最常用的代数运算是 $A\times A$ 到 A 的代数运算. 在这样的一个代数运算之下, 可以对 A 的任意两个元加以运算, 而且所得结果还是在 A 里面.

定义 5.2　假如 $\circ$ 是一个 $A\times A$ 到 A 的代数运算, 我们就说, 集合 A 对于代数运算 $\circ$ 来说是封闭的, 也说 $\circ$ 是 A 的代数运算或**二元运算**.

例 5.4　设 F_2 是实数域上的二阶非奇异方阵 (矩阵的行列式不等于 0) 组成的集合, $\circ$ 是矩阵的普通乘法, 由于两个非奇异的矩阵的乘积还是一个非奇异矩阵, 因此, $\circ$ 是 F_2 上的二元运算.

例 5.5　正整数集合上的两个数的普通除法不是代数运算. 因为两个正整数的除法结果可能不再是整数.

例 5.6　集合 $A=\{1,2,\cdots,n\}$ 上的所有一一映射组成的集合记作 B. B 中任意两个元素的运算结果定义为两个映射的复合映射, 这也是集合 B 上的一个运算.

代数运算的例子还可以举出很多. 从上面的例子可以看出, 参与运算的元素可以不再是普通的数.

5.1.2　二元运算的性质

平时我们都熟悉数之间进行运算时都遵守的一些规律, 如结合律、交换律、分配律等. 下面在一般意义下讨论一般运算会涉及的类似的规律且不妨还是沿用普通的名词来描述.

1. 结合律

给定集合 A, 一个 $A\times A$ 到 A 的代数运算 $\circ$. 在 A 里任意取出三个元 a、b、c 来, 符号 $a\circ b\circ c$ 在没有规定运算顺序的前提下是没有什么意义的, 因为代数运算只能对两个元进行运算. 但是我们可以先对 a 和 b 进行运算, 而得到 $a\circ b$, 因为 $\circ$ 是 $A\times A$ 到 A 的代数运算, $a\circ b\in A$. 所以我们又可以把这个元同 c 来进行运算, 而得到一个结果. 这样得来的结果用加括号的方法写出来, 就是 $(a\circ b)\circ c$. 另外一种用加括号的方法写出来是 $a\circ(b\circ c)$. 在一般情形之下, 由这两个不同的步骤所得的结果也未必相同.

例 5.7　设 $\mathbf{R}$ 是实数集, 对于 $\mathbf{R}$ 中的三个数 $a=2$, $b=2$ 和 $c=2$, $\circ$ 就是普通的减法, 显然有

$$(a\circ b)\circ c\neq a\circ(b\circ c)$$

定义 5.3　设集合 A 和 A 上的代数运算 $\circ$, 假如对于 A 的任何三个元 a、b、c 都有

$$(a\circ b)\circ c=a\circ(b\circ c)$$

则称二元运算适合结合律.

例 5.8　设 $\mathbf{Z}$ 是整数集合, 很容易验证, $\mathbf{Z}$ 上的普通加法和普通乘法都是适合结合律的代数运算.

例 5.9　设 A 是一个非空集合, $\circ$ 是 A 上的一个代数运算, 对于任意 $a,b\in A$ 有 $a\circ b=b$, 证明 $\circ$ 满足结合律.

证明　对于任意三个元素 $a,b,c\in A$, 有

$$(a\circ b)\circ c=c$$
$$a\circ(b\circ c)=c$$

于是 $(a\circ b)\circ c=a\circ(b\circ c)=c)$, 可知 $\circ$ 适合结合律.

例 5.10　判断有理数集合 $\mathbf{Q}$ 上的代数运算

$$\circ: a\circ b=(a+b)^2$$

是否适合结合律?

解　设 $a=1$, $b=2$, $c=3$, 有

$$(a\circ b)\circ c=[(1+2)^2+3]^2=(9+3)^2=144$$
$$a\circ(b\circ c)=[1+(2+3)^2]^2=(1+25)^2=676$$

所以, 代数运算 $\circ$ 不适合结合律.

在 A 里任意取出 n 个元 a_1, a_2, $\cdots$, a_n, 只有对运算给出一定先后顺序, 下面的符号

$$a_1\circ a_2\circ\cdots\circ a_n$$

才有意义. 设运算顺序的规定方法总共 N 个, 用

$$\pi_1(a_1\circ a_2\circ\cdots\circ a_n),\pi_2(a_1\circ a_2\circ\cdots\circ a_n),\cdots,\pi_N(a_1\circ a_2\circ\cdots\circ a_n)$$

来表示. 当 $n=3$ 的时候, 不同运算步骤的方法 $N=2$.

这样得来的 N 个 $\pi(a_1\circ a_2\circ\cdots\circ a_n)$ 当然未必相等, 但在特殊情况下, 它们也可能相等.

定义 5.4 假如对于 A 的 $n(n \geqslant 2)$ 个固定的元 $a_1, a_2, \cdots, a_n$ 来说, 所有的 $\pi(a_1 \circ a_2 \circ \cdots \circ a_n)$ 都相等, 我们就把由这些步骤可以得到的唯一的结果用 $a_1 \circ a_2 \circ \cdots \circ a_n$ 来表示.

定理 5.1 假如一个集合 A 的代数运算 $\circ$ 适合结合律, 那么对于 A 的任意个元 a_1 , a_2, $\cdots$, a_n 来说, 所有的 $\pi(a_1 \circ a_2 \circ \cdots \circ a_n)$ 都相等; 符号 $a_1 \circ a_2 \circ \cdots \circ a_n$ 也就有意义了.

证明 用数学归纳法.

$n = 3$ 时, 定理正确.

设元素个数 $\leqslant n-1$, 结论正确. 对 n 个元的任意一种运算方法 $\pi(a_1 \circ a_2 \circ \cdots \circ a_n)$ 来说, , 如果能够证明

$$\pi(a_1 \circ a_2 \circ \cdots \circ a_n) = a_1 \circ (a_2 \circ a_3 \circ \cdots \circ a_n) \tag{5.1}$$

定理也就证明了.

事实上, 这一个运算步骤 $\pi(a_1 \circ a_2 \circ \cdots \circ a_n)$ 是经过一种加括号的步骤所得来的结果, 这个步骤的最后一步总是对两个元进行运算

$$\pi(a_1 \circ a_2 \circ \cdots \circ a_n) = b_1 \circ b_2$$

其中, b_1 是前面的若干个, 假定是 i 个元 $a_1, a_2, \cdots, a_i$ 经过一个加括号的步骤所得的结果, b_2 是其余的 $n-i$ 个元 $a_{i+1}, a_{i+2}, \cdots, a_n$ 经过一个加括号的步骤所得的结果. 因为 i 和 $n-i$ 都 $\leqslant n-1$, 由归纳法的假定知

$$b_1 = a_1 \circ a_2 \circ a_3 \circ \cdots \circ a_i, \quad b_2 = a_{i+1} \circ a_{i+2} \circ \cdots \circ a_n$$

$$\pi(a_1 \circ a_2 \circ \cdots \circ a_n) = (a_1 \circ a_2 \circ \cdots \circ a_i) \circ (a_{i+1} \circ a_{i+2} \circ \cdots \circ a_n)$$

假如 $i = 1$, 那么上式就是式 (5.1), 我们用不着再证明什么. 假定 $i > 1$, 那么

$$\begin{aligned}
\pi(a_1 \circ a_2 \circ \cdots \circ a_n) &= [a_1 \circ (a_2 \circ \cdots \circ a_i)] \circ (a_{i+1} \circ a_{i+2} \circ \cdots \circ a_n) \\
&= a_1 \circ [(a_2 \circ \cdots \circ a_i)] \circ (a_{i+1} \circ a_{i+2} \circ a_n) \\
&= a_1 \circ (a_2 \circ a_3 \circ \cdots \circ a_i \circ a_{i+1} \circ a_{i+2} \circ a_n)
\end{aligned}$$

即式 (5.1) 仍然成立. 证毕.

结合律成立时, 符号 $a_1 \circ a_2 \circ \cdots \circ a_n$ 就有了明确的意义.

2. 交换律

定义 5.5 设 A 是一个集合, $\circ$ 是 A 上的代数运算. 取 A 的任何两个元 a_1 和 a_2 , 如果有

$$a_1 \circ a_2 = a_2 \circ a_1$$

则称运算 $\circ$ 适合交换律.

例 5.11 实数集合上的普通运算、乘法运算都适合于交换律, 但加法不适合交换律.

例 5.12 设 $\mathbf{Q}$ 为有理数集合, 对于 $\mathbf{Q}$ 中的任意两个元素 a 和 b, 规定

$$\circ : a \circ b = a + b + ab$$

则 $\circ$ 适合交换律.

证明 任取 $a,b\in\mathbf{Q}$, 因为

$$a\circ b=a+b+ab=b+a+ba=b\circ a$$

所以 $\circ$ 适合交换律.

例 5.13 设 S 是所有二阶方阵构成的集合. $\circ$ 为定义在 S 上的矩阵的乘法, 则 $\circ$ 是 S 的一个二元运算, 令

$$A=\begin{pmatrix}2 & 1\\ 0 & -1\end{pmatrix},\quad B=\begin{pmatrix}0 & 0\\ 1 & 1\end{pmatrix}$$

则 $A\in S$ 且 $B\in S$, 但

$$A\circ B=\begin{pmatrix}2 & 1\\ 0 & -1\end{pmatrix}\begin{pmatrix}0 & 0\\ 1 & 1\end{pmatrix}=\begin{pmatrix}1 & 1\\ -1 & -1\end{pmatrix}$$

$$B\circ A=\begin{pmatrix}0 & 0\\ 1 & 1\end{pmatrix}\begin{pmatrix}2 & 1\\ 0 & -1\end{pmatrix}=\begin{pmatrix}0 & 0\\ 2 & 0\end{pmatrix}$$

可见 $A\circ B\neq B\circ A$.

定理 5.2 集合 A 的代数运算 $\circ$ 同时适合结合律与交换律, 那么在 $a_1\circ a_2\circ\cdots\circ a_n$ 里, 元素的顺序任意调换后, 所得的结果都一样.

证明 用归纳法.

当 $n=2$ 时, 结果显然成立.

设有 $n-1$ 个元素的时候, 结论成立. 现在 n 个元素的时候, 证明若是把 a_i 的次序任意颠倒, 而组成一个

$$a_{i_1}\circ a_{i_2}\circ\cdots\circ a_{i_n}$$

其中, $i_1,i_2,\cdots,i_n$ 还是 $1,2,\cdots,n$ 这 n 个整数, 不过次序不同, 那么

$$a_{i_1}\circ a_{i_2}\circ\cdots\circ a_{i_n}=a_1\circ a_2\circ\cdots\circ a_n$$

事实上, $i_1,i_2,\cdots,i_n$ 中一定有一个等于 n, 假定是 i_k, 那么, 由结合律、交换律以及归纳法假定, 可知

$$\begin{aligned}
&a_{i_1}\circ a_{i_2}\circ\cdots\circ a_{i_n}\\
&=(a_{i_1}\circ\cdots\circ a_{i_{k-1}})\circ[a_n\circ(a_{i_{k+1}}\circ\cdots\circ a_{i_n})]\\
&=(a_{i_1}\circ\cdots\circ a_{i_{k-1}})\circ[(a_{i_{k+1}}\circ\cdots\circ a_{i_n})\circ a_n]\\
&=[(a_{i_1}\circ\cdots\circ a_{i_{k-1}})\circ(a_{i_{k+1}}\circ\cdots\circ a_{i_n})]\circ a_n\\
&=(a_1\circ a_2\circ\cdots\circ a_{n-1})\circ a_n\\
&=a_1\circ a_2\circ\cdots\circ a_n
\end{aligned}$$

证毕.

普通数的乘法和加法等代数运算都是适合交换律的. 但也有许多不适合交换律的代数运算, 如矩阵乘法及映射的复合运算等. 交换律也是一个极其重要的规律.

3. 分配律

结合律和交换律都只涉及一个代数运算. 下面将要介绍的分配律涉及两种代数运算.

定义 5.6　设有集合 A 和 B. $\odot$ 是一个 $B\times A$ 到 A 的代数运算, $\oplus$ 是一个 A 的代数运算. 代数运算 $\odot$、$\oplus$ 适合第一个**分配律**, 假如对于 B 的任何 b, A 的任何 a_1、a_2 来说, 都有

$$b\odot(a_1\oplus a_2)=(b\odot a_1\oplus(b\odot a_2))$$

例 5.14　假如 B 和 A 都是全体实数的集合, $\odot$ 和 $\oplus$ 就是普通的乘法和加法, 那么定义 5.6 中的表达式就变成

$$b(a_1+a_2)=(ba_1)+(ba_2)$$

定理 5.3　假如 $\oplus$ 适合结合律, 而且 $\odot$、$\oplus$ 适合第一分配律, 那么对于 B 的任何 b, A 的任何 $a_1,a_2,\cdots,a_n$ 来说, 有

$$b\odot(a_1\oplus\cdots\oplus a_n)=(b\odot a_1)\oplus\cdots\oplus(b\odot a_n)$$

证明　用归纳法. 当 $n=1,2$ 的时候, 定理是对的. 假定当 $a_1,a_2,\cdots$ 的个数为 $n-1$ 个的时候, 定理是对的, 再看有 n 个 a_i 时的情形, 这时

$$\begin{aligned}b\odot(a_1\oplus\cdots\oplus a_n)&=b\odot[(a_1\oplus\cdots\oplus a_{n-1})\oplus a_n]\\&=[b\odot(a_1\oplus\cdots\oplus a_{n-1})]\oplus(b\odot a_n)\\&=[(b\odot a_1)\oplus\cdots\oplus(b\odot a_{n-1})]\oplus(b\odot a_n)\\&=(b\odot a_1)\oplus\cdots\oplus(b\odot a_n)\end{aligned}$$

证毕.

设 $\odot$ 是一个 $A\times B$ 到 A 的代数运算, $\oplus$ 是一个 A 的代数运算. 那么 $(a_1\oplus a_2)\odot b$ 和 $(a_1\odot b)\oplus(a_2\odot b)$ 都有意义.

定义 5.7　代数运算 $\odot$、$\oplus$ 适合第二个分配律, 假如, 对于 B 的任何 b, A 的任何 a_1 和 a_2 来说, 都有

$$(a_1\oplus a_2)\odot b=(a_1\odot b)\oplus(a_2\odot b)$$

定理 5.4　假如 $\oplus$ 适合结合律, 而且 $\odot$、$\oplus$ 适合第二分配律, 那么对于 B 的任何 b, A 的任何 $a_1,a_2,\cdots,a_n$ 来说, 有

$$(a_1\oplus\cdots\oplus a_n)\odot b=(a_1\odot b)\oplus\cdots\oplus(a_n\odot b)$$

证明过程略.

5.2　代数系统

5.2.1　代数系统的定义与实例

前面我们学习了 $A\times B$ 到 D 的代数运算的定义, 当 A、B、D 是同一个集合的时候, 这时二元运算就称为集合 A 上的二元运算. 例如, 实数集合上的加法就是一个二元运算. 当然,

一个集合上的二元运算可能不止一个, 像实数集合上还有减法和乘法等其他多种运算. 一般情况下, 这些运算涉及的元素个数是两个, 这样的运算称为双目运算符. 但在有些情况下, 一个集合上的某些运算涉及的变量个数也可能只有一个或者多于两个. 把这些一般因素都考虑到, 下面给出代数系统的一般定义.

定义 5.8 一个非空集合 A 连同若干定义在该集合上的运算 $f_1, f_2, \cdots, f_k$ 所组成的系统就称为一个代数系统. 记作 $(A, f_1, f_2, \cdots, f_k)$. 在不引起混淆的情况下, 代数系统 $(A, f_1, f_2, \cdots, f_k)$ 有时也简单记作 A.

附带再强调一下, 代数系统涉及一个集合和集合上的几个运算, 每一个运算的运算结果还在集合中, 这一点称为运算对集合的封闭性. 以后讨论最多的是有一个运算符的代数系统或者有两个运算符的代数系统.

将代数系统的一个运算局限到代数系统的一个子集上, 其运算结果可能还是在子集内, 对于这样的情况, 给出以下定义.

定义 5.9 代数系统的 A 的一个子集 M 若还是代数系统, 则称 M 是 A 的子代数系统.

例 5.15 设 $\mathbf{R}$ 是实数集合. $+$ 和 $\times$ 是 $\mathbf{R}$ 上的普通加法和乘法, 那么 $(\mathbf{R}, +, \times)$ 是代数系统.

例 5.16 设 A 为一非空集合, $\mathscr{P}(A)$ 是 A 的所有子集组成的集合. $\cap$、$\cup$ 和 $\sim$ 是集合通常的交、并和求补运算, 那么 $(\mathscr{P}(A), \sim, \cap, \cup)$ 是代数系统.

例 5.17 设 $\mathbf{Q}$ 是有理数集合, $+$ 和 $\times$ 是 $\mathbf{Q}$ 上的普通加法和乘法, 那么 $(\mathbf{Q}, +, \times)$ 是实数代数系统 $(\mathbf{R}, +, \times)$ 的子代数系统.

一个代数系统未必非得是由集合 A 和集合 A 上的全部运算构成. 集合 A 和 A 上的一个代数运算 $\circ$ 就可以构成代数系统. 集合 A 上的任意多个运算和 A 也可以构成代数系统.

5.2.2 代数系统的同构与同态

同构和同态是代数系统中非常重要的概念. 下面通过一个例子引入两个代数系统同构和同态的概念. 为了讨论问题方便, 这里假设所有的代数系统都只有一个二元运算.

1. 同构

设 $G = (\mathbf{R}^+, \cdot)$, $S = (\mathbf{R}, +)$, 这里 R^+ 是所有正实数的集合, $\mathbf{R}$ 是所有实数的集合, 运算 $\cdot$ 和 $+$ 分别是实数的乘法和加法, 容易验证 $G = (\mathbf{R}^+, \cdot)$ 和 $S = (\mathbf{R}, +)$ 是两个代数系统. 现在 G 和 S 之间建立一个映射 f

$$f : x \to \ln x, \quad x \in \mathbf{R}^+$$

即对于任何正实数 x, $f(x) = \ln x$. 由于当 $x_1 \neq x_2$ 时, $f(x_1) \neq f(x_2)$, 并且对于任何实数 y, 都存在正实数 $x = \mathrm{e}^y$, 使得 $f(x) = \ln x = y$, 因此, f 是 G 到 S 上的一个一一映射, 另外, 对于任意 $x_1, x_2 \in G$, 有

$$f(x_1 \cdot x_2) = \ln(x_1 x_2) = \ln x_1 + \ln x_2 = f(x_1) + f(x_2)$$

我们看到这个变换具有良好的性质: $(\mathbf{R}^+, \cdot)$ 中任意两个元素 x_1 和 x_2, 按运算 $\cdot$ 所得的结果 $x_1 \cdot x_2$ 在 f 作用下的像 $\ln(x_1 \cdot x_2)$, 恰好是这两个元素的像 $\ln x_1$ 和 $\ln x_2$ 在 $(\mathbf{R}, +)$ 中运算所得结果 $\ln x_1 + \ln x_2$.

再看另外一个例子.

例 5.18　设有两个集合 $A=\{1,2,3\}$ 和 $\overline{A}=\{4,5,6\}$. A 和 $\overline{A}$ 的运算符分别是 $\circ$ 和 $\bar{\circ}$, 运算规则如下.

$\circ$	1	2	3
1	3	3	3
2	3	3	3
3	3	3	3

$\bar{\circ}$	4	5	6
4	6	6	6
5	6	6	6
6	6	6	6

显然 $(A,\circ)$ 与 $(\overline{A},\bar{\circ})$ 是两个代数系统, 这两个代数系统在这里简单记作 A 和 $\overline{A}$. 映射 f 为

$$f:1\to 4,\ 2\to 5,\ 3\to 6$$

是一个 A 与 $\overline{A}$ 间的一一映射. 又因为对于任意 $a,b\in A$, 都有

$$a\circ b=3\to 6=\overline{a}\bar{\circ}\overline{b}$$

也就是 $f(a\circ b)=\overline{a}\bar{\circ}\overline{b}$, 所以 f 是 A 与 $\overline{A}$ 之间的同构映射.

在例 5.18 里, A 有三个元, 分别是 $1,2,3$. $\overline{A}$ 也有三个元, 分别是 $4,5,6$. 在把 A 和 $\overline{A}$ 的元素看成数的前提下, A 和 $\overline{A}$ 当然是有区别的. 假如我们仅仅关心两个集合中有多少个元素, 以及任意两个元素的运算结果, 也就是说, 现在我们不把 A 的 1、2、3 和 $\overline{A}$ 的 4、5、6 看成普通整数, 再来作比较, 那么 A 有三个元, 第一个称为 1, 第二个称为 2, 第三个称为 3. A 有一个代数运算, 称为 $\circ$. 应用这个运算于 A 的任意两个元所得结果是第三个元. $\overline{A}$ 也有三个元, 第一个称为 4, 第二个称为 5, 第三个称为 6. $\overline{A}$ 也有一个代数运算称为 $\bar{\circ}$. 应用这个运算于 $\overline{A}$ 的任意两个元所得结果也总是第三个元. 这样看起来, A 同 $\overline{A}$ 实在没有什么本质上的区别, 唯一的区别只是命名的不同而已. 基于这样的一种观点, 给出下面的定义.

定义 5.10　设 ϕ 是代数系统 $(A,\circ)$ 到代数系统 $(\overline{A},\bar{\circ})$ 之间的一一映射. 若在 ϕ 之下, 不管 a 和 b 是 A 的哪两个元, 只要

$$a\to\overline{a},b\to\overline{b}$$

就有

$$a\circ b\to\overline{a}\bar{\circ}\overline{b}$$

则称 ϕ 是一个对于代数运算 $\circ$ 和 $\bar{\circ}$ 来说的, A 到 $\overline{A}$ 的**同构映射**.

两个代数系统同构, 可以简单地归纳为: 两个代数系统之间一一映射是同构映射, 当且仅当任意两个元素运算结果的像等于这两个元素像的运算结果. 有时也把两个同构的代数系统视为同一个. 另外需要注意, 把同构的代数系统看作相同的代数系统并没有说把代数系统中的集合看作相同的, 例如, $(\mathbf{R}^+,\cdot)$ 与 $(\mathbf{R},+)$ 是两个同构的代数系统, $\mathbf{R}^+$ 与 $\mathbf{R}$ 显然是两个不同的集合.

设 ϕ 是 A 与 $\overline{A}$ 间的同构映射, 那么 ϕ^{-1} 也是 $\overline{A}$ 与 A 间的同构映射. 因为在 ϕ^{-1} 之下, 只要

$$\overline{a}\to a,\overline{b}\to b$$

显然就有

$$\overline{a}\overline{\circ}\overline{b} \to a \circ b$$

所以同构映射与 A 和 $\overline{A}$ 的次序没有多大关系.

2. 同态

若两个集合之间的映射不一定是一一映射, 只是一个普通的映射. 我们有下面的定义.

定义 5.11 设 ϕ 是代数系统 $(A, \circ)$ 到代数系统 $(\overline{A}, \overline{\circ})$ 之间的映射. 若在 ϕ 之下, 不管 a 和 b 是 A 的哪两个元, 只要

$$a \to \overline{a}, b \to \overline{b}$$

就有

$$a \circ b \to \overline{a}\overline{\circ}\overline{b}$$

则称 ϕ 是一个对于代数运算 $\circ$ 和 $\overline{\circ}$ 来说的, A 到 $\overline{A}$ 的**同态映射**.

例 5.19 $A = \{$所有整数$\}$, A 的代数运算是普通加法, $\overline{A} = \{1, -1\}$, $\overline{A}$ 的代数运算是普通乘法, 对于任意 $a \in A$

$$\phi_1 : a \to 1$$

是一个 A 到 $\overline{A}$ 的同态映射.ϕ_1 是一个 A 到 $\overline{A}$ 的映射, 显然. 对于 A 的任意两个整数 a 和 b 来说, 我们有

$$a \to 1, \quad b \to 1$$

$$a + b \to 1 = 1 \times 1$$

例 5.20 $A = \{$所有整数$\}$, A 的代数运算是普通加法, $\overline{A} = \{1, -1\}$, $\overline{A}$ 的代数运算是普通乘法, 对于任意 $a \in A$

ϕ_2: $a \to 1$, 若 a 是偶数; $a \to -1$, 若 a 是奇数

ϕ_2 是一个 A 到 $\overline{A}$ 的满射的同态映射.

事实上, ϕ_2 是 A 到 $\overline{A}$ 的满射, 显然. 对于 A 的任意两个整数 a 和 b 来说, 若 a 和 b 都是偶数, 那么

$$a \to 1, \quad b \to 1$$

$$a + b \to 1 = 1 \times 1$$

若 a 和 b 都是奇数, 那么

$$a \to -1, \quad b \to -1$$

$$a + b \to 1 = (-1) \times (-1)$$

若 a 奇 b 偶, 那么

$$a \to -1, \quad b \to +1$$

$$a + b \to -1 = (-1) \times (+1)$$

a 偶 b 奇时情形一样.

例 5.21　$\phi_3 : a \to -1$(a 是 A 的任一元素) 固然是一个 A 到 $\overline{A}$ 的映射, 但不是同态映射. 因为对于任意 A 的 a 和 b 来说

$$a \to -1, \quad b \to -1$$

$$a + b \to -1 \neq (-1) \times (-1)$$

A 到 $\overline{A}$ 的满射的同态映射对于我们比较重要.

定义 5.12　假如对于代数运算 $\circ$ 和 $\overline{\circ}$ 来说, 有一个 A 到 $\overline{A}$ 的满射的同态映射存在, 我们就说, 这个映射是一个**同态满射**, 并说, 对于代数运算 $\circ$ 和 $\overline{\circ}$ 来说, A 和 $\overline{A}$ 同态.

我们约定: 今后所提到的同态映射都是指同态满射.

定理 5.5　假定对于代数运算 $\circ$ 和 $\overline{\circ}$ 来说 A 与 $\overline{A}$ 同态. 那么有以下结论.

(1) 若 $\circ$ 适合结合律, $\overline{\circ}$ 也适合结合律.

(2) 若 $\circ$ 适合交换律, $\overline{\circ}$ 也适合交换律.

证明　我们用 ϕ 来表示 A 到 $\overline{A}$ 的同态满射.

(1) 假定 $\bar{a}$、$\bar{b}$、$\bar{c}$ 是 $\overline{A}$ 的任意三个元. 因为映射是满的, 在 A 里至少存在三个元 a、b、c, 使得在 ϕ 之下

$$a \to \bar{a}, \quad b \to \bar{b}, \quad c \to \bar{c}$$

于是, 由于 ϕ 是同态满射

$$(a \circ b) \circ c \to \overline{(a \circ b) \circ c} = \overline{a \circ b} \overline{\circ}\ \bar{c} = (\bar{a} \overline{\circ} \bar{b}) \overline{\circ} \bar{c}$$

$$a \circ (b \circ c) \to \overline{a \circ (b \circ c)} = \bar{a} \overline{\circ} \overline{b \circ c} = \bar{a} \overline{\circ} (\bar{b} \overline{\circ} \bar{c})$$

但由题设

$$a \circ (b \circ c) = (a \circ b) \circ c$$

这样, 和 $\bar{a} \overline{\circ} (\bar{b} \overline{\circ} \bar{c}) \bar{a} \overline{\circ} (\bar{b} \overline{\circ} \bar{c})$ 是 A 里同一元的像, 因而

$$\bar{a} \overline{\circ} (\bar{b} \overline{\circ} \bar{c}) = (\bar{a} \overline{\circ} \bar{b}) \overline{\circ} \bar{c}$$

(2) 我们看 $\overline{A}$ 的任意两个元 $\bar{a}$ 和 $\bar{b}$, 并且假定在 ϕ 之下

$$a \to \bar{a}, b \to \bar{b} (a, b \in A)$$

那么, $a \circ b \to \bar{a} \overline{\circ} \bar{b}$, $b \circ a \to \bar{b} \overline{\circ} \bar{a}$, 但 $a \circ b = b \circ a$, 所以 $\bar{a} \overline{\circ} \bar{b} = \bar{b} \overline{\circ} \bar{a}$, 证毕.

定理 5.6　假定 $\odot$、$\oplus$ 都是集合 A 的代数运算, $\overline{\odot}$、$\overline{\oplus}$ 都是集合 $\overline{A}$ 的代数运算, 并且存在一个 A 到 $\overline{A}$ 的满射 ϕ, 使得 A 与 $\overline{A}$ 对于代数运算 $\odot$、$\overline{\odot}$ 来说同态, 对于代数运算 $\oplus$、$\overline{\oplus}$ 来说也同态. 那么有以下结论.

(1) 若 $\odot$、$\oplus$ 适合第一分配律, 则 $\overline{\odot}$、$\overline{\oplus}$ 也适合第一分配.

(2) 若 $\odot$、$\oplus$ 适合第二分配律, 则 $\overline{\odot}$、$\overline{\oplus}$ 也适合第二分配律.

证明　我们只证明 (1), (2) 可以完全类似地征明. 看 $\overline{A}$ 的任意三个元 $\bar{a}$、$\bar{b}$、$\bar{c}$, 并且假定

$$a \to \bar{a}, \quad b \to \bar{b}, \quad c \to \bar{c}; \quad a, b, c \in A$$

那么

$$a \odot (b \oplus c) \to \overline{a}\overline{\odot}(\overline{b \oplus c}) = \overline{a}\overline{\odot}(\overline{b}\overline{\oplus}\overline{c})$$
$$(a \odot b)\oplus (a\odot c) \to (\overline{a \odot b})\overline{\oplus}(\overline{a \odot c}) =(\overline{a}\overline{\odot}\overline{b})\overline{\oplus}(\overline{a}\overline{\odot}\overline{c})$$

但

$$a \odot (b \oplus c)=(a\odot b) \oplus (a\odot c)$$

所以

$$\overline{a}\overline{\odot}(\overline{b}\overline{\oplus}\overline{c})=(\overline{a}\overline{\odot}\overline{b})\overline{\oplus}(\overline{a}\overline{\odot}\overline{c}).$$

证毕.

代数系统 $(A,\circ)$ 自己之间也可以同构.

定义 5.13 代数系统 A 与 A 间的同构映射称为 A 的**自同构**.

自同构映射也是一个极其重要的概念.

例 5.22 $A=\{1,2,3\}$, 代数运算 $\circ$ 由给定如下:

	1	2	3
1	3	3	3
2	3	3	3
3	3	3	3

那么

$$\phi: 1 \to 2, 2 \to 1, 3 \to 3$$

是一个对于 $\circ$ 来说的 A 的自同构.

5.3 习 题

1. 下列运算在给定的集合上是否封闭.

(1) $A=\{0,1,2,3,4\}$, 运算 $+$ 为普通加法

(2) $A=\{0,1,2,3,4\}$, 运算 $\vee$ 满足 $a \vee b=\max\{a,b\}$

(3) $A=\{0,1,2,3,4\}$, 运算 $\wedge$ 满足 $a \wedge b=\min\{a,b\}$

(4) 自然数集合 $\mathbf{N}$ 上的运算 $\times$, $\times$ 为普通乘法

2. A={所有不等于零的偶数}, 找一个集合 D, 使得普通除法是 $A \times A$ 到 D 的代数运算, 是不是找得到一个以上的这样的 D?

3. $A=\{a,b,c\}$, 规定 A 的两个不同的代数运算.

4. A ={所有不等于零的实数}, $\circ$ 是普通除法: $a \circ b=\dfrac{a}{b}$. 这个代数运算适合不适合结合律?

5. A={所有实数}

$$\circ: (a,b) \to a+2b=a \circ b$$

这个代数运算适合不适合结合律?

6. $A = \{a, b, c\}$, 如下 A 上的代数运算 $\circ$ 适合不适合结合律?

$\circ$	a	b	c
a	a	b	c
b	b	c	a
c	c	a	b

7. A={所有实数}, $\circ$ 是普通减法: $a \circ b = a - b$. 这个代数运算适合不适合交换律?

8. $A = \{a, b, c, d\}$, 以下所给的代数运算 $\circ$ 适合交换律吗?

$\circ$	a	b	c	d
a	a	b	c	d
b	b	d	a	c
c	c	a	d	b
d	d	c	a	b

9. 在自然数集合 $\mathbf{N}$ 上, 下列各运算是否是可结合的.

(1) $a \circ b = \max\{a, b\}$

(2) $a \circ b = \min\{a, b\}$

(3) $a \circ b = a + b + 3$

(4) $a \circ b = a + 2b$

10. 定义 $\mathbf{Z}^+$(正整数集合) 上的两个元素运算如下.

(1) $a \circ b = a^b$

(2) $a * b = a \times b, a, b \in \mathbf{Z}^+, \times$ 普通乘法

试证 $\circ$ 对 $*$ 是不可分配的, 反过来, $*$ 对 $\circ$ 如何呢?

11. 设 $(A, \circ)$ 是一代数系统, $\circ$ 为 A 上的二元运算, 对任意 $a, b \in A$ 有 $a \circ b = a$.

(1) 试证 $\circ$ 是可结合的.

(2) $\circ$ 是可交换的吗?

12. $A = \{a, b, c\}$, A 上的代数运算 $\circ$ 如下, 找出所有 A 的一一变换. 对于代数运算 $\circ$ 来说, 这些一一变换是否都是 A 的自同构?

$\circ$	a	b	c
a	c	c	c
b	c	c	c
c	c	c	c

13. A={所有有理数}, 找一个 A 的对于普通加法来说的自同构 (映射 $x \leftrightarrow x$ 除外).

14. A={所有有理数}, A 的代数运算是普通加法. $\overline{A}$={所有 $\neq 0$ 的有理数}; $\overline{A}$ 的代数运算是普通乘法. 证明: 对于给定的代数运算来说, A 与 $\overline{A}$ 间没有同构映射存在 (先决定 0 在一个同构映射之下的像).

第 6 章　群　　论

群是一种具体的代数系统. 群论是研究群的理论. 群在代数系统中占据重要地位, 许多代数结构, 如环、域可以看作在群代数系统的基础上添加新的运算和公理而形成的. 因此, 掌握群代数系统的研究方法对其他代数系统的研究有重要意义. 目前, 许多不同的物理结构, 如晶体结构和氢原子结构都可以用群论方法建立模型, 群论的研究领域已从数学拓展到其他学科. 另外, 群代数系统在现代通信中数据的安全性方面也有很重要的应用. 本章涉及群的概念和性质等知识, 最后给出了群在公钥密码学方面的应用.

6.1　半　　群

半群是最简单的代数系统.

定义 6.1　设 $(S,\circ)$ 是一个代数系统, 其中 S 为非空集合, $\circ$ 是其上的二元运算, 如果运算 $\circ$ 是可结合的, 即对任意 $a,b,c\in S$ 有

$$(a\circ b)\circ c=a\circ(b\circ c)$$

则称 $(S,\circ)$ 为**半群**.

定义 6.2　若半群 $(S,\circ)$ 中的运算 $\circ$ 是可交换的, 则半群 $(S,\circ)$ 称为**可换半群**.

例 6.1　设集合 $S_k=\{x\mid x\text{是整数}, x\geqslant k\}$, $k\geqslant 0$, 其中 $+$ 是普通加法运算, 那么 S_k 是一个半群.

解　因为 $+$ 在 S_k 上是封闭的, 故 $(S_k,+)$ 是一个代数系统, 又因为普通加法运算是可结合的, 所以 $(S_k,+)$ 是一个半群. 附带说明一下, $k\geqslant 0$ 这个条件是重要的. 否则, 若 $k<0$, 则运算 $+$ 在 S_k 上将不是封闭的.

例 6.2　设 $S=\mathscr{P}(A)$, A 非空, 则 $(S,\cap)$ 与 $(S,\cup)$ 为两个半群, 且都是可换半群.

事实上, 对于任意 $A_1,A_2,A_3\in S$, 有

$$(A_1\cap A_2)\cap A_3=A_1\cap(A_2\cap A_3)$$

$$(A_1\cup A_2)\cup A_3=A_1\cup(A_2\cup A_3)$$

且

$$A_1\cap A_2=A_2\cap A_1$$

$$A_1\cup A_2=A_2\cup A_1$$

但是 $(S,-)$ 不是半群, 这里运算$-$表示集合的减法. 设 $A_1=\{a,b\}, A_2=\{c\}, A_3=\{b,c\}$, 则

$$(A_1-A_2)-A_3=\{a,b\}-\{b,c\}=\{a\}$$

$$A_1 - (A_2 - A_3) = \{a, b\} - \emptyset = \{a, b\}$$

因而 $(A_1 - A_2) - A_3 \neq A_1 - (A_2 - A_3)$.

例 6.3 设 S 是全体实数集合上所有二阶方阵的集合. 则 $(S, \times)$ 与 $(S, +)$ 是两个半群. 这里 $\times$ 与 $+$ 是矩阵的乘法与加法. $(S, +)$ 是可换半群, 而 $(S, \times)$ 不是可换半群.

解 因为两个二阶方阵的和以及乘积还是二阶方阵, 并且矩阵的加法和乘法满足结合律, 且加法可交换, 于是 $(S, \times)$ 与 $(S, +)$ 是两个半群, $(S, +)$ 还是交换半群.

定义 6.3 如果半群 $(S, \circ)$ 的子代数 $(M, \circ)$ 仍是半群, 则说 $(M, \circ)$ 是半群 $(S, \circ)$ 的子半群.

定理 6.1 *半群 $(S, \circ)$ 的非空子集 M 是半群的充要条件是 M 关于 $\circ$ 封闭.*

证明 根据子半群的定义, 该结论是显然的.

例 6.4 设 S 是元素为实数的所有二阶方阵的集合, 运算 $\times$ 为矩阵乘法. 不难知道, $(S, \times)$ 是半群. 若 M 是元素为实数的所有二阶非奇异矩阵之集合, 则 $(M, \times)$ 是半群 $(S, \times)$ 的子半群.

证明 显然有 M 是 S 的子集. 任取 $A, B, C \in M$, 那么 $|A| \neq 0, |B| \neq 0$, 根据矩阵的乘法可知, $|AB| = |A||B| \neq 0$, 即 M 关于 $\times$ 封闭. 另外, $(AB)C = A(BC)$, 故 $(M, \times)$ 是 $(S, \times)$ 的子半群.

另外, 对于矩阵的加法是可交换的, 所以 $(S, +)$ 是可换半群, 但 $(M, +)$ 不是 $(S, +)$ 的子半群, 自然不是可换的子半群. 事实上, 取

$$A_1 = \begin{pmatrix} 1 & 0 \\ 0 & 1 \end{pmatrix} \quad A_2 = \begin{pmatrix} -1 & 0 \\ 0 & -1 \end{pmatrix}$$

则 $A_1, A_2 \in M$, 但 $A_1 + A_2 \notin M$($A_1 + A_2$ 是奇异矩阵), 即 M 对于运算 $+$ 不是封闭的. 因此, $(M, +)$ 不是 $(S, +)$ 的子半群.

6.2 单位元和逆元

经常遇到一个固定的数与任何一个数作运算结果还是任何数本身, 如 0 与任何数相加, 1 与任何数相乘, 单位矩阵与任何矩阵相乘等. 代数系统中的这种特性的元素也比较重要.

定义 6.4 设 $(S, \circ)$ 是一个半群.

(1) 若存在元素 $e \in S$, 对任意 $a \in S$ 有 $e \circ a = a$, 则说 e 是半群 $(S, \circ)$ 的一个**左单位元**.

(2) 若存在元素 $f \in S$, 对任意 $a \in S$ 有 $a \circ f = a$, 则说 f 是半群 $(S, \circ)$ 的一个**右单位元**.

(3) 若半群 $(S, \circ)$ 的一个元素 e 既是左单位元, 又是右单位元, 则称该元素为半群 $(S, \circ)$ 的**单位元**.

一个半群可以有左单位元, 也可以有右单位元, 见例 6.5.

例 6.5 设 A 是所有正整数组成的集合, $\circ$ 是普通乘法运算, 则 $(A, \circ)$ 是代数系统. 1 是左单位元, 也是右单位元.

一个半群既可以没有左单位元, 也可以没有右单位元, 见例 6.6.

例 6.6 设 A 是所有偶数组成的集合, $\circ$ 是普通乘法运算, 则 $(A,\circ)$ 是代数系统. $(A,\circ)$ 既没有左单位元, 也没有右单位元.

一个半群可以有左单位元, 但没有右单位元, 见例 6.7.

例 6.7 设 S 是一个集合, $|S|\geqslant 2$, 对于任意 $a,b\in S$, 规定

$$a\circ b=b$$

则 S 是一个有左单位元但没有右单位元的半群.

证明 由于任意 $a,b\in S$, 都有 $a\circ b=b\in S$, 于是运算是封闭的, $(S,\circ)$ 是代数系统. 对于任意 $a,b,c\in S$, 有

$$c=(a\circ b)\circ c=a\circ(b\circ c)$$

运算 $\circ$ 满足结合律, 所以 $(S,\circ)$ 是代数系统. 按照定义, 代数系统的每个元素都是左单位元. S 中的元素个数至少为 2, 故对于任意 $b\in S$, 存在 $a\in S$, 使得 $a\neq b$, 因为 $a\circ b=b\neq a$, 所以 b 不可能是 $(S,\circ)$ 的右单位元, 由 b 的任意性可知 $(S,\circ)$ 没有右单位元.

一个半群可以有右单位元, 而没有左单位元, 见例 6.8.

例 6.8 设 S 是一个集合, $|S|\geqslant 2$, 对于任意 $a,b\in S$, 规定

$$a\circ b=a$$

则 S 是一个有右单位元, 而没有左单位元的半群.

证明 由于任意 $a,b\in S$, 都有 $a\circ b=a\in S$, 于是运算是封闭的, $(S,\circ)$ 是代数系统. 对于任意 $a,b,c\in S$, 有

$$a=(a\circ b)\circ c=a\circ(b\circ c)$$

运算 $\circ$ 满足集合律, 所以 $(S,\circ)$ 是代数系统. 按照定义, 代数系统的每个元素都是右单位元. S 中的元素个数至少为 2, 故对于任意 $a\in S$, 存在 $b\in S$, 使得 $a\neq b$, 因为 $a\circ b=a\neq b$, 所以 a 不可能是 $(S,\circ)$ 的左单位元, 由 a 的任意性可知 $(S,\circ)$ 没有左单位元.

综上所述, 一个半群可以既没有左单位元素, 也没有右单位元素; 也可以有左单位元素而没有右单位元素; 也可以有右单位元素而没有左单位元素. 但是, 若半群既有左单位元素, 又有右单位元素, 则必有单位元素, 而且只能有一个单位元素, 因为我们有下述定理.

定理 6.2 *设半群 $(S,\circ)$ 有左单位元素 e, 又有右单位元素 f, 则 $e=f$ 是 $(S,\circ)$ 的唯一的单位元素.*

证明 因 e 是左单位元素, 故 $e\circ f=f$. 又 f 是右单位元素, 故 $e\circ f=e$, 因为两式左端相等, 则 $e=f$ 是 $(S,\circ)$ 的单位元素.

若 $(S,\circ)$ 有两个单位元素 e_1 和 e_2, 则 $e_1\circ e_2=e_1=e_2$, 故 $(S,\circ)$ 只能有一个单位元. 证毕.

一个有单位元的半群, 其子半群可能没有单位元, 见例 6.9.

例 6.9 设 $\mathbf{Z}$ 是整数集合, $\mathbf{Z}^+$ 是正整数集合. $(\mathbf{Z},+)$ 与 $(\mathbf{Z}^+,+)$ 均是半群, 代数运算 $+$ 为数的加法. $(\mathbf{Z}^+,+)$ 是 $(\mathbf{Z},+)$ 的子半群, 半群 $(\mathbf{Z},+)$ 有单位元素 0, 而其子半群 $(\mathbf{Z}^+,+)$ 没有单位元素.

一个有单位元的半群 S, 子半群的单位元未必与 S 的单位元相等. 见例 6.10.

例 6.10　设 $A=\{a,b,c\}$, S 是 A 的幂集 $\mathscr{P}(A)$, 则 $(S,\cap)$ 是有单位元 A 的半群. 取 S 的子集 $M=\{\{a\},\{b\},\{a,b\},\phi\}$, 易证 $(M,\cap)$ 是子半群, $(M,\cap)$ 的单位元素是 $\{a,b\}$, 和 $(S,\cap)$ 的单位元 A 不相等.

综上所述, 一个有单位元 e 的半群 $(S,\circ)$, 其子半群未必有单位元素; 即使有, 也未必等于 e.

对于有单位元素的半群, 我们可以讨论关于逆元的问题.

定义 6.5　设 $(S,\circ)$ 是有单位元素 e 的半群, $a\in S$.

(1) 若存在 $a'\in S$, 使 $a\circ a'=e$, 则称元素 a 为右可逆的, a' 称为 a 的一个右逆元.

(2) 若存在 $a''\in S$, 使 $a''\circ a=e$, 则称元素 a 为左可逆的, a'' 称为 a 的一个左逆元.

(3) 若存在 $b\in S$, 使得 $ba=ab=e$, 则称元素 a 为可逆元, b 是 a 的一个逆元.

由定义可知, 可逆元一定既是左可逆元, 又是右可逆元. 而且可逆元 a 的逆元既是 a 的左逆元, 又是 a 的右逆元. 若 S 是交换群, 则左 (右) 可逆元一定是右 (左) 可逆元, 而且是可逆元.

例 6.11　全体正整数的集合 A 是关于数的乘法是一个交换半群, 1 是可逆的并且 1 的逆元是 1, 对于 1 之外任何一个正整数 a, 显然不存在整数 b, 使得 $ab=1$, 于是 A 中只有 1 是可逆的.

例 6.12　设 $A=\{a,b,c\}$, S 是 A 的幂集 $\mathscr{P}(A)$, 则 $(S,\cap)$ 是有单位元 A 的交换半群. 对于 S 中元素 A, 因为 $A\cap A=A$, 所以 A 是可逆的, A 的逆元为自身. 对于 S 中其他的任何元素, M, $M\neq A$, 由于对任何元素 $N\in S$, $M\cap N\neq A$, 于是 M 不是可逆的.

定理 6.3　*设 $(S,\circ)$ 是有单位元素 e 的半群, $a\in S$, 若 a 既是右可逆的又是左可逆的, a' 是 a 的一个右逆元, a'' 是 a 的一个左逆元, 则 $a'=a''$. 即一个元既是右可逆的又是左可逆的时候, 它一定是可逆元.*

证明　因 $a\circ a'=e, a''\circ a=e$, 故有 $a'=e\circ a'=(a''\circ a)\circ a'=a''\circ(a\circ a')=a''\circ e=a''$, 证毕.

定理 6.4　*设 $(S,\circ)$ 是有单位元素 e 的半群, 若 $a\in S$ 是可逆的, 则 a 的逆元素唯一. 若用 a^{-1} 表示这个唯一的逆元, 还有 $(a^{-1})^{-1}=a$ 和 $(a\circ b)^{-1}=b^{-1}\circ a^{-1}$.*

证明　假定 a 有两个逆元素 b 和 c, 则 $b=b\circ e=b\circ(a\circ c)=(b\circ a)\circ c=e\circ c=c$, 故可逆元素 a 有唯一的逆元素, 若用符号 a^{-1} 来表示 a 的唯一逆元, 那么

$$a^{-1}\circ a=a\circ a^{-1}=e.$$

又由

$$a^{-1}\circ(a^{-1})^{-1}=(a^{-1})^{-1}\circ a^{-1}=e$$

可知

$$(a^{-1})^{-1}=a$$

由

$$(a\circ b)\circ(b^{-1}\circ a^{-1})=a\circ(b\circ b^{-1})\circ a^{-1}=a\circ e\circ a^{-1}=a\circ a^{-1}=e$$

及

$$(b^{-1}\circ a^{-1})\circ(a\circ b)=b^{-1}\circ(a^{-1}\circ a)\circ b=b^{-1}\circ e\circ b=b^{-1}\circ b=e$$

可知

$$(a\circ b)^{-1}=b^{-1}\circ a^{-1}$$

证毕.

例 6.13 设 S 是所有元素为实数的二阶方阵的集合, $(S,\times)$ 是一个以二阶单位矩阵 E 为单位元素的半群. 对于 $A\in S$, 若它是奇异阵, 则 A 不是可逆元素, 即它没有逆元素; 对于 $B\in S$, 若它是非奇异矩阵, 则 B 是可逆元素, 且 $BB^{-1}=B^{-1}B=E$, 这里

$$E=\begin{pmatrix}1&0\\0&1\end{pmatrix}$$

.

在一个半群里结合律是成立的, 所以

$$a_1\circ a_2\circ\cdots\circ a_n$$

有意义, 是半群的某一个元. 当这 n 个元都相等且为 a 的时候. 这样得来的一个元用普通符号 a^n 来表示

$$a^n=\overbrace{aa\cdots a}^{n}\quad (n\text{是正整数})$$

并且把它称为 a 的 n 次乘方 (简称 n 次方).

设 S 是有单位元 e 的半群, $a\in S$ 是可逆的, n 为正整数, 把 $(a^{-1})^n$ 记作 a^{-n}, 并且规定 $a^0=e$, 这样不难验证, 对于任何整数 m 和 n, 都有

$$a^m\circ a^n=a^{m+n},\quad (a^m)^n=a^{mn}$$

S 是所有整数的集合. S 对于普通加法来说作成一个有单位元 0 的半群. 我们说, 这个半群的任何一个元素都是 1 的乘方. 这一点假如把 G 的代数运算不用 $+$ 而用 $\circ$ 来表示就很容易看出. 因为 1 的逆元是 -1. 假定 m 是任意正整数, 那么

$$m=\overbrace{1+1+\cdots+1}^{m}=\overbrace{1\circ 1\circ\cdots\circ 1}^{m}=1^m$$

$$-m=\overbrace{(-1)+(-1)+\cdots+(-1)}^{m}=\overbrace{(-1)\circ(-1)\circ\cdots\circ(-1)}^{m}=1^{-m}$$

这样, G 的不等于零的元都是 1 的乘方. 但是 0 是 G 的单位元, 按照定义

$$0=1^0$$

这样 G 的所有元都是 1 的乘方 (注意: 这里的乘方不是通常意义下的概念). 对像这种性质的半群给出以下定义.

定义 6.6 若一个半群 S 的每一个都是 S 的某一个固定元 a 的乘方, 就把 S 称为**循环半群**. 也说 S 是由元 a 所生成的并且用符号

$$S=(a)$$

来表示. a 称为 S 的一个**生成元**.

6.3　群

6.2 节介绍了半群的有关知识, 现在来讨论群这个代数系统. 群只有一种代数运算.

当一个代数系统只有一个运算的时候, 这个代数运算用什么符号来表示是可以由我们自由决定的, 有时可以用 $\circ$, 有时可以用 $\bar{\circ}$. 为书写方便, 有时不用 $\circ$ 来表示, 而用普通乘法的符号来表示, 就是我们不写 $a \circ b$, 而写 $a \cdot b$, 甚至连 $\cdot$ 都省略, 也用 a 乘以 b 这种读法. 当然一个群的乘法一般不是普通的乘法.

6.3.1　群的定义

定义 6.7　一个代数系统 G 称为一个群, 如果满足下列条件:

(1) 结合律成立, 即对任意 $a, b, c \in G$ 有 $(ab)c = a(bc)$;

(2) 存在单位元素 e, 即对任意 $a \in G$, 有 $ea = ae = a$;

(3) 对 G 中任意元素 a, 存在 $a^{-1} \in G$, 使 $aa^{-1} = a^{-1}a = e$, 元素 a 称为可逆的, a^{-1} 称为 a 的一个可逆元.

一个群的代数系统自然是一个半群, 因此, 我们在半群内得出一些结论, 如单位元唯一, 一个可逆元的逆元唯一等, 就是自然成立的事了, 以后不再单独证明了.

定义 6.8　若群 G 满足交换律, 则称 G 为交换群, 或 Abel 群.

例 6.14　设 $\mathbf{Z}$、$\mathbf{Q}$、$\mathbf{R}$、$\mathbf{C}$ 分别是整数集合、有理数集合、实数集合和复数集合, 则它们对于数的加法来说是一个群. 单位元素是 0, 每个非零元素 a 的逆元素为 $-a$, 元素 0 的逆元是自身, 而且都是交换群.

例 6.15　设 $\mathbf{Q}^*$、$\mathbf{R}^*$、$\mathbf{C}^*$ 分别是非零有理数集合、非零实数集合和非零复数集合, 则它们对数的乘法来说是一个群. 单位元素是 1, 每个元素 a 的逆元素为 $\dfrac{1}{a}$, 都是交换群.

例 6.16　设 S 是所有 n 阶非奇异矩阵的集合, $\times$ 是矩阵的乘法, 则 $(S, \times)$ 是一个群. 因矩阵的乘法满足结合律, n 阶单位阵 E 即为群 $(S, \times)$ 的单位元素, 每个元素 A 的逆元素 A^{-1} 为 A 的逆阵. 因为矩阵的乘法不适合交换, S 不是交换群.

例 6.17　设 G 是有理数集中去掉 -1 后的集合, 即 $G = Q - \{-1\}$. 对于任意 $a, b \in G$, 定义

$$\circ : a \circ b = a + b + ab$$

则 G 关于运算 $\circ$ 称为一个群.

证明　先说明 $(G, \circ)$ 是一个代数系统. 事实上, 任意 $a, b \in G$, $a \circ b = a + b + ab \in Q$, 若 $a + b + ab = -1$, 可知 $(a+1)(b+1) = 0$, 也就是 $a = -1$ 或者 $b = -1$, 这与 $a, b \in G$ 不符合. 故 $a \circ b \in G$, 于是 $(G, \circ)$ 是代数系统. 下面再来验证群定义的三个条件满足.

(1) 任取 $a, bc \in G$. 因为

$$(a \circ b) \circ c = (a + b + ab) + c + (a + b + ab)c = a + b + c + ab + ac + bc + abc$$

$$a \circ (b \circ c) = a + (b + c + bc) + a(b + c + bc) = a + b + c + ab + ac + bc + abc$$

(2) $0 \in G$, 对于任意 $a \in G$, 有

$$0 \circ a = a \circ 0 = a$$

所以 0 是 G 的单位元.

(3) 设 $a \in G$, 那么 $\frac{-a}{a+1} \neq -1$, 于是 $\frac{-a}{a+1} \in G$, 因为

$$a \circ \frac{-a}{a+1} = \frac{-a}{a+1} \circ a = \frac{-a}{a+1} + a + \frac{-a}{a+1} a = 0$$

G 的每个元素都有逆元.

定理 6.5 *若代数系统 $(G,\circ)$ 中存在左单位元 e, 并且每个元素关于 e 都是左可逆的, 则 $(G,\circ)$ 是群.*

证明 我们只需证明左单位元 e 也是右单位元, 每个元素 a 关于 e 也是右可逆的即可.

先证每个元素 a 也是右可逆的. 事实上, 因为 a 是左可逆的, 存在 $a \in G$, 使得 $a'a = e$, 但 a' 也是左可逆的, 所以存在 $a \in G$, 使得 $a''a' = e$, 这样

$$aa' = e(aa') = (a''a')(aa') = a''(a'a)a' = a''a' = e$$

所以 a 是右可逆的.

再证 e 也是右单位元, 即对任意 $a \in G$, 都有 $ae = a$ 即可. 事实上, 已证明元素 a 既是右可逆的又是左可逆的, 可设 a' 是 a 的右逆元和左逆元. 即 $aa' = a'a = e$. 这样

$$ae = a(a'a) = (aa')a = ea = a$$

所以 e 是右单位元, 定理得证.

下面的定理 6.6 和定理 6.5 的结论类似, 就不再证明了.

定理 6.6 *若代数系统 $(G,\circ)$ 中存在右单位元 e, 并且每个元素关于 e 都是右可逆的, 则 $(G,\circ)$ 是群.*

根据定理 6.5 和定理 6.6, 下面是群的两个等价定义, 即定义 6.9 和定义 6.10.

定义 6.9 一个代数系统 G 称为一个群, 如果满足下列条件:

(1) 结合律成立, 即对任意 $a, b, c \in G$ 有 $(ab)c = a(bc)$;

(2) 存在左单位元素 e, 即对任意 $a \in G$, 有 $ea = a$;

(3) 对 G 中任意元素 a 都是左可逆的, 即存在左逆元 $a' \in G$, 使 $a'a = e$.

定义 6.10 一个代数系统 G 称为一个群, 如果满足下列条件:

(1) 结合律成立, 即对任意 $a, b, c \in G$ 有 $(ab)c = a(bc)$;

(2) 存在右单位元素 e, 即对任意 $a \in G$, 有 $ae = a$;

(3) 对 G 中任意元素 a 都是右可逆的, 即存在左逆元 $a' \in G$, 使 $aa' = e$.

当验证一个代数系统是群的时候, 利用这两个定义稍微简单一点.

下面是经常用到的几个名词和符号.

一个群 G 的元素的个数可以有限也可以无限.

定义 6.11 一个群称为**有限群**, 假如这个群的元的个数是一个有限整数, 否则这个群称为**无限群**. 一个有限群的元的个数称为这个**群的阶**.

下面是元素阶的概念.

定义 6.12 群 G 的一个元为 a. 能够使得

$$a^m = e$$

最小的正整数 m 称为 a 的**阶**, 记作 $\circ(a) = m$. 若是这样的一个 m 不存在, 我们说 a 是无限阶的, 并记作 $\circ(a) = \infty$.

例 6.18 G 刚好包含 $x^3=1$ 的三个根

$$1, \quad \varepsilon_1 = \frac{-1+\sqrt{-3}}{2}, \quad \varepsilon_2 = \frac{-1-\sqrt{-3}}{2}$$

对于普通乘法来说这个 G 作成一个群.

事实上, 群定义中的

(1) 结合律显然成立;

(2) 1 是 G 的单位元;

(3) 1 的逆元是 1, ε_1 的逆元是 ε_2, ε_2 的逆元是 ε_1.

在这个群里 1 的阶是 1, ε_1 的阶是 3, ε_2 的阶是 3.

例 6.19 全体整数对于普通加法作成一个交换群, 0 的阶是 1, 其他非零整数的阶是无穷大.

元素的阶具有下列重要的性质.

定理 6.7 设群 G 的元素 a 的阶为某一正整数 m, 即 $\circ(a) = m$. 则

(1) $a^n = e \Leftrightarrow m|n$

(2) $a^h = a^k \Leftrightarrow m|h-k$

(3) $e = a^0, a, a^2, \cdots, a^{m-1}$ 两两不同.

(4) 对于整数 r, $\circ(a^r) = \dfrac{m}{(m,r)}$.

其中 (m,r) 表示 m 与 r 的最大公因子.

证明 (1) 设 $m|n$, 则 $n = mq$, 于是 $a^n = a^{mq} = (a^m)^q = e^q = c$. 反之, 设 $a^n - e$, 且 $n = mq+r, 0 \leqslant r < m$, 则 $e = a^n = (a^m)^q a^r = a^r$. 因为 $\circ(a) = m$, 由 m 的最小性可知 $r = 0$, 由此 $m|n$.

(2) $a^h = a^k \Leftrightarrow a^{h-k} = e \Leftrightarrow m|h-k$.

(3) 若存在 $i, j, 0 \leqslant i \leqslant j \leqslant m-1$, 使得 $a^i = a^j$, 则 $0 < j-i \leqslant m-1$, 且 $m|j-i$, 这是一个矛盾.

(4) 首先

$$(a^r)^{\frac{m}{(m,r)}} = (a^m)^{\frac{r}{(m,r)}} = e^{\frac{r}{(m,r)}} = e$$

所以$\circ(a^r)$ 是有限的. 现设 $\circ(a^r) = n$, 则 $n\left|\dfrac{m}{(m,r)}\right.$, 而且 $(a^r)^n = a^{rn} = e$, 于是 $m|rn$, 从而

$\dfrac{m}{(m,r)}\left|\dfrac{r}{(m,r)}n\right.$, 然而$\left(\dfrac{m}{(m,r)}, \dfrac{r}{(m,r)}\right) = 1$, 所以 $\dfrac{m}{(m,r)} \mid n$, 因此, $n = \dfrac{m}{(m,r)}$.

推论 6.1 设 $\circ(a) = m$.

(1) 对于任意整数 r, $a^r = m \Leftrightarrow (m, r) = 1$.

(2) 若 $m = st$, t 是正整数, 则 $\circ(a^s) = t$.

定理 6.8 设 $\circ(a) = \infty$.

(1) $a^n = e \Leftrightarrow n = 0$.

(2) $a^h = a^k \Leftrightarrow h = k$.

(3) $\cdots, a^{-2}, a^{-1}, a^0, a^1, a^2, \cdots$ 两两不等.

(4) 对于任意非零整数 r, $\circ(a^r) = \infty$.

证明 (1) 由定义便知.

(2) $a^h = a^k \Leftrightarrow a^{h-k} = e \Leftrightarrow h - k = 0 \Leftrightarrow h = k$.

(3) 若 $a^i = a^j$, 则由 (2) 可知 $i = j$.

(4) 若 $\circ(a^r)$ 是有限的, 设 $\circ(a^r)^n = e$, 也就是 $a^{rn} = e$, 所以 $\circ(a) \leqslant rn$, 这与 $\circ(a) = \infty$ 矛盾.

定理 6.9 设 G 为有限群, 则 G 的任何元素的阶都是有限数.

证明 对于 G 的任何元素 a, $a, a^2, \cdots$ 不可能两两不同, 存在两个不同的正整数 i, j, 使得 $a^i = a^j$, 不妨设 $i < j$, 于是 $a^{j-i} = e$, 所以 $\circ(a) \leqslant j - i$. 证毕.

注意: 定理 6.9 的逆命题不成立. 因为存在每一个元素的阶都是有限数的无限群. 例如, 全体单位根组成的集合 U, 这里

$$U = \bigcup_{m \in \mathbf{N}} U_m = \{\varepsilon | \, \varepsilon \in C, \varepsilon^m = 1, m \in \mathbf{N}\}$$

$\mathbf{N}$ 是正整数集合.

6.3.2 群的同态

现在我们讨论同态这一概念在群上的应用, 以便以后可以随时把一个集合来同一个群比较, 或把两个群来比较. 我们会发现, 当一个代数系统 (包括群)G_1 与另外一个代数系统 (包括群)G_2 同态的时候, G_1 中的很多特性都可以传到 G_2 中来, 这也是比较两个代数系统的意义所在.

设 G 是一个群, $\overline{G}$ 是一个不空集合, 并有一个代数运算. 这个代数运算我们也把它称为乘法, 也用普通表示乘法的符号来表示. $\overline{G}$ 的乘法当然同 G 的乘法一般是完全不同的法则. 在 $\overline{G}$ 同 G 的元的表示方法有区别的前提下, 这两个乘法是不会搞混的.

定理 6.10 设 G 是一个群, $\overline{G}$ 是一个代数系统, 假定 G 与 $\overline{G}$ 对于它们的乘法来说同态, 那么 $\overline{G}$ 也是一个群.

证明 G 的乘法适合结合律, 而 G 与 $\overline{G}$ 同态, 由定理 5.5, $\overline{G}$ 的乘法也适合结合律, 所以 $\overline{G}$ 适合群定义的条件 (1). 下面证明 $\overline{G}$ 也适合 (2)、(3) 两条.

(2) G 有单位元 e. 在所给同态满射之下, e 有像 $\bar{e}$

$$e \to \bar{e}$$

事实上, $\bar{e}$ 就是 $\overline{G}$ 的一个左单位元. 假定 $\bar{a}$ 是 $\overline{G}$ 的任意元, 而 a 是 $\bar{a}$ 的一个逆像

$$a \to \bar{a}$$

那么

$$ea \to \overline{ea} = \bar{a}\bar{e}$$

但

$$ea = a$$

所以

$$\bar{e}\bar{a} = \bar{a}$$

(3) 假定 $\bar{a}$ 是 $\bar{G}$ 的任意元, a 是 $\bar{a}$ 的一个逆象

$$a \to \bar{a}$$

a 是群 G 的元, a 有逆元 a^{-1}. 我们把 a^{-1} 的象称为 $\overline{a^{-1}}$

$$a^{-1} \to \overline{a^{-1}}$$

那么

$$a^{-1}a \to \overline{a^{-1}}\bar{a}$$

但

$$a^{-1}a = e \to \bar{e}$$

所以

$$\overline{a^{-1}}\bar{a} = \bar{e}$$

这就是说, $\overline{a^{-1}}$ 是 $\bar{a}$ 的左逆元, 也就是 $\bar{a}$ 的逆元. 证毕.

下面是一个同态应用的例子.

例 6.20　A 包含 a、b、c 三个元. A 的乘法规定如下:

	a	b	c
a	a	b	c
b	b	c	a
c	c	a	b

验证 A 作成一个群.

解　全体整数对于普通加法来说作成一个群 G. 在 G 与 A 之间作一个映射 ϕ

$$x \to a, \text{假如} x \equiv 0 (\bmod 3)$$

$$x \to b, \text{假如} x \equiv 1 (\bmod 3)$$

$$x \to c, \text{假如} x \equiv 2 (\bmod 3)$$

ϕ 显然是一个满射. 需要证明 ϕ 是一个同态满射. 注意 G 和 A 的代数运算都是适合交换律的, 所以只要 $x+y \to \overline{xy}$, 那么 $y+x \to \overline{yx}$. 测验了 $x+y$ 的情形, 就不必再测验 $y+x$ 的情形. 下面分六种情形来测验.

(1) $x \equiv 0(3), y \equiv 0(3)$

那么

$$x+y \equiv 0(3)$$

这样

$$x \to a, \quad y \to a$$

$$x+y \to a = aa$$

(2) $x \equiv 0(3), y \equiv 1(3)$

那么

$$x+y \equiv 1(3)$$

这样

$$x \to a, \quad y \to b$$

$$x+y \to b = ab$$

(3) $x \equiv 0(3), y \equiv 2(3)$

那么

$$x+y \equiv 2(3)$$

这样

$$x \to a, \quad y \to c$$

$$x+y \to c = ac$$

(4) $x \equiv 1(3), y \equiv 1(3)$

那么

$$x+y \equiv 2(3)$$

这样

$$x \to b, \quad y \to b$$

$$x+y \to c = bb$$

(5) $x \equiv 1(3), y \equiv 2(3)$

那么

$$x+y \equiv 0(3)$$

这样

$$x \to b, \quad y \to c$$

$$x+y \to a = bc$$

(6) $x \equiv 2(3), y \equiv 2(3)$

那么

$$x + y \equiv 1(3)$$

这样

$$x \to c, \quad y \to c$$

$$x + y \to b = cc$$

这样 G 与 A 同态, A 是一个群. 直接利用群的定义验证 A 是一个群还是比较烦琐的.

由定理 6.10 的证明我们直接可以看出定理 6.12.

定理 6.11　*假定 G 和 $\overline{G}$ 是两个群. 在 G 到 $\overline{G}$ 的一个同态满射之下, G 的单位元 e 的象是 $\overline{G}$ 的单位元, G 的元 a 的逆元 a^{-1} 的像是 a 的像的逆元.*

在 G 与 $\overline{G}$ 间的一个同构映射之下, 两个单位元互相对应, 互相对应的元的逆元互相对应.

6.3.3　循环群

我们曾经给出循环半群的概念. 本节将要介绍循环群的知识. 在群的理论研究中, 循环群是一类结构非常清楚的群. 我们首先给出循环群的定义, 然后说明在同构的意义下, 循环群只有两类.

定义 6.13　若一个群 G 的每一个元素都是 G 的某一个固定元 a 的乘方, 就把 G 称为**循环群**. 也说 G 是由元 a 所生成的并且用符号

$$G = (a)$$

来表示. a 称为 G 的一个**生成元**.

例 6.21　G 是所有整数的集合. G 的运算 $\circ$ 是普通加法. 可以验证这是一个交换群, 而且这个群的全体元就都是 1 的乘方. 事实上, 对于任意正整数 m, 有

$$m = \overbrace{1 + 1 + \cdots + 1}^{m} = \overbrace{1 \circ 1 \circ \cdots \circ 1}^{m} = 1^m$$

$$-m = \overbrace{(-1) + (-1) + \cdots + (-1)}^{m} = \overbrace{(-1) \circ (-1) \circ \cdots \circ (-1)}^{m} = 1^{-m}$$

这样, G 的不等于零的元都是 1 的乘方. 但是 0 是 G 的单位元, 按照定义

$$0 = 1^0$$

于是, G 的所有元都是 1 的乘方 (注意: 这里的乘方不是通常意义下的概念), 这个群也叫整数加群.

再看一个例子.

例 6.22　G 是包含模 n 的所有 n 个剩余类的集合. $G = \{[0], [1], [2], \cdots, [n-1]\}$. 按照剩余类的定义, 对于任何整数 m, m 一定属于 n 个类中的某一个, 即存在 $k, 0 \leqslant k \leqslant n-1$,

使得 $[m]=[k]$. 下面规定一个 G 上的代数运算并用普通表示加法的符号 $+$ 表示. 对于任意 $[a],[b]\in G$, 定义

$$[a]+[b]=[a+b]$$

注意, 等号左边的 $+$ 是定义的运算符号, 等号右边的 $+$ 是普通数的加法. 规定的这个运算首先应该是合理的, 也就是说当 $[a']=[a],[b']=[b]$ 的时候, 必须有 $[a+b]=[a'+b']$, 这一点也称剩余类的运算与代表元无关. 事实上, $[a']=[a],[b']=[b]$ 时, 就是说

$$a'\equiv a(\bmod\ n),\qquad b'\equiv b(\bmod\ n)$$

也就是说

$$n|a'-a,\quad n|b'-b$$

因此

$$n|(a'-a)+(b'-b)$$

$$n|(a'+b')-(a+b)$$

于是

$$[a'+b']=[a+b]$$

这样规定的 $+$ 是一个 G 的代数运算, 该运算显然是封闭的, $(G,+)$ 是一个代数系统. 下面分别验证群的三个条件满足

$$[a]+([b]+[c])=[a]+[b+c]=[a+(b+c)]=[a+b+c]$$

$$([a]+[b])+[c]=[a+b]+[c]=[(a+b)+c]=[a+b+c]$$

这就是说

$$[a]+([b]+[c])=([a]+[b])+[c]$$

并且

$$[0]+[a]=[0+a]=[a]$$

$$[-a]+[a]=[-a+a]=[0]$$

所以对于这个加法来说, G 作成一个群. 这个群今后称为模 n 的剩余类加群.

模 n 的剩余类加群的运算表如下:

$+$	$[0]$	$[1]$	$\cdots$	$[n-2]$	$[n-1]$
$[0]$	$[0]$	$[1]$	$\cdots$	$[n-2]$	$[n-1]$
$[1]$	$[1]$	$[2]$	$\cdots$	$[n-1]$	$[0]$
$\vdots$	$\vdots$	$\vdots$		$\vdots$	$\vdots$
$[n-1]$	$[n-1]$	$[0]$	$\cdots$	$[n-3]$	$[n-2]$

由于 G 的每一个元也可以写成 $[i](1 \leqslant i \leqslant n)$ 的样子, 并且

$$[i] = \overbrace{[1] + [1] + \cdots + [1]}^{i}$$

这样得到的剩余类加群的任何一个元素也都是某个固定元素的乘方.

例 6.21 和例 6.22 都是循环群. 若把同构的群看作一样, 可以说循环群只有这两种, 这一点由下面的定理 6.12 来保证.

定理 6.12　假定 G 是一个由元 a 所生成的循环群, 那么 G 的构造完全可以由 a 的阶来决定:

a 的阶若是无限的, 那么 G 与整数加群同构;

a 的阶若是一个有限整数 n, 那么 G 与模 n 的剩余类加群同构.

证明　第一个情形: a 的阶无限. 这时 $a^h = a^k$, 当且仅当 $h = k$.
由 $h = k$ 可得 $a^h = a^k$. 假如 $a^h = a^k$ 而 $h \neq k$, 我们可以假定 $h > k$ 而得到 $a^{h-k} = e$ 与 a 的阶是无限的假定不合. 这样

$$a^k \to k$$

是 G 与整数加群 $\overline{G}$ 间的一一映射. 但

$$a^h a^k = a^{h+k} \to h + k$$

所以

$$G \cong \overline{G}$$

第二种情形: a 的阶是 n, $a^n = e$. 这时 $a^h = a^k$ 当且仅当 $n|h-k$.

假如 $n|h-k$, 那么 $h-k = nq, h = k + nq$

$$a^h = a^{k+nq} = a^k a^{nq} = a^k (a^n)^q = a^k e^q = a^k$$

假如 $a^h = a^k, h - k = nq + r, 0 \leqslant r \leqslant n-1$, 那么

$$c = a^{h-k} = a^{nq+r} = a^{nq} a^r = ea^r = a^r$$

由阶的定义 $r = 0$, 也就是说 $n|h-k$. 这样

$$a^k \to [k]$$

是 G 与剩余类加群 $\overline{G}$ 间的一一映射. 但

$$a^h a^k = a^{h+k} \to [h+k] = [h] + [k]$$

所以

$$G \cong \overline{G}$$

证毕.

若 G 是一个循环群, $G = (a)$. 当 a 的阶是无限大时, G 的元是

$$\cdots, a^{-2}, a^{-1}, a^0, a^1, a^2, \cdots$$

G 的乘法是

$$a^h a^k = a^{h+k}$$

当 a 的阶是 n 时, 那么 G 的元可以写成

$$a^0, a^1, a^2, \cdots, a^{n-1}$$

G 的乘法是

$$a^i a^k = a^{r_{ik}}$$

其中, $i+k=nq+r_{ik}, 0 \leqslant r_{ik} \leqslant n-1$.

下面的定理 6.13 讨论了循环群中生成元的数量.

定理 6.13 设 $G=(a)$ 是一个循环群.

(1) 若 $\circ(a)=m>2$, 则 G 有 $\varphi(m)$ 个生成元, 这里 $\varphi(m)$ 表示 $1,2,\cdots,m-1$ 中与 m 互素的元素个数, 若 $(r,m)=1$, 那么 a^r 为生成元.

(2) 若 $\circ(a)=\infty$, 则 G 只有两个生成元 a 和 a^{-1}.

证明 (1) 注意到循环群 G 中任意一个阶为 m 的元素都是生成元这一事实. 由于 $\circ(a)=m$, $G=\{a^0,a^1,a^2,\cdots,a^{m-1}\}$, 因为元素 a^i 的阶是 $\dfrac{m}{(i,m)}$, 所以 $\circ(a^i)=m$ 当且仅当 $(i,m)=1$, 这里 $1 \leqslant i \leqslant m-1$. (1) 得证.

(2) 因为 a 是生成元, 所以对任何 $b \in G$, 存在整数 k, 使得 $b=a^k$, 这样 $b=(a^{-1})^{-k}$, 这就是说 b 也可以写成 a^{-1} 乘方的形式, 于是 a^{-1} 也是一个生成元, 显然有 $a \neq a^{-1}$, 不然与 a 的阶无限相矛盾. 我们说, 其他任何一个元素 $c=a^t$ 都不会再是生成元了, 这里 $|t| \geqslant 2$. 否则, 若 c 是生成元, 那么 a 可以写成 c 的乘方, 故存在整数 s, 于是 $a=c^s=(a^t)^s$, $a^{|st-1|}=e$, 可知 $\circ(a) \leqslant |st-1|$, 这与 a 的阶是无穷大相矛盾. (2) 得证.

例 6.23 求出模 12 剩余类加群 Z_{12} 每一个元素的阶与所有的生成元.

解 模 12 剩余类加群 $Z_{12}=\{[0],[1],[2],[3],[4],[5],[6],[7],[8],[9],[10],[11]\}$. 单位 $[0]$ 的阶是 1, 生成元 $[1]$ 的阶是 12, 我们可以这样求元素 $[2]$ 的阶, 由于 $[2]=[1]+[1]=[1]^2$, 所以 $\circ([2]=\dfrac{12}{(2,12)}=6$, 按照这个方法, 可以求出其他元素的阶是 $\circ([3])=4$, $\circ([4])=3$, $\circ([5])=12$, $\circ([6])=2$, $\circ([7])=12$, $\circ([8])=6$,$\circ([9])=4$, $\circ([10])=6$, $\circ([11])=12$.

Z_{12} 所有 12 阶的元素都是生成元, 它们是 $[1]$, $[5]$, $[7]$, $[11]$.

对于一个素数 p, 由于 $1,2,3,\cdots,p-1$ 每一个都与 p 互素, 从而模 p 的剩余类加群 Z_p 除了单位元 $[0]$ 的阶是 1, 其他每个元素的阶都是 p. 从而有下面的结论.

定理 6.14 对于一个素数 p, 模 p 的剩余类加群 Z_p 有 $p-1$ 个生成元.

6.3.4 变换群

我们在定义 1.25~ 定义 1.28 里分别给出了映射、单射、满射和一一映射的概念. 本节讨论一个集合到自身的映射特别是一一映射的问题. 下面先对这种特殊的映射给出一个特殊的名字.

定义 6.14 一个集合到自身之间的一一映射称为变换.

相应地有单射变换、满射变换和一一变换的概念, 这里就不再一一赘述了.

一个集合 A 在一般情形之下可以有若干不同的变换, 下面是一个简单的例子.

例 6.24　$A=\{1, 2\}$.

$\tau_1 : 1 \to 1, \quad 2 \to 1$

$\tau_2 : 1 \to 2, \quad 2 \to 2$

$\tau_3 : 1 \to 1, \quad 2 \to 2$

$\tau_4 : 1 \to 2, \quad 2 \to 1$

是 A 的所有变换, 其中 τ_3 和 τ_4 是一一变换.

把给定是一个集合 A 的全体变换放在一起, 作成一个集合

$$S = \{\tau, \lambda, \mu, \cdots\}$$

规定 S 上的代数运算, 这个代数运算我们把它称为乘法. 给定 S 的两个元 τ 和 λ, 规定 τ 与 λ 的乘积 $\tau\lambda$ 是先作变换 λ 后作变换 τ 复合的而得的变换. 由于 S 中的任意两个变换的复合变换还是一个变换, 所以这样定义的运算是封闭的.

例 6.25　对于例 6.24 中的集合 A, A 的所有变换作成的集合 $S = \{\tau_1, \tau_2, \tau_3, \tau_4\}$, 取 $\tau_1 \in S, \tau_2 \in S$, 那么 $\tau_1\tau_2(1) = \tau_1(\tau_2(1)) = \tau_1(2) = 1$, $\tau_1\tau_2(2) = \tau_1(\tau_2(2)) = \tau_1(2) = 1$, 所以

$$\tau_1\tau_2 = \tau_1$$

同样可以验证

$$\tau_3\tau_4 = \tau_4$$

例 6.26　设 A 是任何一个非空集合, S 是 A 上的所有变换组成的集合, 那么 S 上的变换关于变换的复合运算满足结合律.

证明　对于任意 τ、λ、μ, 因为对于任何 $a \in A$

$$(\tau\lambda)\mu(a) = \tau\lambda(\mu(a)) = \tau(\lambda(\mu(a)))$$

另外

$$\tau(\lambda\mu)(a) = \tau((\lambda\mu(a))) = \tau(\lambda(\mu(a)))$$

所以 $(\tau\lambda)\mu = \tau(\lambda\mu)$, 即 S 的运算满足结合律.

我们已经验证 S 上的运算满足封闭性、结合律. 若 S 关于这个运算是群, 那么 S 中的单位元一定是 A 上的恒等变换. 事实上, 我们用 ε 表示 A 上的恒等变换, 即对任意 $a \in A$, 都有 $\varepsilon(a) = a$, 并且设 e 是 S 的单位元, 由复合变换和单位元的定义我们有

$$\varepsilon = e\varepsilon = e$$

即恒等变换是 S 的单位元. 在恒等变换是单位元的前提下, S 中的某些元素不一定有逆元, 因而, 一般情况下, S 不是群. 参考例 6.27.

例 6.27　对于例 6.24 中的集合 A. $S = \{\tau_1, \tau_2, \tau_3, \tau_4\}$, 取 $\tau_1 \in S$, 因为对任意的 $\tau \in S$, 都有 $\tau_1\tau = \tau_1 \neq \varepsilon$, 这样 S 不是群.

S 不是群, S 的一个子集有可能作成群.

例 6.28 对于例 6.24 中的集合 A. $S=\{\tau_1,\tau_2,\tau_3,\tau_4\}$, 取 $G=\{\tau_1\}$, 因为 $\tau_1\tau_1=\tau_1$, 所以集合 G 关于变换的乘法是封闭的, G 关于变换的乘法适合结合律, 显然单位元是 τ_1, 元素 τ_1 的逆元素为自身, 根据群的定义, G 是一个群.

例 6.29 设 A 是一个非空集合. G 是 A 上的所有一一变换作成的集合, 则 G 关于变换的复合运算作成一个群.

证明 取 G 的任意两个一一变换 τ 和 λ, 我们将证明 $\tau\lambda$ 也是一一变换, 也就是说集合 G 关于变换的乘法是封闭的. 事实上, 对于任意 $a\in A$, 因为 τ 是一一变换, 所以存在 $b\in A$, 使得 $\tau(b)=a$, 对于 $b\in A$, 因为 λ 是一一变换, 所以存在 $c\in A$, 使得 $\lambda(c)=b$, 这样

$$a=\tau(b)=\tau(\lambda(c))=\tau\lambda(c)$$

这说明变换 $\tau\lambda$ 是满射. 再设 $a,b\in A$, $a\neq b$, 由于 λ 是一一变换, 所以 $\lambda(a)\neq\lambda(b)$, 又因为 τ 是一一变换, 所以 $\tau(\lambda(a))\neq\tau(\lambda(b))$, 也就是

$$\tau\lambda(a)\neq\tau\lambda(b)$$

这说明 $\tau\lambda$ 是单射. 因此 $\tau\lambda$ 是一一变换.

下面分别验证 G 满足群定义的三个条件.

首先, 因为变换满足结合律, 一一变换当然满足结合律. 其次, A 上的恒等变换 ε 是一一变换, 所以 $\varepsilon\in G$, 对于任意 $\tau\in G$, 由于

$$\varepsilon\tau=\tau\varepsilon=\tau$$

ε 是 G 的单位元. 最后, 对于 G 中的任何变换 τ 的逆变换 τ^{-1}, 因为 τ^{-1} 也是一一变换, 并且

$$\tau\tau^{-1}=\tau^{-1}\tau=\varepsilon$$

综上所述, G 是群.

由例 6.28 和例 6.29 可知, 一个集合 A 上的所有变换作成的集合 S 的一个子集关于变换的复合运算可以作成一个群. 而且这些群可以有不相同的单位元. 今后, 我们主要关注那些单位元是恒等变换的群. 对于这种单位元是恒等变换的群, 有以下结论.

定理 6.15 *假定 G 是集合 A 的若干个变换所作成的集合, 并且 G 包含恒等变换 ε. 若是对于上述乘法来说 G 作成一个群, 那么*

(1) G 只包含 A 的一一变换.

(2) G 中每个元素 τ 的逆元 τ^{-1} 就是变换 τ 的逆变换.

证明 因为 A 上的恒等变换 $\varepsilon\in G$, 所以 ε 是 G 的单位元. 对于任何 $\tau\in G$, 我们首先证明 τ 是一一变换. 事实上, 设 τ^{-1} 是元素 τ 在群 G 中的逆元. 对于任何的 $a\in A$, 因为 $\tau\tau^{-1}=\varepsilon$, 所以

$$\tau\tau^{-1}(a)=\tau(\tau^{-1}(a))=\varepsilon(a)=a$$

这就是说, $\tau^{-1}(a)$ 是 a 的原像, 于是 τ 是 A 到 A 的满射变换. 再设 $a,b\in A$, $a\neq b$. 因为

$$a=\tau^{-1}\tau(a)=\tau^{-1}(\tau(a))\neq\tau^{-1}(\tau(b))=\tau^{-1}\tau(b)=b$$

而 τ^{-1} 是一一变换, 所以 $\tau(a) \neq \tau(b)$. 这就证明了 τ 是一一变换.

其次, 对于任何 $\tau \in G$, 设 τ^{-1} 是 τ 在 G 中的逆元, 那么 τ^{-1} 是一一变换, 且因为对于任何 $a \in G$, 设 $\tau(a) = b$, 则 $a = \tau^{-1}\tau(a) = \tau^{-1}(b)$, 由逆变换的定义, τ^{-1} 是 τ 的逆变换, 证毕.

定义 6.15　一个集合 A 的若干个一一变换对于变换的复合运算作成的群称为 A 的一个变换群.

6.3.5　置换群

本节讨论一个有限集合 A 的变换群的有关问题.

定义 6.16　一个有限集合的一个一一变换称为一个**置换**, 一个有限集合的若干个置换作成的群称为一个**置换群**.

设 $A = \{a_1, a_2, \cdots, a_n\}$ 是一个有限集合. π 是 A 的一个置换, 并且 $\pi(a_i) = a_{k_i}$, $i = 1, 2, \cdots, n$. 这里 $a_{k_1}, a_{k_2}, \cdots, a_{k_n}$ 是 $a_1, a_2, \cdots, a_n$ 的一个排列. 这个置换 π 用

$$\begin{pmatrix} a_1 & a_2 & \cdots & a_n \\ a_{k_1} & a_{k_2} & \cdots & a_{k_n} \end{pmatrix}$$

来表示. 由于我们主要关心集合 A 有几个元素, 以及集合 A 的元素之间的对应关系, 为了方便, 集合 A 的 n 个元素就用 $1, 2, \cdots, n$ 来表示, 这时置换 π 就变成

$$\begin{pmatrix} 1 & 2 & \cdots & n \\ k_1 & k_2 & \cdots & k_n \end{pmatrix}$$

其中, $k_1, k_2, \cdots, k_n$ 是 $1, 2, \cdots, n$ 的一个排列. 在这种表示方法里第一行的 n 个数字的次序显然没有什么关系, 也可用

$$\begin{pmatrix} 2 & 1 & 3 & \cdots & n \\ k_2 & k_1 & k_3 & \cdots & k_n \end{pmatrix}$$

来表示 π. 最经常用到的还是 $1, 2, \cdots, n$ 这个次序.

当集合 A 的元素个数为 n 时, 不难计算出集合 A 的一一置换的个数是 $n!$. 由例 6.29 可知这些置换作成一个群.

定理 6.16　*n 个元素集合的所有一一置换作成一个置换群, 这个群用 S_n 来表示并称为 n 次对称群, S_n 的阶为 $n!$.*

例 6.30　二次对称群 s_2 的阶为 2, 两个元素分别是

$$\begin{pmatrix} 1 & 2 \\ 1 & 2 \end{pmatrix}, \quad \begin{pmatrix} 1 & 2 \\ 2 & 1 \end{pmatrix}$$

由于

$$\begin{pmatrix} 1 & 2 \\ 2 & 1 \end{pmatrix}\begin{pmatrix} 1 & 2 \\ 2 & 1 \end{pmatrix} = \begin{pmatrix} 1 & 2 \\ 1 & 2 \end{pmatrix}$$

因此 S_2 的每个元素都可以用 $\begin{pmatrix} 1 & 2 \\ 2 & 1 \end{pmatrix}$ 来表示, 所以 S_2 是一个二阶循环群.

例 6.31 3 次对称群 S_3 有 6 个元, 这 6 个元分别是

$$\begin{pmatrix} 1 & 2 & 3 \\ 1 & 2 & 3 \end{pmatrix}, \quad \begin{pmatrix} 1 & 2 & 3 \\ 1 & 3 & 2 \end{pmatrix}, \quad \begin{pmatrix} 1 & 2 & 3 \\ 2 & 1 & 3 \end{pmatrix}$$

$$\begin{pmatrix} 1 & 2 & 3 \\ 2 & 3 & 1 \end{pmatrix}, \quad \begin{pmatrix} 1 & 2 & 3 \\ 3 & 1 & 2 \end{pmatrix}, \quad \begin{pmatrix} 1 & 2 & 3 \\ 3 & 2 & 1 \end{pmatrix}$$

并且有

$$\begin{pmatrix} 1 & 2 & 3 \\ 1 & 3 & 2 \end{pmatrix}\begin{pmatrix} 1 & 2 & 3 \\ 2 & 1 & 3 \end{pmatrix} = \begin{pmatrix} 1 & 2 & 3 \\ 3 & 1 & 2 \end{pmatrix}$$

$$\begin{pmatrix} 1 & 2 & 3 \\ 2 & 1 & 3 \end{pmatrix}\begin{pmatrix} 1 & 2 & 3 \\ 1 & 3 & 2 \end{pmatrix} = \begin{pmatrix} 1 & 2 & 3 \\ 2 & 3 & 1 \end{pmatrix}$$

所以 S_3 不是交换群.

定义 6.17 设有非空集合 A, G 是 A 的一个置换群. 定义 A 上的二元关系 $\sim$, 且

$$\sim: a, b \in A, a \sim b \Leftrightarrow \text{存在}\pi \in G, \text{使得}\pi(a) = b$$

A 上的二元关系 $\sim$ 称为由置换群 G 所诱导的关系.

定理 6.17 *设 G 是非空集合 A 上的置换群, 则 A 上的 G 的诱导关系*

$$\sim: \quad a, b \in A, a \sim b \Leftrightarrow \text{存在}\pi \in G, \text{使得}\pi(a) = b$$

是一个等价关系.

证明 首先, 对于任何元素 $a \in A$, 因为恒等置换 ε 是置换群 G 的单位元并且有 $\varepsilon(a) = a$, 于是 $a \sim a$, 这样关系 $\sim$ 是自反的. 其次, 设 $a, b \in A, a \sim b$, 也就是说存在 π, 使得 $\pi(a) = b$. 设 π^{-1} 是置换 π 的逆变换, 于是 $\pi^{-1}(b) = a$, 由于 π^{-1} 是 π 在群 G 的逆元, 所以 $b \sim a$, 这样 $\sim$ 是对称关系. 最后, 对于 $a, b, c \in G$, 若 $a \sim b$, $b \sim c$, 即存在 $\pi, \sigma \in G$, 使得 $\sigma(a) = b$, $\pi(b) = c$. 这样 $\pi\sigma(a) = \pi(\sigma(a)) = c$, 因为 $\pi\sigma \in G$, 所以 $a \sim c$, 这样关系是传递的. 综合以上三个方面, 关系 $\sim$ 是等价关系.

给定一个集合 A 和集合 A 上的一个置换群, 由 G 诱导的 A 上的等价关系必将产生 A 的一个划分. 这个划分中的每一块都是一个等价类, 我们常常要计算划分中等价类的数目. 为此, 先介绍有关置换作用下不变元的概念.

定义 6.18 设 A 是一个非空有限集合, π 是 A 的一个置换, 若对于 $a \in A$, 有 $\pi(a) = a$, 则称 a 是置换 π 的一个不变元. π 的所有不变元的个数记作 $\psi(\pi)$.

例 6.32 设集合 $A = \{1, 2, 3, 4\}$, 那么

$$\varepsilon = \begin{pmatrix} 1 & 2 & 3 & 4 \\ 1 & 2 & 3 & 4 \end{pmatrix}, \quad \tau = \begin{pmatrix} 1 & 2 & 3 & 4 \\ 1 & 2 & 4 & 3 \end{pmatrix}, \quad \sigma = \begin{pmatrix} 1 & 2 & 3 & 4 \\ 4 & 3 & 2 & 1 \end{pmatrix}$$

是 A 的三个置换, 按照定义 $\psi(\varepsilon) = 4$, $\psi(\tau) = 2$ 和 $\psi(\sigma) = 0$.

定理 6.18　设非空有限集合 A, G 是 A 的一个置换群, 则由 G 诱导的等价关系将 A 划分所得的等价类的数目等于

$$\frac{1}{|G|}\sum_{g\in G}\psi(g)$$

证明　首先, 对于任何 $a\in A$, 设 $\eta(a)$ 表示 G 中使 a 不变的置换的个数. 由于 $\sum\limits_{g\in G}\psi(g)$ 和 $\sum\limits_{a\in A}\eta(a)$ 都是 G 中置换作用下的不变元的总数, 因此

$$\sum_{g\in G}\psi(g)=\sum_{a\in A}\eta(a)$$

其次, 设 a、b 是同一个等价类中的两个元素, 则可以证明在 G 中恰好存在 $\eta(a)$ 个将 a 映射到 b 的置换. 为此, 我们设

$$X_a=\{g_x \mid g_x(a)=a\text{且}g_x\in G\}$$

由于 X_a 的元素就是 G 中的所有将 a 映射到 a 的置换, 因此 $|X_a|=\eta(a)$. 因为 a、b 在同一个等价类中, 于是存在一个置换 $g\in G$, 使得 $g(a)=b$. 构造集合

$$X=\{gg_x \mid g_x\in X_a\}$$

那么 X 中的每个置换都将 a 映射为 b, 并且若 $g_{x_1},g_{x_2}\in X_a$, $g_{x_1}\neq g_{x_2}$, 显然有 $gg_{x_1}\neq gg_{x_2}$, 所以 X 中的每个元素都不相同, 故有 $|X|=|X_a|=\eta(a)$. 进一步可以证明, 除了 X 中的置换外, G 中不可能再有别的将 a 映射到 b 的置换了. 否则, 设 $\sigma\in G$, $\sigma\notin X$, $\sigma(a)=b$. 因为 $g(a)=b$, 所以

$$g^{-1}(b)=g^{-1}(\sigma(a))=g^{-1}\sigma(a)=a$$

这样, $g^{-1}\sigma\in X_a$, 从而 $g(g^{-1}\sigma)=\sigma\in X$, 这是一个矛盾. 因此在 G 中恰好有 $\eta(a)$ 个置换将 a 映射到 b.

最后, 设 $a,b,c,\cdots,h$ 是 A 中属于同一个等价类的元素. 于是, G 的任何一个置换只能将 a 映射到其所属等价类中的某一个元素. 于是 G 的所有置换分成以下各类: 将 a 映射成 a 的类, 将 a 映射成 b 的类, 将 a 映射成 c 的类, $\cdots$, 将 a 映射成 h 的类. 所以, 我们有

$$\eta(a)=\frac{|G|}{\text{包含 }a\text{ 的等价类中的元素个数}}$$

同理可知

$$\eta(b)=\eta(c)=\cdots=\eta(h)=\frac{|G|}{\text{包含 }a\text{ 的等价类中的元素个数}}$$

因此, 对于 A 的任何一个等价类, 我们有

$$\sum_{a\in\text{该等价类}}\eta(a)=|G|$$

由此可知

$$\sum_{a\in A}\eta(a)=\text{划分 }A\text{ 所得的等价类的数目}\times|G|$$

因此, 划分 A 所得的等价类的数目是

$$\frac{1}{|G|}\sum_{a\in A}\eta(a)=\frac{1}{|G|}\sum_{g\in G}\psi(g)$$

下面我们通过一个例子来验证定理 6.18.

例 6.33 集合 $A=\{1,2,3\}$ 上的 3 次对称群 S_3 有 6 个元, 这 6 个元分别是

$$g_1=\begin{pmatrix}1&2&3\\1&2&3\end{pmatrix},\quad g_2=\begin{pmatrix}1&2&3\\1&3&2\end{pmatrix},\quad g_3=\begin{pmatrix}1&2&3\\2&1&3\end{pmatrix}$$

$$g_4=\begin{pmatrix}1&2&3\\2&3&1\end{pmatrix},g_5=\begin{pmatrix}1&2&3\\3&1&2\end{pmatrix},g_6=\begin{pmatrix}1&2&3\\3&2&1\end{pmatrix}$$

取 $G_1=\{g_1,g_2\}$, $G_2=\{g_1,g_5,g_6\}$ 是 S_3 的两个子群, 因而是 A 上的两个置换群. 由 G_1 所诱导的等价关系将集合 $A=\{1,2,3\}$ 进行了划分, 方式为 $A=A_1+A_2$, 这里 $A_1=\{1\}$, $A_2=\{2,3\}$, 等价类的数目是 2, 和

$$\frac{1}{|G|}\sum_{g\in G_1}\psi(g)=\frac{1}{2}\times(3+1)=2$$

相吻合.

由 G_2 所诱导的等价关系将集合 $A=\{1,2,3\}$ 进行了划分, 方式为 $A=A$, 等价类的数目是 1, 和

$$\frac{1}{|G|}\sum_{g\in G_1}\psi(g)=\frac{1}{3}\times(3+0+0)=1$$

相吻合.

引理 6.1 设 G 是一个有限群, H 是 G 的子群, 对于 G 的元素 $a\in G$, 定义 G 到 G 的映射

$$\tau_a:\tau_a(x)=ax,\ x\in G$$

则

(1) τ_a 是 G 的一个置换.

(2) $K=\{\tau_h\mid h\in H\}$ 关于置换的复合运算是 G 的一个置换群, 且 K 与 H 的元素个数相同.

证明 (1) 因为 $a\in G$, G 是群, 所以对于任意 $x\in G$, 都有 $ax\in G$, 于是 τ_a 是一个 G 到 G 的映射. 下面只要证明 τ_a 是满射和单射就可以了. 因为对于任意 $y\in G$, 存在 $a^{-1}y\in G$, 使得

$$\tau_a(a^{-1}y)=a(a^{-1}y)=y$$

和当 $x_1,x_2\in G$, $x_1\neq x_2$ 时

$$\tau_a(x_1)=ax_1\neq ax_2=\tau_a(x_2)$$

于是 τ_a 是 G 的满射和单射, 这样 τ_a 是 G 的一个置换.

(2) 因为 H 是一个群, 对于 H 中的单位元 $e\in H$, 由定义 $\tau_e\in K$, 所以 K 是一个非空集合. 设 $\tau_a,\tau_b\in K$, 因为 $a,b\in H$, 且 $\tau_a\tau_b=\tau_{ab}$, 于是 $\tau_a\tau_b\in K$, 这表明 K 关于变换的复合运算是封闭的. 不难知道 τ_e 是 K 的单位元, K 的元素 τ_a 的逆元素是 $\tau_{a^{-1}}$, 这样 K 是 G 的一个置换群. 最后, 因为 H 中的元素 h 和 K 中的元素 τ_h 之间的对应关系是一个一一对应关系, 便知道 H 和 K 的元素个数相同.

今后我们称 K 是由 H 导出的 G 的置换群.

6.3.6　子群

利用群的一个子集来推测整个群的性质, 这种方法是比较常见和有效的.

从群 G 里取出一个子集 H, 利用 G 的乘法可以把 H 的两个元相乘. 对于这个乘法来说 H 很可能也作成一个群.

整数加群 Z 可以看作实数加群的一个子群, 有理数群 Q 可以看成整数加群的一个子群, 也可以看成实数加群的一个子群.

定义 6.19　一个群 G 的一个非空子集 H 称为 G 的一个子群, 假如 H 对于 G 的乘法来说作成一个群.

任意群 G 至少有两个子群, 它们是单位元组成的一个元素的群和 G 自身. 这两个子群一般称为群的平凡子群.

给定群的一个非空子集, 如何验证该子集是一个子群, 下面给出一个充要条件.

定理 6.19　*一个群 G 的一个不空子集 H 作成 G 的一个子群的充分而且必要条件是:*

(i) $a,b\in H\Rightarrow ab\in H$

(ii) $a\in H\Rightarrow a^{-1}\in H$

证明　充分性. 即 (i)、(ii) 成立 $\Longrightarrow H$ 作成一个群.

下面验证群定义的三个条件满足.

(1) 由于 (i), H 是代数系统, 结合律在 G 中成立在 H 中自然成立.

(2) 因为 H 至少有一个元 a, 由 (ii), H 也有元 a^{-1}, 所以由 (i) 可知

$$a^{-1}a=e\in H$$

(3) 由 (ii) 对于 H 的任意元 a 来说 H 有元 a^{-1} 使得

$$a^{-1}a=e$$

必要性. 即 H 作成一个群 $\Longrightarrow$ (i)、(ii) 成立.

H 是一个子群是封闭的, (i) 显然成立. H 既然是一个群, H 一定有一个单位元 e'. 在子群 H 内有 $e'e'=e'$, 在 G 内 $e'e'=e'$ 自然也成立. 设 e 是 G 的单位元, 在 G 内有 $ee'=e'$, 因此

$$e'e'=ee'$$

记 e' 在 G 内的逆元素时 $(e')^{-1}$, 那么

$$e'=e'(e'(e')^{-1})=(e'e')(e')^{-1}=(ee')(e')^{-1}=e(e'(e')^{-1})=e$$

对于任意 $a \in H$, 令 a' 是 a 在 H 中的逆元素, 那么 $a'a = e$, 此等式在 G 内也当然成立, 这表明 a' 是 a 在 G 中的逆元素, 故 $a^{-1} = a' \in H$, 证毕.

推论 6.2 *假定 H 是群 G 的一个子群, 那么 H 的单位元就是 G 的单位元, H 的任意元 a 在 H 里的逆元就是 a 在 G 里的逆元.*

定理 6.19 中的 (i)、(ii) 两个条件也可以用一个条件来代替.

定理 6.20 *一个群 G 的一个不空子集 H 作成 G 的一个子群的充分而且必要条件是*

$$a, b \in H \Rightarrow ab^{-1} \in H$$

证明 充分性. $a, b \in H \Rightarrow ab^{-1} \in H \Longrightarrow H$ 作成 G 的子群.

事实上, 不空子集 H 内有元素 a, 因此 $e = aa^{-1} \in H$, 可知 H 内有单位元. 任取 $a \in H$, 可知 $ea^{-1} = a^{-1}$, 进而可知 H 中的每个元素有逆元素. 再设 $a, b \in H$, 那么 $ab = a(b^{-1})^{-1} \in H$, 故 H 是封闭的. $H \subseteq G$, 元素当然是可结合的.

必要性显然成立.

当判断群的一个有限子集是否为子群的时候, 还有更简单的判别方法.

定理 6.21 *一个群 G 的不空有限子集 H 作成 G 的一个子群的充分而且必要条件是*

$$a, b \in H \Rightarrow ab \in H$$

证明 充分性. 设 $G = \{a_1, a_2, \cdots, a_n\}$, 要证 G 是群, 我们将验证 G 满足群定义的三个条件. 条件 (1) 即封闭性, 由已知条件直接可以得到.

(2) 存在左单位元. 用 a_1 从右边乘以 G 的每一个元素, 得到集合 $G' = \{a_1a_1, a_2a_1, \cdots, a_n a_1\}$, 由消去律可知, G' 中的元素两两不同, 由于 $G' \subseteq G$, 因此 $G = G'$, 所以存在 a_k 使得

$$a_k a_1 = a_1$$

下面证明 a_k 就是 G 的左单位元. 事实上用 a_1 从左边乘以 G 的每一个元素, 得到集合 $G'' = \{a_1a_1, a_1a_2, \cdots, a_1a_n\}$, 由消去律可知, $G'' = G$. 于是对 G 的任何元素 a_i, 存在 a_i' 使得 $a_1a_i' = a_i$, 那么

$$a_k a_i = a_k(a_1a_i') = (a_ka_1)a_i' = a_1a_i' = a_i$$

这表明 a_k 是 G 的左单位元.

(3) 每个元素存在左逆元. 对于 G 的任何元素 a_i, 用 a_i 从右边乘以 G, 所得到的 n 个元素一定有 a_k, 设 $a_ja_i = a_k$, 那么 a_j 便是 a_i(关于 a_k) 的左逆元.

综上所述, G 是一个群.

下面给出几个例子.

例 6.34 设 Z_{12} 是模 12 的剩余类加群, 判断 Z_{12} 的子集 H 和 S 是否为子群.

(1) $H = \{[0], [4], [8]\}$

(2) $H = \{[1], [5], [9]\}$

解 H 是 Z_{12} 的子群. 因为 H 是有限子集, 我们只要验证 H 中的两个元素 $[a]$, $[b]$ 相加封闭即可. 又因为, 运算适合交换律, 所以两个元素相加的九种情况只要验证六种情况即可. 事实上 $[0]+[0]=[0] \in H$, $[0]+[4]=[4] \in H$, $[0]+[8]=[8] \in H$, $[4]+[4]=[8] \in H$,$[4]+[8]=[0] \in H$, $[8]+[8]=[4] \in H$.

例 6.35　群 G 的两个子群 H 与 K 的交集 $H\cap K$ 也是 G 的一个子群.

证明　设 G 的单位元为 e, 因为 $e\in H, e\in K$, 可知 $e\in K\cap K$, 从而 $H\cap K\neq\varnothing$. 对于任意 $a,b\in H\cap K$, 因为 H 和 K 都是子群, 所以 $ab^{-1}\in H$ 和 $ab^{-1}\in K$, 从而 $ab^{-1}\in H\cap K$, 这就证明了 $H\cap K$ 是子群.

例 6.36　举例说明, 一个群 G 的两个子群 H 与 K 的并集 $H\cup K$ 可能不是 G 的一个子群.

解　对于模 12 的剩余类加群 Z_{12}, 不难验证 $H=\{[0],[4],[8]\}$, $K=\{[0],[6]\}$ 是 Z_{12} 的两个子群, 但是 $H\cup K=\{[0],[4],[6],[8]\}$ 不是 Z_{12} 的子群, 这是因为 $[4]+[6]=[10]\notin H\cup K$.

一个循环群的子群还是循环群吗? 下面的定理给予了说明.

定理 6.22　*循环的子群是循环群.*

证明　设 $G=(a)$ 是循环群, e 是 G 的单位元. H 是 G 的子群. 若 $H=\{e\}$, 那么 $H=(e)$ 是循环群. 若 $H\neq\{e\}$, 可知存在 $c\in H, c\neq e$, 故存在非零整数 n, 使得 $c=a^n$, 于是 $c^{-1}=a^{-n}\in H$, 这样

$$M=\{n|n\text{是正整数}, a^n\in H\}$$

是一个非空集合. 令 r 是 M 中的最小正整数, 可以断言, 子群 $H=(a^r)$. 事实上, 对于任意 $a^m\in H$, 设 $m=rq+t$, 这里 $0\leqslant t\leqslant r-1$. 则 $a^t=a^{m-rq}=a^m(a^r)^{-q}\in H$, 由 r 的最小性可知 $t=0$, 于是 $m=rq$, 这样 $a^m=(a^r)^q$, 所以 $H=(a^r)$. 证毕.

例 6.37　设 G 是无限循环群.

(1) H 是 G 的子群, 若 H 不是单位元群, 那么 H 也是无限循环群.

(2) G 的子群的个数是无限的.

证明　(1) 设 H 是 $G=(a)$ 的不是单位元的子群, 根据定理 6.22 可知, $H=(a^r)$, 这里 r 是一个不为零的整数. 若 $\circ(a^r)$ 是一个有限数 k, 那么 $(a^r)^k=e$, 可知 $a^{|kr|}=e$, 从而 $\circ(a)\leqslant|kr|$, 这与 $\circ(a)=\infty$ 相矛盾. 这样, $\circ(a^r)=\infty$, $H=(a^r)$ 是一个无限群.

(2) 为了证明 G 有无限个子群, 先看一看 G 的两个循环子群 (a^t) 和 (a^s) 相等的必要条件, 这里 t 和 s 都不是零. 也就是说 (a^t) 和 (a^s) 都不是单位元子群. 设 $(a^t)=(a^s)$, 可知 $a^t\in(a^s)$ 和 $a^s\in(a^t)$, 于是存在整数 k 和 m 使得 $a^s=(a^t)^k$, $a^t=(a^s)^m$, 这样

$$a^t=(a^s)^m=((a^t)^k)^m=a^{tkm}$$

所以有 $a^{t(1-km)}=e$, 由于 $\circ(a)=\infty$, 必有 $t(1-km)=0$, 从而 $1-km=0$, 必有 $k=1,m=1$ 或者 $k=-1,m=-1$. 当 $k=1,m=1$, $a^s=a^t$, 当 $k=-1,m=-1$ 是 $a^s=(a^t)-1$. 这样, 我们得出 G 的两个循环子群 (a^t) 和 (a^s) 相等的必要条件是两个元素元素 a^s 和 a^t 或者相等, 或者互为逆元. G 的元素序列 $a,a^2,a^3,\cdots$ 任意两个元素既不相等, 也不互为逆元, 所以 $(a),(a^2),(a^3),\cdots$ 是 G 的两两不相等的子群, 从而 G 有无限多个子群.

例 6.38　G 是一个 n 阶循环群.

(1) 若 H 是 G 的 m 阶子群, 则 $m|n$.

(2) 对于正整数 m, 若 $m|n$, 则 G 有且只有一个阶是 m 的子群, 从而 G 的子群个数是 n 的正因子个数.

证明 (1) 设 $G=\{a^0,a,a^2,\cdots,a^{n-1}\}$, 因为循环群的子群还是循环群, 可设 $H=(a^r)$, $0\leqslant r\leqslant n-1$, H 的阶 m 就是元素 a^r 的阶数 $\circ(a^r)$, 而 $\circ(a^r)=\dfrac{n}{(m,n)}$, 由此便知 $m|n$. (1) 得证.

(2) 因为 G 的元素 $a^{\frac{n}{m}}$ 的阶数就是 m, 所以 $(a^{\frac{n}{m}})$ 就是一个阶数为 m 的子群, 存在性得证. 设 (a^k) 是 G 的任意一个阶数为 m 子群, 因为 $\circ(a^k)=m$, 可知 $(a^k)^m=e$, 即 $a^{km}=e$, 从而 $n|km$, 于是 $\dfrac{n}{m}|k$, 于是 $(a^k)\subseteq(a^{\frac{n}{m}})$, 因为 $|(a^k)|=|(a^{\frac{n}{m}})|=m$, 因此 $(a^k)=(a^{\frac{n}{m}})$, 证毕.

例 6.38 告诉我们, 要找出一个阶数是 n 的有限阶循环群 $G=(a)$ 的所有子群, 只要找出 n 的每一个正因子 m, 那么列出所有的 $(a^{\frac{n}{m}})$, 也就找出了所有的子群.

例 6.39 模 12 的剩余类加群

$$Z_{12}=\{[0],[1],[2],[3],[4],[5],[6],[7],[8],[9],[10],[11]\}$$

找出 Z_{12} 的所有子群.

解 Z_{12} 是一个生成元为 [1] 的循环群. 12 的所有正因数为 $1,2,3,4,6,12$, 所以 Z_{12} 存在阶数分别为 $1,2,3,4,6,12$ 的子群, 它们分别是由元素 $[1]^{\frac{12}{1}}$, $[1]^{\frac{12}{2}}$, $[1]^{\frac{12}{3}}$, $[1]^{\frac{12}{4}}$, $[1]^{\frac{12}{6}}$,$[1]^{\frac{12}{12}}$ 生成的, 即它们分别是 [0], [6], [4], [3], [2], [1] 生成的, 这些子群分别是

1 阶级子群: $([0])=\{[0]\}$

2 阶级子群: $([6]=\{[0],[6]\}$

3 阶级子群: $([4])=\{[0],[4],[8]\}$

4 阶级子群: $([3])=\{[0],[3],[6],[9]\}$

6 阶级子群: $([2])=\{[0],[2],[4],[6],[8],[10]\}$

12 阶级子群: $([1])=\{[0],[1],[2],[3],[4],[5],[6],[7],[8],[9],[10],[11]\}$

6.3.7 子群的陪集

本节内容主要利用群 G 的一个子群 H 来定义 G 上的一个等价关系, 此等价关系可以把 G 进行分类, 然后由这个分类推出几个重要的定理.

给定群 G 和 G 的一个子群 H, 下面规定一个 G 的元中间的关系 $\sim$:$a\sim b$, 当且仅当 $ab^{-1}\in H$。

给了 a 和 b, ab^{-1} 或者属于 H, 或者不属于 H 两种情况之一. 所以 $\sim$ 是一个关系, 同时

(1) $aa^{-1}=e\in H$, 所以 $a\sim a$, 关系 $\sim$ 是自反的.

(2) $ab^{-1}\in H\Rightarrow(ab^{-1})^{-1}=ba^{-1}\in H$, 所以 $a\sim b\Rightarrow b\sim a$, 关系 $\sim$ 是对称的.

(3) $ab^{-1}\in H,bc^{-1}\in H\Rightarrow(ab^{-1})(bc^{-1})=ac^{-1}\in H$, 所以 $a\sim b,b\sim c\Rightarrow a\sim c$, 关系 $\sim$ 是传递的.

这样 $\sim$ 是 G 上的一个等价关系. 利用这个等价关系我们可以得到一个 G 的分类. 对于任意 $a\in G$, 设 a 所在的类为 $[a]_H$, 简单起见, 简记为 $[a]$. 即

$$[a]=\{b|a\sim b,\text{或者}ab^{-1}\in H\}$$

下面考察 G 的元素 a 所在类 $[a]$ 中都是一些什么样的元素.

任取 $b \in [a]$, 即 $a \sim b$, 由定义可知, $ab^{-1} \in H$, 故存在 $h \in H$, 使得 $ab^{-1} = h$, 也就是 $b = h^{-1}a$, 因为 H 是群, 所以 $h^{-1} \in H$, 这就说明与 a 有关系的元 b 可以写成子群 H 的一个元素与 a 的乘积.

反过来, 对于子群 H 中的任何一个元 h 与 a 的乘积 ha 来说, 令 $b = ha$, 那么 $ab^{-1} = a(ha)^{-1} = a(a^{-1}h^{-1}) = h^{-1} \in H$, 这说明 H 中的每一个元与 a 的乘积都与 a 有关系. 这样一个事实告诉我们

$$[a] = \{ha \mid h \in H\}$$

也就是说, a 所在的类恰好是用 a 从右边去乘 H 的每一个元后形成的集合.

对这样得来的 G 的一个元素 a 所在的类给出一个特殊的名字.

定义 6.20　由上面的等价关系 $\sim$ 所决定的类称为子群 H 的**右陪集**, 包含元 a 的右陪集用符号 Ha 来表示.

例 6.40　设 G 为模 12 的剩余类加群, $H = \{[0], [4], [8]\}$ 是 G 的一个子群, 求出 H 将 G 分成的所有右陪集.

解　按照右陪集的定义, 有

$$H + [0] = H + [4] = H + [8] = \{[0], [4], [8]\}$$
$$H + [1] = H + [5] = H + [9] = \{[1], [5], [9]\}$$
$$H + [2] = H + [6] = H + [10] = \{[2], [6], [10]\}$$
$$H + [3] = H + [7] = H + [11] = \{[3], [7], [11]\}$$

是 H 将 G 分成的 4 个不同的右陪集.

右陪集是从等价关系 $\sim$: $a \sim b$, 当且仅当$ab^{-1} \in H$, 出发而得到的. 假如我们规定一个关系 $\sim'$: $a \sim' b$, 当且仅当 $b^{-1}a \in H$,
那么同以上一样可以看出 $\sim'$ 也是一个等价关系. 利用这个等价关系我们可以得到 G 的另一个分类.

定义 6.21　由等价关系 $\sim'$ 所决定的类称为子群 H 的**左陪集**, 包含元 a 的左陪集我们用符号 aH 来表示.

同以上一样我们可以证明: aH 刚好包含所有可以写成

$$ah(h \in H)$$

形式的 G 的元.

因为一个群的乘法不一定适合交换律, 所以一般来说 $\sim$ 和 $\sim'$ 两个等价关系所决定的元素 a 所在的类 Ha 和 aH 并不相同. 但是我们有以下定理.

定理 6.23　*一个子群 H 的右陪集的个数和左陪集的个数相等: 它们或者都是无限大或者都有限并且相等.*

证明　我们把 H 的右陪集所组成的集合称为 S_{r}, H 的左陪集所组成的集合称为 S_{l}. 定义 S_{r} 与 S_{l} 的元素之间的对应关系

$$\phi : Ha \to a^{-1}H$$

我们说, 这种定义的陪集之间的对应关系与陪集的代表元无关. 也就是说, 若 $Ha = Hb$, 则 $a^{-1}H = b^{-1}H$. 事实上

$$Ha = Hb \Rightarrow ab^{-1} \in H \Rightarrow (ab^{-1})^{-1} = ba^{-1} \in H \Rightarrow a^{-1}H = b^{-1}H$$

所以右陪集 Ha 的像与 a 的选择无关, ϕ 是一个 $S_{\rm r}$ 到 $S_{\rm l}$ 的映射.

进一步可以断言, ϕ 是一个 $S_{\rm r}$ 与 $S_{\rm l}$ 间的一一映射. 因为 $S_{\rm l}$ 的任意元 aH 是 $S_{\rm r}$ 的元 Ha^{-1} 的像, 所以 ϕ 首先是一个满射; 再有

$$Ha \neq Hb \Rightarrow ab^{-1} \overline{\in} H \Rightarrow (ab^{-1})^{-1} = ba^{-1} \overline{\in} H \Rightarrow a^{-1}H \neq b^{-1}H$$

所以, ϕ 又是一个 $S_{\rm r}$ 与 $S_{\rm l}$ 间的单射. 我们也就证明了 ϕ 是一一映射.

定义 6.22 一个群 G 的一个子群 H 的右陪集 (或左陪集) 的个数 (相同的算作一个) 称为 H 在 G 里的**指数**, 记作 $[G:H]$.

例 6.41 模 12 的剩余类加群 G 关于子群 $H = \{[0],[4],[8]\}$ 的指数是 $[G:H] = 4$.

例 6.42 设 G 是非零有理数的集合, 不难验证, G 对于有理数的乘法组成一个群, $H = \{1,-1\}$ 是 G 的一个子群. 对于任何非零有理数 a, a 所在的等价类 $Ha = \{a,-a\}$, 这样

$$G = \bigcup_{a \in \mathbf{Q}^+} aH$$

其中, $\mathbf{Q}^+$ 是全体正有理数组成的集合. G 关于 H 的指数 $[G:H]$ 为无穷大.

本节主要讨论 $[G:H]$ 有限的情形.

下面的引理说明了一个子群与该子群的每个陪集的基数是相同的.

引理 6.2 *一个子群 H 与 H 的每一个右陪集 Ha 之间都存在一个一一映射.*

证明 在 H 与 H 的每一个右陪集 Ha 之间定义映射

$$\phi : h \to ha$$

那么 ϕ 是 H 与 Ha 间的一一映射, 原因如下.

(1) H 的每一个元 h 有一个唯一的像 ha.

(2) Ha 的每一个元 ha 是 H 的 h 的像.

(3) 假如 $h_1 \neq h_2$, 那么 $h_1a \neq h_2a$, 证毕.

由这个引理, 我们可以得到两个非常重要的结论, 即定理 6.24 和定理 6.26.

定理 6.24 *假定 H 是一个有限群 G 的一个子群, 那么 H 的阶 n 和它在 G 里的指数 j 都能整除 G 的阶 N, 并且*

$$N = nj$$

证明 G 的阶 N 既然有限, H 的阶 n 和指数 j 也都是有限正整数. G 的 N 个元被分成 j 个右陪集, 而且由引理 6.27 知每一个右陪集都有 n 个元, 所以

$$N = nj$$

证毕.

定理 6.25 *设 G 是一个有限群, H 是 G 的一个子群, K 是由 H 导出的 G 的置换群. 那么 G 的子群 H 的右陪集的个数就是由置换群 K 所诱导的 G 上的等价关系把集合 G 划分是所有等价类的数目.*

证明　我们看 K 所诱导的 G 上的等价关系 $\sim$

$$\sim:\quad a,b\in G, a\sim b \Leftrightarrow \text{存在}\pi_h\in K, \text{使得}\pi(a)=b$$

因为 $\pi_h(a)=ha=b$, 那么 $h=ba^{-1}$, 这样

$$a\sim b\Leftrightarrow \pi_h(a)=b\Leftrightarrow ha=b\Leftrightarrow b\in Ha$$

那么由置换群 K 所诱导的 G 上的等价关系对 G 的分类中的每一类恰好是子群 H 的一个右陪集. 而置换群 K 所诱导的 G 上的等价关系把集合 G 划分时, 所有等价类的数目是

$$\frac{1}{|K|}\sum_{\pi_h\in K}\psi(\pi_h)=\frac{1}{|K|}\psi(\pi_e)=\frac{1}{|K|}|G|=\frac{1}{|H|}|G|$$

所以 G 的子群 H 的右陪集个数是 $\dfrac{|G|}{|H|}$, 这和以前得到的结果相同.

定理 6.26　一个有限群 G 的任一个元 a 的阶 n 都整除 G 的阶.

证明　a 生成一个阶是 n 的子群, 根据定理 6.24, n 整除 G 的阶. 证毕.

6.3.8　不变子群和商群

定义 6.23　设 H 是群 G 的一个子群, 如果对任意 $a\in G$ 都有

$$aH=Ha$$

则称 H 是 G 的一个正规子群.

任何一个群 G 有两个显然的正规子群, 这就是由单位元组成的一个元素的群和 G 本身.

设 G 是可换群, 则 G 的任意子群都是正规子群, 因

$$aH=\{ah\mid h\in H\}=\{ha\mid h\in H\}=Ha$$

例如, $(Q-\{0\},\times)$ 是非零有理数关于数目乘法组成的群, 取 $H=\{1,-1\}$, 则 $(H,\times)$ 是 $(Q-\{0\},\times)$ 的正规子群.

定理 6.27　设 H 是群 G 的一个正规子群, G/H 表示 H 的所有陪集组成的集合, 设 $aH,bH\in G/H$, 定义

$$(aH)(bH)=(ab)H$$

则 G/H 关于上面规定的陪的集乘法运算组成一个群.

证明　我们首先证明两个陪集 $aH,bH\in G/H$ 的乘积与代表元无关, 即所规定的陪集运算法则是 G/H 的一个运算. 设 $aH,bH\in G/H$, 若 $aH=xH,bH=yH$, 那么存在 $n_1,n_2\in H$, 使得 $a=xn_1$ 且 $b=yn_2$, 这时

$$ab=xn_1yn_2=x(n_1y)n_2$$

由于 H 是正规子群

$$n_1y\in Hy=yH$$

所以存在 $n_3 \in H$, 使得 $n_1y = yn_3$, 这样

$$ab = x(n_1y)n_2 = xy(n_3n_2) \in (xy)H$$

故有

$$(ab)H = (xy)H$$

G/H 关于运算是封闭的.

下面验证 G/H 满足群定义的三个条件.

(1) 对于任意 $a, b, c \in G$, 有

$$[(aH)(bH)]cH = (ab)HcH = [(ab)c]H = (abc)H$$

$$aH[(bH)(cH)] = aH(bc)H = [a(bc)]H = (abc)H$$

所以有 $(aHbH)cH = aH(bHcH)$, 故运算是可结合的.

(2) $aHeH = (ae)H = aH$, 故 eH 是 G/H 的单位元素.

(3) aH 的逆元素为 $a^{-1}H$.

定义 6.24 群 G 关于其正规子群 H 的陪集组成的群 G/H 称为 G 关于 H 的商群.

判断正规子群, 除定义外还有如下方法.

定理 6.28 *设 H 是 G 的子群, 则下面四个条件是等价的:*

(1) *H 是 G 的正规子群*

(2) $aHa^{-1} = H, a \in H$

(3) $aHa^{-1} \subseteq H, a \in G$

(4) $aha^{-1} \in H, a \in G, h \in H$

证明 按下面途径 (1) ⇒ (2) ⇒ (3) ⇒ (4) ⇒ (1), 从而四个条件等价.

(1) ⇒(2). 因为 H 是正规子群, 故对任意 $a \in G$, 有 $aH = Ha$, 于是 $aHa^{-1} = (aH)a^{-1} = (Ha)a^{-1} = H(aa^{-1}) = He = H$, 即 (2) 成立.

(2) ⇒(3). 对任意 $a \in G, aHa^{-1} = H$, 故 $aHa^{-1} \subseteq H$.

(3) ⇒(4). 由于 $aHa^{-1} \subseteq H$, 故对任意 $a \in G, h \in H$, 有 $aHa^{-1} \in H$.

(4) ⇒(1). 设 $aHa^{-1} \in H$, 则对任意 h, 存在 $h_1 \in H$, 使 $aHa^{-1} = h_1$, 即 $ah = h_1a$, 也就是 $aH \subseteq, Ha$. 另外, 任取 $ha \in Ha$, 则 $a^{-1}Ha \in H$, 存在 $h_2 \in H$, 使 $a^{-1}ha = h_2$, 即 $ha = ah_2$, 即 $ah \in aH, Ha \subseteq aH$, 所以对任意 $a \in G$, 有

$$aH = Ha$$

从而 H 是群 G 的正规子群, 证毕.

例 6.43 设 H 是群 G 的一个子群, 且 H 的任意两个左陪集的乘积仍是一个左陪集, 则 H 是 G 的一个正规子群.

证明 先证 $aHbH = (ab)H$. 由已知, $aHbH$ 是一个左陪集, 设为 cH, 但 $ab = aebe \in aHbH$, 故 $ab \in cH$, 即 $cH = (ab)H$.

任取 $h \in H$, 则 $aha^{-1}b \in aHa^{-1}H = (aa^{-1})H = H$, 于是 $aha^{-1} \in H$, 对任意 $a \in G$, 即 H 是群 G 的正规子群.

6.4　群在密码学中的应用

本节主要介绍群理论在公钥密码学中的典型应用 RSA 算法.

6.4.1　两个特殊的群 Z_n 和 Z_n^*

对任意大于 1 的正整数 n, 作集合

$$Z_n = \{0, 1, 2, \cdots, n-1\}$$

定义集合 Z_n 上的二元运算 $\oplus$: 任意 $i, j \in Z_n$

$$i \oplus j = (i+j) \bmod n$$

其中, $(i+j)(\bmod n)$ 是整数 $i+j$ 除以 n 的余数. $\oplus$ 显然是一个 Z_n 上的代数运算, 这个运算还满足交换律. 下面我们验证 Z_n 关于运算 $\oplus$ 成为交换群.

首先, 对任意 $i \in Z_n$, 因为 $0 \oplus i = i$, 所以 0 是 Z_n 的单位元.

其次, 对任意 $i \in Z_n$, 当 $i \neq 0$ 时, i 的逆元素是 $n - i \in Z_n$, 当 $i = 0$ 时, i 的逆元素是其自身. 这样, Z_n 的每个元素都有逆元素. 最后, 只要再验证运算 $\oplus$ 满足结合律即可. 事实上, 对于 Z_n 中的任意三个元素 $i, j, k \in Z_n$, 根据两个数 a 与 b 相加除以 n 的余数就是 a 与 b 分别除以 n 的余数相加再除以 n 的余数这个原理, 有

$$\begin{aligned}(i \oplus j) \oplus k &= ((i+j) \bmod n + k) \bmod n \\ &= ((i+j) \bmod n + k \bmod) \bmod n \\ &= (i+j+k) \bmod n\end{aligned}$$

相似地, 因为

$$\begin{aligned}i \oplus (j \oplus k) &= (i + (j+k) \bmod n) \bmod n \\ &= (i \bmod n + (j+k) \bmod n) \bmod n \\ &= (i+j+k) \bmod n\end{aligned}$$

所以运算 $\oplus$ 满足结合律. 因此, Z_n 是一个关于运算 $\oplus$ 的群, 显然为交换群. 这个群 Z_n 称为关于模 n 的加法群.

再来定义集合 Z_n 上的二元运算 $\odot$: 任意 $i, j \in Z_n$, 则有

$$i \odot j = (i \cdot j) \bmod n$$

其中, $(i \cdot j) \bmod n$ 是整数 $i \cdot j$ 除以 n 的余数. 这显然也是 Z_n 上的另外一个满足交换律的代数运算. 自然会问 Z_n 关于运算 $\odot$ 成为交换群吗?

下面还是要看群的要求是否都满足. 首先不难验证 1 是 Z_n 关于运算 $\odot$ 的单位元. 对于 Z_n 中的任意三个元素 $i, j, k \in Z_n$, 根据两个数 a 与 b 的乘积除以 n 的余数就是 a 与 b 分

别除以 n 的余数的乘积再除以 n 的余数这个原理, 有

$$\begin{aligned}(i \odot j) \odot k &= ((i \cdot j) \bmod n \cdot k) \bmod n \\ &= ((i \cdot j) \bmod n \cdot k \bmod) \bmod n \\ &= (i \cdot j \cdot k) \bmod n\end{aligned}$$

相似地, 因为

$$\begin{aligned}i \odot (j \odot k) &= (i \cdot (j \cdot k) \bmod n) \bmod n \\ &= (i \bmod n \cdot (j \cdot k) \bmod n) \bmod n \\ &= (i \cdot j \cdot k) \bmod n\end{aligned}$$

最后就剩下 Z_n 的每个元素关于 $\odot$ 是否有逆元的问题了.

对于 $0 \in Z_n$, 因为对任何 $j \in Z_n$, 有 $0 \odot j = 0 \neq 1$. 这表明 Z_n 中找不到与元素 0 作运算等于单位元的元素, 这表明 0 没有逆元. 所以, Z_n 关于运算 $\odot$ 不是群.

Z_n 的某个子集关于运算 $\odot$ 可能成为群吗?

对任意 $n > 1$, 取 Z_n 子集 $G_1 = \{0\}$ 和当 $= 10$ 时, 取 Z_n 子集 $G_2 = \{5\}$, 容易验证 G_1 和 G_2 都是关于运算 $\odot$ 的 Z_n 的子群, 前者的单位元是 0, 后者的单位元是 5, 这两个子群的单位元都不是 1.

我们还是关心 Z_n 是否存在包含 1 的关于运算 $\odot$ 的子群. 这样的子群实际上也是存在的, 例如, $G_3 = \{1\}$ 就是其中的一个, 顺便说一下 0 是不会出现在这种子群中的, 原因是 0 在这种子群中不可能含有逆元. 今后用符号 Z_n^* 表示这种群中元素最多的一个. 下面的问题是: Z_n^* 中都是一些什么样的元素?

若 $a \in Z_n^*$, 因为 Z_n^* 中存在 a 的逆元, 所以存在 $u \in Z_n^*$, 使得 $a \odot u = 1$, 即 $(au) \bmod n = 1$, 或者 $n \mid (au - 1)$, 用 d 表示 a 和 n 的最大公因子, 因为 $d \mid a$ 和 $d \mid n$, 推出 $d \mid -1$, 这样必有 $d = 1$, 这就是说, 若 $a \in Z_n^*$, 那么 Z_n^* 中的元素 a 是一个与 n 互素的数, 这个数 a 当然是 Z_n 中的一个元素.

反过来, Z_n 中任何一个与 n 互素的整数 b 也属于 Z_n^* 吗?

从 Z_n 中所有与 n 互素的元素中任取一个元素 b, 根据数论中的一个知识: 两个整数 x 与 y 的最大公因子为 1(两个数互素) 当且仅当存在整数 $u, v \in Z_n$, 使得 $xu + yv = 1$, 因为 b 与 n 互素, 所以存在整数 u 和 v, 使得

$$bu + nv = 1$$

于是 $n \mid (1 - bu)$, 我们说 $n \nmid u$, 否则 $n \mid (1 - bu + bu)$, 即 $n \mid 1$, 这和 $n > 1$ 不符. 设 $u = nk + u_1$, 余数 u_1 满足 $1 \leqslant u_1 \leqslant n - 1$, 于是 $u_1 \in Z_n$, 将 $u = nk + u_1$ 代入等式 $bu + nv = 1$ 并整理可得

$$bu_1 + n(bk + v) = 1$$

这个表达式既表示 u_1 与 n 互素, 也表示 u_1 与 b 的乘积除以 n 的余数为 1, 即 $b \odot u_1 = 1$. 根据 Z_n^* 元素最多这一特点可知 $b \in Z_n^*, u_1 \in Z_n^*$.

至此, 我们清楚了 Z_n^* 的结构: Z_n^* 就是 $1,2,\cdots,n-1$ 中所有与 n 互素的元素构成的群. 下面把群 Z_n^* 叙述如下.

定理 6.29 对于正整数 $n>1$, 记所有小于 n 并且与 n 互素的正整数作成的集合记为 Z_n^*. 定义 Z_n^* 上的运算 $\odot$: 若 $i,j\in Z_n^*$, 令

$$i\odot j=(i\cdot j) \bmod n$$

则 Z_n^* 关于运算 $\odot$ 作成一个群.

这就是现代计算机安全通信技术密码学领域用到的一个最重要的群.

6.4.2 Z_n^* 和 Euler 定理

对于正整数 $n>1$, 所有小于 n 并且与 n 互素的正整数的个数这样一个数, 数学家欧拉 (Euler) 最早给出了记号 $\phi(n)$, 如 $\phi(2)=1$, $\phi(8)=4$ 等. 按照这个符号的含义, 群 Z_n^* 中的元素个数就是 $\phi(n)$, 再根据群中的有关结论可知, 对任意 $a\in Z_n^*$, 有

$$\overbrace{a\odot a\cdots\odot a}^{\phi(n)}=1$$

这个等式的确切含义就是 $a^{\phi(n)} \bmod n=1$, 按照同余符号 "≡" 的含义, 上式的等价表示就是

$$a^{\phi(n)}\equiv 1(\text{mod } n) \tag{6.1}$$

可以验证式 (6.1) 对于任何比 n 大且与之互素的整数 a 也成立, 并且式 (6.1) 中的 $n=1$ 时, 成立是显然的, 于是有下述结论

定理 6.30 设 n 为正整数, a 是任何与 n 互素的整数, 则

$$a^{\phi(n)}\equiv 1(\text{mod } n) \tag{6.2}$$

定理 6.30 就是著名的 Euler 定理, Euler 定理在同余方程曾给出过, 这里我们从群的角度也给出了这一相同的结论.

6.4.3 基于 Z_n^* 的公钥密码系统 RSA

公钥密码体制的思想提出后不久, 美国的三位科学家 Rivest、Shamir 和 Adleman 很快便在 1978 年正式发表了一个具体的公钥密码算法, 这个具有深远影响的算法后来用他们的名字 RSA 命名, RSA 的核心思想便是基于群 Z_n^* 和数论中的大数分解原理.

RSA 密码算法描述如下.

(1) 生成两个大素数 p 和 q.

(2) $n\leftarrow pq$, $\phi(n)\leftarrow(p-1)(q-1)$.

(3) 作群 $Z_{\phi(n)}^*$. 任意选一个随机数 b, $1<b<\phi(n)$, 使得 $\gcd(b,\phi(n))=1$, 由 $Z_{\phi(n)}^*$ 定义可知 $b\in Z_{\phi(n)}^*$.

(4) $a\leftarrow b^{-1}$, 这里 b^{-1} 是元素 b 在群 $Z_{\phi(n)}^*$ 中的逆元.

(5) 公钥为 (n,b), 私钥为 (p,q,a).

设待加密的信息为 x, 定义加密函数为

$$y = E_b(x) = x^b \mod n$$

得到密文 y, 定义解密函数为

$$D_a(y) = y^a \mod n$$

下面的结论保证了 RSA 算法的正确性.

定理 6.31 设 $n = pq$ 是两个不同素数之积. 如果 E_b 和 D_a 如上定义, 那么对任意 $x \in Z_n$, 都有 $D_a(E_b(x)) = x$.

证明 因为 $y = x^b \mod n$, 可知存在整数 k, 使得 $x^b = nk + y$, 于是 $(x^b)^a = (nk+y)^a$, 这表明 $(x^b)^a$ 除以 n 的余数就是 y^a 除以 n 的余数. 要证明 $x = y^a \mod n$, 只要证明 $x = (x^b)^a \bmod n$ 即可. 换一个说法就是只要证明 $(x^b)^a \equiv x(\bmod n)$ 即可.

因为元素 a 与 b 在群 $Z^*_{\phi(n)}$ 互为逆元. 于是 $a \odot b = 1$, 即 $ab \bmod \phi(n) = 1$ 或者 $ab \equiv 1(\bmod \phi(n))$, 所以存在正整数 t, 使得 $ab = t\phi(n) + 1$. 对任意明文 $x \in Z_n$, 下面分情况讨论.

(1) $(x,n) = 1$. 由欧拉定理有 $x^{\phi(n)} \equiv 1(\bmod n)$, 于是

$$(x^b)^a = x^{t\phi(n)+1} = (x^{\phi(n)})^t \cdot x \equiv x(\bmod n)$$

(2) $(x,n) \neq 1$. 因为 n 是素数 p、q 之积和 $x < n$, 所以 (x,n) 等于 p 或 q. 不妨设 $(x,n) = p$, 则 $(x,q) = 1$. 由欧拉定理知 $x^{q-1} \equiv 1(\bmod q)$, 于是 $x^{ab-1} = x^{t\phi(n)} = (x^{q-1})^{t(p-1)} \equiv 1(\bmod q)$, 从而

$$x^{ab} \equiv x(\bmod q)$$

因为 $p|x$, 可得

$$x^{ab} \equiv x(\bmod p)$$

因为 $(p,q) = 1$, 所以 $x^{ab} \equiv x(\bmod pq)$, 即

$$(x^b)^a \equiv x(\bmod n)$$

综上所述, 对任意 $x \in Z_n$, 都有 $(x^b)^a \equiv x(\bmod n)$, 证毕.

下面是一个使用 RSA 密码体制加密/解密的简单例子.

例 6.44 设 $p = 101, q = 113$, 则

$$n = pq = 101 \times 113 = 11413$$

$$\phi(n) = (p-1)(q-1) = 100 \times 112 = 11200$$

因为 $\phi(n) = 2^6 \times 5^2 \times 7$, 所以 $1 \sim 11200$ 任何不被 2、5 和 7 整除的数都可作为加密指数 b. 信息的接收方选取 $b = 3533$, 计算 b 关于模 11200 的逆为 $a = 6597$, 公开 $n = 11413$ 和 $b = 3533$.

信息的发送方得到 b, 加密明文 $x = 9726$, 得到密文

$$y = x^b \mod n = 9726^{3533} \mod 11413 = 5761$$

将密文 $y = 5761$ 通过信道发出, 接收方收到 $y = 5761$, 用 a 计算

$$y^a \bmod n = 5761^{6597} \bmod 11413 = 9726$$

还原出明文 9726.

RSA 算法也可以用于数字签名, 这里就不讨论了.

6.4.4 RSA 的安全性讨论

RSA 密码体制的安全性基于相信加密函数 $E_b(x) = x^b \bmod n$ 是一个单向函数, 所以对于攻击者来说, 试图解密密文是计算上不可行的. 允许第三方 Bob 解密密文的陷门是分解 $n = pq$ 的知识, 由于 Bob 知道这个分解, 所以他可以计算 $\phi(n) = (p-1)(q-1)$, 然后用扩展的欧几里得算法计算解密指数 a.

对 RSA 密码体制的一个明显的攻击就是密码分析者试图分解 n. 如果这点做到了, 那么便可以很简单地计算 $\phi(n) = (p-1)(q-1)$, 然后可以像 Bob 一样从 b 计算出解密指数 a. 关于大整数的分解算法, 目前最有效的三种算法是二次筛选法、椭圆曲线分解算法和数域筛选法, 其他作为先驱的著名算法包括 J.Pollard 的 ρ 方法和 $p-1$ 算法、H.William 的 $p+1$ 算法、连分式算法、费马分解法及试除法等. 由于已经有大量文献研究或综述, 在此不花篇幅进行讨论. 若 n 被成功分解, 则 RSA 密码便被破译. 尽管如此, 但还不能证明对 RSA 密码攻击的难度就和分解 n 相当, 只能说攻击 RSA 密码的困难程度不比分解大整数更难.

当然, 密码分析者可以考虑寻求不分解 n 而直接解密 RSA 密文的方法. 应该注意的是, 若从求 $\phi(n)$ 入手对 RSA 密码进行攻击, 那么它的难度和分解 n 相当. 换言之, 计算 $\phi(n)$ 并不比分解 n 简单. 事实上, 假设已知 n 和 $\phi(n)$, n 为两个素数 p 和 q 之积, 那么通过求解关于 p 和 q 的方程组

$$\begin{cases} n = pq \\ \phi(n) = (p-1)(q-1) \end{cases}$$

可以容易地分解 n. 密码分析者也可能既不分解 n 也不计算 $\phi(n)$, 而直接基于解密指数 a 进行攻击. 可以证明, 如果解密指数 a 已知, 那么 n 可以通过一个随机算法在多项式时间内分解, 这表明直接计算解密指数 a 并不比分解 n 容易. 当然, 这也告诉我们, 如果 a 被泄露, 那么 Bob 重新选取一个加密指数是不够的, 他必须选择一个新的模数 n. 另外, M.Wiener 提出了一种基于低解密指数的攻击方法, 当密钥满足 $3a < n^{1/4}$ 和 $q < p < 2q$ 时, 这种方法可以成功地计算出解密指数 a. 有兴趣的读者可以参考文献 [9].

随着计算能力的日益增强和整数分解算法的不断改进, 为保证 RSA 密码的安全性, 在实际应用中选取的素数 p 和 q 越来越大. 为避免选择容易分解的整数 n, 1978 年 Rivest 等在正式发表的 RSA 公钥密码的论文中就建议对素数 p 和 q 的选择应当满足以下三条.

(1) p 和 q 要足够大, 在长度上应该相差不多, 且二者之差与 p、q 位数相近. 如果差值 $p-q$ 太小 (不妨设 $p > q$), 那么 $(p+q)/2 \approx \sqrt{n}$, 并且 $(p-q)/2$ 是个相当小的数. 因此等式

$$\left(\frac{p+q}{2}\right)^2 - n = \left(\frac{p-q}{2}\right)^2$$

的右端是一个相当小的平方数, 这样就可以利用费马分解法将 n 进行分解.

(2) $p-1$ 和 $q-1$ 的最大公因数 $d=(p-1,q-1)$ 应尽量小, 否则将有 d^2 个整数 a, 使得 n 是基 a 的伪素数, 这就增加了对 n 进行分解的可能性.

(3) $p-1$ 和 $q-1$ 都应该含有大的素因数, 否则就可能利用 Pollard $p-1$ 算法求出 n 的真因数.

6.5 习　　题

1. 设 $(S,\circ)$ 是一个半群, 证明: $S\times S$ 对于下面规定的结合法 $\circ$ 作成一个半群

$$(a_1,a_2)\circ(b_1,b_2)=(a_1\circ b_1,a_2\circ b_2)$$

当 S 有单位元素时, 证明 $S\times S$ 也有单位元素.

2. 设 $(S,\circ)$ 是一个半群, $a\in S$, 在 S 上定义一个二元运算 Δ, 使得对 S 中的任意元素 x 和 y, 都有

$$x\Delta y=x\circ a\circ y$$

证明: 二元运算是可结合的.

3. 有时称一个有单位元的半群 $(R,\circ)$ 为独异点. 设 $(\mathbf{R},\circ)$ 是一个代数系统, $\mathbf{R}$ 是实数集合, $\circ$ 是 $\mathbf{R}$ 上的一个二元运算, 使得对于任意的 a、b 都有

$$a\circ b=a+b+a\cdot b\quad(\cdot\text{ 表示通常乘法})$$

证明: $(\mathbf{R},\circ)$ 是独异点, 且单位元素是 0.

4. 设 $(S,\circ)$ 为可换半群, 证明: 若 S 中有元素 a 和 b, 使得 $a\circ a=a$ 及 $b\circ b=b$, 则

$$(a\circ b)\circ(a\circ b)=a\circ b$$

5. 设 $(S,\circ)$ 如下:

$\circ$	a	b	c	d
a	a	b	c	d
b	b	c	d	a
c	c	d	a	b
d	d	a	b	b

(1) 证明 $(S,\circ)$ 是循环独异点, 并求出生成元素.

(2) 把每一个元素表示成生成元素的幂.

(3) 称一个满足 $a^2=a$ 的元素为幂等元, 列出所有幂等元.

6. $(S,\circ)$ 如下:

$\circ$	a	b	c	d
a	c	b	a	d
b	b	b	b	b
c	a	b	c	d
d	d	b	d	b

(1) 它是半群吗?

(2) 它是独异点吗?

(3) 它是循环独异点吗?

7. 设 $(S,\circ)$ 是半群, 证明: 对于 S 中的元素 a,b,c, 如果 $a\circ b=c\circ a$ 和 $a\circ b=b\circ a$ 和 $b\circ c=c\circ b$, 那么 $(a\circ b)\circ c=c\circ(a\circ b)$.

8. 设 $(\{a,b\},\circ)$ 是半群, 这里 $a\circ a=b$, 证明:

(1) $a\circ b=b\circ a$

(2) $b\circ b=b$

9. 设 $A=\{a,b,c\}$, A 上的运算如下, 讨论它们的结合性、交换性、等幂性以及在 A 中对于 $\circ$ 是否有单位元素, 每个元素是否可逆, 并找出逆元素.

$\circ$	a	b	c
a	a	b	c
b	b	c	a
c	c	a	b

$\circ$	a	b	c
a	a	b	c
b	b	a	c
c	c	c	c

$\circ$	a	b	c
a	a	b	c
b	a	b	c
c	a	b	c

$\circ$	a	b	c
a	a	b	c
b	b	b	c
c	c	c	b

10. 假定在两个群 G 和 $\overline{G}$ 的一个同态映射之下

$$a\to\overline{a}$$

那么 a 与 $\overline{a}$ 的阶是不是一定相同?

11. 证明一个循环群一定是交换群.

12. 假定群的元 a 的阶是 n. 证明 a^r 的阶是 $\dfrac{n}{d}$. 这里 $d=(r,n)$ 是 r 和 n 的最大公因子.

13. 假定 a 生成一个阶是 n 的循环群 G. 证明: a^r 也生成 G, 假如 $(r,n)=1$(这就是说 r 和 n 互素).

14. 假定 G 是循环群并且 G 与 $\overline{G}$ 同态. 证明 $\overline{G}$ 也是循环群.

15. 假定 G 是无限阶的循环群, $\overline{G}$ 是任何循环群. 证明 G 与 $\overline{G}$ 同态.

16. 证明: 阶是素数的群一定是循环群.

17. 证明: 阶是 p^m 的群 (p 是素数) 一定包含一个阶是 p 的子群.

18. 假定 a 和 b 是一个群 G 的两个元, 并且 $ab=ba$. 又假定 a 的阶是 m, b 的阶是 n, 并且 $(m,n)=1$. 证明: ab 的阶是 mn.

19. 假定 $\sim$ 是一个群 G 的元间的一个等价关系, 并且对于 G 的任意三个元 a,x,x' 来说

$$ax\sim ax'\Rightarrow x\sim x'$$

证明: 与 G 的单位元 e 等价的元所组成的集合是 G 的一个子群.

20. 我们直接给出右陪集 Ha 的定义如下: Ha 刚好包含 G 的可以写成

$$ha(h\in H)$$

形式的元. 由这个定义推出: G 的每一个元属于而且只属于一个右陪集.

21. 若我们把同构的群看作一样的一共只存在两个阶是 4 的群, 则它们都是交换群.

第7章 环 论

环的概念原始雏型是整数集合, 是在群只有一个运算的基础上又增加另外一个代数运算的代数系统, 并规定了这两个代数运算的相互关系. 如果把群中的代数运算看作加法, 另外的代数运算便看作乘法. 平时见到的整数集合在这里就是一个整数环. 由于一般的环是整数环的抽象, 因此整数环的一些性质在一般的环内可能成立, 也可能不成立. 本章主要介绍环的基本概念、子环、理想子环等知识.

7.1 环的定义

下面给出环的定义.

定义 7.1 一个非空集合 R 和 R 上的两个代数运算构成的代数系统 $(R,+,\cdot)$ 称为一个**环**, 假如

(1) R 对于 $+$ 运算作成一个交换群;

(2) R 对于 $\cdot$ 运算来说作成一个半群.

(3) 两个分配律都成立

$$a(b+c)=ab+ac$$
$$(b+c)a=ba+ca$$

不管 a,b,c 是 R 的哪三个元.

由环的定义可知, 环内有两个代数运算 $+$ 和 $\cdot$, 方便起见, 就把它们读成加法和乘法. 当然和普通数的加法和乘法是不同的两个概念. 环 R 对于加法作成的群简单读成加群. 环中加法的单位元记为 0; 任何元素 $x\in R$, 称 x 的加法逆元为 $-x$, 若 x 存在乘法逆元, 则称逆元. 因此环中写 $x-y$ 意味着 $x+(-y)$.

例 7.1 全体整数作成的集合对于普通的加法和乘法来说作成一个环.

省去证明过程, 我们通过定理 7.1 叙述了环的性质.

定理 7.1 设 $(R,+,\cdot)$ 是环. 则

(1) 任意 $a\in R, a0=0a=0$

(2) 任意 $a,b\in R$, $(-a)b=a(-b)=-ab$

(3) 任意 $a,b,c\in R$, $a(b-c)=ab-ac$, $(b-c)a=ba-ca$

(4) 任意 $a_1,a_2,\cdots,a_n,b_1,b_2,\cdots,b_m\in R(n,m\geqslant 2)$

$$\left(\sum_{i=1}^{n}a_i\right)\left(\sum_{j=1}^{m}b_j\right)=\sum_{i=1}^{n}\sum_{j=1}^{m}a_ib_j$$

从上述定理我们可以看出, 其中环加法的单位元恰好是乘法的零元. 在环中进行计算除了乘法不能使用交换律以外, 代数的计算法在一个环里差不多都适用. 只有很少的几种普通

计算法在一个环里不一定对, 这一点以后会看到.

在环定义里我们没有要求环的乘法适合交换律, 所以在一个环里 ab 未必等于 ba.

定义 7.2 一个环 R 称为一个**交换环**, 假如

$$ab = ba$$

不管 a, b 是 R 的哪两个元.

在一个交换环里, 对于任何正整数 n 以及环的任意两个元 a, b 来说都有

$$a^n b^n = (ab)^n$$

定义 7.3 一个环 R 的一个元 e 称为一个单位元, 假如对于 R 的任意元 a 来说, 都有

$$ea = ae = a$$

环的定义里没有要求有一个对于乘法来说的单位元, 一个环未必有一个单位元.

例 7.2 R={所有偶数}. R 对于普通加法和乘法来说显然作成一个环, 但 R 没有单位元.

在特殊的环里单位元是会存在的, 如整数环的 1.

一个环 R 如果有单位元, 则它只能有一个. 因为假如 R 有两个单位元 e 和 e', 那么

$$ee' = e = e'$$

在一个有单位元的环里, 这个唯一的单位元习惯上常用 1 来表示, 以下也采取这种表示方法. 当然一个环的 1 一般不是普通整数 1.

由定理 7.1 可知, 一个环的两个元 a, b 之间如果有一个是零, 那么 ab 也等于零. 可是

$$ab = 0 \Rightarrow a = 0 \text{ 或 } b = 0$$

这一条普通的计算规则在一个一般环里并不一定成立.

例 7.3 R={所有模 n 的剩余类}. 我们替 R 规定过一种加法

$$[a] + [b] = [a + b]$$

并且知道 R 对于这个加法来说作成一个加群. 现在替 R 规定一个乘法, 规定

$$[a][b] = [ab]$$

模 n 的剩余类是由整数间的等价关系

$$a \equiv b(n), \text{当且仅当 } n|a - b$$

所决定的. 若是

$$[a] = [a'], \quad [b] = [b']$$

那么由等式

$$ab-a'b'=a(b-b')+(a-a')b'$$

容易证明

$$[ab]=[a'b']$$

所以这是一个 R 的乘法. 由上述加法和乘法的定义易见: 乘法适合结合律, 并且两个分配律都成立, 因此 R 作成一个环. 这个环称为模 n 的**剩余类环**.

若是 n 不是素数

$$n=ab,\quad n\nmid a,\quad n\nmid b$$

那么在环 R 里

$$[a]\neq[0],\quad [b]\neq[0],\quad [a][b]=[ab]=[n]=[0]$$

因为 $[0]$ 正是 R 的零元, 这就是说 (1) 在 R 里不成立.

定义 7.4 若在一个环里

$$a\neq 0,\quad b\neq 0,\quad ab=0$$

我们就说, a 是这个环的一个**左零因子**, b 是一个**右零因子**.

一个环若是交换环, 则它的一个左零因子也是一个右零因子. 但在非交换环中, 一个零因子未必同时是左零因子也是右零因子. 一个环当然可以没有零因子, 如整数环.

例 7.4 一个实数域 $\mathbf{R}$ 上一切 $n\times n$ 矩阵对于矩阵的加法和乘法来说, 作成一个有单位元的环. 当 $n\geqslant 2$ 时, 这个环是非交换环, 并有零因子.

定义 7.5 一个环 R 称为一个**整环**, 假如

(1) 乘法适合交换律

$$ab=ba$$

(2) R 有单位元 1

$$1a=a1=a$$

(3) R 没有零因子

$$ab=0\Rightarrow a=0 \text{ 或 } =0$$

其中, a,b 可以是 R 的任意元.

整数环显然是一个整环.

7.2 环的同构、子环

和群中的概念类似, 也有环同构、环的子环概念.

定义 7.6 设 $(R_1,+,*)$ 和 $(R_2,\oplus,\odot)$ 是两个环. 若存在从 R_1 和 R_2 的一一对应 f, 使得对任意 $a,b\in R_1$, 都有

$$f(a+b)=f(a)\oplus f(b)$$
$$f(a*b)=f(a)\odot f(b)$$

则称 $(R,+,*)$ 与 $(R_2,\oplus,\odot)$ 同构, 记为 $(R_1,+,*)\cong(R_2,\oplus,\odot)$. f 称为同构映射.

定义 7.7　设 $(R, +, *)$ 是一个环, 若 R 的非空子集 R' 关于 R 的两个运算也是环, 则称 R' 为 R 的子环, 称 R 为 R' 的扩环.

下面的定理是显然的.

定理 7.2　设 $(R, +, *)$ 是一个环. R 的非空子集 R' 是 R 的子环, 当且仅当对任意 $a, b \in R'$, $a - b \in R'$, $ab \in R'$.

下面的所谓"挖补定理"是从一个代数系统扩充到另外一个代数系统的理论保证.

定理 7.3(挖补定理)　设 S 是环 R 的子环, $S \cong S'$, $S' \cap R = \varnothing$, 则存在 S' 的扩环 R', 使得 $R \cong R'$.

证明　设 S 到 S' 的同构映射为 ϕ. 令 $R' = S' \cup (R - S)$, 并作一个 R 到 R' 的映射

$$f(r) = \begin{cases} \phi(r), & r \in S \\ r, & r \in R - S \end{cases}$$

下面证明 f 是 R 到 R' 的一一映射.

先证明 f 是满射. 对于任意 $r' \in R' = S' \cup (R - S)$. 若 $r' \in S'$, 由于 ϕ 是 S 到 S' 的一一映射, 所以存在 $r \in S$, 使得 $\phi(r) = r'$, 因为当 $r \in S$ 时, 有 $f(r) = \phi(r)$, 这也就是说, 存在 $r \in R$, 使得 $f(r) = r'$. 若 $r' \in R - S$, 则存在 $r' \in R$, 使得 $f(r') = r'$. 所以 f 是 R 到 R' 满射.

再证明 f 是单射. 对于任意 $r_1, r_2 \in R$, 并且 $r_1 \neq r_2$. 首先, 当 r_1, r_2 同时属于 S 时, 两个不同的元 r_1, r_2 在一一映射 ϕ 下自然有不同的象, 根据 f 的定义, 此时 r_1, r_2 在 f 之下的象就是它们在 ϕ 之下的象, 所以有 $f(r_1) \neq f(r_2)$. 其次, 当 r_1, r_2 同时属于 $R - S$ 时, 两个不同元 r_1, r_2 的象分别是自身, 当然 $f(r_1)$ 与 $f(r_2)$ 也是不相等的. 最后, 当 r_1 和 r_2 一个属于 S, 另外一个属于 $R - S$ 时, 它们的象分别属于 S' 和 $R - S$, 由于 $S' \cap (R - S) = \varnothing$, 在这种情况下, r_1 和 r_2 的象也是不相等的. 总之, R 中任何两个不相等的元在 f 下都有不相等的象, 所以 f 是单射.

下面在 R' 中规定两种代数运算 $\oplus$ 和 $\odot$, 使得 R 与 R' 在一一映射 f 下同构. 对于 R' 中的任意两个元素 $r_1', r_2' \in R'$, 存在 $r_1, r_2 \in R$, 使得 $f(r_1) = r_1'$, $f(r_2) = r_2'$, 规定

$$r_1' \oplus r_2' = f(r_1 + r_2), \quad r_1' \odot r_2' = f(r_1 \cdot r_2) \tag{7.1}$$

其中, $+$ 和 $\cdot$ 是环 R 的两个代数运算. 对于任意 $r_1, r_2 \in S$, 式 (7.1) 实际上就是

$$f(r_1 + r_2) = f(r_1) \oplus f(r_2), \quad f(r_1 \cdot r_2) = f(r_1) \odot f(r_2) \tag{7.2}$$

这表明 $R \cong R'$.

最后证明 S' 是 R' 的子环. 这只要证明 S' 中的元素在 S' 中的运算与在 R' 中的运算一致也就可以了. 不妨设 S' 中的两个运算符号是 $\boxplus$ 和 $\boxdot$, 任取 $r_1', r_2' \in S'$, 存在 $r_1, r_2 \in S$, 使得 $\phi(r_1) = r_1'$, $\phi(r_2) = r_2'$, 这样

$$r_1' \boxplus r_2' = \phi(r_1) \boxplus \phi(r_2) = \phi(r_1 + r_2)) = f(r_1 + r_2) = r_1' \oplus r_2'$$

和

$$r_1' \boxdot r_2' = \phi(r_1) \boxdot \phi(r_2) = \phi(r_1 \cdot r_2) = f(r_1 \cdot r_2) = r_1' \odot r_2'$$

这就是说, 当限制在 R' 上时, R' 上定义的运算 $\oplus$ 就是 $\boxplus$, R' 上定义的运算 $\odot$ 就是 $\boxdot$, 这样 R' 是一个符合条件的环, 证毕.

注意 也可以采用从 R' 的运算来推演.

任取 $r_1', r_2' \in S'$, 因为 ϕ 是 S 到 S' 的同构映射, 所以存在 $r_1, r_2 \in S$, 使得 $\phi(r_1) = r_1'$, $\phi(r_2) = r_2'$, 这样根据 f 的定义有

$$r_1' \oplus r_2' = f(r_1 + r_2) = \phi(r_1 + r_2) = \phi(r_1) \boxplus \phi(r_2) = r_1' \boxplus r_2'$$

和

$$r_1' \odot r_2' = f(r_1 \cdot r_2) = \phi(r_1 \cdot r_2) = \phi(r_1) \boxdot \phi(r_2) = r_1' \boxdot r_2'$$

结论也是成立的.

7.3 理想子环

定义 7.8 设 $(I, +, *)$ 是环 $(R, +, *)$ 的子环. 若对任意 $a \in I$ 和任意 $x \in R$, 都有 $xa \in I$, $ax \in I$, 则称 I 为 R 的一个理想子环, 简称理想.

由定义 7.8 和定理 7.2 可得下述结论.

定理 7.4 *设 I 是环 $(R, +, *)$ 的一个非空子集, 则 I 是 R 的理想, 当且仅当*

(1) 对任意 $a, b \in I$, 都有 $a - b \in I$.

(2) 对任意 $a \in I$ 和任意 $x \in R$ 都有 $xa \in I$ 和 $ax \in I$.

对于任何环 $(R, +, *)$, $\{0\}$ 和 R 是 R 的两个理想, 称为平凡理想, 不是平凡的理想称为真理想.

例 7.5 设 $\mathbf{Z}$ 是所有整数的集合. 对于整数的加法和乘法运算 $(\mathbf{Z}, +, *)$ 是一个带幺交换环. 设 n 是一个非负整数, 显然

$$n\mathbf{Z} = \{kn | k \in \mathbf{Z}\}$$

是 $\mathbf{Z}$ 的一个理想. 可以断言, $\mathbf{Z}$ 的任何理想都是这种形式. 事实上, $\mathbf{Z}$ 的零理想是这种形式, 设 I 是 R 非零理想, 令

$$n = \min\{|m| \mid m \in I, m \neq 0\}$$

对任意 $m \in I$, 设 $m = qn + r$, 这里 $0 \leqslant r < n$, 因为 $r = m - qn \in I$, n 是 I 中最小的正整数, 于是 $r = 0$, 这样 $I \subseteq n\mathbf{Z}$, $n\mathbf{Z} \subseteq I$ 是显然的, 得到 $I = n\mathbf{Z}$.

设 R 是一个环, $a \in R$, 将包含 a 的所有理想 I 作交集后的集合记为 (a), 即

$$(a) = \bigcap_{a \in I} I$$

那么 (a) 也是一个理想. 显然包含 a 的任何理想都包含 (a), 我们称 (a) 是 a 生成的理想. 下面是正式定义.

定义 7.9 设 $(R, +, *)$ 是一个环. $a \in R$, 包含 a 的 R 的最小理想 (该理想包含 a, 且包含 a 的任何一个理想都包含该理想) 称为由 a 生成的主理想, 记为 (a).

由定理 7.4 和定义 7.9 容易证明下述结论.

定理 7.5　设 $(R,+,*)$ 是一个环. $a\in R$, 若 R 是一个带幺环, 则

$$(a)=\left\{\sum_{i=1}^{n}x_iay_i \mid x_i,y_i\in R, i=1,2,\cdots,n,n\geqslant 1\right\}$$

若 R 是一个交换环, 则

$$(a)=\{xa+na \mid x\in R, n\in Z\}$$

若 R 是一个带幺交换环, 则

$$(a)=\{xa \mid x\in R\}$$

定义 7.10　设 $(R,+,*)$ 是一个环. I 是 R 的理想, $a,b\in R$. 若由 $ab\in I$ 可得 $a\in I$ 或 $b\in I$, 则称 I 为 R 的素理想(prime ideal).

定义 7.11　一个环 R 的一个不等于 R 的理想称为一个最大理想, 假如 R 同 I 自身之外没有包含 I 的理想.

例 7.6　设 p 是素数, 则 $(p)=pZ$ 为整数环 Z 的素理想, 同时也是 Z 的极大理想.

证明　事实上, 设 $ab\in pZ$, 则 $p\mid ab$, 因为 p 是素数, 所以 $p|a$ 或 $p|b$, 即 $p\in aZ$ 或 $p\in bZ$, 这样 $(p)=pZ$ 是 Z 的素理想.

下面我们来证明 $(p)=pZ$ 是 Z 的极大理想. 设 $I=nZ=(n)$ 为 Z 的一个理想, 满足 $pZ\subseteq nZ\subseteq Z$. 因为 $p\in nZ$, 所以 $n\mid p$, 而 p 是一个素数, 所以一定有 $n=1$ 或者 $n=p$. 当 $p=1$ 时, 有 $I=nZ=Z$; 当 $n=p$ 时, $I=nZ=pZ=(p)$, 这样包含 (p) 的理想 I 不是 (p) 就是 Z, 于是 (p) 是 Z 的极大理想.

对于环, 我们同样可以定义陪集的概念.

定义 7.12　设 $(R,+,*)$ 是一个环, I 是 R 的一个理想, $a\in R$, 称

$$a+I=\{a+x \mid x\in I\}$$

为 I 的陪集, a 为陪集 $a+I$ 的代表元.

与定理群中的陪集结果类似, 有下列结论, 证明略.

定理 7.6　设 I 是环 $(R,+,*)$ 的一个理想, 则

(1) 对任意 $a,b\in R, a+I=b+I$ 当且仅当 $a-b\in I$,

(2) I 的任意两个陪集或者相等或者不相交,

(3) R 中的每个元素都在 I 的某个陪集中.

设 R/I 是理想 I 的所有不同陪集的集合, 对任意 $a+I, b+I\in R/I$, 定义

$$(a+H)+(b+H)=(a+b)+H$$
$$(a+H)(b+H)=ab+H$$

下面我们来说明 R/I 上定义的加法运算和乘法运算与陪集代表元的选取无关. 设 $a+I=a'+I, b+I=b'+I$, 则 $a-a'\in I, b-b'\in I$, 于是

$$(a+b)-(a'+b')=(a-a')+(b-b')\in I$$
$$ab-a'b'=(a-a')b+a'(b-b')\in I$$

因此

$$(a+b)+I=(a'+b')+I$$
$$ab+I=a'b'+I$$

即在 R/I 上定义的加法运算和乘法运算与陪集代表元的选取无关. 注意定义的 R/I 的加法和乘法与 R 加法和乘法的区别.

7.4 习　题

1. 证明二项式定理

$$(a+b)^n=a^n+c_n^1a^{n-1}b+\cdots+b^n$$

在交换环中成立.

2. 假定一个环 R 对于加法来说作成一个循环群. 证明 R 是交换环.

3. 证明对于有单位元的环来说, 加法适合交换律是环定义里其他条件的结果 (利用 $(a+b)(1+1)$).

4. 找一个我们还没有提到过的有零因子的环.

5. 证明由所有实数 $a+b\sqrt{2}(a,b$是整数) 作成的集合对于普通加法和乘法来说是一个整环.

6. 证明本章所给的加群的一个子集作成一个子群的条件是充分而且必要的.

7. $R=\{0,a,b,c\}$. 加法和乘法给定如下:

+	0	a	b	c
0	0	a	b	c
a	a	0	c	b
b	b	c	0	a
c	c	b	a	0

×	0	a	b	c
0	0	0	0	0
a	0	0	0	0
b	0	a	b	c
c	0	a	b	c

证明: R 作成一个环.

第 8 章 域

域的概念原始雏型是实数集合, 也是在群只有一个运算的基础上又增加另外一个代数运算的代数系统, 并规定了这两个代数运算的相互关系. 如果把群中的代数运算看作加法, 另外的代数运算便看作乘法. 和环不同的是, 这里域除了包含至少两个元素之外, 还要对每一个非零的元素有逆元. 平时见到的全体实数作成的集合就是实数域, 同理也有有理数域和复数域等概念. 类似地, 由于一般的域是实数域的抽象, 因此实数域的一些性质在一般的域内可能成立, 也可能不成立. 本章主要介绍域的基本概念、子域、域上的多项式环等知识. 最后给出域理论在通信编码与纠错理论方面的应用.

8.1 域的定义

从整环的定义我们知道, 整数环有一个对于乘法来说的单位元 1, 我们也曾经给出环中逆元的定义, 在一个环里会不会每一个元都有一个逆元? 在极特殊的情形下这是最可能的.

例 8.1 R 只包括一个元 a 加法和乘法是

$$a + a = a, \quad aa = a$$

R 显然是一个环. 这个环 R 的唯一的元 a 有一个逆元就是 a 本身.

但当环 R 至少有两个元的时候情形就不同了. 这样 R 至少有一个不等于零的元 a 因此 $0a = 0 \neq a$. 这就是说,0 不会是 R 的单位元. 但 $0b = 0$, 不管 b 是 R 的哪一个元. 由此知道 R 不会有逆元.

进一步问, 除了零元以外其他的元会不会都有一个逆元? 这是可能的.

例 8.2 全体有理数作成的集合对于普通加法和乘法来说显然是一个环, 这个环的一个任意元 $a \neq 0$ 显然有逆元 $\dfrac{1}{a}$.

定义 8.1 一个至少有两个元素的整环 R 称为一个**域**, 假如 R 的每一个不等于零的元有一个逆元.

例 8.3 全体有理数的集合是一个域. 同样全体实数或全体复数的集合对于普通加法和乘法来说也各是一个域.

8.2 子域

定义 8.2 设 $(F, +, *)$ 是一个域, F' 为 F 的一个非空子集, 若 $(F', +, *)$ 仍然是一个域, 则称 F' 为 F 的子域(subfield), 称 F 为 F' 的扩域(extension field). 注意: 在这里 $(F', +, *)$ 中的运算与 $(F, +, *)$ 相同.

根据子域的定义容易证明下述结论成立.

定理 8.1 设 $(F,+,*)$ 是一个域, F' 为 F 的一个非空子集, 则 $(F',+,*)$ 为 $(F,+,*)$ 的子域, 当且仅当对于任意 $a,b\in F'$, 有 $a-b\in F'$, 并且当 $b\neq 0$ 时, 有 $ab^{-1}\in F'$.

8.3 域的特征

定义 8.3 设 e 为域 F 的乘法单位元, 0 为加法单位元, 若对任意正整数 n, 都有 $ne\neq 0$, 则称域 F 的特征为 0, 若存在正整数 n, 使得 $ne=0$, 满足 $ne=0$ 的最小正整数 n 称为域 F 的特征.

例 8.4 容易得知有理数域和实数域以及复数域的特征都是 0, 对任意素数 p, 有限域 Z_p 的特征为 p.

一般的域有以下结论.

定理 8.2 每个域 F 其特征为 0 或素数. 特别地, 有限域 $GF(q)$ 的特征为素数.

证明 设域 F 的特征为 $p\neq 0$, F 的乘法单元为 e. 因为 p 是有限数, 若 p 不是素数, 则 $p=p_1p_2$, $1<p_1<p, 1<p_2<p$, 这样

$$0=pe=(p_1p_2)e=(p_1e)(p_2e)$$

因此, $p_1e=0$ 或者 $p_2e=0$. 但 $1<p_1<p$, $1<p_2<p$, 这与 p 的最小性相矛盾, 于是 p 是素数.

任意有限域 $GF(q)$ 只有有限个元素, 其特征不可能为 0, 于是特征一定为素数.

定理 8.3 设域 F 的特征为 p, $p\neq 0$, 那么对任意 $a\in F$, 都有 $pa=0$. 若 m 是整数, $ma=0$ 当且仅当 $p\mid m$.

证明 因为 F 的特征为 p, 所以

$$pa=p(ea)=(pe)a=0a=0$$

下面来证明 $ma=0$ 当且仅当 $p\mid m$.

若 $p\mid m$, 即 $m=qp$, 商 q 是整数, 则

$$ma=(qp)a=q(pa)=q0=0$$

设 $ma=0$, 若 $p\nmid m$, 则由于 p 是素数, 所以一定有 $\gcd(p,m)=1$, 因此, 一定存在整数 c 和 d, 使得

$$1=cp+dm$$

于是

$$a=1\cdot a=(cp+dm)a=(cp)a+(dm)a=c(pa)+d(ma)=c0+d0=0$$

这与 $a\neq 0$ 相矛盾, 于是 $p\mid m$.

定理 8.4 设域 F 的特征为 p, $p\neq 0$. 对任意 $a,b\in F$, 都有

$$(a\pm b)^p=a^p\pm b^p$$

证明 根据二项式定理我们有

$$\begin{aligned}(a+b)^p &= \sum_{i=0}^{p}\binom{p}{i}a^i b^{p-i} \\ &= a^p + b^p + \sum_{i=1}^{p-1}\binom{p}{i}a^i b^{p-i}\end{aligned}$$

先设 $p>2$. 当 $i=1,2,\cdots,p-1$ 时, 因为 $\binom{p}{i}=\dfrac{p!}{(p-i)!i!}$ 为整数, 所以 $(p-i)!i! \mid p!$, 由于 p 为素数, 因此 $\gcd((p-i)!i!,p)=1$, 于是 $(p-i)!i! \mid (p-1)!$, 所以 $\binom{p}{i}$ 是 p 的倍数, 故 $\sum\limits_{i=1}^{p-1}\binom{p}{i}a^i b^{p-i}=0$, 于是 $(a+b)^p=a^p+b^p$. 对于 $(a-b)^p$, 我们有

$$(a-b)^p=(a+(-b))^p=a^p+(-b)^p=a^p+((-1)b)^p=a^p+(-1)^p b^p$$

其中, 1 是 F 的乘法单位元. 注意到素数 p 必为奇数, 我们有 $(-1)^p=-1$, 因此

$$(a-b)^p=a^p-b^p$$

当 $p=2$ 时, 因为对任意 $x\in F, 2x=0$, 所以 $x=-x$, 因此

$$(a-b)^2=(a+b)^2=a^2+b^2=a^2-b^2$$

下面的两个推论用归纳法都容易证明.

推论 8.1 设域 F 的特征为 $p, p\neq 0$, 则对任意 $a,b\in F$, 都有

$$(a\pm b)^{p^n}=a^{p^n}\pm b^{p^n}$$

推论 8.2 设 F 是一个特征为 p 的域 $p\neq 0$,, 则对任意 $a_1,a_2,\cdots,a_m\in F$, 都有

$$(a_1+a_2+\cdots+a_m)^p=a_1^p+a_2^p+\cdots+a_m^p$$

8.4 域上的多项式环

设 F 是一个域, x 是一个文字符号, n 是非负整数, 形式表达式

$$f(x)=a_0+a_1x+a_2x^2+\cdots+a_nx^n$$

称为系数在 F 中的一元多项式, 其中, $a_i\in F$, $0\leqslant i\leqslant n$.

设 $f(x)$ 与 $g(x)$ 是系数在 F 中的两个一元多项式, 如果除去其系数等于域 F 中的 0 元素之外, 其他同次幂的系数都相等, 我们说 $f(x)$ 与 $g(x)$ 相等.

若 $a_n\neq 0$, 则称多项式 $f(x)$ 的次数为 n, 记为 $\deg(f(x))=n$, 并且说 a_n 是多项式 $f(x)$ 的首项系数. 当 $f(x)$ 的所有系数都是 0 时, 我们就说 $f(x)$ 是零多项式, 仍用 0 来代表它, 并且规定 $\deg(0)=-\infty$. 用 $F[x]$ 表示域 F 上关于未知元 x 的所有多项式的集合.

定义 $F[x]$ 上的加法和乘法运算, 设

$$f(x) = a_0 + a_1x + a_2x^2 + \cdots + a_nx^n \in F[x]$$
$$g(x) = b_0 + b_1x + b_2x^2 + \cdots + b_mx^m \in F[x]$$

定义

$$f(x) + g(x) = \sum_{i=0}^{M} (a_i + b_i)x^i$$

其中, $M = \max\{n, m\}$, 若 $M = m$, 则 $a_{n+1} = \cdots = a_M = 0$, 若 $M = n$, 则 $b_{m+1} = \cdots = b_M = 0$.

定义

$$f(x) \cdot g(x) = \sum_{i=0}^{n+m} \left(\sum_{j=0}^{i} a_i b_{i-j} x^i \right)$$

其中, $a_{n+1} = a_{n+2} = \cdots = a_{n+m} = 0, b_{m+1} = b_{n+2} = \cdots = b_{n+m} = 0$.

设 $f(x)$ 和 $g(x)$ 是两个多项式, 其次数都大于或等于 0, 则 $f(x)$ 或者 $g(x)$ 的次数小于等于其乘积的次数; $f(x)$ 和 $g(x)$ 的次数之和就是它们乘积的次数.

容易验证 $(F[x], +, \cdot)$ 对于刚才定义的多项式的加法和乘法是一个交换环, 其乘法单位元为域 F 的单位元 1. $F[x]$ 不是域, 这是因为 $F[x]$ 中的某些非零元素不存在乘法逆元, 如 $0 \neq x \in F[x]$ 就不存在乘法逆元. 事实上, 若 $f(x) \in F[x]$ 为 x 的乘法逆元, 则 $x \cdot f(x) = 1$. 于是 $1 = \deg(x) \leqslant \deg(x \cdot f(x)) = \deg(1) = 0$, 导致矛盾, 这样 $x \in F[x]$ 不存在乘法逆元.

8.5 域上多项式的带余除法

带余除法是多项式的理论基础, 但并不是任何一个一元多项式环中都可以施行的. 例如, 对于普通整数作成的环 Z, $f(x) = x^2 - 1$ 和 $g(x) = 2x + 1$ 都属于 $Z[x]$, 但 $f(x) = x^2 - 1$ 除以 $g(x) = 2x + 1$ 不能进行, 因为 $\dfrac{1}{2}$ 不属于 Z.

下面给出一个可以施行带余除法的条件.

定理 8.5(带余除法) 对于域 F, 设 $a(x), b(x) \in F[x]$. 若 $b(x) \neq 0$, 则 $F[x]$ 中有唯一的多项式 $q(x)$ 和 $r(x)$, 使得

$$a(x) = q(x) \cdot b(x) + r(x) \tag{8.1}$$

其中, $r(x) = 0$ 或者 $\deg(r(x)) < \deg(b(x))$.

证明 (1) 先证存在性. 若 $a(x) = 0$, 或 $\deg(a(x)) < \deg(b(x))$, 取 $q(x) = 0$ 和 $r(x) = a(x)$ 便可, 以下假定 $a(x) \neq 0$ 且 $\deg(a(x)) \geqslant \deg(b(x))$, 令

$$a(x) = a_0 + a_1x + \cdots + a_mx^m, \quad b(x) = b_0 + b_1x + \cdots + b_nx^n$$

其中, $a_m \neq 0$, $b_n \neq 0$, $m \geqslant n$. 对 m 作归纳法. 当 $m = 0, 1$ 的时候, 不难验证结论成立. 假设对次数小于 m 的每一个多项式 $a(x)$ 除以 $b(x)$, 都存在满足定理条件的 $q(x)$ 和 $r(x)$, 现在当 $a(x)$ 的次数为 m 时, 令

$$a_1(x) = a(x) - b_n^{-1} a_m x^{m-n} b(x)$$

则 $a_1(x)=0$ 或 $\deg(a_1(x))<m$. 由已证结果或归纳假定知, 存在 $q_1(x), r_1(x)$, 使

$$a_1(x)=b(x)q_1(x)+r_1(x),\quad r_1(x)=0 \text{ 或 } \deg(r_1(x))<\deg(b(x))$$

于是

$$\begin{aligned}a(x)&=a_1(x)+b_n^{-1}a_mx^{m-n}b(x)\\&=b(x)q_1(x)+r_1(x)+b_n^{-1}a_mx^{m-n}b(x)\\&=(q_1(x)+b_n^{-1}a_mx^{m-n})b(x)+r_1(x)\end{aligned}$$

即存在一对多项式 $q(x)=q_1(x)+b_n^{-1}a_mx^{m-n}$ 和 $r(x)=r_1(x)$, 使

$$a(x)=q(x)\cdot b(x)+r(x)$$

其中, $r(x)=0$ 或者 $\deg(r(x))<\deg(b(x))$. 存在性得证.

(2) 再证唯一性. 设另有一对多项式 $q'(x)$ 和 $r'(x)$, 使得 $a(x)=q'(x)b(x)+r'(x)$, 这里 $r'(x)=0$ 或 $\deg(r'(x))<\deg(b(x))$. 则

$$b(x)q(x)+r(x)=b(x)q'(x)+r'(x)$$

变换一下方式有

$$(q(x)-q'(x))b(x)=r'(x)-r(x)$$

若 $q(x)-q'(x)\neq 0$, 则

$$\deg(q(x)-q'(x))+\deg b(x)=\deg(r(x)-r'(x))<\deg(b(x))$$

这是一个矛盾, 因此 $q(x)-q'(x)=0$, 从而 $r(x)-r'(x)=0$.

式 (8.1) 中的 $q(x)$ 和 $r(x)$ 分别称为 $b(x)$ 去除 $a(x)$ 所得到的商和余式, 并记

$$r(x)=a(x) \bmod b(x)$$

可以把 mod 看成一个二元运算符. 若 $r(x)=0$, 则称 $b(x)$ 整除 $a(x)$, 或 $b(x)$ 是 $a(x)$ 的因式, 或 $a(x)$ 是 $b(x)$ 的倍式, 记为 $b(x)|a(x)$. 若 $r(x)\neq 0$, 称 $b(x)$ 除不尽 $a(x)$, 记作 $b(x)\nmid a(x)$.

例 8.5　取二元域 $F_2=Z_2=\{0,1\}$ 上的多项式 $a(x)=x^5+x^4+x^2+1$, $b(x)=x^3+x+1$, 用 $b(x)$ 去除 $a(x)$ 得到商 $q(x)=x^2+x+1$ 和余式 $r(x)=x^2$, 即

$$x^5+x^4+x^2+1=(x^2+x+1)(x^3+x+1)+x^2$$

由定理 8.5 不难证明下面的推论.

推论 8.3　$a_1(x), a_2(x), b(x)\in F[x]$, $b(x)\neq 0$, 则

$$\begin{aligned}&(a_1(x)\pm a_2(x)) \bmod b(x)=(a_1(x) \bmod b(x))\pm(a_2(x) \bmod b(x))\\&(a_1(x)\cdot a_2(x)) \bmod b(x)=(a_1(x) \bmod b(x)\cdot(a_2(x) \bmod b(x))) \bmod b(x)\end{aligned}$$

定义 8.4 设 $a_1(x), a_2(x), b(x) \in F[x]$, $b(x) \neq 0$. 若

$$a_1(x)\text{mod } b(x) = a_2(x)\text{mod } b(x)$$

则称 $a_1(x)$ 与 $a_2(x)$ 模 $b(x)$ 同余. 记为

$$a_1(x) \equiv a_2(x) \bmod b(x)$$

不难知道 $a_1(x)$ 与 $a_2(x)$ 模 $b(x)$ 同余当且仅当 $b(x)|(a_2(x) - a_1(x))$.

定义 8.5 设 $p(x) \in F[x]$, $\deg(p(x)) \geqslant 1$. 若 $p(x)$ 在 $F[x]$ 中只有 $c \in F$ 和 $cp(x) \in F[x]$ 这种形式的因式, 则称 $p(x)$ 为域 F 上的不可约多项式, 否则称 $p(x)$ 为域 F 上的可约多项式.

需要注意, 一个多项式是否可约与域 F 相关. 例如, 多项式 $x^2 - 2$ 在有理数域上是不可约的, 但在实数域上是可约的, 因为

$$x^2 - 2 = (x + \sqrt{2})(x - \sqrt{2})$$

例 8.6 设 $p(x) = x^2 + x + 1$ 为二元域 F_2 上的多项式. $F_2 = Z_2 = \{0,1\}$. 因为 $p(1) = p(0) = 1 \neq 0$, 所以 $p(x)$ 在 F_2 上没有一次因式. 因此, $p(x)$ 是 F_2 上的不可约多项式.

例 8.7 设 $p(x) = x^2 + 1$ 是三元域 F_3 上的一个多项式. $F_3 = Z_3 = \{0,1,2\}$. 因为 $p(0) = 1 \neq 0$, $p(1) = 2 \neq 0$, $p(2) = 2 \neq 0$, 所以 $p(x) = x^2 + 1$ 没有一次因式. 因此, $p(x) = x^2 + 1$ 为三元域 F_3 上的不可约多项式.

8.6 多项式环的理想与商环

定理 8.6 *设 $f(x) \in F[x]$, $f(x)$ 的所有倍式组成的集合记为 $(f(x))$, 即*

$$(f(x)) = \{\ q(x)f(x) \mid q(x) \in F[x]\ \}$$

那么 $(f(x))$ 为 $F[x]$ 的一个理想. 反过来, $F[x]$ 的任意一个理想都是 $F[x]$ 中的某个多项式的一切倍式所组成的集合.

证明 根据定理 7.4 或者根据定义 7.9 和定理 7.5 可知, $(f(x))$ 是 $F[x]$ 的一个理想, 结论的前一部分证完.

设 I 是 $F[x]$ 的一个理想, 我们来证明存在一个 $g(x) \in F[x]$, 使得 $I = (g(x))$.

若 $I = \{0\}$, 则令 $g(x) = 0$ 即可. 设 $I \neq \{0\}$, 则 I 中存在非零多项式, 设 $g(x)$ 是 I 中次数最低并且首项系数为 1 的多项式, 显然 $(g(x)) \subseteq I$. 任取 $h(x) \in I$, 根据带余除法, 存在 $q(x) \in F[x]$ 和 $r(x) \in F[x]$, 使得 $h(x) = q(x)g(x) + r(x)$, 可以断言 $r(x) = 0$. 否则, 因为 $r(x) = h(x) - q(x)g(x) \in I$ 是一个次数比 $g(x)$ 的次数还小的多项式, 这与 $g(x)$ 的选取不符. 这样 $h(x) = q(x)g(x) \in (g(x))$, 又得 $I \subseteq (g(x))$. 综合以上两点可知 $I = (g(x))$. 证毕.

设 $p(x)$ 是域 F 上的一个 n 次多项式, 我们和商群一样可以讨论多项式环 $F[x]$ 关于其理想 $(p(x))$ 的商环

$$F[x]/(f(x))$$

问题, 这个商环是一个单位元为 $1+(p(x))$ 的交换环.

设 $p(x)$ 是 $F[x]$ 中的一个多项式, $\deg(p(x))=n\geqslant 1$. $F[x]$ 中所有次数不超过 $n-1$ 的多项式和 0 多项式组成的集合记为 $F[x]_{p(x)}$, 即

$$F[x]_{p(x)}=\{a_0+a_1x+\cdots+a_{n-1}x^{n-1}\mid a_i\in F,0\leqslant i\leqslant n-1\}$$

对任意 $a(x),b(x)\in F[x]_{p(x)}$, 定义加法 $\oplus$ 和乘法 $\odot$ 如下

$$\begin{aligned}a(x)\oplus b(x)&=a(x)+b(x)\\ a(x)\odot b(x)&=(a(x)\cdot b(x)) \bmod p(x)\end{aligned}$$

按照环的定义, 不难验证 $(F[x]_{p(x)},\oplus,\odot)$ 是一个交换环. $(F[x]_{p(x)},\oplus,\odot)$ 的乘法单位元为域 F 的乘法单位元 1, 另外, 显然有 $F[x]_{p(x)}\supseteq F$.

例 8.8 设 F 是一个域, $p(x)$ 是域上的 1 次多项式, 则 $F[x]_{p(x)}=F$.

例 8.9 设 $p(x)=x^2+x+1$ 为二元域 F_2 上的多项式. 按照 $F_2[x]_{p(x)}$ 的定义, 其元素都是 a_0+a_1x 的形式, $a_0,a_1\in\{0,1\}$, 于是

$$F_2[x]_{p(x)}=\{0,1,x,x+1\}$$

$F_2[x]_{p(x)}$ 上的加法运算和乘法运算分别见表 8.1 和表 8.2.

表 8.1 $F_2[x]_{p(x)}=\{0,1,x,x+1\}$ 上的加法运算

$\oplus$	0	1	x	$x+1$
0	0	1	x	$x+1$
1	1	0	$x+1$	x
x	x	$x+1$	0	1
$x+1$	$x+1$	x	1	0

表 8.2 $F_2[x]_{p(x)}=\{0,1,x,x+1\}$ 上的乘法运算

$\odot$	0	1	x	$x+1$
0	0	0	0	0
1	0	1	x	$x+1$
x	0	x	$x+1$	1
$x+1$	0	$x+1$	1	x

例 8.10 设 $p(x)=x^2+1$ 是三元域 F_3 上的一个多项式, 且有

$$F_3[x]_{p(x)}=\{0,1,2,x,x+1,x+2,2x,2x+1,2x+2\}$$

$F_3[x]_{p(x)}$ 上的加法运算和乘法运算如表 8.3 和表 8.4 所示.

定理 8.7 设 F 是一个域, $f(x)\in F[x]$, $\deg(f(x))=n\geqslant 1$, I 为 $F[x]_{f(x)}$ 的一个理想, $I\neq\{0\}$. 那么 I 中存在唯一的、非零的、次数最低并且首项系数为 1 的多项式 $g(x)$, 使得

$$I=\{\ q(x)g(x)\mid q(x)\in F[x]_{f(x)},\deg(q(x))\leqslant n-1-\deg(g(x))\ \}\tag{8.2}$$

而且 $g(x) \mid f(x)$. 反过来, 设 $g(x)$ 为 $f(x)$ 的一个首项系数为 1 的因式, 则式 (8.2) 中定义的 I 为 $F[x]_{f(x)}$ 的理想, 而且是由 $g(x)$ 生成的理想 $(g(x))$, $g(x)$ 是这个理想中次数最低的首项系数是 1 的多项式.

表 8.3 $F_3[x]_{p(x)}$ 上的加法运算

$\oplus$	0	1	2	x	$x+1$	$x+2$	$2x$	$2x+1$	$2x+2$
0	0	1	2	x	$x+1$	$x+2$	$2x$	$2x+1$	$2x+2$
1	1	2	0	$x+1$	$x+2$	x	$2x+1$	$2x+2$	$2x$
2	2	0	1	$x+2$	x	$x+1$	$2x+2$	$2x$	$2x+1$
x	x	$x+1$	$x+2$	$2x$	$2x+1$	$2x+2$	0	1	2
$x+1$	$x+1$	$x+2$	x	$2x+1$	$2x+2$	$2x$	1	2	0
$x+2$	$x+2$	x	$x+1$	$2x+2$	$2x$	$2x+1$	2	0	1
$2x$	$2x$	$2x+1$	$2x+2$	0	1	2	x	$x+1$	$x+2$
$2x+1$	$2x+1$	$2x+2$	$2x$	1	2	0	$x+1$	$x+2$	x
$2x+2$	$2x+2$	$2x$	$2x+1$	2	0	1	$x+2$	x	$x+1$

表 8.4 $F_3[x]_{p(x)}$ 上的乘法运算

$\oplus$	0	1	2	x	$x+1$	$x+2$	$2x$	$2x+1$	$2x+2$
0	0	0	0	0	0	0	0	0	0
1	0	1	2	x	$x+1$	$x+2$	$2x$	$2x+1$	$2x+2$
2	0	2	1	$2x$	$2x+2$	$2x+1$	x	$x+2$	$x+1$
x	0	x	$2x$	2	$x+2$	$2x+2$	1	$x+1$	$2x+1$
$x+1$	0	$x+1$	$2x+2$	$x+2$	$2x$	1	$2x+1$	2	x
$x+2$	0	$x+2$	$2x+1$	$2x+2$	1	x	$x+1$	$2x$	2
$2x$	0	$2x$	x	1	$2x+1$	$x+1$	2	$2x+2$	$x+2$
$2x+1$	0	$2x+1$	$x+2$	$x+11$	2	$2x$	$2x+1$	x	1
$2x+2$	0	$2x+2$	$x+1$	$2x+1$	x	2	$x+2$	1	$2x$

证明 设 I 为 $F[x]_{f(x)}$ 的理想, $I \neq \{0\}$. 因为 I 中存在非零多项式, 所以 I 中非零的、次数最低并且首项系数为 1 的多项式 $g(x)$ 是存在的, 我们说这样的多项式是唯一的. 否则, 若 $g_1(x)$ 也是这样的一个不同于 $g(x)$ 的多项式, 则 $0 \neq g(x) - g_1(x) \in I$, 注意 $\deg(g(x) - g_1(x)) \leqslant \deg(g(x)) - 1$, 用 $g(x) - g_1(x)$ 首项系数的逆元乘以 $g(x) - g_1(x)$, 就得到 I 中的一个非零的、次数比 $g(x)$ 低且首项系数为 1 的多项式, 这与 $g(x)$ 的选取相矛盾. 因此 $g(x) - g_1(x) = 0$, 即 $g_1(x) = g(x)$. 这就证明了 I 中非零的、次数最低并且首项系数为 1 的多项式是唯一的.

作集合

$$I' = \{\ q(x)g(x) \mid q(x) \in F[x]_{f(x)}, \deg(q(x)) \leqslant n - 1 - \deg(g(x))\ \}$$

其中, $q(x) \in F[x]_{f(x)}$, $q(x)$ 遍历次数满足 $\deg(q(x)) \leqslant n - 1 - \deg(g(x))$ 的所有多项式和零多项式. 下面来证明 $I = I'$.

(1) 先证 $I' \subseteq I$. 任取 $v(x) = q(x)g(x) \in I'$, $q(x) = 0$ 或者 $\deg(q(x)) \leqslant n - 1 - \deg(g(x))$. 若 $q(x) = 0$, 则 $v(x) = 0 \in I$. 若 $q(x) \neq 0$, 因为 $\deg(q(x)) \leqslant n - 1 - \deg(g(x))$, 于是 $v(x) = q(x)g(x) = q(x) \odot g(x) \in I$, 可知 $I' \subseteq I$.

(2) 再证 $I \subseteq I'$. 任取 $v(x) \in I$, 若 $v(x) = 0$, 则 $v(x) \in I'$. 设 $v(x) \neq 0$. 在 $F[x]$ 中用 $g(x)$ 去除 $v(x)$, 存在 $q(x)$ 和 $r(x)$ 使得

$$v(x) = q(x)g(x) + r(x)$$

从 $q(x)g(x)$ 的次数即 $v(x)$ 的次数至多是 $n-1$ 可知, $\deg(q(x)) \leqslant n-1-\deg(g(x))$. 因为 $r(x) = v(x) - q(x)g(x) = v(x) - q(x) \odot g(x) \in I$, 必有 $r(x) = 0$. 否则用 $r(x)$ 首项系数的逆元乘以 $r(x)$ 就得到 I 中的一个非零的、次数比 $g(x)$ 低并且首项系数为 1 的多项式, 这与 $g(x)$ 的选取相矛盾. 这样 $v(x) = q(x)g(x) \in I'$, 这就证明了 $I \subseteq I'$.

综合 (1)、(2) 两种情况可知 $I = I'$.

下面我们来证明 $g(x) \mid f(x)$.

在 $F[x]$ 中用 $g(x)$ 去除 $f(x)$, 存在 $q_1(x)$ 和 $r_1(x)$ 使得

$$f(x) = q_1(x)g(x) + r_1(x)$$

因为

$$\begin{aligned} r_1(x) &= r_1(x) \bmod f(x) \\ &= (f(x) - q_1(x)g(x)) \bmod f(x) \\ &= (-q_1(x)g(x)) \bmod f(x) \\ &= -q_1(x) \odot g(x) \in I \end{aligned}$$

仍因 $g(x)$ 是 I 中 $\neq 0$ 的次数最低的首项系数为 1 的多项式, 所以一定有 $r_1(x) = 0$, 于是

$$f(x) = q_1(x)g(x)$$

这就证明了 $g(x)$ 是 $f(x)$ 的因式. 定理的第一部分证毕.

反过来, 设 $g(x)$ 是 $f[x]$ 的一个首项系数为 1 的因式, $f(x) = g(x)h(x)$. 令

$$I_1 = \{\ k(x)g(x) \mid k(x) \in F[x]_{f(x)}, k(x) = 0 \text{ 或 } \deg(k(x)) \leqslant n-1-\deg(g(x))\ \}$$

我们先来证明 I_1 是 $F[x]_{f(x)}$ 的一个理想.

首先, 任取 $a_1(x) = k_1(x)g(x), a_2(x) = k_2(x)g(x) \in I_1$. 若 $k_1(x) + k_2(x) = 0$, 则 $a_1(x) \oplus a_2(x) = a_1(x) + a_2(x) = (k_1(x) + k_2(x))g(x) = 0 \in I_1$. 若 $k_1(x) + k_2(x) \neq 0$, 因为 $\deg(k_1(x) + k_2(x)) \leqslant n-1-\deg(g(x))$, 所以 $a_1(x) \oplus a_2(x) = a_1(x) + a_2(x) = (k_1(x) + k_2(x))g(x) \in I_1$ (集合 I_1 中的任意两个元模 $f(x)$ 相加还是 I_1 中的两个元). 其次对于任意 $s(x) \in F[x]_{f(x)}$, 任意 $t(x) = k(x)g(x) \in I_1$. 将证明 $s(x) \odot t(x) = s(x)k(x)g(x) \bmod f(x) \in I_1$. 在 $F[x]$ 中用 $h(x)$ 去除 $s(x)k(x)$, 存在 $q_2(x)$ 和 $r_2(x)$, 使得 $s(x)k(x) = q_2(x)h(x) + r_2(x)$, 于是

$$\begin{aligned} s(x) \odot t(x) &= s(x) \odot (k(x)g(x)) \\ &= (s(x)k(x)) \odot g(x) \\ &= (q_2(x)h(x) + r_2(x)) \odot g(x) \\ &= (q_2(x)h(x)) \odot g(x) + r_2(x) \odot g(x) \end{aligned}$$

$$
\begin{aligned}
&= (q_2(x) \odot (h(x)g(x)) + r_2(x) \odot g(x) \\
&= (q_2(x) \odot (f(x)) + r_2(x) \odot g(x) \\
&= 0 + r_2(x) \odot g(x) \\
&= r_2(x) \odot g(x)
\end{aligned}
$$

当 $r_2(x) = 0$ 时, 有 $s(x) \odot t(x) = 0 \in I_1$. 当 $r_2(x) \neq 0$ 时, 因为 $\deg(r_2(x)) < \deg(h(x))$, 于是

$$
\begin{aligned}
\deg(r_2(x)g(x)) &= \deg(r_2(x)) + \deg(g(x)) < \deg(h(x)) + \deg(g(x)) \\
&= \deg(f(x)) \\
&= n
\end{aligned}
$$

所以 $s(x) \odot t(x) = r_2(x) \odot g(x) = r_2(x)g(x) \in I_1$, 这就证明了 I_1 是 $F[x]_{f(x)}$ 的一个理想.

下面证明 I_1 就是 $g(x)$ 在 $F[x]_{f(x)}$ 内生成的理想 $(g(x))$, 即证 $(g(x)) = I_1$.

任取 $v(x) \in (g(x))$, 存在 $k(x) \in F[x]_{f(x)}$, 使得 $v(x) = k(x) \odot g(x)$, 用 $h(x)$ 去除 $k(x)$, 设 $k(x) = q(x)h(x) + k_1(x)$, 仿照前面的证明方法可知 $v(x) = k(x) \odot g(x) = k_1(x) \odot g(x)$, 无论 $k_1(x) = 0$ 还是 $\deg(k_1(x)) < \deg h(x)$, 都有 $v(x) = k_1(x)g(x) \in I_1$, 这样 $(g(x)) \subseteq I_1$. 而 $I_1 \subseteq (g(x))$ 是显然的. 至于 $g(x)$ 是 I_1 中的次数最低并且首项系数为 1 的多项式是显然的.

设 $f(x)$ 是域 F 上的 n 次多项式, 关于交换环 $F[x]/(f(x))$ 与 $F[x]_{f(x)}$, 我们有下面的结论.

定理 8.8 交换环 $F[x]/(f(x))$ 与 $F[x]_{f(x)}$ 同构.

证明 记 $F[x]/(f(x))$ 中的加法和乘法符号分别为 $\oplus$ 和 $\odot$. 记 $F[x]_{f(x)}$ 的加法和乘法符号分别为 $\boxplus$ 和 $\boxdot$. 对任意 $a(x) + (f(x)) \in F[x]/(f(x))$, 定义

$$\phi : a(x) + (f(x)) \mapsto a(x) \bmod f(x)$$

按照定义, 给定 $F[x]/(f(x))$ 中的任意元素 $a(x) + (f(x))$, $F[x]_{f(x)}$ 存在唯一的元素 $a(x) \bmod f(x)$ 与之对应, 于是 ϕ 是 $F[x]/(f(x))$ 与 $F[x]_{f(x)}$ 之间的映射, ϕ 是满射是显然的. 其次

$$
\begin{aligned}
a(x) + (f(x)) &\neq b(x) + (f(x)) \\
&\Rightarrow a(x) - b(x) \notin (f(x)) \\
&\Rightarrow f(x) \nmid (a(x) - b(x)) \\
&\Rightarrow a(x) \bmod f(x) \neq b(x) \bmod f(x)
\end{aligned}
$$

于是 ϕ 是 $F[x]/(f(x))$ 与 $F[x]_{f(x)}$ 之间的一一映射.

下面证明 ϕ 保持运算

$$
\begin{aligned}
\phi(a(x) + (f(x)) \oplus b(x) + (f(x))) &= \phi((a(x) + b(x)) + (f(x))) \\
&= (a(x) + b(x)) \bmod f(x) \\
&= a(x) \bmod f(x) \boxplus b(x) \bmod f(x) \\
&= \phi(a(x) + (f(x))) \boxplus \phi(b(x) + (f(x)))
\end{aligned}
$$

和

$$\begin{aligned}&\phi(a(x)+(f(x))\odot b(x)+(f(x)))\\&=\phi(a(x)\cdot b(x)+(f(x)))\\&=(a(x)\cdot b(x)) \bmod f(x)\\&=((a(x) \bmod f(x))\cdot(b(x) \bmod f(x))) \bmod f(x)\\&=(a(x) \bmod f(x))\boxdot(b(x) \bmod f(x))\\&=\phi(a(x)+(f(x)))\boxdot\phi(b(x)+(f(x)))\end{aligned}$$

这样 ϕ 分别保持 $F[x]/(f(x))$ 与 $F[x]_{f(x)}$ 之间的加法和乘法运算, 定理证完.

由于交换环 $F[x]/(p(x))$ 与 $F[x]_{f(x)}$ 是同构的, 所以我们今后将把 $F[x]/(p(x))$ 看成是 $F[x]_{f(x)}$.

观察例 8.9 和例 8.10 分别对应的环 $F[x]_{p(x)}$, 我们发现环 $F[x]_{p(x)}$ 还是一个域, 这是否和这两个例子中的 $p(x)$ 都是不可约多项式有必然联系? 这确实是一个具有一般性的结论. 见下面的定理.

定理 8.9 $F[x]_{p(x)}$ *是域的充分必要条件为* $p(x)$ *是不可约多项式.*

证明 记 $F[x]_{p(x)}$ 中的加法和乘法运算符号分别为 $\oplus$ 和 $\odot$.

充分性: 设 $p(x)$ 是不可约多项式. 我们先来看看 $F[x]_{p(x)}$ 中元素的形式. 设 $p(x)$ 是 $F[x]$ 中的 $n(n\geqslant 1)$ 次多项式, 按照定义, $F[x]_{p(x)}$ 就是 $F[x]$ 中的零多项式和次数不超过 $n-1$ 的所有多项式组成的集合, 于是 $F[x]_{p(x)}$ 中含有非零元素. 要证明 $F[x]_{p(x)}$ 是域, 只需证明任何非零元素有逆元即可. 任取 $a(x)\in F[x]_{f(x)}$, 因为 $\gcd(a(x),p(x))=1$, 存在 $u(x),v(x)\in F[x]$, 使得

$$a(x)u(x)+v(x)p(x)=1$$

故 $a(x)u(x) \bmod p(x)=1$, 也就是

$$a(x)\odot u(x)=1$$

用 $p(x)$ 去除 $u(x)$ 可得

$$u(x)=g(x)p(x)+r(x)$$

由于 $a(x)\odot u(x)=1$, 所以 $r(x)\neq 0$, $\deg(r(x))<\deg(p(x))$, 于是 $r(x)\in F[x]_{f(x)}$, 这样

$$a(x)\odot u(x)=a(x)\odot(g(x)p(x)+r(x))=a(x)\odot r(x)=1$$

可知 $r(x)$ 是 $a(x)$ 的逆元.

必要性: 设 $F[x]_{p(x)}$ 是域. 若 $p(x)$ 为可约多项式, 那么

$$p(x)=p_1(x)p_2(x)$$

其中, $p_1(x)$ 和 $p_2(x)$ 是 $F[x]_{f(x)}$ 中的两个次数大于零且小于 $p(x)$ 的次数的多项式. 因为 $p_1(x) \bmod p(x)=p_1(x)\neq 0$, $p_2(x) \bmod p(x)=p_2(x)\neq 0$, 但是 $p_1(x)\odot p_2(x)=(p_1(x)p_2(x)) \bmod p(x)=0$, 这与域 $F[x]_{f(x)}$ 中无零因子相矛盾.

根据定理 8.8 可知下面的推论成立.

推论 8.4 设 $p(x) \in F[x]$, 则交换环 $F[x]/(p(x))$ 为域的充分必要条件是 $p(x)$ 为域 F 上的不可约多项式.

证明 记 $F[x]/(f(x))$ 中的加法和乘法符号分别为 $\oplus$ 和 $\odot$. 由于 $F[x]/(p(x))$ 是一个带幺交换环, 所以我们只需证明: 对于 $F[x]/(p(x))$ 中的任意一个非零元素 $a(x)+(p(x))$ 有逆元当且仅当 $p(x)$ 是域 F 上的不可约多项式.

必要性: 设 $F[x]/(p(x))$ 是域. 若 $p(x)$ 是 F 上的可约多项式, 则 $p(x) = p_1(x)p_2(x)$, $p_i(x)+(p(x)) \neq 0, i=1,2$. 但是

$$(p_1(x)+(p(x))) \odot (p_2(x)+(f(x))) = p(x)+(f(x)) = 0$$

其中, 0 是域 $F[x]/(f(x))$ 的零元素, 这与域中不存在零因子相矛盾.

充分性: 设 $p(x)$ 是域 F 上的不可约多项式, 因为不可约多项式的次数 $\geqslant 1$, 于是 $F[x]/(f(x))$ 中至少有一个非零元素, 例如, $1+(p(x))$ 就是一个非零的元素. 要证 $F[x]/(f(x))$ 是域, 只需证明 $F[x]/(f(x))$ 中的每个非零元素存在逆元即可. 设 $a(x)+(p(x)) \neq 0$, 于是 $a(x) \notin (p(x))$, 即 $p(x) \nmid a(x)$, $\gcd(p(x), a(x)) = 1$, 存在 $c(x) \in F[x]$ 和 $d(x) \in F[x]$ 使得

$$c(x)p(x)+d(x)a(x) = 1$$

于是 $(d(x)a(x))+(p(x)) = 1+(p(x))$, 或者

$$(d(x)+(p(x)) \odot (a(x)+(p(x))) = 1+(p(x))$$

这说明 $d(x)+(p(x))$ 是 $a(x)+(p(x))$ 的逆元, 充分性得证.

特别地, 若 F 是一个有限域, $|F| = q, p(x)$ 是 F 上的一个 n 次不可约多项式, 则 $F[x]/(p(x))$(或者说 $F[x]_{p(x)}$) 是一个只含有 q^n 个元素的有限域.

8.7 环与域在编码纠错理论中的应用

8.7.1 通信系统的基本模型

简单地说, 一个数字通信系统主要由信源、信道、信道编码器以及信道译码器四个基本部分组成, 如图 8.1 所示.

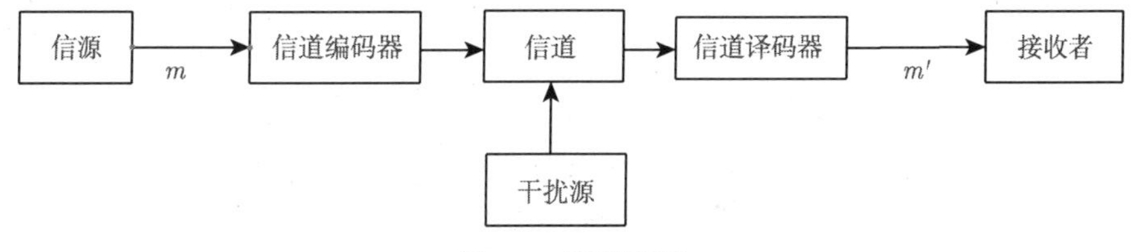

图 8.1 通信系统

信源就是信息产生的地方. 信源产生信息在信道传输的过程中可能会遇到各种干扰, 从而会使信道上传输信息发生错误.

为了增强信源消息在传输过程中的抗干扰能力, 信道编码器会在传输的信息中增加一些抗干扰的信号, 这些抗干扰的信号称为冗余信息, 冗余信息连同原始信息一起传输, 即使受

到干扰产生了一些错误, 信道接收端的译码器也可以利用增加的冗余信息发现传输过程中出现的错误, 从而尽可能正确地还原出信源消息.

编码与纠错理论在卫星通信、电话通信、计算机网络通信等许多领域已得到广泛应用. 这些应用离我们最近的就是在商品包装中经常见到的条形码, 条形码通常称为图形码, 它利用图形来表达信息, 条形码由一组黑白相间的条纹组成, 黑白条纹的不同宽度代表不同的信息. 条形码中包含了一定的纠错信息, 能够避免由于模糊而造成的读取错误.

8.7.2　编码理论的基本知识

下面用具体的例子说明处理通信过程中检测与纠正错误时遇到的一些问题和在原始信息中增加冗余信息的必要性.

信息的原始形式 (文字、声音、图像等) 在网络上传播之前都需要转化成适合信道传输的数字信号, 这些数字信号最常见的表现方式为 0 和 1 形成的串.

图 8.2 显示的模型称为一个二元对称信道. 该模型描述了这样一种情形, 信道传输任何一个比特时的差错率, 也就是 0 变成 1 或者 1 变成 0 的概率为 $p\left(\ll \dfrac{1}{2}\right)$, 符号 $\ll$ 表示远远小于.

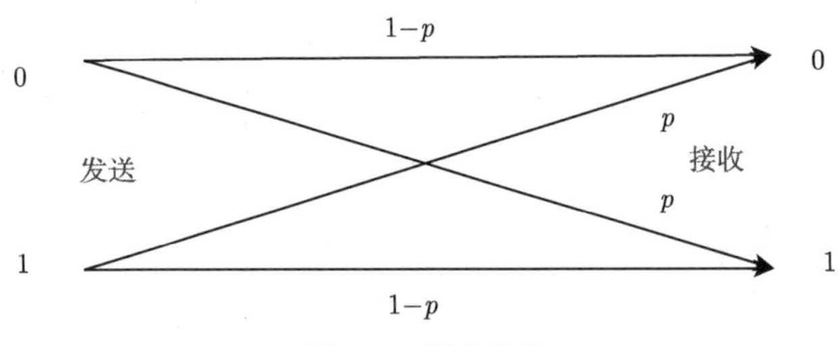

图 8.2　通信系统

现在让信道传输一比特, 我们自然在接收端收到一比特. 若认为接收到的信息就是发送端发送的信息, 在这种情况下, 我们决策错误的概率为 p.

现在换另外一种方式, 为了发送一比特数据 b, 发送者将 b 连续发送三次, 也就是说实际发送的是 bbb, 接收者认为在收到的信息中出现次数多的那一比特就是发送的比特 b. 这种情况下, 决策错误的概率是多少? 决策错误是至少发生了 2 比特差错时, 其概率为

$$p_e = \binom{3}{2} p^2(1-p) + \binom{3}{3} p^3 = 3p^2 - 2p^3$$

由于在 $p \ll \dfrac{1}{2}$ 的情况下, $p_e < p$, 第二种情况下, 决策错误的概率更小. 这就表明, 通过适当地编码原始数据, 在原始数据的基础上另外增加一些信息, 可以降低决策错误, 从而部分补偿由信道导致的损失. 这些另外增加的信息称为冗余信息.

一般情况下, 原始数据 (文字、图像、声音等) 可以用长度为固定的 0、1 字符串来表示, 例如, 当长度为 k 时, 串的总数有 2^k 个, 它们组成的集合为 A

$$A = \{(a_1a_2\cdots a_k) \mid a_i = 0 \text{ 或 } 1\}$$

原始信息可以用集合 A 中的一部分元素来表示. 按照前面的讨论, 每一个这样的信息在传输之前, 需要增加若干位, 如增加 $n-k$ 位变成一个 n 位的串, 这些串的总数我们用集合 C

来表示, C 中的元素称为码字, 每个码字的分量称为码元. 码字组成的集合 C 称为码集. 码集中的元素才是真正要传输的信息. 集合 C 实际上是所有长度为 n 的 0 和 1 组成串集合 A 的一个子集.

网络上发送和接收的两个用户统一规定: 码集 C 中的元素才是要传输和接收的信息. 取 $x \in C$, 发送端发送码字 x, 因为传输中出现的各种问题, 设接收端收到 y, 接收端需要检查是否出现传输错误, 接收端对收到的信息作如下判决.

(1) 若 $y \in A - C$, 丢弃, 因为传输出现错误.

(2) 若 $y \in C$, 则认为没有出现错误, 接收.

注意上述第一种情况确实检查出了错误, 第二种情况也有可能出现错误, 例如, 传输码字 x 错成了另外一个码字 y, 由于接收端只能认为发送的就是码字 y 而接收下来, 这就是所谓的判决错误.

在原始信息位增加若干位也叫编码, 编码的主要任务之一就是使得这种判决错误出现的概率降到最小.

今后, 接收端收到的信息 y 不能明确表示属于码集 C 时, 我们称 y 是向量.

每当接收端收到有差错的信息时, 可以选择让发送端再重新发送一次, 但这种情况只有在双向通信时是可以的, 在单向通信的情况下显然无法做到这一点. 此时, 接收端唯一能做的便是尝试纠正出现的错误, 这便是**纠错**, 纠错的过程称为**译码**.

给定码集 C, 设 $x \in C$ 是通过二元对称信道传输的码字, y_1,y_2 是两个向量, $y_1 \neq y_2$, $y_1, y_2 \in A - C$, 接收端已明确知道发送码字 x 出现了差错, 表示收到的向量 $y \in A - C$, 下面讨论 y 是 y_1 和 y_2 中的哪一个可能性大.

记 $d(x, y_1)$ 为 x 和 y_1 对应分量不同的个数, 也称为 x 与 y_1 的**距离**, $d(x, y_2)$ 同样理解. 用 $\Pr(y_1|x)$ 表示发送码字 x 时, 接收端收到向量 y_1 的条件概率, 则有

$$\Pr(y_1|x) = p^{d(x,y_1)}(1-p)^{n-d(x,y_1)}$$

同样的道理, 有

$$\Pr(y_2|x) = p^{d(x,y_2)}(1-p)^{n-d(x,y_2)}$$

若 $d(x, y_2) > d(x, y_1)$, 我们有

$$\frac{\Pr(y_2|x)}{\Pr(y_1|x)} = \frac{p^{d(x,y_2)}(1-p)^{n-d(x,y_2)}}{p^{d(x,y_1)}(1-p)^{n-d(x,y_1)}} = \left(\frac{p}{1-p}\right)^{d(x,y_2)-d(x,y_1)}$$

因为数字正确地通过信道的概率比发生错误的概率要大, 即 $1 - p > p$, 所以

$$\Pr(y_2|x) < \Pr(y_1|x)$$

这样, 若信道传输 x 发生错误, 则错成 y_1 的可能性比错成 y_2 的可能性要大, 这个情况从直观上也不难理解, 因为发送 x 错成 y_2 需要错更多的位. 换一个角度来说, 接收端收到的应该是与 x 更近距离的一个向量. 所以, 当发现传输出现差错时, 将接收向量 y 改正为与 y 的距离最小的码字应该是合理的. 基于这种观点, 下面给出**最大似然译码准则**.

最大似然译码准则: 给定码 C, 发送码字 x, 接收字 y. 记码集 C 与 y 的距离 (码 C 中所有码字与 y 距离的最小值) 为 d. 若码 C 中存在唯一的一个与 y 的距离为 d 的码字 x', 也就是说码 C 中再也没有与 y 的距离为 d 的不同于 x' 的码字, 则我们将 y 译为码字 x'.

最大似然译码准则中的唯一条件是不可缺少的, 不然存在两个码字与接收向量 y 的距离都最小, 我们不知道应该译成两个码字中的哪一个.

需要注意的是, 最大似然译码准则并不表明译码不发生错误, 因为总是把接收向量 y 译成一个与其最近的码字 x', 实际发送的却是与 y 较远的码字 x.

数据传输中的码集 C 的设计自然要保证 C 有比较好的检错和纠错能力, 这个 "比较好" 的概念现在还比较笼统, 以后我们会给出数值上的度量. 目前通俗地说就是 " 发送码字 x 时, 一出现错误便能检查出来", 能检查出来当且仅当收到的向量 $y \notin C$, 换句话说, 好码应该尽量使得出错后的码字不要是 C 中的码字, 这就要求 C 中的任意两个码字距离尽可能大. 因为倘若 C 中存在距离很小的两个码字 x_1 和 x_2, 设想发送码字 x_1 出现错误, 则结果变成离这个 x_1 较近的 x_2 的可能性应该是很大的. 这样的码是不可能更好地进行检错的. 这就让我们得出了 " 好码" 中的任何两个码字之间的距离应尽可能大. 从而, 一个码 C 中任何两个码字之间距离的下界是衡量码 C 检错也包括纠错性能的一个重要指标, 这个数称为**码距**, 下面是其详细定义.

定义 8.6 设 C 是一个至少含有两个码字的码集, 码集 C 的最小距离定义为 C 中任意两个不同的码字距离的最小值, 记为 $d(C)$. 即

$$d(C) = \min\{d(x, y) \mid x, y \in C, x \neq y\}$$

码的最小距离是刻画码的检错和纠错性能的一个重要参数. 今后 (n, M, d) 表示码长为 n, 码字个数为 M, 最小距离为 d 的码.

码字是由 n 个由 0 和 1 组成的串构成的, 我们可以认为这里的 0 和 1 来自于二元有限域 GF(2). 若用 $V(n,2)$=GF$(2)^n$ 表示所有的 2^n 个向量组成的集合, 则这个集合就是二元域上的 n 维向量空间. 码集 $C = (2, M, d)$ 就是 $V(n, 2)$ 的一个子集.

两个码字之间的距离也叫 Hamming 距离. Hamming 距离有下面的一些性质.

定理 8.10 对于任意 $x, y \in V(n, 2)$, Hamming 距离满足下述性质.

(1) 非负性: $d(x, y) \geqslant 0$. $d(x, y) = 0$ 当且仅当 $x = y$.

(2) $d(x, y) = d(y, x)$.

(3) $d(x, y) \leqslant d(x, z) + d(z, y)$.

证明 性质 (1) 和性质 (2) 是显然的, 下面来证性质 (3).

设 $x = x_1x_2\cdots x_n$, $y = y_1y_2\cdots y_n$, $z = z_1z_2\cdots z_n$. 对于任意 $i(1 \leqslant i \leqslant n)$, 讨论以下情形.

情形 1: 设 $x_i = y_i$. 那么 $d(x_i, y_i) = 0$, 于是

$$d(x_i, y_i) \leqslant d(x_i, z_i) + d(z_i, y_i) \tag{8.3}$$

情形 2: 设 $x_i \neq y_i$. 则 $x_i \neq z_i$ 和 $z_i \neq y_i$ 中至少一个成立. 因此, 式 (8.3) 也成立. 于是

$$\sum_{i=1}^{n} d(x_i, y_i) \leqslant \sum_{i=1}^{n}(d(x_i, z_i) + d(z_i, y_i)) = \sum_{i=1}^{n} d(x_i, z_i) + \sum_{i=1}^{n} d(z_i, y_i)$$

这也就是 $d(x,y) \leqslant d(x,z)+d(y,z)$.

定义 8.7 设 $x \in V(n,2)$, $x=x_1x_2\cdots x_n$, 用 $w(x)$ 表示码字 x 中非零码元的个数, 称为 x 的 Hamming 重量, 简称 x 的重量.

引理 8.1 对任意 $x,y \in V(n,2)$, $d(x,y)=w(x+y)$.

证明 $x,y \in V(n,2)$, $x-y$ 不为零分量的个数就是 x 和 y 不同分量的个数. 所以 $d(x,y)=w(x-y)$, 这里 $x-y$ 是指二元域 GF(2) 中的运算, 而 $x-y=x+y$, 于是 $d(x,y)=w(x-y)=w(x+y)$.

定理 8.11 Hamming 重量满足下述性质.

(1) 对任意 $x \in V(n,2)$, $w(x) \geqslant 0$. $w(x)=0$ 当且仅当 $x=0$.

(2) 对于任意 $x,y \in V(n,2)$, $w(x+y) \leqslant w(x)+w(y)$.

证明 性质 (1) 是显然的.

现在来证明性质 (2). 对于任意 $x,y \in V(n,2)$, 因为

$$\begin{aligned} w(x+y) &= d(x+y,0) \leqslant d(x+y,x)+d(x,0) \\ &= w(x+y-x)+w(x)=w(y)+w(x) \end{aligned}$$

定义 8.8 设码 $C \subseteq V(n,2)$, C 中非零码字重量的最小值定义为码 C 的最小重量, 记为 $w(C)$, 即

$$W(C)=\min\{W(x) \mid x \in C, x \neq 0\}$$

如果码字在传输过程中发生至少一个差错至多 t 个差错, 变成了一个非码字 (因而都能检查出来), 那么这个码称为 **t-检错码**. 我们说一个码是**严格的 t-检错码**, 如果一个码是 t-检错码, 但不是 $(t+1)$-检错码 (存在一种错误数是 $t+1$ 的传输方式使得码 C 不能检查).

基于码的码距, 有下面的结论.

定理 8.12 一个码 C 是一个严格的 t-检错码的充分必要条件为 $d(C)=t+1$.

证明 充分性 ($\Leftarrow$). 假设 $d(C)=t+1$. 先证传输过程中发生的任何至少一个至多 t 个错误, 都将变成一个非码字. 设信道发送码字 x 出现至少一个至多 t 个错误, 信道接收端收到向量 y, 因为

$$1 \leqslant d(x,y) \leqslant t < t+1 = d(C)$$

于是, y 不是码字, 否则 $t \geqslant d(x,y) \geqslant d(C)=t+1$, 显然矛盾. 因此, 码字 x 在信道传输过程中发生的错误至少一个至多 t 个时, 会变成一个非码字.

再证 C 不是 $(t+1)$-检错码. 因为 $d(C)=t+1$, 所以 C 中存在两个码字 x' 和 y', 使得 $d(x',y')=t+1$, 也就是说码字 x' 和 y' 恰好有 $t+1$ 位不相同. 假设信道传输码字 x' 时出现错误且恰好错成了 y', 因为 y' 也是码字, 接收端可以认为发送端发送的就是码字 y', 此时是不能进行检错的. 这就证明了存在一种错误为数 $t+1$ 的传输, 使得码 C 不能检查, 所以码 C 不是 $(t+1)$-检错码. 综合上述, 码 C 是一个严格的 t-检错码, 充分性证毕.

必要性 ($\Rightarrow$). 设码 C 是一个严格的 t-检错码, 需要证明 $d(C)=t+1$. 否则, 可设 $d(C) \neq t+1$. 第一种情况: $d(C) \leqslant t$. 码 C 中存在两个不同的码字 $u,v \in C$, 使得 $d(u,v)=d(C) \leqslant t$, 在传输码字 u 恰好错成 v 的情况下, 因为这时的 v 是码字, 这和已知码 C 是一个 t-检错码

不相符; 第二种情况: $d(C) \geqslant t+2$. 此时, 传输过程中出现的至少一个至多 $t+1$ 个错误都将变成一个非码字, 这说明码 C 是 $(t+1)$-检错码, 这与码 C 不能检测所有的 $t+1$ 个错误不相符, 综合以上两种情况, 必有 $d(C)=t+1$. 必要性证毕.

注意　定理 8.12 在 $t=0$ 时可以叙述为: 码 C 一个严格的 0-检错码, 即码 C 可以检测至多 0 个错误, 且存在一个错误数为 1 的发送, 码 C 不能检查. 这实际上是码 C 不能进行任何错误检测, 此时一定有 $d(C)=1$. 反过来, 若 $d(C)=1$, 则存在错误数为 1 的发送, 接收端收到的依然为码字, 于是码 C 不是 1-检错码, 于是码 C 是严格 0-检错码. t 为零的情况意义不大.

一个码 C 称作 **t-纠错码**, 如果按照极大似然译码方法可以纠正任何大小为 t 或小于 t 的差错. 一个码 C 称作**严格的 t-纠错码**, 如果 C 是 t-纠错码, 但不是 $(t+1)$-纠错码, 也就是说任何大小为 t 的可以被纠正, 但至少有一个大小为 $t+1$ 的差错不能被正确译码.

定理 8.13　*一个码 C 是一个严格的 t-纠错码的充分必要条件为 $d(C)=2t+1$ 或 $2t+2$.*

证明　先说明一下, 若码 C 是严格 0-纠错码 (也就是码 C 能纠正 0 个错误, 但至少有一个大小为 1 的差错不能被正确译码), 我们说必有 $d(C) \leqslant 2$. 否则设 $d(C) \geqslant 3$, 对于任何出现一位错误的发送, 例如, 发送 x 有一位出错变成了 y, 首先因为 y 与 x 的距离为 1 小于 $d(C)$, 所以 y 不会是码字, 其次对于码 C 中任何不同于 x 的码字 z, z 与 y 的距离不会也是 1, 否则便有 $z_0 \in C$, $d(z_0, y)=1$, 这样

$$3 \leqslant d(C) \leqslant d(x,y) \leqslant d(x,y)+d(y,z_0)=2$$

这是一个矛盾. 反过来, 设 $d(C) \leqslant 2$. 当 $d(C)=1$ 时, 因为, 此时存在距离为 1 的两个码字 x 和 y, 当发送 x 错成 y 时, 码字 y 无法译成 x. 当 $d(C)=2$ 时, 因为, 此时存在两个码字 $x=x_1x_2\cdots x_n$ 和 $y=y_1y_2\cdots y_n$, x 与 y 有两个位不同, 不妨设 $x_1 \neq y_1$, $x_2 \neq y_2$, 我们构造向量 $z=x_1y_2x_3\cdots x_n$, 这样 z 和 x 以及 z 和 y 的距离都是 1. 设想当发送 x 出现一位差错, 接收端收到的向量是 z 时, 有两个码字 x 和 y, 它们与 z 距离都为 1, 出现不能译码的现象. 所以当 $t=0$ 时定理是成立的. 以下证明不妨设 $t \geqslant 1$.

充分性 ($\Leftarrow$). 设 $d(C)=2t+1$ 或 $2t+2$. 先证 C 是 t-纠错码. 设 x 为在信道发送端发送的码字, y 为在信道接收端收到的向量, 并且 $1 \leqslant d(x,y) \leqslant t$, 注意这时 y 一定不是码字. 对任意不同于 x 的其他码字 $x' \in C$, 根据Hamming距离的三角不等式, 我们有

$$d(x,y)+d(y,x') \geqslant d(x,x') \geqslant d(C) \geqslant 2t+1$$

于是

$$d(y,x') \geqslant 2t+1-d(x,y) \geqslant t+1$$

这就是说, y 与任何一个不是发送码字 x 的其他码字 x' 的距离大于与 x 的距离, 根据最近邻译码原则, 应将 y 译为 x. 这就是说, 当一个码字在信道的传输过程中发生的错误数目至少为 1 至多为 t 个时, 在信道的接收端, 码 C 可以正确地译码.

再证 C 不能纠正 $t+1$ 个错误. 因为 $d(C)=2t+1$ 或 $2t+2$, 所以一定存在 $x=x_1x_2\cdots x_n \in C$ 和 $x'=x_1'x_2'\cdots x_n' \in C$, 使得 $d(x,x')=d(C)=2t+1$ 或 $2t+2$.

情形 1: $d(x,x')=d(C)=2t+1$, 不妨假设两个码字的前 $2t+1$ 个码元各不相同, 即

$$x_1\neq x_1',\quad x_2\neq x_2',\quad \cdots,\quad x_{2t+1}\neq x_{2t+1}',\quad x_{2t+2}=x_{2t+2}',\quad x_{2t+3}=x_{2t+3}',\quad \cdots,\quad x_n=x_n'$$

利用码字 x 和码字 x' 生成另外一个字 $y=y_1y_2\cdots y_n$, 使得 y 的从最左边开始的 t 个码元与 x 的相应的 t 码元相同, 紧接着的 $t+1$ 个码元与 x' 的 $t+1$ 个码元分别相等. 其他剩下的 $(n-2t-1)$ 个码元与 x (同时是与 x') 相应的码元分别相等. 这就是说, 当 $1\leqslant i\leqslant t$ 时, $y_i=x_i$; 当 $t+1\leqslant i\leqslant 2t+1$ 时, $y_i=x_i'$; 当 $2t+2\leqslant i\leqslant n$ 时, $y_i=x_i=x_i'$. 根据 y 的构造有 $d(y,x)=t+1$, $d(y,x')=t$, 自然有 y 不是 C 的码字. 假设发送码字 x 出现 $t+1$ 个错误错成了 y. 因为 y 与码字 x 的距离 $t+1$ 大于 y 与码字 x' 的距离 t, 根据最紧邻译码原则, 码 C 将不会把字 y 译成 x, 进而由于 C 中不会存在与 y 的距离 $\leqslant t$ 的不同于 x' 的码字, 否则将与 $d(C)=2t+1$ 相矛盾, 所以 y 应该译成码字 x', 这便出现译码错误.

情形 2: $d(x,x')=d(C)=2t+2$. 不妨设

$$x_1\neq x_1',\quad x_2\neq x_2',\quad \cdots,\quad x_{2t+2}\neq x_{2t+2}',\quad x_{2t+3}=x_{2t+3}',\quad x_{2t+4}=x_{2t+4}',\quad \cdots,\quad x_n=x_n'$$

令 $y=y_1y_2\cdots y_n$, 其中当 $1\leqslant i\leqslant$ t+1 时, $x_i=y_i$; 当 $t+2\leqslant i\leqslant 2t+2$ 时, $x_i'=y_i$; 当 $2t+3\leqslant i\leqslant n$ 时, $y_i=x_i=x_i'$, 显然 $d(y,x)=t+1$, $d(y,x')=t+1$, 自然有 y 不是 C 的码字. 设发送码字 x 出现 $t+1$ 个错误, 恰好 y 为错成的码字. 由于存在两个码字 x 和 x' 与 y 的距离一样, 并且 C 中没有码字与 y 的距离比 $t+1$ 还小, 所以不能译码.

综合以上情况, 码 C 是严格 t-纠错码, 充分性证毕.

必要性 $(\Rightarrow)$. 设码 C 是严格 t-纠错码. 先证明 $2t+1\leqslant d(C)$. 只需证明, 对于 C 中任何两个不同的码字 x,y, 都有 $2t+1\leqslant d(x,y)$ 即可. 采用反证法, 若存在 $x,x'\in C$, 使得 $d(x,x')\leqslant 2t$, 令 $m=d(x,x')$. 当 $1\leqslant m\leqslant t$ 时, 可设发送字 x 出现不超过 t 个错误错成 x', 由于 x' 是码字, 与可纠正不超过 t 个错误相矛盾. 当 $t+1\leqslant m\leqslant 2t$ 时, 仿照充分性的证明方法, 利用码字 x 和码字 x' 生成另外一个字 $y=y_1y_2\cdots y_n$, 使得 y 的从最左边开始的 $m-t(\leqslant t)$ 个码元与 x 的相应的 $m-t$ 个码元相同, 紧接着的 t 个码元与 x' 的 t 个码元分别相等. 其他剩下的 $(n-m)$ 个码元与 x (同时是与 x') 相应的码元分别相等, 根据 y 的构造有 $d(y,x)=t$, $d(y,x')=m-t$, 假设发送码字 x 出现 t 个错误错成了 y. 因为 y 与码 x 的距离 t 大于或等于 y 与码字 x' 的距离 $m-t$, 根据最紧邻译码原则, 当 $t>m-t$ 时, 码 C 将不会把字 y 译成 x; 当 $t=m-t$ 时, C 中存在与 y 距离相等的两个码字 x 和 x', 发生不能译码的情况.

再证 $d(c)\leqslant 2t+2$. 不然, 便有 $d(C)\geqslant 2t+3=2(t+1)+1$, 根据充分性的证明可知, 码 C 可以纠正出现 $t+1$ 个错误, 与码 C 可纠正至多 t 个错误相矛盾, 必要性证毕.

定理 8.17 和定理 8.18 在编码与纠错理论中占有重要地位, 称为编码纠错理论的基本定理.

推论 8.5 设 C 是一个码, 其最小距离为 d. 则 C 是一个严格的 $(d-1)$-检错码. C 是一个严格的 $\left\lfloor\dfrac{d-1}{2}\right\rfloor$-纠错码, 这里 $\left\lfloor\dfrac{d-1}{2}\right\rfloor$ 表示不大于 $\dfrac{d-1}{2}$ 的最大整数.

证明 根据定理 8.12, 码 C 是一个严格的 $(d-1)$-检错码.

如果 d 是奇数, 则 $d = 2t + 1$, 其中 $t = \dfrac{d-1}{2} = \left\lfloor \dfrac{d-1}{2} \right\rfloor$. 如果 d 是偶数, 则 $d = 2t + 2$, 其中 $t = \dfrac{d-2}{2} = \left\lfloor \dfrac{d-1}{2} \right\rfloor$. 根据定理 8.13, C 是一个严格的 $\left\lfloor \dfrac{d-1}{2} \right\rfloor$-纠错码.

例 8.11 码长为 n 的 q 元重复码

$$C = \{00\cdots 0, 11\cdots 1, \cdots, (q-1)(q-1)\cdots(q-1)\}$$

是一个 q 元 (n, q, n) 码, 因为该码的极小距离为 n, 所以它是一个严格的 $(n-1)$-检错码, 也是一个严格的 $\left\lfloor \dfrac{n-1}{2} \right\rfloor$-纠错码.

下面我们对基本定理作直观的解释.

定义 8.9 对任意 $x \in V(n, 2)$ 以及整数 $r \geqslant 0$, 以 x 为中心以 r 为半径的球记为 $S_2(x, r)$, 定义为

$$S_2(x, r) = \{y \in V(n, 2) \mid d(x, y) \leqslant r\}$$

设 $C \subseteq V(n, 2)$ 是一个码. 如果 $d(C) \geqslant 2t + 1$, 则以 C 中的码字为中心, 以 t 为半径的球互不相交. 否则, 便存在以 x 和 x' 为中心两个不同的球相交. 取 $y \in S_2(x, r) \cap S_2(x', t) \neq \phi$, 其中 $x, x' \in C$, 如图 8.3 所示, 根据Hamming距离的三角不等式, 我们有

$$d(x, x') \leqslant d(x, y) + d(y, x') \leqslant t + t = 2t$$

这与 $d(C) \geqslant 2t + 1$ 不符.

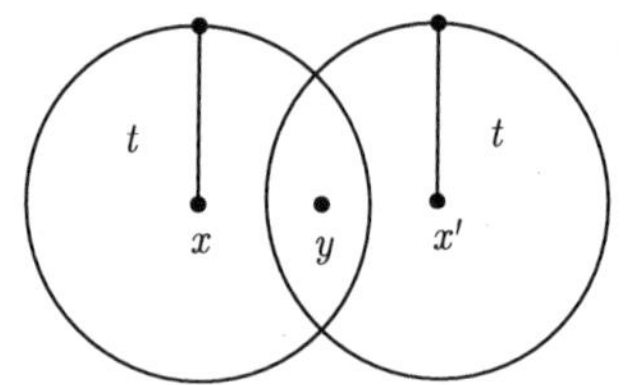

图 8.3 通信系统

发送端发送码字 x, 接收端接收到向量 y, 若 x 在传输过程中发生的错误不多于 t 个, 即 $d(x, y) \leqslant t$, 则一定有 $y \in S_2(x, t)$. 同时, y 不会属于以任何一个不同于 x 的码字 x' 为中心的球 $S_2(x', t)$, 于是 x 是唯一一个与 y 最近的码字, 根据最近邻译码原则, y 将被正确地译为 x, 如图 8.4 所示.

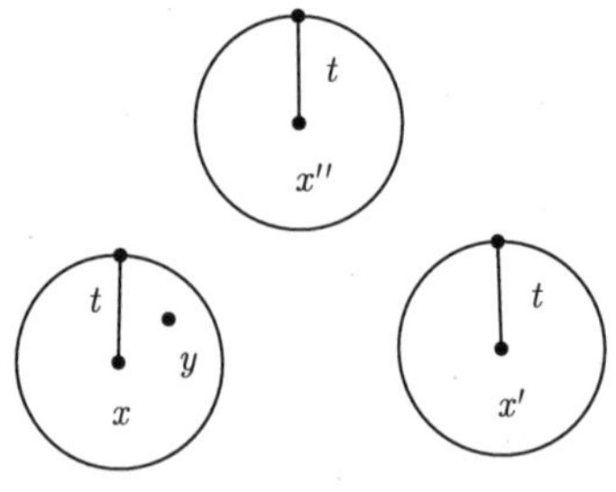

图 8.4 通信系统

定理 8.14 对任意 $x \in V(n,2)$, 球 $S_2(x,r)$ 中包含的向量个数为

$$\binom{n}{0}+\binom{n}{1}+\binom{n}{2}+\cdots+\binom{n}{r}$$

证明 由于整个向量空间 $V(n,2)$ 中的向量总数为 2^n 是有限的, 所以球 $S_2(x,r)$ 中的向量个数 $N(r)=|S_2(x,r)|$ 也是有限的. 下面我们来计算这个数. 设 $v=(v_1,v_2,\cdots,v_n)$, $0 \leqslant v_i \leqslant 1$. 如果 $d(v,x)=i$, 即 v 和 x 有 i 个相异位. v 在这 i 个位上与 x 相应的 i 个位上取值分别不同, 在每个位上, x 个取值已经固定, v 只能取剩下的一个值, 即只有一种取法. i 个位置的取法共有 $\binom{n}{i}$ 种, 所以和 x 的Hamming距离等于 i 的向量个数共有 $\binom{n}{i}$ 个, 对 $i=0,1,2,\cdots,r$ 所对应的数进行累加的和便是球 $S_2(x,r)$ 中的所有向量数. 这样

$$N(r)=|S_2(x,r)|=\sum_{i=0}^{r}\binom{n}{i}$$

根据定理 8.14 可知, 对任意一个二元 $(n,M,2t+1)$ 码, 都满足

$$M\left\{\binom{n}{0}+\binom{n}{1}+\binom{n}{2}+\cdots+\binom{n}{t}\right\} \leqslant 2^n \tag{8.4}$$

定义 8.10 设 C 是一个 q 元 $(n,M,2t+1)$ 码, 如果式 (8.4) 中的等号成立, 即

$$M\left\{\binom{n}{0}+\binom{n}{1}+\binom{n}{2}+\cdots+\binom{n}{t}\right\} = 2^n \tag{8.5}$$

则称 C 为完备码(perfect code).

例 8.12 对于码长为 n 的二元重复码

$$C=\{\overbrace{00\cdots0}^{n\text{个}},\ \overbrace{11\cdots1}^{n\text{个}}\}$$

因为 $\binom{n}{i}=\binom{n}{n-i}$. 当 $n=2t+1$ 为奇数时, 有

$$\begin{aligned}
&2\left\{\binom{n}{0}+\binom{n}{1}+\binom{n}{2}+\cdots+\binom{n}{t}\right\}\\
=&\left\{\binom{n}{0}+\binom{n}{1}+\binom{n}{2}+\cdots+\binom{n}{t}+\binom{n}{t}+\binom{n}{t-1}+\cdots+\binom{n}{1}+\binom{n}{0}\right\}\\
=&\left\{\binom{n}{0}+\binom{n}{1}+\binom{n}{2}+\cdots+\binom{n}{t}+\binom{n}{t+1}+\cdots+\binom{n}{n-1}+\binom{n}{n}\right\}\\
=&(1+1)^n\\
=&2^n
\end{aligned}$$

因此, 当码长 n 为奇数时, 二元重复码 C 是一个完备的 $(n,2,n)$ 码.

8.7.3 线性分组码的编码与译码方案

首先讨论编码方案.

根据定义, 码 $C=(n,M,d)$ 是 n 维向量空间 $V(n,2)$ 的一个子集. 在 M 的值较大的时候, 除非具有某种特殊的结构, 否则由于编码器需要在码库中存储这 M 个长度为 n 的码字, 编码器的复杂度将非常高. 因此, 必须着力于研究那些实际上可实现的码. 当码具有线性特征意味着 $C=(n,M,d)$ 是 $V(n,2)$ 的子空间时, 可大大降低编码的复杂度, 是一种理想的码结构. 这种称为线性码的码是一类非常重要的码. 本节介绍有关线性码的基本概念、基本性质以及线性码的编码和译码方案.

定义 8.11　若 $C\subseteq V(n,2)$ 是线性空间 $V(n,2)$ 的子空间, 则称 C 为一个二元线性码. 当 C 的维数是 k 时, 称 C 为一个二元 $[n,k]$ 线性码. 进一步, 若 C 的最小距离是 d, 则称 C 为一个 q 元 $[n,k,d]$ 线性码.

注意: 标记线性码时用的是方括号, 一般码用的是圆括号.

根据向量空间的基本理论, 二元码 $C\subseteq V(n,2)$ 是线性码当且仅当对任意 $x,y\in C$, 都有 $x+y\in C$.

例 8.13　对于 $V(3,2)$ 的子集 $C_1=\{000,001,101,110\}$, 不难验证 C_1 中的任意两个向量之和仍然属于 C_1, 故 C_1 是一个线性码. 又因为 $001=101+110$, $000=0\cdot101+0\cdot110$, 所以线性无关的 101、110 是 C_1 的生成元, C_1 是 $[3,2,2]$ 线性码. 相似地

$$C_2=\{00000,01101,10110,11011\}$$

是一个二元 $[5,2,3]$ 线性码.

零向量 $0=\overbrace{00\cdots0}^{n}$ 是任何线性码 $C\subseteq V(2,q)$ 中的码字. 一个二元 $[n,k,d]$ 线性码是二元 (n,q^k,d) 码. 一个二元 (n,q^k,d) 码不一定是一个二元 $[n,k,d]$ 线性码, 见例 8.14.

例 8.14　$(5,2^2,2)$ 码 $C=\{00000,01101,10110,11111\}$ 不是 $[5,2,2]$ 码, 因为

$$01101+10110=11011\notin C$$

C 不是线性的.

线性码的一个非常有用的性质是其最小距离与最小重量相等.

定理 8.15　设 C 是一个线性码, 则 $d(C)=W(C)$.

证明　一方面存在码字 $x,y\in C$, 使得

$$d(C)=d(x,y)=W(x-y)\geqslant W(C)$$

另一方面, 存在码字 $z\in C$, 使得

$$W(C)=W(z)=d(z,0)\geqslant d(C)$$

故 $d(C)=W(C)$.

由于一个 $[n,k,d]$ 线性码 C 是所有二进制 n 维向量空间 $V(n,2)$ 的一个 k 维子空间, 可以找到 k 个线性独立的码字 $g_0,g_1,\cdots,g_{k-1}$, 使得 C 中的每个码字 v 都是这 k 个码字的一种线性组合, 即

$$v=u_0g_0+u_1g_1+\cdots+u_{k-1}g_{k-1}\tag{8.6}$$

其中, 系数 $u_i = 0$ 或 $1, 0 \leqslant i < k$. 我们可以将 $u = u_0u_1\cdots u_{n-1}$ 这个 k 维线性空间 $V(k,2)$ 看成原始信息, v 表示这个信息的编码结果.

以这 k 个线性独立的码字为行向量, 得到 $k \times n$ 矩阵如下

$$G = \begin{pmatrix} g_0 \\ g_1 \\ \vdots \\ g_{k-1} \end{pmatrix} = \begin{pmatrix} g_{00} & g_{01} & g_{02} & \cdots & g_{0,n-1} \\ g_{10} & g_{11} & g_{12} & \cdots & g_{1,n-1} \\ \vdots & \vdots & \vdots & & \vdots \\ g_{k-1,0} & g_{k-1,1} & g_{k-1,2} & \cdots & g_{k-1,n-1} \end{pmatrix} \tag{8.7}$$

其中, $g_i = (g_{i0}, g_{i1}, \cdots, g_{in-1}), 0 \leqslant i \leqslant k-1$. 如果 $u = (u_0, u_1, \cdots, u_{k-1})$ 是待编码的消息序列, 则相应的码字可给出如下

$$v = u \cdot G = (u_0, u_1, \cdots, u_{k-1}) \begin{pmatrix} g_0 \\ g_1 \\ \vdots \\ g_{k-1} \end{pmatrix} = u_0g_0 + u_1g_1 + \cdots + u_{k-1}g_{k-1} \tag{8.8}$$

显然, G 的行生成或张成 $[n,k,d]$ 线性码 C. 因此, 称矩阵 G 为 C 的生成矩阵. 注意到, 一个 $[n,k,d]$ 线性码的任意 k 个线性独立的码字都可以用来构成该码的一个生成矩阵. 一个 $[n,k,d]$ 线性码完全由式 (8.8) 中的生成矩阵 G 的 k 个行向量确定. 因此, 编码器只需存储 G 的 k 个行向量, 并根据输入消息 $u = (u_0, u_1, \cdots, u_{k-1})$ 构成 k 行向量的一个线性组合.

例 8.15 表 8.5 所示的 $(7,4)$ 线性码有如下生成矩阵

$$G = \begin{pmatrix} g_0 \\ g_1 \\ g_2 \\ g_3 \end{pmatrix} = \begin{pmatrix} 1 & 1 & 0 & 1 & 0 & 0 & 0 \\ 0 & 1 & 1 & 0 & 1 & 0 & 0 \\ 1 & 1 & 1 & 0 & 0 & 1 & 0 \\ 1 & 0 & 1 & 0 & 0 & 0 & 1 \end{pmatrix}$$

表 8.5　$k = 4, n = 7$ 的线性分组码

消息	码字	消息	码字
(0000)	(0000000)	(0001)	(1010001)
(1000)	(1101000)	(1001)	(0111001)
(0100)	(0110100)	(0101)	(1100101)
(1100)	(1011100)	(1101)	(0001101)
(0010)	(1110010)	(0011)	(0100011)
(1010)	(0011010)	(1011)	(1001011)
(0110)	(1000110)	(0111)	(0010111)
(1110)	(0101110)	(1111)	(1111111)

如 $u = (1,0,1,0)$ 是待编码的消息, 根据式 (8.8), 其相应的码字为

$$\begin{aligned} v &= 1 \cdot g_0 + 0 \cdot g_1 + 0 \cdot g_2 + 1 \cdot g_3 \\ &= (1101000) + (0110100) + (1010001) \\ &= (0001101) \end{aligned}$$

我们发现按这个生成矩阵对 4 位消息编码后的码字分为了两部分, 后 4 位组成的部分就是原始消息, 具有这种结构的线性分组码称为**线性系统码**. 表 8.5 中给出的 (7,4) 码即是一个线性系统码, 线性系统码使我们容易在编码后的码字中辨别出编码前的原始消息.

一个 $[n,k,d]$ 线性系统码的生成矩阵应该具有如下形式

$$G=\begin{pmatrix} g_0 \\ g_1 \\ g_2 \\ \vdots \\ g_{k-1} \end{pmatrix}=\begin{pmatrix} p_{00} & p_{01} & \cdots & p_{0,n-k-1} & 1 & 0 & 0 & \cdots & 0 \\ p_{10} & p_{11} & \cdots & p_{1,n-k-1} & 0 & 1 & 0 & \cdots & 0 \\ p_{20} & p_{21} & \cdots & p_{2,n-k-1} & 0 & 0 & 1 & \cdots & 0 \\ \vdots & \vdots & & \vdots & \vdots & \vdots & \vdots & & \vdots \\ p_{k-1,0} & p_{k-1,1} & \cdots & p_{k-1,n-k-1} & 0 & 0 & 0 & \cdots & 1 \end{pmatrix}_{k\times n} \tag{8.9}$$

其中, $p_{ij}=0$ 或 1. 令 I_k 表示 $k\times k$ 的单位矩阵, 则有 $G=(P\ I_k)$, 这种生成矩阵称为**标准型矩阵**. 令

$$u=(u_0,u_1,\cdots,u_{k-1})$$

为待编码的消息, 则编成的码字为

$$v=(v_0,v_1,\cdots,v_{n-1})=(u_0,u_1,\cdots,u_{k-1})\cdot G \tag{8.10}$$

根据式 (8.9) 和式 (8.10) 可知

$$v_j=u_0p_{0j}+u_1p_{1j}+\cdots+u_{k-1}p_{k-1,j},\quad 0\leqslant j\leqslant n-k-1 \tag{8.11a}$$

$$v_j=u_{j-(n-k)},\quad n-k\leqslant j\leqslant n-1 \tag{8.11b}$$

于是编码后的码字 $v=(v_0,v_1,\cdots,v_{n-k-1},u_0,u_1,\cdots,u_{k-1})$, 式 (8.11a) 说明 v 右边的 k 位是消息位, v 左边的 $n-k$ 位是消息位 $(u_0,u_1,\cdots,u_{n-k})$ 的线性和.

例 8.16 例 8.15 中给出的矩阵 G 为系统形式. 令 $u=(u_0,u_1,u_2,u_3)$ 为待编码的消息, $v=(v_0,v_1,v_2,v_3,v_4,v_5,v_6)$ 为对应的码字, 则有

$$v=(u_0,u_1,u_2,u_3)\cdot\begin{pmatrix} 1 & 1 & 0 & 1 & 0 & 0 & 0 \\ 0 & 1 & 1 & 0 & 1 & 0 & 0 \\ 1 & 1 & 1 & 0 & 0 & 1 & 0 \\ 1 & 0 & 1 & 0 & 0 & 0 & 1 \end{pmatrix}$$

根据矩阵乘法得到码字 v 的下列各个位

$$\begin{aligned} v_0&=u_0+u_2+u_3 \\ v_1&=u_0+u_1+u_2 \\ v_2&=u_1+u_2+u_3 \\ v_3&=u_0 \\ v_4&=u_1 \\ v_5&=u_2 \\ v_6&=u_3 \end{aligned}$$

例如, 对应消息 (1011) 的码字为 (1001011).

若线性码 C 的生成矩阵 G 不是标准型矩阵, 我们可以按照例 8.17 中的方法将 G 变成标准型矩阵.

例 8.17 设一个二元 $[7,4,3]$ 线性码的生成矩阵为

$$G=\begin{pmatrix}1&1&1&1&1&1&1\\1&0&0&0&1&0&1\\1&1&0&0&0&1&0\\0&1&1&0&0&0&1\end{pmatrix}$$

下面我们来将 G 转化成标准型. 首先用第 3 行减去第 4 行, 第 1 行减去第 4 行, 得到

$$G_1=\begin{pmatrix}1&0&0&1&1&1&0\\1&1&1&0&1&0&0\\1&1&0&0&0&1&0\\0&1&1&0&0&0&1\end{pmatrix}$$

其次用 G_1 中的第 1 行减去第 3 行

$$G_2=\begin{pmatrix}0&1&0&1&1&0&0\\1&1&1&0&1&0&0\\1&1&0&0&0&1&0\\0&1&1&0&0&0&1\end{pmatrix}$$

最后用 G_2 中的第 1 行减去第 2 行, 得到

$$G_3=\begin{pmatrix}1&0&1&1&0&0&0\\1&1&1&0&1&0&0\\1&1&0&0&0&1&0\\0&1&1&0&0&0&1\end{pmatrix}$$

G_3 的后 4 列是单位矩阵 I_4, G_3 为标准型矩阵.

上述只涉及矩阵行的变换, 并没有改变线性分组码 C, 只不过按照原来的 G 和按照 G_3 进行编码原始信息和码字之间的对应关系不同而已.

这个例子中的矩阵转化成标准型的方法对于一般的线性分组码同样适用.

对线性分组码 C, 设 G 是其生成矩阵. 根据线性代数的知识, 对任何一个由 k 个线性无关的行向量组成的 $k\times n$ 矩阵 G, 均存在一个由 $n-k$ 个线性无关的行向量组成的 $(n-k)\times n$ 矩阵 H, 使得 G 的行空间的任意向量与 H 的行向量正交, 并且任何与 H 的行向量正交的向量都在 G 的行空间中. 因此, 可以从另外一个角度描述由 G 生成的 (n,k) 线性码 C: 一个 n 维向量 v 是 G 生成的码 C 中的一个码字, 当且仅当 $v\cdot H^{\mathrm{T}}=0$. 矩阵 H 被称为码 C 的校验矩阵. 矩阵 H 的行向量的 2^{n-k} 种线性组合构成维数是 $n-k$ 的另外一个线性码, 这个码称为 C 对偶码, 记作 $C^{\perp}$, C 与 $C^{\perp}$ 互为对偶码, 故 $(C^{\perp})^{\perp}=C$.

如果一个 $[n,k,d]$ 线性码的生成矩阵具有如式 (8.9) 的系统形式, 则它的奇偶校验矩阵具有如下形式

$$H=(I_{n-k}\ P^{\mathrm{T}})=\begin{pmatrix} 1 & 0 & 0 & \cdots & 0 & p_{00} & p_{10} & \cdots & p_{k-1,0}\\ 0 & 1 & 0 & \cdots & 0 & p_{01} & p_{11} & \cdots & p_{k-1,1}\\ 0 & 0 & 1 & \cdots & 0 & p_{02} & p_{12} & \cdots & p_{k-1,2}\\ \vdots & \vdots & \vdots & & \vdots & \vdots & \vdots & & \vdots\\ 0 & 0 & 0 & \cdots & 1 & p_{0,k-1} & p_{1,n-k-1} & \cdots & p_{k-1,n-k-1}\end{pmatrix}_{(n-k)\times n} \tag{8.12}$$

其中, P^{T} 是矩阵 P 的转置. 令 h_j 表示 H 的第 j 行, 容易验证由式 (8.9) 给出的 G 的第 i 行与由式 (8.12) 给出的 H 的第 j 行的内积为

$$g_i\cdot h_j=p_{ij}+p_{ij}=0$$

其中, $0\leqslant i\leqslant k-1, 0\leqslant j\leqslant n-k-1$. 这表明 $G\cdot H^{\mathrm{T}}=0$. 实际上

$$G\cdot H^{\mathrm{T}}=(P_{k\times(n-k)},I_{k\times k})\cdot\begin{pmatrix} I_{(n-k)\times(n-k)}\\ (P^T)^T\end{pmatrix}=P_{k\times(n-k)}+P_{k\times(n-k)}=0$$

另外, H 的 $n-k$ 个行向量线性独立. 因此, 式 (8.12) 中的 H 矩阵是式 (8.9) 中的矩阵 G 生成的 (n,k) 线性码的校验矩阵.

例 8.18　对于例 8.15 给出的 (7,4) 线性码的生成矩阵 G, 我们来求其相应的奇偶校验矩阵. 首先注意到

$$G=\begin{pmatrix} 1 & 1 & 0 & 1 & 0 & 0 & 0\\ 0 & 1 & 1 & 0 & 1 & 0 & 0\\ 1 & 1 & 1 & 0 & 0 & 1 & 0\\ 1 & 0 & 1 & 0 & 0 & 0 & 1\end{pmatrix}$$

是一个 4×7 矩阵, 那么 G 的对偶矩阵是一个 3×7 矩阵. 矩阵 G 的右边 4 列组成一个 4×4 的单位矩阵, 左边的 3 列组成一个 4×3 的矩阵 P. 矩阵 H 的前三列是 3×3 的单位矩阵, 后 4 列是矩阵 P 的转置, 且

$$H=\begin{pmatrix} 1 & 0 & 0 & 1 & 0 & 1 & 1\\ 0 & 1 & 0 & 1 & 1 & 1 & 0\\ 0 & 0 & 1 & 0 & 1 & 1 & 1\end{pmatrix}$$

至此, 我们总结上述结论: 对于任一 $[n,k,d]$ 线性分组码 C, 存在一个 $k\times n$ 矩阵 G, 其行向量生成的空间为码 C. 并且存在一个 $(n-k)\times n$ 矩阵 H, 使得当且仅当 $v\cdot H^{\mathrm{T}}=0$ 时, n 维向量 v 是 C 的码字. 如果 G 是式 (8.9) 给出的形式, 则 H 可以是式 (8.12) 中给出的形式, 反之亦然.

线性分组码 $[n,k,d]$ 的译码性能由最小码距 d 来决定. 其校验矩阵与 d 之间有重要的联系.

定理 8.16　设 C 为 $[n,k,d]$ 线性码, C 的校验矩阵为 H, 则 C 中存在 Hamming 重量为 l 的码字当且仅当 H 中存在 l 个列向量之和是 0 的向量.

证明 C 的校验矩阵是一个 $(n-k)\times n$ 阶矩阵, 写成如下形式

$$H=(h_0,h_1,\cdots,h_{n-1})$$

其中, h_i 代表 H 的第 i 列.

$\Rightarrow$. 设 $v=(v_0,v_1,\cdots,v_{n-1})$ 是一个重量为 l 的码字, 令 $v_{i_1}, v_{i_2}, \cdots, v_{i_l}$ 是 v 的 l 个非零分量, $v_{i_1}=v_{i_2}=\cdots=v_{i_l}=1, 0\leqslant i_1<i_2<\cdots<i_l\leqslant n-1$. 已知 v 是一个码字, 于是

$$\begin{aligned}0&=v\cdot H^{\mathrm{T}}\\&=v_0h_0^{\mathrm{T}}+v_1h_1^{\mathrm{T}}+\cdots+v_{n-1}h_{n-1}^{\mathrm{T}}\\&=v_{i_1}h_{i_1}^{\mathrm{T}}+v_{i_2}h_{i_2}^{\mathrm{T}}+\cdots+v_{i_l}h_{i_l}^{\mathrm{T}}\end{aligned}$$

这就证明了 H 中存在 l 个和为 0 的列向量.

$\Leftarrow$. 设 $h_{i_1},h_{i_2},\cdots,h_{i_l}$ 是 H 的 l 个列向量, 满足

$$h_{i_1}+h_{i_2}+\cdots+h_{i_l}=0 \tag{8.13}$$

取二进制 n 维向量 $v=(v_0,v_1,\cdots,v_{n-1})$, 其中, $v_{i_1},v_{i_2},\cdots,v_{i_l}$ 都是 1, 于是 v 的重量为 l. 因为

$$\begin{aligned}v\cdot H^{\mathrm{T}}&=v_0h_0^{\mathrm{T}}+v_1h_1^{\mathrm{T}}+\cdots+v_{n-1}h_{n-1}^{\mathrm{T}}\\&=v_{i_1}h_{i_1}^{\mathrm{T}}+v_{i_2}h_{i_2}^{\mathrm{T}}+\cdots+v_{i_l}h_{i_l}^{\mathrm{T}}\\&=h_{i_1}+h_{i_2}+\cdots+h_{i_l}\\&=0\end{aligned}$$

所以 $v\in C$, 可知 C 中存在重量是 l 的码字.

由定理 8.16 得出以下推论.

推论 8.6 设 C 为一个线性分组码, 其校验矩阵为 H, 若 H 中任意不多于 $d-1$ 个列向量的和均不等于零, 那么该码的最小重量至少为 d.

证明 根据定理 8.16, 码 C 中存在重量为 l 的码字, 当且仅当其校验矩阵中存在 l 个和为 0 的列向量. 已知 H 中任意不多于 $d-1$ 个列向量的和均不等于零, 于是 C 中没有重量 $\leqslant d-1$ 的向量, 这也就是说 C 中任意向量的重量 $\geqslant d$, 自然 C 的最小重量至少为 d.

推论 8.7 设 C 为一个线性分组码, 其奇偶校验矩阵为 H, C 的最小重量 (或最小距离) 等于 H 中满足和为零所需的最少的列向量的个数.

证明 结论显然.

推论 8.8 设 $C=[n,k,d]$ 为一个线性分组码, 则 $d\leqslant n-k+1$.

证明 已知 C 是 k 维向量子空间, 则其校验矩阵 H 是 $(n-k)\times n$ 矩阵, 该矩阵的秩是 $n-k$, 那么 H 中的任意 $n-k+1$ 个列向量都线性相关, 自然存在 $n-k+1$ 个列向量线性相关, 于是 C 中存在重量是 $n-k+1$ 的码字, 故 $d\leqslant n-k+1$.

考虑表 8.5 给出的 (7,4) 线性码, 其奇偶校验矩阵为

$$H=\begin{pmatrix}1&0&0&1&0&1&1\\0&1&0&1&1&1&0\\0&0&1&0&1&1&1\end{pmatrix}$$

我们看到, H 的所有列向量非零, 且任意两列不等 (两列之和不等于零), 因此不存在两列或更少的列求和为零. 该码的最小距离至少为 3. 但是, 第 0、2、6 列之和为 0, 所以其最小重量为 3. 其最小距离为 3.

下面讨论译码方案.

线性码 $C=[n,k,d]$ 是线性空间 $V(n,2)$ 的子空间, 从 $V(n,2)$ 两个向量的加法定义我们知道 $V(n,2)$ 是一个群, 而 $C=[n,k,d]$ 其实是 $V(n,2)$ 的一个子群, 因此有关群和子群中的陪集的一些结论在这里自然成立. 我们归纳如下, 不再给出证明过程.

定理 8.17 设 C 为一个二元 $[n,k,d]$ 线性码, 则有以下结论.

(1) $V(n,2)$ 的每个向量都在 C 的一个陪集中.

(2) C 的每个陪集中都恰好含有 2^k 个向量.

(3) C 中的任何两个陪集或者相等或者不相交.

定义 8.12 设 C 是一个 q 元 $[n,k,d]$ 线性码. C 的任何一个陪集中重量最小的元素称为陪集的代表元.

某个陪集中的代表元可能不唯一.

例 8.19 设 $C=\{0000,1011,0101,1110\}$. 显然, C 是一个二元 $[4,2,2]$ 线性码, 其生成矩阵为

$$G=\begin{pmatrix} 1 & 0 & 1 & 1 \\ 0 & 1 & 0 & 1 \end{pmatrix}$$

C 的陪集为

$$\begin{aligned}
&0000+C=C\\
&1000+C=\{1000,0011,1101,0110\}\\
&0100+C=\{0100,1111,0001,1010\}\\
&0010+C=\{0010,1001,0111,1100\}
\end{aligned}$$

陪集 $0100+C$ 有两个陪集代表元.

设 C 是一个二元 $[n,k,d]$ 线性码. $V(n,2)$ 是 C 的 $\dfrac{2^n}{2^k}=2^{n-k}$ 个不相交的陪集的合集, 且

$$V(n,2)=(0+C)\cup(a_1+C)\cup(a_2+C)\cup\cdots\cup(a_s+C)$$

其中, $s=2^{n-k}-1$.

按下列方法将 $V(n,2)$ 的所有元素排成一个阵列.

(1) 阵列的第一行是 C 中的所有码字, 0 码字在最左端.

(2) 在 $V(n,2)$ 中选一个不在第一行出现具有最小重量的向量 a_1, 将 a_1 与第一行中的每个码字相加得到第二行, 它们构成陪集 a_1+C.

(3) 一般来说, 在 $V(n,2)$ 中选取一个不在前 i 行中出现具有最小重量的向量 a_i, 将 a_i 与第一行中的每一行中的每个码字相加得到第 $i+1$ 行, 它们构成陪集 a_i+C.

(4) 继续上述过程, 直到 $V(n,2)$ 中向量都列出.

这种阵列称为 C 的**标准阵**.

设 C 是一个二元 $[n,k,d]$ 线性码. 现在设信道发送码字 x, 接收向量为 y. 发送码字 x 出错的分量个数就是向量 $e=x-y$ 的重量, 我们称 e 为差错向量, 注意: 接收端只知道收

到的向量 y, 既不知道 x, 也不知道 e. 最大似然译码就是要把 y 译成码集 C 中的那个码字 x, 使得 $e=y-x$ 的重量最小. 我们来计算 C 中的哪个码字 x 得 $e=y-x$ 的重量最小. 这样就应该取遍 C 中的每个码字 x 来比较 $y-x$ 的重量. 因为当 x 取遍线性码 C 中的所有码字时, $y-x$ 将取遍陪集 $y+C$ 中的所有向量, 按照标准阵的构造方法, 陪集 $y+C$ 中重量最小的向量就是 y 所在行的陪集首 e_y. 而 y 所在列中最顶端的码字 x 使得 $y=x+e_y$, 即 $e_y=y-x$, 这样可以将 y 译成 x.

事实上, y 与其他码字 x' 的距离较之与 x 的距离更远. 因为 $y-x'=(y-x)+x-x'$, 注意到 $y-x$ 是陪集 $y+C$ 的陪集首, $x-x'\neq 0$, $y-x+x-x'$ 是陪集 $y+C$ 中不同于陪集首的元素, 该元素的重量自然不小于陪集首的重量.

根据前面的分析, 线性码的标准阵译码方法描述如下.

设 y 是在信道接收端接收到的向量, 在标准阵中找到 y 所在的行和列, 将 y 译为 y 所在的列中最顶端的码字, y 所在行的最左端的向量 (陪集代表元) 为差错向量.

需要注意, 当差错模式是陪集首向量时, 线性码的标准阵译码方法是正确的. 原因是设收到的向量 y 位于第 l 个陪集, 已知发送错误的模式是陪集首, 那么这个错误模式必是第 l 行的陪集首, 否则所发送的码字按照任何一个其他的陪集首作为错误模式发送都不会错成 y, 这和接收端收到的是 y 不相符. 然而, 如果信道引起的错误模式不是陪集首, 则将产生译码差错. 下面将说明这一点. 发送码字 x 出现的差错模式 e 不是陪集首, 那么可设 e 在第 l 个陪集中, e 应在非零码字 v_i 的下方, $e=e_l+v_i$, 其中 e_l 是第 l 行的陪集首. 于是接收向量

$$y=x+e=x+(e_l+v_i)=e_l+(x+v_i)=e_l+v_s$$

y 在 e_l 为行首的陪集中. 按照标准阵的译码方法, y 被译码为 v_s, 因为 $v_i\neq 0$, 所以 $v_s=v_i+x\neq x$, 出现译码错误. 因此, 当且仅当信道引起的差错模式为陪集首时, 标准阵的译码方法才是正确的.

例 8.20 二元 $[4,2,2]$ 线性码 $C=\{0000,1011,0101,1110\}$ 的标准阵为

0000	1011	0101	1110
1000	0011	1101	0110
0100	1111	0001	1010
0010	1001	0111	1100

竖线左边的元素为所在行的陪集代表元. 设 1111 是在信道接收端收到的向量. 1111 在标准阵中的第 3 行第 2 列. 将 1111 译为第 2 列中最顶端的码字 1011.

8.7.4 线性分组码的译码效率

线性分组码的译码效率问题分为译码错误概率和不可检错误概率两种.

1. 译码错误概率

所谓译码错误, 就是接收端知道传输出现错误, 将接收到的向量没有译成真正发送的码字. 设 C 是一个二元 $[n,k,d]$ 线性码, 信道传输一比特发生错误的概率为 p. 取 C 的码字 x, $e\in V(n,2)$, $W(e)=i$, 若发送码字 x 差错模式为 e, 则接收向量为 $x+e$, 这种差错的概率为

$p^i(1-p)^{n-i}$. 利用标准阵译码方法, 将接收的向量正确地译码为发送码字的概率用 $P_{\mathrm{corr}}(C)$ 表示. 根据可正确译码当且仅当差错模式为陪集代表元这一事实, 若设 α_i 为线性码 C 的标准阵中重量为 i 的陪集代表元的个数, 那么

$$P_{\mathrm{corr}}(C)=\sum_{i=0}^{n}\alpha_i p^i(1-p)^{n-i} \tag{8.14}$$

这也得出了利用标准阵译码出错的概率 $P_{\mathrm{err}}(C)$ 的表达式为

$$P_{\mathrm{err}}(C)=1-\sum_{i=0}^{n}\alpha_i p^i(1-p)^{n-i} \tag{8.15}$$

例 8.21　对于二元 $[4,2,2]$ 线性码 $C=\{0000,1011,0101,1110\}$, 其陪集代表元为 0000, 1000, 0100, 0010, 参见例 8.20. 因此, $\alpha_0=1,\alpha_1=3,\alpha_2=\alpha_3=\alpha_4=0$, 于是译码正确的概率为

$$P_{\mathrm{corr}}(C)=(1-p)^4+3p(1-p)^3=(1-p)^3(1+2p)$$

译码错误的概率为

$$P_{\mathrm{err}}(C)=1-P_{\mathrm{corr}}(C)=1-(1-p)^3(1+2p)$$

如果 $p=0.01$, 则 $P_{\mathrm{corr}}(C)=0.9897$, $P_{\mathrm{err}}(C)=0.0103$.

上述例子中的译码错误的概率会随着 p 的减小而明显减小.

2. 不可检错误概率

所谓不可检错误, 就是发送的码字错成了另外一个码字, 接收端根本没有检查出来. 信道传输码字 x, 接收端收到向量 y, 当且仅当差错向量 $e=y-x$ 是一个非零码字表明出现了不可检错误. 用 $P_{\mathrm{undetec}}(C)$ 表示不可检错误概率. 有以下结论.

定理 8.18　设 C 是一个二元 $[n,k]$ 线性码, A_i 是 C 中重量为 i 的码字个数, $0\leqslant i\leqslant n$. 若码 C 用于检错, 则发生不可检错的概率为

$$P_{\mathrm{undetec}}(C)=\sum_{i=1}^{n}A_i p^i(1-p)^{n-i} \tag{8.16}$$

例 8.22　对于二元 $[4,2,2]$ 线性码 $C=\{0000,1011,0101,1110\}$, $A_0=1,A_1=0,A_2=1,A_3=2,A_4=0,C$ 的不可检错误概率为

$$P_{\mathrm{undetec}}(C)=p^2(1-p)^2+2p^3(1-p)=p^2-p^4$$

如果 $p=0.01$, 则 $P_{\mathrm{undetec}}(C)=0.00009999$, 这相当于发送 10000 个码字才会有一个码字出现不可检错误.

上述例子中的不可检错误的概率会随着 p 的减小而明显减小.

8.7.5 循环码的编码与译码方案

本节讨论另外一种重要的编码——循环码. 循环码有非常好的代数结构, 循环码基于环的理论. 计算机网络中的循环冗余多项式校验就是循环码的典型应用.

定义 8.13 设 $C \subseteq V(n,2)$ 是一个线性码, 若 C 任意码字循环右移 1 位后还是一个码字, 即当 $a_0a_1\cdots a_{n-1} \in C$ 时, $a_{n-1}a_0a_1\cdots a_{n-2} \in C$, 则称 C 是一个循环码.

例 8.23 二元线性码 $C = \{000, 101, 011, 110\}$ 是循环码.

例 8.24 二元线性码 $C = \{0000, 1001, 0110, 1111\}$ 不是循环码. 因为码字 1001 循环右移一位后变成 1100, 而 $1100 \notin C$.

按照本书第 7 章介绍的知识, 本节中用 F_2 表示二元域 GF(2). $F_2[x]$ 表示以域 F_2 中的元素为系数的所有非零多项式以及 0 多项式组成的集合. 设 n 为正整数, 令

$$R_n = F_2[x]_{x^n-1}$$

其中, R_n 是系数属于 F_2 的零多项式和所有次数小于等于 $n-1$ 的多项式组成的集合. R_n 加法和乘法是关于多项式 x^n-1 模加法和模乘法, R_n 关于模加法和模乘法作成一个带单位元 1 的交换环, 这个 1 就是 F_2 中的元素 1, 有关这方面相关知识可以参考本书的第 7 章. n 维向量空间 $V(n,2)$ 中的向量与集合 R_n 中的多项式之间存在一一对应关系

$$a_0a_1\cdots a_{n-1} \mapsto a_0 + a_1x + \cdots + a_{n-1}x^{n-1}$$

为方便, 我们把 $V(n,2)$ 中的向量 $a_0a_1\cdots a_{n-1}$ 与 R_n 中的多项式

$$a(x) = a_0 + a_1x + \cdots + a_{n-1}x^{n-1}$$

看成是相同的. $V(n,2)$ 的一个子集可以看成 R_n 的一个子集. 对于一个码 $C \subseteq V(n,2)$, 也可以将 C 看成 R_n 的一个子集. 有了这种对应关系, 可以借助环理论来研究循环码.

本节涉及的多项式的运算加法和乘法都指的是 R_n 中的模加法和模乘法运算, 遇到不是这种运算的地方会有特别说明.

对于任意 $a(x) = a_0 + a_1x + \cdots + a_{n-1}x^{n-1} \in R_n$, 在 R_n 中作乘法有

$$\begin{aligned}
xa(x) &= a_0x + a_1x^2 + a_2x^3 + \cdots + a_{n-1}x^n \\
&= a_0x + a_1x^2 + a_2x^3 + \cdots + a_{n-1}(x^n - 1) + a_{n-1} \\
&= a_{n-1} + a_0x + a_1x^2 + a_2x^3 + \cdots + a_{n-2}x^{n-1}
\end{aligned}$$

所以, R_n 用 x 乘以 $a_0 + a_1x + a_2x^2 + \cdots + a_{n-1}x^{n-1}$, 相当于对向量 $a_0a_1\cdots a_{n-1}$ 循环右移 1 位, 因此, R_n 中用 x^i 乘以 $a_0 + a_1x + a_2x^2 + \cdots + a_{n-1}x^{n-1}$ 就相当于对向量 $a_0a_1\cdots a_{n-1}$ 循环右移 i 位.

如何判断 $V(n,2)$ 的一个子集 C 是循环码? 下面的定理告诉我们可以从与 C 对应的 R_n 的多项式子集来判断.

定理 8.19 一个码 $C \subseteq R_n$ 是循环码当且仅当 C 满足下述两个条件.

(1) 对于任意 $a(x), b(x) \in C$, 有 $a(x) + b(x) \in C$.

(2) 对于任意 $a(x) \in C$, $r(x) \in R_n$, 有 $r(x)a(x) \in C$.

证明　必要性 (⇒). 设 C 是循环码. 因为 C 是线性码, 可知 (1) 成立.

任意 $r(x)=r_0+r_1x+r_2x^2+\cdots+r_{n-1}x^{n-1}\in R_n$, $a(x)\in C$

$$r(x)a(x)=r_0a(x)+r_1xa(x)+r_2x^2a(x)+\cdots+r_{n-1}x^{n-1}a(x)$$

因为 $x^ia(x)\in C$, $0\leqslant i\leqslant n-1$, C 是线性码, 所以 $r(x)a(x)=\sum\limits_{k=0}^{n-1}r_kx^ka(x)\in C$, 这就证明了 (2) 也成立.

充分性 (⇐). 设 (1) 和 (2) 成立. 取 $r(x)$ 为 F_2 中的常数, 此时 (1) 和 (2) 意味着 C 是一个线性码. 取 $r(x)=x$, 则 (2) 意味着 C 是一个循环码. 证毕.

由定理 8.19 可以看出, 一个码 $C\subseteq R_n$ 是循环码当且仅当 C 是 R_n 的一个理想.

设 $f(x)\in R_n$, 令 $(f(x))=\{r(x)f(x)\mid r(x)\in R_n\}$, $(f(x))$ 是交换环 R_n 的理想. 根据定理 8.19 可以得到下述结论.

定理 8.20　*若 $f(x)\in R_n$, 则 $(f(x))$ 是循环码.*

称 $(f(x))$ 为由 $f(x)$ 生成的循环码.

例 8.25　设 $R_3=F_2[x]_{x^3-1}$, $f(x)=1+x^2\in R_3$, 试求由 $f(x)$ 生成的循环码.

解　要求由 $f(x)$ 生成的循环码, 也就是求出 $f(x)$ 在 R_3 中生成的理想, 然后该理想中每个多项式对应的码字组成的集合便是 $f(x)$ 生成的循环码. $f(x)$ 在 R_3 中生成的理想就是 R_3 中的每一个元素与 $f(x)$ 在 R_3 中相乘. 为此需要先求出 $R_3=F_2[x]_{x^3-1}$ 的每一个元素.

$R_3=F_2[x]_{x^3-1}$ 每一个元素都是 $F_2[x]$ 中的一个多项式除以 x^3-1 后的余式, 该余式或是零多项式或是次数最多为 2 的多项式, 表现形式为 $a_0+a_1x+a_2x^2$, $a_i\in F_2=\{0,1\}, i=0,1,2$. 让 a_0, a_1 和 a_2 取遍 F_2 中的每一个元素, 可知 R_3 的 2^3 个元素是 0, x^2, x, 1, $x+x^2$, $1+x^2$, $1+x$, $1+x+x^2$. R_3 的元素与 $1+x^2$ 乘积模 x^3-1 的结果是

$$\begin{gathered}0\cdot(1+x^2)=0\\ x^2\cdot(1+x^2)=x+x^2\\ x\cdot(1+x^2)=1+x\\ (x+x^2)\cdot(1+x^2)=1+x^2\\ 1\cdot(1+x^2)=1+x^2\\ (1+x^2)\cdot(1+x^2)=1+x\\ (1+x)\cdot(1+x^2)=x+x^2\\ (1+x+x^2)\cdot(1+x^2)=0\end{gathered}$$

按照理想的定义, 上面这些元素组成的集合

$$(1+x^2)=\{0,1+x,1+x^2,x+x^2\}$$

就是 $1+x^2$ 生成的 $F_2[x]_{x^3-1}$ 的一个理想, 该理想中的多项式对应的系数用 $V(3,2)$ 中的向量来表示便是

$$C=\{000,110,101,011\}$$

这就是要求的循环码.

定理 8.21 设 $C \neq \{0\}$ 是 R_n 中的一个循环码, 则有下述结论.

(1) C 中次数的多项式存在并且唯一, 记为 $g(x)$.

(2) $C = (g(x))$.

(3) $g(x)$ 整除 $x^n - 1$.

证明 (1) 从 $C \neq \{0\}$ 可知 C 中存在非零多项式, 进而存在次数最低多项式, 记其为 $g(x)$, 由存在性得知. 若 $h(x)$ 是另外一个这样的多项式, 则 $0 \neq g(x) - h(x) \in C$, $\deg(g(x) - h(x)) < \deg(g(x)) = \deg(h(x))$. 这是 C 中次数比 $g(x)$ 次数还低的非零多项式, 这和 $g(x)$ 的选取不相符, 唯一性得证.

(2) 对任意 $a(x) \in C$, $a(x)$ 是一个次数至多为 $n-1$ 的多项式. 在 $F_2[x]$ 作除法, 设

$$a(x) = q(x)g(x) + r(x)$$

注意到 a(x)$-q(x)g(x)$ 的次数至多为 $n-1$, 于是有

$$\begin{aligned} r(x) = r(x) \bmod (x^n - 1) &= (a(x) - q(x)g(x)) \bmod (x^n - 1) \\ &= a(x) - q(x)g(x) \end{aligned}$$

于是 $r(x) = a(x) - q(x)g(x) \in C$, 而 $g(x)$ 是 C 中次数最低的多项式, 必然有 $r(x) = 0$. 于是 $a(x) = q(x)g(x) \in (g(x))$. 故 $C \subseteq (g(x))$.

另外, 根据定理 8.19 (2) 可知, $(g(x)) \subseteq C$, 所以 $C = (g(x))$.

(3) 在 $F_2[x]$ 中作带余除法, 设

$$x^n - 1 = q(x)g(x) + r(x)$$

我们说 $r(x)$ 必须等于 0, 否则 $r(x)$ 是一个次数比 $g(x)$ 的次数小的多项式. 记 R_n 中的模乘法符号为 $\odot$, 因为

$$\begin{aligned} r(x) = r(x) \bmod (x^n - 1) &= (x^n - 1 - q(x)g(x)) \bmod (x^n - 1) \\ &= (-q(x)g(x)) \bmod (x^n - 1) \\ &= (-q(x)) \odot g(x) \in (g(x)) \end{aligned}$$

所以 $r(x) \in (g(x)) = C$. 但由于 $g(x)$ 是 C 中次数最低的多项式, 这与 $g(x)$ 的选取相矛盾, 所以 $r(x) = 0$, 进而 $g(x)$ 整除 $x^n - 1$.

定理 8.21 中的多项式 $g(x)$ 对循环码的研究很重要, 下面专门给其一个名称.

定义 8.14 设 C 是 R_n 的一个循环码, $C \neq \{0\}$. C 中次数最低的多项式称为循环码 C 的生成多项式.

因为生成多项式的是非零循环码中次数最低的, 其次数至少是 0, 所以生成多项式是非零多项式.

非零循环码 C 可以由 C 中的次数最低的称为生成多项式的多项式所生成, 例如, 在 $F_3[x]$ 中, 多项式 $1 + x$ 生成 R_3 中的循环码 $C = \{000, 110, 101, 011\}$ 因为 $(1 + x) \mid (x^3 - 1)$, $1 + x$ 是生成多项式. 不难验证多项式 $1 + x^2$ 也生成 C, 但 $(1 + x^2) \nmid (x^3 - 1)$, 按定义 $1 + x^2$ 不能称为生成多项式. 因此, 生成循环码的多项式不一定是生成多项式, 这点需要注意.

$V(n,2)$ 的每个循环码都是 x^n-1 的一个因式生成的, 且 x^n-1 的每个因式也生成一个循环码, 因此, 要求 $V(n,2)$ 的所有循环码, 只要求出 x^n-1 的所有因式即可, 进而只要在域 F_2 上分解为首项系数为 1 的不可约多项式的乘积即可, 下面给出示例.

例 8.26 试找出码长为 3 的所有二元循环码. 首先将 x^3-1 在二元域 F_2 上分解为不可约多项式的乘积

$$x^3-1=(x+1)(x^2+x+1)$$

因为 0 和 1 都不是多项式 x^2+x+1 的根, 所以 x^2+x+1 在 F_2 上是不可约的. 根据定理 8.21, 码长为 3 的所有二元循环码如表 8.6 所示.

表 8.6 码长为 3 的所有二元循环码

生成多项式	码 (用 R_3 中的多项式表示)	码 (用 $V(3,2)$ 中的向量表示)
1	$R_3=F_2[x]/(x^3-1)$	$V(3,2)$
$x+1$	$\{0,1+x,x+x^2,1+x^2\}$	$\{000,110,011,101\}$
x^2+x+1	$\{0,1+x+x^2\}$	$\{000,111\}$
$x^3-1=0$	$\{0\}$	$\{000\}$

引理 8.2 设 $g(x)=g_0+g_1x+\cdots+g_{r-1}x^{r-1}+x^r$ 是一个循环码 $C\subseteq R_n$ 的生成多项式, 则 $g_0=1$.

证明 若 $g(x)$ 是一个零次多项式, 则 $g(x)=g_0=1$, 引理成立. 不妨设 $g(x)$ 的次数 $r\geqslant 1$. 记 R_n 的模 x^n-1 乘法符号为 $\odot$. 若 $g_0=0$, 在 $F_2[x]$ 中作乘法

$$\begin{aligned}x^{n-1}g(x)&=x^{n-1}(g_1x+\cdots+g_rx^r)\\&=g_1(x^n-1)+g_2x(x^n-1)+\cdots+g_rx^{r-1}(x^n-1)\\&\quad+g_1+g_2x+\cdots+g_rx^{r-1}\end{aligned}$$

所以 $x^{n-1}\odot g(x)=g_1+g_2x+\cdots+g_rx^{r-1}\in C$ 是一个码多项式, 但其次数为 $r-1$ 小于 $g(x)$ 的次数, 这是一个矛盾.

也可以这样证明: 因为 $g(x)=x(g_1+g_2x+\cdots+g_rx^{r-1})=xg_1(x)$, $g(x)$ 是 $g_1(x)$ 循环右移 1 位的结果, 则 $g_1(x)$ 便是 $g(x)$ 左移 1 位也就是右移 $n-1$ 位的结果, 故 $g_1(x)$ 也为码字, 但其次数为 $r-1$ 小于 $g(x)$ 的次数, 这是一个矛盾.

根据前面的证明, 我们知道 $V(n,2)$ 的每一个非零循环码的生成多项式 $g(x)$ 若是一个 r 次多项式, 则 $g(x)=1+g_1x+\cdots+g_{r-1}x^{r-1}+x^r$.

定理 8.22 设 $C\subseteq R_n$ 是一个循环码, 其生成多项式为

$$g(x)=g_0+g_1x+\cdots+g_rx^r$$

$\deg(g(x))=r$, $g_0=g_1=1$. 则 C 是一个维数 $\dim(C)=n-r$ 的、$V(n,2)$ 的线性子空间, 并

且 C 的生成矩阵为

$$G=\begin{pmatrix} g_0 & g_1 & g_2 & \cdots & g_r & 0 & 0 & \cdots & 0 \\ 0 & g_0 & g_1 & g_2 & \cdots & g_r & 0 & \cdots & 0 \\ 0 & 0 & g_0 & g_1 & g_2 & \cdots & g_r & \cdots & 0 \\ \vdots & \vdots & \vdots & \vdots & \vdots & \vdots & \vdots & & \vdots \\ 0 & 0 & \cdots & 0 & g_0 & g_1 & g_2 & \cdots & g_r \end{pmatrix}_{(n-r)\times n} \tag{8.17}$$

其中, G 是一个 $n-r$ 行 n 列的矩阵. 第 1 行对应的码字为 $g(x)$, 第 2 行对应的码字为 $xg(x)$, 第 3 行对应的码字为 $x^2g(x), \cdots$, 第 $n-r$ 行对应的码字为 $x^{n-r-1}g(x)$, 每一行的值就是该行对应码字多项式的系数.

证明 由定理 8.19, $g_0=1$. 可以看出, 式 (8.17) 中的矩阵 G 的 $n-r$ 个行向量是线性无关的. 另外, G 中的 $n-r$ 个行向量分别代表 C 中的码字

$$g(x), xg(x), x^2g(x), \cdots, x^{n-r-1}g(x)$$

下面我们只需证明 C 中的任意码字都可以表示成

$$g(x), xg(x), x^2g(x), \cdots, x^{n-r-1}g(x)$$

的线性组合即可. 设 $a(x)$ 是 C 中的任意码字, 则由定理 8.21 (2)($C=(g(x))$) 的证明过程知, 存在 $q(x)\in R_n$, $\deg(q(x))\leqslant n-r-1$, 使得 $a(x)=q(x)g(x)$, 设 $q(x)=q_0+q_1x+q_2x^2+\cdots+q_{n-r-1}x^{n-r-1}$, 则

$$\begin{aligned} a(x) &= q(x)g(x) \\ &= (q_0+q_1x+q_2x^2+\cdots+q_{n-r-1}x^{n-r-1})g(x) \\ &= q_0g(x)+q_1xg(x)+q_2x^2g(x)+\cdots+q_{n-r-1}x^{n-r-1}g(x) \end{aligned}$$

故 $a(x)$ 都是 G 的行向量 $g(x)$, $xg(x)$, $x^2g(x), \cdots, x^{n-r-1}g(x)$ 的线性组合.

综上所述, G 是循环码 C 的生成矩阵并且 $\dim(C)=n-r$.

顺便说明, 循环码 C 的维数 + 循环码 C 的生成多项式的次数 = 码长.

例 8.27 写出所有码长为 4 的二元循环码的生成多项式和生成矩阵.

解 首先将 x^4-1 在二元域 F_2 上分解为不可约多项式的乘积

$$x^4-1=(x+1)^4$$

生成多项式为 $g(x)=1$ 的次数为 $r=0$, 则生成的循环码的维数是 $4-0=4$. 生成矩阵的 4 个行向量分别是 $g(x)$, $xg(x)$, $x^2g(x)$ 和 $x^3g(x)$ 四个多项式的系数, 也就是向量 1000, 0100, 0010 和 0001.

生成多项式为 $g(x)=1+x$ 的次数为 $r=1$, 则生成的循环码的维数是 $4-1=3$. 生成矩阵的 3 个行向量分别是 $1+x$, $x(1+x)$, $x^2(1+x)$ 三个多项式的系数, 也就是向量 1100, 0110, 0011.

生成多项式为 $g(x)=1+x^2$ 的次数为 $r=2$, 则生成的循环码的维数是 $4-2=2$. 生成矩阵的两个行向量分别是 $1+x^2$ 和 $x(1+x^2)$ 两个多项式的系数, 也就是向量 1010 和 0101.

生成多项式为 $g(x)=1+x+x^2+x^3$ 的次数为 $r=3$, 则生成的循环码的维数是 $4-3=1$. 生成矩阵的 1 个行向量为 $g(x)$ 的系数, 也就是向量 1111.

生成多项式为 $g(x)=(1+x)^4=x^4-1$ 的次数为 $r=4$, 则生成的循环码的维数是 $4-4=0$, 生成矩阵的行向量为 0000.

根据定理 8.21 和定理 8.22, 所有码长为 4 的二元循环码的生成多项式和生成矩阵如表 8.7 所示.

表 8.7　所有码长为 4 的二元循环码的生成多项式和生成矩阵

生成多项式	生成矩阵
1	$\begin{pmatrix} 1 & 0 & 0 & 0 \\ 0 & 1 & 0 & 0 \\ 0 & 0 & 1 & 0 \\ 0 & 0 & 0 & 1 \end{pmatrix}$
$1+x$	$\begin{pmatrix} 1 & 1 & 0 & 0 \\ 0 & 1 & 1 & 0 \\ 0 & 0 & 1 & 1 \end{pmatrix}$
$(1+x)^2=1+x^2$	$\begin{pmatrix} 1 & 0 & 1 & 0 \\ 0 & 1 & 0 & 1 \end{pmatrix}$
$(1+x)^3=1+x+x^2+x^3$	$\begin{pmatrix} 1 & 1 & 1 & 1 \end{pmatrix}$
$x^4-1=0$	$\begin{pmatrix} 0 & 0 & 0 & 0 \end{pmatrix}$

设 $C\subseteq R_n$ 是一个循环码, 其生成多项式为 $g(x)$, $\deg(g(x))=r$. 由定理 8.22 知, C 是一个 q 元 $[n,n-r]$ 循环码. 再根据定理 8.21, $g(x)$ 是 x^n-1 的因式. 于是存在 $h(x)\in R_n$, 使得

$$x^n-1=h(x)g(x)$$

因为 $g(x)$ 的首项系数为 1, 故 $h(x)$ 的首项系数也为 1, $\deg(h(x))=n-r$. 我们称 $h(x)$ 为循环码 C 的校验多项式.

定理 8.23　若 $C\subseteq R_n$ 是一个循环码, 其生成多项式为 $g(x)$, 校验多项式为 $h(x)$, R_n 的模 x^n-1 乘法运算符号为 $\odot$. 则对任意 $c(x)\in R_n$, $c(x)$ 是 C 的一个码字当且仅当 $c(x)\odot h(x)=0$.

证明　首先注意到, 在 R_n 中, $g(x)\odot h(x)=(x^n-1) \bmod (x^n-1)=0$.

必要性: 设 $c(x)\in C$, 故 $c(x)$ 是 $g(x)$ 的倍式, 存在 $a(x)\in R_n$, 使得 $c(x)=a(x)g(x)$. 于是

$$\begin{aligned} c(x)\odot h(x) &= (a(x)g(x)h(x)) \bmod (x^n-1) \\ &= (a(x)(x^n-1)) \bmod (x^n-1) \\ &= 0 \end{aligned}$$

充分性: $c(x)\in R_n$, $c(x)\odot h(x)=0$. 要证 $c(x)$ 是 C 的一个码字, 只需证明 $c(x)$ 是 $g(x)$ 的倍式即可. 为此在 $F_2[x]$ 用 $g(x)$ 去除 $c(x)$, 设 $c(x)=q(x)g(x)+r(x)$, 这里或者 $r(x)=0$ 或

者 $r(x)$ 的次数小于 $g(x)$ 的次数. 这样

$$\begin{aligned}0=c(x)\odot h(x)&=(q(x)g(x)+r(x))\odot h(x)\\&=(q(x)g(x))\odot h(x)+r(x)\odot h(x)\\&=(q(x)g(x)h(x))\bmod (x^n-1)+(r(x)h(x))\bmod (x^n-1)\\&=r(x)h(x)\end{aligned}$$

于是 $r(x)h(x)=0$, 因而 $r(x)=0$, 即 $c(x)=q(x)g(x)\in C$, 证毕.

综合前面的系列结论, 这里作一个小结.

设循环码 $C\subseteq R_n$ 的生成多项式 $g(x)$ 的次数为 r, 则 C 的维数为 $n-r$, C 校验多项式 $h(x)$ 的次数为 $n-r$. C 的维数就是校验多项式的次数. 由 C 校验多项式 $h(x)$ 生成的循环码 $\widehat{C}$ 的次数就是 $n-(n-r)=r$.

注意到 C 的维数为 $n-r$ 时, 其对偶码 $C^{\perp}$ 的维数是 r, C 的校验多项式 $h(x)$ 生成的循环码 $\widehat{C}$ 的维数也是 r, 但是我们不能因此由定理 8.23 推出 $C^{\perp}=\widehat{C}$. 这是因为 R_n 中的两个元素 $c(x)$ 和 $h(x)$ 的乘积为 0 并不等价于 $c(x)$ 和 $h(x)$ 在 $V(n,2)$ 中的对应向量是相互正交的. 现在的问题是 $C^{\perp}$ 与 $h(x)$ 有什么关系.

根据定理 8.23, 我们可以得出下面的结论.

定理 8.24 设 $C\subseteq R_n$ 是 q 元 $[n,n-r]$ 循环码 (意味着 C 生成多项式的次数是 r, 校验多项式的次数为 $n-r$, 生成矩阵的行数是 $n-r$, 校验矩阵的行数是 r), 其校验多项式 (常数项和首项都是 1) 为

$$h(x)=h_0+h_1x+\cdots+h_{n-r}x^{n-r}$$

则有以下结论.

(1) C 的校验矩阵为

$$H=\begin{pmatrix}h_{n-r} & h_{n-r-1} & h_{n-r-2} & \cdots & h_0 & & & & \\ & h_{n-r} & h_{n-r-1} & h_{n-r-2} & \cdots & h_0 & & & \\ & & & & \cdots & & & & \\ & & & & h_{n-r} & h_{n-r-1} & h_{n-r-2} & \cdots & h_0\end{pmatrix}_{r\times n}$$

其中, H 是一个 $r\times n$ 阶矩阵.

(2) C 的对偶码 $C^{\perp}$ 是一个由多项式

$$\overline{h}(x)=h_{n-r}+h_{n-r-1}x+\cdots+h_1x^{n-r-1}+h_0x^{n-r}$$

生成的 q 元 $[n,r]$ 循环码.

证明 记 R_n 中的模 x^n-1 的乘法运算符号为 $\odot$.

(1) 设

$$c(x)=c_0+c_1x+\cdots+c_{n-1}x^{n-1}\in R_n$$

是 C 的一个码字, 在 $F_2[x]$ 中作乘法

$$\begin{aligned}c(x)h(x)&=s_0+s_1x+\cdots+s_{n-1}x^{n-1}+s_nx^n+\cdots+s_{2n-r-1}x^{2n-r-1}\\&=s_1(x)+s_2(x)\end{aligned}$$

其中

$$\begin{aligned} s_1(x) &= s_0 + s_1x + \cdots + s_{n-1}x^{n-1} \\ s_2(x) &= s_nx^n + \cdots + s_{2n-r-1}x^{2n-r-1} \\ &= (x^n-1)(s_n + s_{n+1}x + \cdots + s_{2n-r-1}x^{n-r-1}) \\ &\quad + s_n + s_{n+1}x + \cdots + s_{2n-r-1}x^{n-r-1} \\ &= (x^n-1)s_3(x+s_3(x)) \end{aligned}$$

于是

$$\begin{aligned} c(x)h(x) &= s_1(x)+s_2(x) = s_1(x)+(x^n-1)s_3(x)+s_3(x) \\ &= t(x)+(x^n-1)s_3(x) \end{aligned}$$

其中, $t(x)=s_1(x)+s_3(x)$ 是一个次数至多为 $n-1$ 的多项式. 根据定理 8.23, $c(x)\odot h(x)=0$, 即

$$x^n-1 \mid c(x)h(x)$$

由此得出 $x^n-1 \mid t(x)$, 但 $t(x)$ 是一个次数不超过 n 的多项式, 必有 $t(x)=0$, 这样

$$c(x)h(x)=(x^n-1)s_3(x)=x^ns_3(x)-s_3(x)$$

由此可知, 在 $c(x)h(x)$ 中, 没有 $x^{n-r},x^{n-r+1},\cdots,x^{n-1}$ 这些项, 推出这些项的系数一定为零, 即

$$\begin{gathered} c_0h_{n-r}+c_1h_{n-r-1}+\cdots+c_{n-r}h_0=0 \\ c_1h_{n-r}+c_2h_{n-r-1}+\cdots+c_{n-r+1}h_0=0 \\ \vdots \\ c_{r-1}h_{n-r}+c_rh_{n-r-1}+\cdots+c_{n-1}h_0=0 \end{gathered}$$

这等价于 $(c_0,c_1,\cdots,c_{n-1})H^{\mathrm{T}}=0$. 从 $h_{n-r}=1\neq 0$ 可知, H 中的所有行向量是线性无关的. 又因为 H 中行向量的个数为 r, 所以由 H 作为生成矩阵的线性码恰好是 C 的对偶码 $C^{\perp}$. H 是 C 对偶码的生成矩阵, 当然也就是 C 的校验矩阵.

(2) 设 $g(x)$ 是循环码 C 的生成多项式. 因为 $h(x)g(x)=x^n-1$, 所以我们有

$$h(x^{-1})g(x^{-1})=x^{-n}-1$$

于是

$$x^{n-r}h(x^{-1})x^rg(x^{-1})=1-x^n$$

注意到 $\overline{h}(x)=x^{n-r}h(x^{-1})$, 我们有 $\overline{h}(x)\mid(x^n-1)$. 由定理 8.21 和定理 8.22 知, $(\overline{h}(x))$ 是一个 q 元 $[n,r]$ 循环码, 其生成矩阵为 H, 因此, $(\overline{h}(x))=C^{\perp}$, 证毕.

在定理 8.24 中, 多项式 $\overline{h}(x)=h_{n-r}+h_{n-r-1}x+\cdots+h_1x^{n-r-1}+h_0x^{n-r}$ 称为多项式 $h(x)=h_0+h_1x+\cdots+h_{n-r}x^{n-r}$ 的互反多项式. $\overline{h}(x)$ 是 $C^{\perp}$ 的生成多项式.

设 C 是一个二元 $[n,n-r]$ 循环码, 生成多项式为 $g(x)$, $\deg(g(x))=r$, C 的码字是所有形如 $a(x)=a_0+a_1x+\cdots+a_{n-r-1}x^{n-r-1}$ 的多项式 (该多项式的系数组成的向量 $a_0a_1\cdots a_{n-r-1}$

来自 $V(n-r,2)$) 与 $g(x)$ 相乘的积 $a(x)g(x)$ 所对应的码字. 我们可以将 $a_0a_1\cdots a_{n-r-1}$ 看作待编码的信息向量, $a(x)g(x)$ 系数向量就是编码的结果.

例如, 分解多项式 x^7-1 如下

$$x^7-1=(1+x)(1+x+x^3)(1+x^2+x^3)$$

x^7-1 的因式 $g(x)=1+x+x^3$ 生成一个 $[7,4]$ 循环码. 每个码多项式是次数不大于 3 的信息多项式 (与长度为 4 的信息向量相对应) 和 $g(x)=1+x+x^3$ 之积. 例如, 令 $u=(1010)$ 为待编码消息, 该消息相应的信息多项式为 $u(x)=1+x^2$, 用 $u(x)$ 乘以 $g(x)$ 给出码多项式

$$v(x)=(1+x^2)(1+x+x^3)=1+x+x^2+x^5$$

其系数组成的向量就是码字 (1110010), 这就是原始信息向量 $u=(1010)$ 的编码结果.

从上面编码的效果来看, $u=(1010)$ 编码为 (1110010), 在编码后的码字中已不太方便找到原来的信息向量. 若希望在编码后的码字中比较容易找到源信息向量, 如码字最右边的 4 位为信息位. 这种效果的编码方式称为系统编码方式, 简称**系统码**.

下面介绍一个将给定的循环码转换为系统码的方法.

假设待编码的信息为 $u=(u_0,u_1,\cdots,u_{n-r-1})$, 与之对应的信息多项式为

$$u(x)=u_0+u_1x+\cdots+u_{n-r-1}x^{n-r-1}$$

用 x^r 乘以 $u(x)$, 得到次数不大于 $n-1$ 的多项式为

$$x^ru(x)=u_0x^r+u_1x^{r+1}+\cdots+u_{n-r-1}x^{n-1}$$

用 $x^ru(x)$ 除以生成多项式 $g(x)$ 得到

$$x^ru(x)=a(x)g(x)+b(x) \tag{8.18}$$

其中, $a(x)$ 和 $b(x)$ 分别为商式和余式. 由于 $g(x)$ 的次数为 r, 则 $b(x)$ 是 0 多项式或者次数小于等于 $r-1$ 的多项式, 设

$$b(x)=b_0+b_1x+\cdots+b_{r-1}x^{r-1}$$

重新整理式 (8.18), 我们得到如下次数不大于 $n-1$ 的多项式

$$-b(x)+x^ru(x)=a(x)g(x) \tag{8.19}$$

多项式 $-b(x)+x^ru(x)$ 既然是生成多项式 $g(x)$ 的倍式, 因而是 $g(x)$ 所生成循环码的码多项式. 展开 $-b(x)+x^ru(x)$ 有

$$\begin{aligned}-b(x)+x^ru(x)=&-(b_0+b_1x+\cdots+b_{r-1}x^{r-1})\\&+u_0x^r+u_1x^{r+1}+\cdots+u_{n-r-1}x^{n-1}\end{aligned} \tag{8.20}$$

代表的码字为

$$(-b_0,-b_1,\cdots,-b_{n-k-1},u_0,u_1,\cdots,u_{n-r-1})$$

该码字的右边是 $n-r$ 个信息位, 左边为 r 个校验位, 这 r 个校验位是 $x^r u(x)$ 除以生成多项式 $g(x)$ 所得余式系数的相反数 (其实就是该数本身, 因为在二元域内讨论问题). 这种编码方法能得到一个系统形式的 $[n, n-r]$ 码.

将循环码转换为系统码并没有改变原有的循环码结构, 只是信息向量与码字的对应关系改变了.

例 8.28　$g(x)=x^3+x+1$ 是二元域 F_2 上的一个多项式, 因为由

$$\frac{x^7-1}{g(x)}=\frac{x^7-1}{x^3+x+1}=x^4+x^2+x+1$$

可知 $g(x)$ 是 x^7-1 的因式. 令 C 是 $g(x)$ 生成的循环码, C 的码长 $n=7$, 生成多项式次数 $r=3$, 是一个二元 $[7,4]$ 循环码. 源信息维数 $=7-3=4$, 所有的源信息组成向量空间 $V(4,2)$, 每个信息向量对应一个次数不大于 3 的信息多项式. 该信息向量的编码结果就是其对应的信息多项式乘以 $g(x)$ 所得的码多项式的系数. 例如, 对 $0101 \in V(4,2)$, 0101 对应的信息多项式 $u(x)=x+x^3$, 被编码为多项式

$$c(x)=u(x)g(x)=(x+x^3)(x^3+x+1)=x+x^2+x^3+x^6$$

其对应的码字为 0111001, 这种编码方案表示将信息 0101 编码为码字 0111001, 这不是一个系统的编码方案.

下面考虑把上面的循环编码方式改进为系统的编码方式.

信息向量 0101 对应的信息多项式为 $u(x)=x+x^3$, 用 x^3 乘以信息多项式 $u(x)$, $x^3u(x)=x^3(x+x^3)=x^4+x^6$. 用 x^4+x^6 除以 $g(x)=x^3+x+1$ 可知

$$x^6+x^4=x^3(x^3+x+1)+x+1$$

整理后为

$$1+x+x^4+x^6=x^3(x^3+x+1)$$

等式右边对应的码字为 (1100101), 也就是系统方式编码后的码字, 注意其后四位正好是信息向量 0101.

8.7.6　循环码的译码效率

在传输码字 v、接收向量 r 以及错误模式 e 三者之间存在关系

$$r=v+e$$

设 $r(x)$、$v(x)$ 和 $e(x)$ 分别为 v、r 和 e 对应的多项式, 于是

$$r(x)=v(x)+e(x)$$

由于一个多项式为码多项式当且仅当该多项式是 $g(x)$ 的倍式. 这样对于用 $g(x)$ 去除 $r(x)$ 不能除尽的情况, 即 $g(x)$ 不能除尽 $e(x)$ 的情况, 系统是能够检错的. 这也给了我们一个判断某些差错模式是否可以检测的方法.

现在我们研究 (n,k) 线性码的差错检测能力. 假设错误模式 $e(x)$ 为长度等于 l 的突发差错 (差错局限在长度等于 l 个连续位置上). 下面分情况讨论.

情形 1: $l \leqslant n-k$, 则 $e(x)$ 可表述如下

$$e(x) = x^j B(x)$$

其中, $0 \leqslant j \leqslant k$; $B(x)$ 为次数不大于 $n-k-1$ 的多项式. 由于 $B(x)$ 的次数比 $g(x)$ 次数小, 所以 $g(x) \nmid B(x)$. 又因为 $g(0)=1$, 所以 $x \nmid g(x)$, 这样 $\gcd(x, g(x)) = 1$, 从而 $(x^n, g(x)) = 1$, 所以 $g(x) \nmid x^j B(x)$. 由此 $e(x)$ 产生的校验码不等于零. 这意味着一个 (n,k) 循环码可以检测任何长度为 l 的突发错误.

需要注意, 对于循环码来说, 限定在低 r_1 位和高 r_2 位 (这里 $r_1 + r_2 = l$) 的错误模式仍是一个长度等于 l 位的突发差错, 称为首尾相接突发差错. 系统也是可以检测这种差错的. 这是因为, 若设 e 是 C 的一个长为 l 的首尾相接的差错模式. e 的表现形式为

$$e = \underbrace{(\overbrace{e_0 \quad e_1 \quad \cdots \quad e_{r_1-2} \quad 1}^{r_1\text{ 位}} \quad 0 \quad 0 \quad \cdots \quad 0 \quad \overbrace{1 \quad e_{n-r_2+1} \quad e_{n-r_2+2} \quad \cdots \quad e_{n-1}}^{r_2\text{ 位}})}_{n}$$

其中, $r_1 > 0$, $r_2 > 0$, $r_1 + r_2 = l \leqslant n-k$; $e_0, e_1, \cdots, e_{r_1-2}, e_{n-r_2+1}, \cdots, e_{n-1} \in \{0,1\}$. 差错模式 e 对应的多项式为

$$e(x) = e_0 + e_1 x + \cdots + e_{r_1-2}x^{r_1-2} + x^{r_1-1} + x^{n-r_2} + \cdots + e_{n-1}x^{n-1}$$

这样

$$x^{r_2}e(x) = e_0 x^{r_2} + \cdots + x^{r_1+r_2-1} + x^n + e_{n-r_2+1}x^{n+1} + \cdots + e_{n-1}x^{n+r_2-1} \tag{8.21}$$

而

$$\begin{aligned} x^n + e_{n-r_2+1}x^{n+1} + \cdots + e_{n-1}x^{n+r_2-1} =& x^n(1 + e_{n-r_2+1}x + \cdots + e_{n-1}x^{r_2-1}) \\ =& (x^n+1)(1 + e_{n-r_2+1}x + \cdots + e_{n-1}x^{r_2-1}) \\ & + 1 + e_{n-r_2+1}x + \cdots + e_{n-1}x^{r_2-1} \end{aligned}$$

令

$$h(x) = 1 + e_{n-r_2+1}x + \cdots + e_{n-1}x^{r_2-1}$$

于是

$$x^n + e_{n-r_2+1}x^{n+1} + \cdots + e_{n-1}x^{n+r_2-1} = (x^n+1)h(x) + h(x) \tag{8.22}$$

将式 (8.22) 代入式 (8.21) 并整理可得

$$x^{r_2}e(x) = h(x) + e_0x^{r_2} + \cdots + x^{r_1+r_2-1} + (x^n+1)h(x)$$

若 $g(x) \mid e(x)$. 因为 $g(x) \mid x^n + 1$, 所以

$$g(x) \mid h(x) + e_0x^{r_2} + \cdots + x^{r_1+r_2-1}$$

而 $h(x)+e_0x^{r_2}+\cdots+x^{r_1+r_2-1}$ 是一个非零的 (因为此多项式的常数项为 1) 的次数最多为 $r_1+r_2-1=n-k-1$ 的多项式, 所以次数为 $n-k$ 的多项式 $g(x)$ 整除一个非零的次数为 $n-k-1$ 的多项式, 这显然是一个矛盾, 归纳以上结果, 有以下定理.

定理 8.25 一个 (n,k) 循环码可以检查出任何长度不大于 $n-k$ 的突发错误, 包括首尾相接突发错误.

情形 2: $l=n-k+1$.

实际上, 大部分长度为 $n-k+1$ 或更长的突发错误也能被检测到. 考虑一个长度为 $n-k+1$ 的突发差错, 起始于第 $i(0\leqslant i\leqslant k-1)$ 位, 而终止于第 $(i+n-k)$ 位 (差错局限在 $e_i,e_{i+1},\cdots,e_{i+n-k}$, 其中 $e_i=e_{i+n-k}=1$). 这种差错模式对应的多项式为 $e(x)=x^iB(x)$, 其中 $B(x)$ 是一个常数项为 1, 次数等于 $n-k$ 的多项式, 由于次数为零的常数项和次数为 $n-k$ 的最高项的系数已经固定为 1, 其他的 $n-k-1$ 项的系数可以 0 和 1 任意取值, 所以总共有 2^{n-k-1} 个这样的突发差错. 因为 $e(x)$ 是 $g(x)$ 的倍式当且仅当 $B(x)=g(x)$, 所以不能被检测到的就是当 $B(x)$ 等于 $g(x)$ 时的那一种, 也就是

$$e(x)=x^ig(x)$$

因此, 任何一个长度为 $n-k+1$ 的突发差错漏检率为 $\dfrac{1}{2^{n-k-1}}=2^{-(n-k-1)}$.

同理, 这个结论也适合于长度为 $n-k+1$ 首尾相接突发差错的情况.

定理 8.26 对于 (n,k) 循环码 C, 任何一个长度为 $n-k+1$ 的突发差错的漏检率为 $2^{-(n-k-1)}$.

情形 3: $l>n-k+1$.

对于突发差错长度 $l>n-k+1$ 的情况, 从第 $i(0\leqslant i\leqslant n-l)$ 位开始在第 $i+l-1$ 位结束的长度为 l 的突发差错有 2^{l-2} 种. 这种差错模式的多项式形式为 $e(x)=x^iB(x)$, 其中 $B(x)$ 是一个常数项为 1, 次数为 $l-1$ 的多项式. 用 $B(x)$ 除以 $g(x)$, 设 $B(x)=a(x)g(x)+r(x)$. 不能被检测到的差错也就是除法算式 $B(x)=a(x)g(x)+r(x)$ 中那些余式为零的 $B(x)$ 的个数, 也就是 $e(x)$ 具有以下形式

$$e(x)=x^ia(x)g(x)$$

其中, $a(x)=a_0+a_1x+\cdots+a_{l-(n-k)-1}x^{l-(n-k)-1}$, $a_0=a_{l-(n-k)-1}=1$. 这类突发错误模式的数目为 $a(x)$ 首尾两项系数之外的 $l-(n-k)-2$ 个系数任意取值的个数 $2^{l-(n-k)-2}$. 因此, 起始于第 i 位长度为 l 的突发差错中不能被检测的比例为 $\dfrac{2^{l-(n-k)-2}}{2^{l-2}}=2^{-(n-k)}$.

应再次指出, 此式适合于长度为 l, 起始于任意位置的突发错误 (包括首尾相接的情况), 由此导出以下结论.

定理 8.27 若 $l>n-k+1$, 不能被检测的长度为 l 的突发差错的比例为 $2^{-(n-k)}$.

上述分析表明, 循环码在突发差错检测方面是非常有效的.

综合这些性质, 有如下结论: 若适当选取 $g(x)$, 使其含有 $x+1$ 因子, 常数项不为零, 那么由此 $g(x)$ 作为生成多项式产生的 CRC 可以检测出所有的双错、奇数位错、突发长度小于等于 r 的突发错误以及 $1-2^{-(r-1)}$ 的突发长度为 $r+1$ 的突发错和 $1-2^{-r}$ 的突发长度大于 $r+1$ 的突发错误. 若具体取 $r=16$, 则能检测出所有双错、奇数位错、突发长度小于等

于 16 的突发错以及 $1-2^{-15}$(约为 99.997%) 的突发长度为 17 的突发错误和 $1-2^{-16}$(约为 99.998%) 的突发长度大于等于 18 的突发错.

事实上, 著名通信组织包括国际电报电话咨询委员会 (CCITT) 已经找到了许多标准的生成多项式. 例如

$$\mathrm{CRC}-12 = x^{12}+x^{11}+x^3+x^2+x+1$$
$$\mathrm{CRC}-16 = x^{16}+x^{15}+x^2+1$$
$$\mathrm{CRC}-\mathrm{CCITT} = x^{16}+x^{12}+x^5+1$$

还有九道磁带机 CRC 校验常用的 $x^9+x^6+x^5+x^4+x^3+1$ 等. 这些生成多项式已广泛地应用于许多通信领域, 包括计算机网络通信. 上面的三个多项式也就是计算机网络教材中经常提到的循环冗余校验多项式.

8.8 习　题

1. 证明域与其子域具有相同的特征.
2. 对于任何一个域 F, 如果 F 的乘法群 F^* 是一个循环群, 则 F 一定为有限域.
3. 证明多项式 $p(x)=x^2+1$ 和 $q(x)=x^2+x+4$ 在有限域 F_{11} 上都是不可约的.
4. 一个二元 $(11,24,5)$ 可能是线性码吗? 为什么?
5. 设 E_n 是 $V(n,2)$ 中所有具有偶数重量向量的集合. 证明: E_n 是线性码, 并且确定 E_n 的参数 $[n,k,d]$ 及标准型生成矩阵.

参 考 文 献

陈景润. 1978. 初等数论. 北京：科学出版社

陈鲁生, 沈世镒. 2005. 编码理论基础. 北京：高等教育出版社

胡冠章, 等. 2006. 应用近世代数. 北京：清华大学出版社

华罗庚. 1957. 数论导引. 北京：科学出版社

柯召. 1986. 数论讲义. 北京：高等教育出版社

卢开登. 2002. 组合数学. 2 版. 北京：清华大学出版社

万哲先. 1985. 代数与编码（修订版）. 北京：科学出版社

杨义先, 林须端. 1992. 信息密码学. 北京：人民邮电出版社

张禾瑞. 1978. 近世代数基础（修订版）. 北京：高等教育出版社

张宗橙. 2003. 纠错编码原理与应用. 北京：电子工业出版社

LIN S. 1970. An Introduction to Error-Correcting Codes. Englewood Cliffs, New Jersey: Prentice-Hall,Inc

Michael A. 2009. Algebra. 郭晋云译. 北京：机械工业出版社

Rosen K H. 2004. 初等数论及其应用. 北京: 机械工业出版社

Silverman J H. 2008. 数论概论. 孙智伟, 等译. 北京: 机械工业出版社

Stinson D R. 2002. Cryptography: Theory and Practice. 2th Edition. Boca Raton, Florida: CRC Press

Yan S Y. 2002. Number Theory for Computing. 2th Edition. Berlin: Springer-Verlag